普通高等教育“十二五”规划教材

分析化学

第二版

刘　捷　司学芝　主　编
周长智　何丽君　张小麟　副主编

化学工业出版社
·北京·

本书共9章，以化学分析为主，只介绍部分光度分析（吸光光度法）的内容。考虑到读者的认知规律，在内容安排上，第1章为定量分析化学概述，包括定量分析的全过程、分析结果的表示、结果的评价以及滴定分析法概述；第2章为误差和分析数据的处理；第3～6章介绍滴定分析；第7章为重量分析；第8章为吸光光度法；第9章为分析化学中的分离与富集方法，该章还介绍了一些新型分离技术，如固相、液相微萃取，超临界萃取，液膜萃取分离法等。为了提高读者的学习效率以及总结和分析解决问题的能力，每章后附有本章要点、思考题和习题。

本书可供高等院校轻工、化工、环境、材料、生物工程等专业使用，也可供其他相关专业使用。

图书在版编目（CIP）数据

分析化学/刘捷，司学芝主编．—2版．—北京：化学工业出版社，2015.1（2023.1重印）

普通高等教育“十二五”规划教材

ISBN 978-7-122-22479-8

Ⅰ．①分…　Ⅱ．①刘…②司…　Ⅲ．①分析化学-高等学校-教材　Ⅳ．O65

中国版本图书馆CIP数据核字（2014）第287530号

责任编辑：宋林青　　　　装帧设计：王晓宇

出版发行：化学工业出版社（北京市东城区青年湖南街13号　邮政编码100011）

印　　装：三河市延风印装有限公司

787mm×1092mm　1/16　印张$15\frac{3}{4}$　彩插1　字数380千字　2023年1月北京第2版第8次印刷

购书咨询：010-64518888　　　　售后服务：010-64518899

网　　址：http：//www.cip.com.cn

凡购买本书，如有缺损质量问题，本社销售中心负责调换。

定　　价：32.00元

前 言

本书第一版自2010年2月正式出版以来，经过许多高等院校几年的教学使用，得到了大家的广泛认可。大家普遍认为该教材框架体系科学合理，内容系统性和完整性好，对问题的叙述循序渐进、深入浅出、语言流畅，通俗易懂，便于自学；理论联系实际，在教材内容（尤其是应用示例、思考题、习题中充分体现了与不同专业的联系及应用）中始终渗透着应用意识和专业特色。同时，读者也对教材提出了许多宝贵和中肯的修改意见。2012年本教材荣获中国石油和化学工业优秀出版物奖，2013年被我校列为河南工业大学工科专业分析化学课程的规划教材。

该书此次再版是在上一版的基础上，充分听取使用者反馈的信息及不同专业学生的需求，同时邀请了部分相关专业的教授、专家，征求并听取他们的建议后，从全书的内容和细节两方面讨论了这次修改的原则和具体安排。大家一致认为：在保持第一版风格的基础上，四大滴定分析方法要注意与无机化学教材和后续课程的衔接，在理论性太强的部分要充分考虑学生的可接受性和实用性；细节的叙述要更加严谨、规范。通过第一、二章的学习，帮助学生建立样品的前处理、分析方法的选择、数据处理一套完整的化学分析程序，使学生能逐步提高分析问题、解决问题、触类旁通的能力。经过半年认真细致的修改，第二版对酸碱滴定的叙述过于简单的部分做了内容的完善和补充，如磷和硅酸盐的测定部分；在酸碱滴定的原理部分，删去了浓度极低的强酸碱溶液中pH的计算公式；对吸光光度法、分析化学中的分离与富集方法部分删减、合并和增补了部分内容等。总之，我们的宗旨是要编写一册结构体系科学合理、内容丰富且通俗易懂、尽可能体现不同专业特色、符合能力和素质教育的适用于大多工科相关专业院校使用的高水平教材。

参加本书编写的有周长智（第1章、第3章），张小麟（第2章），胡乐乾（第3章），刘捷（第4章），邢维芹、司学芝（第5章），王晓君（第6章），刘志敏（第7章），展海军（第8章），何丽君（第9章），向国强（附录，绪论）。全书最后由司学芝、刘捷统稿。

在本书的编写修订过程中，参阅了一些高等学校相关教材和著作，得到了许多老师和同行的大力帮助和支持，在此向有关作者、老师和同行表示由衷的感谢！同时在对书稿的修改过程中，化学工业出版社的编辑做了大量细致的工作，对保证书稿质量起了很大作用。该书作为河南工业大学工科类相关专业的规划教材，学校领导和学校教材委员会给予了大力支持并提出了一些建设性的指导建议，为方便教学，本书有配套的电子课件，使用本书作教材的学院可向出版社免费索取，songlq75@126.com。在此一并致谢！

限于编者水平，本书虽经又一次修改，仍难免有疏漏和不当之处，敬请专家、同行和使用该教材的老师和同学们批评指正。

编　者

2014 年 11 月

第一版前言

本书是河南省面向21世纪“高等工程教育化学系列课程教学内容与体系的改革与实践”项目系列成果的核心内容。

本书的编写始于1999年，当时以讲义的形式正式成稿，在校内使用。本书是在充分考虑了教学改革和培养面向21世纪高素质人才的需要，并根据我们多年的教学体会和工科类不同专业的需求以及读者对问题的认知规律，汲取国内外现有同类大多教材的优点，经过反复推敲、修改、充实后而形成的。在本书的编写过程中，主要考虑了以下几点。

1. 在内容选材方面，主要以教育部高等学校化学与化工学科教学指导委员会对分析化学教学内容的基本要求为依据，力图做到保证基础，精选教学内容，突出重点，避免与无机化学内容的重复。对于个别选讲内容，文中以*区别。

2. 在选材内容的安排上，力求保持课程内容的系统性和完整性，考虑了读者对问题的认知规律，在内容安排上首先介绍定量分析化学概述，然后依次介绍误差和分析数据的处理，滴定分析和重量分析，吸光光度法，分析化学中的分离与富集方法。

3. 删繁就简，突出重点。删去陈旧、重复、繁杂的内容，如对不同溶液pH计算式的推导、滴定曲线等都进行了简化处理，充分体现内容主线和共性，突出个性。努力做到少而精。

4. 在编写过程中，努力做到对问题的叙述循序渐进、深入浅出、语言流畅，通俗易懂，便于自学。

5. 加强理论与实际的联系，渗透应用意识，体现专业特色。在分析化学的应用示例中尽可能体现与不同专业的联系及应用，以提高学生的学习兴趣和目的性。

6. 在教材的编写过程中尽可能反映课程的前沿与发展。在分离与富集方法一章介绍了一些新型分离技术，如固相及液相微萃取、超临界萃取、液膜萃取分离法等。

7. 在每章内容之后，有本章要点以及大量思考题和习题，以利于提高读者的学习效率以及总结和分析解决问题的能力，使学生系统掌握和巩固所学的知识。

参加本书编写的有周长智（第1章、第3章），张小麟（第2章），胡乐乾

（第3章、第5章），王晓君（第4章），刘志敏（第4章、第6章、第7章），柳璐（第5章），展海军（第8章），何丽君（第9章），向国强（附录、绪论、第1章）。全书最后由司学芝、刘捷统稿。

在本书的编写过程中，参考了国内一些优秀教材和有关著作，得到了许多老师和同行的大力帮助和支持，在此向有关作者、老师和同行表示感谢！

限于编者水平，本书虽经多次修改，仍难免有疏漏和不当之处，敬请专家、同行和使用该教材的老师和同学们不吝赐教和提出宝贵意见。

编　者

2009年7月

目　录

第8章 吸光光度法 …… 164

第9章 分析化学中的分离与富集方法 …… 193

附录 …… 220

绪　　论

0.1　分析化学的任务和作用

分析化学是研究物质的化学组成、结构信息、分析方法及相关理论的科学，主要任务是鉴定物质的化学组成、结构和测量有关组分的含量。

分析化学是最早发展起来的化学分支学科，它在化学学科本身的发展过程中曾经起过而且继续起着重要的作用。一些化学基本定律，如质量守恒定律、定比定律、倍比定律的发现，原子论、分子论的创立，相对原子质量的测定，以及元素周期律的建立等，都离不开分析化学的卓越贡献。在与化学有关的各科学领域中，如矿物学、地质学、海洋学、生物学、医药学、农业科学、天文学、考古学、环境学、材料学及生命科学等，分析化学都起着重要的作用。几乎任何科学研究，只要涉及化学现象，都需要分析化学提供各种信息，以解决科学研究中的问题。

分析化学在工农业生产中起着重要的作用。例如，资源的勘探，产品的质量检查，工艺过程的质量控制，商品检验和环境的检测，水、土壤成分调查，农药、化肥、残留物、作物的营养诊断等。许多部门如国防、公安、航天、医药、食品、材料、能源、环保等都离不开分析化学。由于分析化学在许多领域中起着重要作用，常被称为“科学技术的眼睛”，分析化学的水平是衡量一个国家科学技术水平的重要标志之一。

分析化学是高等学校化学、应用化学、环境科学、生物科学、食品科学、材料科学等专业的学生在学习无机化学之后必修的又一门化学基础课。它是培养各类专业技术人才的整体知识结构的重要组成部分。通过学习此课程，学生可以掌握分析化学的基本原理和测定方法，树立量的概念，能够运用化学平衡的理论和知识，处理和解决各种滴定分析法的基本问题，如滴定曲线、滴定误差、滴定突跃和滴定可行性判据等；掌握重量分析法及吸光光度法的基本原理和应用、分析化学中的数据处理与质量保证；了解常见的分离与富集方法，正确进行有关的计算等，培养严肃认真、实事求是的科学态度，以及严谨细致地进行科学实验的技能、技巧和创新能力。分析化学是一门以实验为基础的学科，在学习过程中必须注意理论与实践相结合，加强基本操作和技能的训练，提高分析问题和解决问题的能力，为将来的学习和工作打下良好的基础。

0.2　分析方法的分类

分析化学可以按任务分为结构分析、定性分析和定量分析，也可根据分析对象、测定原理和试样用量及被测组分的含量，分为许多不同类别。

0.2.1 无机分析和有机分析

根据分析对象的不同，分析化学可以分为无机分析和有机分析。前者的对象是无机物，后者的对象是有机物。由于分析对象不同，两者对分析的要求和所用手段有所不同。无机物所含的元素种类繁多，要求分析结果以某些元素、离子、化合物或组分是否存在以及其相对含量多少来表示。而有机物则不同，它们的组成元素虽然为数很少，但结构复杂，化合物的种类多达数百万种，故不仅要求元素分析，更重要的是进行官能团分析和结构分析。针对不同的分析对象，还可进一步分类，如食品分析、冶金分析、环境分析、药物分析、材料分析和生物分析等。

0.2.2 化学分析和仪器分析

以物质化学反应及其计量关系为基础的分析方法称为化学分析法。化学分析是分析化学的基础，又称为经典分析法，主要有重量分析法和滴定分析法等。

重量分析法和滴定分析法通常用于高含量或中含量组分的测定，即待测组分的质量分数在1%以上。重量分析的准确度比较高，至今还有一些组分的测定是以重量分析法为标准方法，但其操作烦琐，分析速度较慢。滴定分析法操作简便，省时快速，且测定结果的准确度较高（一般情况下相对误差为0.2%左右），所用仪器设备又很简单，是重要的例行分析方法，在当前仪器分析快速发展的情况下，滴定分析法在生产实践和科学研究上仍具有很大的实用价值。

以被测物质的某种物理和物理化学性质为基础的分析方法称为物理分析法和物理化学分析法。这两类方法需要通过测量物质的物理常数或物理化学常数来进行，都需要特殊的仪器，所以又称为仪器分析法。仪器分析主要包括光学分析、电化学分析、色谱分析、质谱分析、核磁共振分析、放射化学分析、生化分析及生物传感器、各种联用技术等，种类很多，而且新的方法还在不断地出现。

仪器分析法的特点是操作简便而快速，最适合生产过程中的控制分析，尤其在组分含量很低时，更需要用仪器分析法。但有的仪器价格较高，平时的维护比较困难。此外，在进行仪器分析之前，通常要用化学方法对试样进行前处理；在建立测定方法过程中，要把未知物的分析结果和已知的标准作比较，而该标准常需以化学法测定，所以化学分析法和仪器分析法是互为补充的，且前者又是后者的基础。

0.2.3 常量分析、半微量分析和微量分析

根据分析过程中所需试样量的多少，可如表0-1所示进行分类。此外，还可根据被分析组分在试样中的相对含量的高低对分析方法分类，见表0-2。

表0-1 基于试样用量的分析方法的分类

分析方法	试样用量/mg	试液体积/mL
常量(meso)分析	>100	>10
半微量(semimicro)分析	10～100	1～10
微量(micro)分析	0.1～10	0.01～1
超微量(ultramicro)分析	<0.1	<0.01

表 0-2 根据被分析组分相对含量的分析方法分类

分析方法	被测组分含量	分析方法	被测组分含量
常量(major)组分分析	>1%	痕量(trace)组分分析	<0.01%
微量组分(micro)分析	0.01%~1%	超痕量(ultratrace)组分分析	约 0.0001%

本书化学分析法中采用常量分析法，在分光光度法中常采用微量分析法。

0.3 分析化学的发展趋势

分析化学历史悠久，其起源可追溯到古代炼金术，在化学科学的发展史和工农业生产中作出过巨大贡献。

一般认为，分析化学学科的发展经历了三次重大的变革。第一个重要阶段在 20 世纪 20～30 年代，利用当时物理化学的溶液化学平衡理论、动力学理论，如沉淀的生成和共沉淀现象、指示剂作用原理、滴定曲线和终点误差、催化反应和诱导反应、缓冲作用原理等，大大地丰富了分析化学的内容，建立了溶液中四大平衡理论，并使分析化学由一门技术发展为一门学科向前迈进了一步。

第二个重要阶段发生在 20 世纪 40 年代及以后几十年间，由于物理学、电子学的发展，原子能技术发展，半导体技术的兴起，要求分析化学能提供各种灵敏准确而快速的分析方法，在新形势推动下，分析化学得到了迅速发展。最显著的特点是各种仪器分析方法和分离技术的广泛应用，改变了经典分析化学以化学分析为主的局面。

第三个重要阶段发生在 20 世纪 70 年代及以后，以计算机应用为主要标志的信息时代的到来，促使分析化学进入第三次变革。由于生命科学、环境科学、新材料科学发展的需要，基础理论及测试手段的完善，现代分析化学完全可能为各种物质提供组成、含量、结构、分布、形态等全面的信息，使得微区分析、薄层分析、无损分析、瞬时追踪、在线分析、实时分析，甚至是活体内原位监测及过程控制等过去的难题都迎刃而解。分析化学广泛吸取了当代科学技术的最新成就，成为最富活力的学科之一。

随着现代科学技术的不断发展，许多新技术不断渗透到分析化学中，一些新兴学科对分析化学的要求也越来越高，日益增多的新的分析方法和分析仪器，使分析的灵敏度和测定速度大大提高，分析化学进入了新的蓬勃发展阶段，向着“准（确）、快（速）、灵（敏）、自（动）、经（济）”方向发展。分析化学将主要在化学、生物、医学、药物、食品、环境、能源、材料、安全和反恐等前沿领域解决更多、更新、更复杂的课题，将在促进经济繁荣，科技进步和社会发展中发挥更大的作用。

虽然分析化学的方法正朝着仪器化、自动化及各种分析方法联用的方向发展，但是，化学分析仍是分析化学的基础，许多仪器分析方法必须与试样分解、分离富集、掩蔽干扰等化学处理手段相结合，才能适应测定痕量组分和复杂试样的要求。而要解决日益复杂的分析课题，不仅要依靠现代仪器分析技术，而且要求分析工作者必须具有良好的分析化学基础理论和基本知识。因此，分析化学作为一门基础课，仍然要从化学分析学起，并以化学分析为本课程教学的基础和重要内容。

第 1 章　定量分析化学概述

1.1　定量分析过程

定量分析的主要任务是测定物质中某种或某些组分的含量。由于被测物种类繁多，性质各异，具体的测定方法和步骤自然不同，但是要完成一项定量分析工作，其分析过程通常是一样的，即包括**取样、试样的分解和分析试液的制备、干扰组分的分离、待测组分的测定、数据的计算和处理以及分析结果的报告和评价等步骤**。

1.1.1　取样

从大量的分析对象中抽取一小部分作为分析材料的过程，称为取样。所取得的分析材料称为试样或样品。**取样的关键首先是保证所取试样具有高度的代表性**，即用作分析的试样应能代表被分析对象的平均组成；其次是在采样的过程中，应严格防止杂质混入。取样是分析过程中很重要的一个环节，取样不正确，会导致错误结论，使定量分析失去意义。对于不同的分析对象和不同的状态（气体、液体和固体），试样的采集方法各不相同。

1.1.1.1　*气体试样的采取*

对于气体试样，需按具体情况，采用相应的采取方法。例如大气样品的采取，通常选取距地面 50～180cm 的高度取样，这样取得的样品与人们呼吸的空气相同。对于烟道气、废气中某些有毒污染物的分析，可将气体样品采入空瓶或大型注射器中。

大气污染物的测定通常是通过适当的吸收剂将被测气体吸收、浓缩，然后进行分析。

1.1.1.2　*液体试样的采集*

对贮存在大容器中的液体，要从容器的不同深度取出适量样品，然后均匀混合后作为分析试样；而对分装在小容器中的液体，则应从每一容器中取出适量样品，均匀混合后作为分析试样。

对流动的液体，应根据具体情况，采用不同的方法进行取样。当采取水管中或有泵抽的水井中的水样时，取样前需将水龙头或泵打开，先放水 10～15min，然后再用干净瓶子收集水样至满瓶即可。采取江、河、湖中的水样时，可将干净的空瓶盖上塞子，塞上系一根绳，瓶底系一铁铊或石头，沉入离水面一定深处，然后拉绳拔塞，让水流满瓶后取出。如此操作，在不同深度取几份水样混合后，作为分析试样。

又如油脂的采样方法，按不同的贮存方式，使用的采样器不同，采样方法不同。可分为桶装采样法和散装采样法。桶装采样法中，根据桶装油总件数确定采样数量，采样前需将油脂搅拌均匀，再将采样管缓慢地由桶口斜插至桶底取样。散装采样法中，采样数量与散装油脂总量有关；采用规则，按散装油高度，等距离地分为上、中、下三层采样。具体采样数量及采样方法见国标 GB/T 5524—85。

在采样前，必须先把容器及通路洗涤干净，再用要采取试样冲洗数次或使之干燥，然后取样，以免混入杂质。

1.1.1.3　固体试样的采集

固体试样种类繁多，经常遇到的有矿石、合金、盐类和谷物等。不同的固体，采样方法不同，大多都有国家标准。下面简要介绍不同固体试样的采集和制备。

(1) 矿石试样

在取样时要根据原料的堆放情况，从不同的部位和深度选取多个取样点。采取的份数越多越有代表性。但取样点太多，需要耗费大量的时间和人力。采集多少样品才算合适呢？根据经验，应取试样的量与实验结果要求的精密度、试样的不均性和粒度有关。通常试样的采取可按下面的经验公式（亦称采样公式）计算：

$$Q \geqslant Kd^a \tag{1-1}$$

式中，Q 为采取试样的最低质量，kg；d 为试样中最大颗粒直径，mm；K 和 a 为经验常数，根据物料的均匀程度和易破碎程度等而定。通常 K 值在 0.02～1 之间，a 值为 1.8～2.5。地质部门把 a 值规定为 2，则上式为：

$$Q \geqslant Kd^2 \tag{1-2}$$

由此可知，矿石颗粒越大，采取的试样量越多。例如，在采集赤铁矿试样时，若赤铁矿的 K 值为 0.06，最大颗粒直径为 20mm，则应取矿样的最小量为

$$Q = 0.06 \times 20^2 = 24(\text{kg})$$

显然所取的原始试样不仅量大，而且组成、颗粒大小都很不均匀，不适宜于作分析用。应经过制备，才能得到高度均匀的分析试样。

制备试样分为破碎、过筛、混匀和缩分四个步骤。大块矿样先用压碎机破碎成小的颗粒，再进行缩分。常用的缩分方法为“四分法”（图 1-1）。将试样粉碎之后混合均匀，堆成锥形，然后再压成台形，从锥心四等分，去掉对角两份后再堆锥，这样试样便缩减了一半，称为缩分一次。每次缩分后的最低质量应符合采样公式的要求，如果缩分后试样的质量大于按计算公式算得的质量，则可连续进行缩分直至所剩试样稍大于或等于最低质量为止。然后再进行粉碎、缩分，最后制成 100～300g 左右的分析试样，装入瓶中，贴上标签供分析之用。各种筛号的筛孔规格如表 1-1 所示。

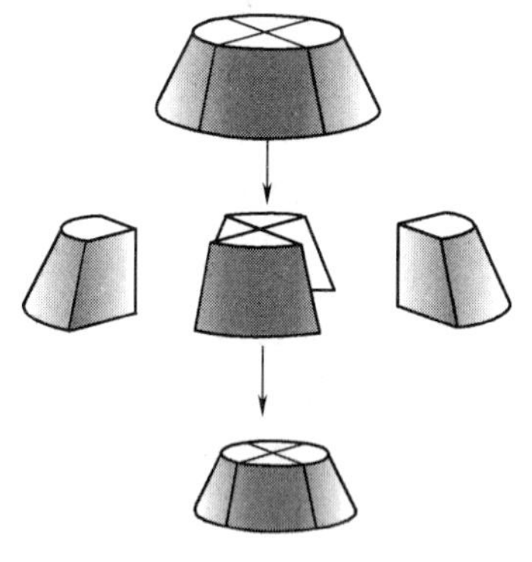

图 1-1　“四分法”示意图

表 1-1　筛号与筛孔直径对应表

筛号/网目	6	10	20	40	60	80	100	120	140	200
筛孔直径/mm	3.36	2.00	0.83	0.42	0.25	0.177	0.149	0.125	0.105	0.074

(2) 金属或金属制品

由于金属经过高温熔炼，组成比较均匀，因此，对于片状或丝状试样，剪取一部分即可进行分析。但对于钢锭和铸铁，由于表面和内部的凝固时间不同，铁和杂质的凝固温度也不一样，因此，表面和内部的组成是不很均匀的。取样时应先将表面清理，然后用钢钻在不同

部位、不同深度钻取碎屑混合均匀，作为分析试样。

(3) 粉状或松散物料试样

常见的粉状或松散物料有盐类、化肥、农药、精矿和谷物等，其组成比较均匀，因此取样点可少一些，各个点所取之量也不必太多。各点所取试样混匀即可作为分析样品。一般情况来说，准确度要求愈高，采样量愈大。物料愈不均匀，采取量愈多。

(4) 湿存水的处理

一般固体试样往往含有湿存水。试样表面及孔隙中吸附的空气中的水分称为湿存水（亦称吸湿水）。由于湿存水含量随试样粉碎程度和放置时间而改变，因而试样各组分的相对含量也随湿存水的多少而变化。为了便于比较，试样中各组分相对含量常以干基表示。干基是不含湿存水的试样的质量。因此，在进行分析之前，先将试样烘干，去除湿存水。湿存水的含量，可根据烘干前后试样的质量来计算。

例 1-1 称取 10.000g 工业用煤试样，于 100～105℃烘 1h 后，称得其质量为 9.460g，此煤样含湿存水为多少？如另取一份试样测得含硫量为 1.20%，用干基表示的含硫量为多少？

解

$$\text{湿存水}=\frac{10.000-9.460}{10.000}\times 100\%=5.40\%$$

$$\text{含硫量}=\frac{1.20}{100.00-5.40}\times 100\%=1.27\%\text{(以干基表示)}$$

1.1.2 试样的分解和分析试液的制备

在实际分析工作中，除干法分析（如红外光谱分析、差热分析等）外，化学分析法往往是在溶液中进行测定（也叫湿法分析）。因此，对可溶性试样要进行溶解，对难溶性试样要进行分解，使试样中以各种形态存在的被测组分都转入溶液并呈可测定的状态。试样经溶解或分解后所得溶液，称为试液。在溶解或分解试样时，应根据试样的化学性质采用适当的处理方法，不仅要考虑对准确度和测定速率的影响，而且要求分解后被测组分的测定和杂质的分离都要易于进行。**在分解试样的过程中，应遵循以下几个原则：①试样的分解必须完全，使被测组分全部转入试液；②在分解试样的过程中，待测组分不能有损失；③不能引入待测组分和干扰物质。**

根据试样的性质和测定方法的不同，常用的分解方法有溶解法、熔融法和干式灰化法等。

1.1.2.1 溶解法

采用适当的溶剂，将试样溶解后制成溶液的方法，称为溶解法。常用的溶剂有水、酸和碱等。

(1) 水溶法

对于可溶性的无机盐，可直接用蒸馏水溶解制成溶液。

(2) 酸溶法

常用无机酸作为溶解试样的溶剂。酸溶法是利用这些酸的酸性、氧化还原性及配位性，使被测组分转入溶液。常用的酸有以下几种。

① HCl 盐酸是分解试样的重要强酸之一，电极电势顺序在氢之前的金属及大多数金属氧化物和碳酸盐都可溶于盐酸中；另外，Cl^-具有一定的还原性，并且还可与很多金属离

子生成配离子而利于试样的溶解，常用来溶解赤铁矿（Fe_2O_3）、辉锑矿（Sb_2S_3）、碳酸盐、软锰矿（MnO_2）等试样。

② HNO_3　硝酸具有较强的氧化性，除铂、金和某些稀有金属外，浓硝酸几乎能溶解所有的金属及其合金。铁、铝、铬等会被硝酸钝化，溶解时加入非氧化酸（如盐酸），以除去金属表面致密的氧化膜，即可很好地被溶解。几乎所有的硫化物也都可被硝酸溶解，但应先加入盐酸，使硫以 H_2S 的形式挥发出去，以免单质硫将试样裹包，影响分解。

③ H_2SO_4　除钙、锶、钡、铅的硫酸盐外，其他金属的硫酸盐都溶于水。热的浓硫酸具有很强的氧化性和脱水性，常用于分解铁、钴、镍等金属和铝、铍、锑、锰、钍、铀、钛等金属合金以及分解土壤等样品中的有机物等。硫酸的沸点较高（338℃），当硝酸、盐酸、氢氟酸等低沸点酸的阴离子对测定有干扰时，常加硫酸并蒸发至冒白烟（SO_3）来驱除。

④ H_3PO_4　磷酸是中强酸，具有很强的配位能力，几乎 90％的矿石都能溶于磷酸。包括许多其他酸不溶的铬铁矿、钛铁矿、铌铁矿、金红石等，对于含有高碳、高铬、高钨的合金也能很好地溶解。单独使用磷酸溶解时，一般应控制在 500～600℃，时间 5min 以内。若温度过高、时间过长，会析出焦磷酸盐难溶物，并生成聚硅磷酸黏结于器皿底部，同时也腐蚀了玻璃。

⑤ $HClO_4$　热的浓高氯酸具有很强的氧化性和脱水性，能迅速溶解钢铁和各种铝合金。能将 Cr、V、S 等元素氧化成最高氧化值。高氯酸的沸点为 203℃，蒸发至冒烟时，可驱除低沸点的酸，残渣易溶于水。高氯酸也常作为重量法中测定 SiO_2 的脱水剂。使用 $HClO_4$ 时，应避免与有机物接触，以免发生爆炸。

⑥ HF　氢氟酸的酸性很弱，但 F^- 的配位能力很强，氢氟酸主要用来分解硅酸盐和含硅化合物，生成挥发性的 SiF_4 而逸出。分解试样时常与硫酸或 $HClO_4$ 等混合使用。

⑦ 混合酸溶法　混合酸具有比单一酸更强的氧化能力和分解能力。常用的混合酸有：王水，$H_2SO_4+HClO_4$，$HF+HNO_3$，$HF+H_2SO_4$，$H_2SO_4+H_3PO_4$，$HCl+HNO_3+HClO_4$，$HNO_3+H_2SO_4+HClO_4$（少量）等。如单一酸不能溶解的贵金属金、铂和 HgS 等可以溶解于王水中；HNO_3+HClO_4 常常用于分解有机物。

(3) 碱溶法

碱溶法的主要溶剂为 NaOH、KOH 或加入少量的 Na_2O_2、K_2O_2。碱溶法常用来溶解两性金属，如铝、锌及其合金以及它们的氢氧化物或氧化物，也可用于溶解酸性氧化物如 MoO_3、WO_3 等。

需要注意的是，碱溶法溶样应在银或聚四氟乙烯器皿内进行。

1.1.2.2　熔融法

熔融法是将试样与酸性或碱性熔剂混合，利用高温下试样与熔剂发生的多相反应，**使试样组分转化为易溶于水或酸的化合物**。在熔融时，反应物的浓度及温度都比湿法高得多，分解能力也强得多，是一种高效的分解方法。但要注意，熔融时加入的大量熔剂（一般为试样的 6～12 倍）会引入干扰。另外，熔融时，由于坩埚材料的腐蚀，也会引入其他组分。

根据所用熔剂的性质和操作条件，可将熔融法分为酸熔、碱熔和半熔法。

(1) 酸熔法

酸熔法适用于碱性试样的分解，常用的熔剂有 $K_2S_2O_7$、$KHSO_4$、KHF_2 等。$KHSO_4$

加热脱水后生成 $K_2S_2O_7$，所以二者的作用是一样的。酸熔法常用于分解铝、铁、钛、铬、锆、铌等金属的氧化物及硅酸盐、煤灰、炉渣和中性或碱性耐火材料等。

$$2KHSO_4 \xrightarrow{\triangle} K_2S_2O_7 + H_2O$$

在 300℃以上时，$K_2S_2O_7$ 中部分 SO_3 可与碱性或中性氧化物（如 TiO_2）作用，生成可溶性硫酸盐。

$$TiO_2 + 2K_2S_2O_7 \xrightarrow{\geq 300℃} Ti(SO_4)_2 + 2K_2SO_4$$

KHF_2 在铂坩埚中低温熔融可分解硅酸盐、钍和稀土化合物等。B_2O_3 在铂坩埚中于 580℃熔融，可分解硅酸盐及其他许多金属氧化物。

(2) 碱熔法

碱熔法用于酸性试样的分解。常用的熔剂有 Na_2CO_3、K_2CO_3、NaOH、KOH、Na_2O_2 以及它们的混合物等。

① $Na_2CO_3 + K_2CO_3$　Na_2CO_3 与 K_2CO_3 按 1∶1（摩尔比）形成的混合物，其熔点为 700℃左右，用于分解硅酸盐、硫酸盐等。分解硫、砷、铬的矿样时，Na_2CO_3 中加入少量的 KNO_3 或 $KClO_3$，在 900℃时熔融，可利用空气中的氧将其氧化为 SO_4^{2-}、AsO_4^{3-}、CrO_4^{2-}。用 Na_2CO_3 或 K_2CO_3 作熔剂宜在铂坩埚中进行。用 Na_2CO_3 作熔剂时，加入少量 NaOH，可提高其分解能力并降低熔点。

② $Na_2CO_3 + S$　Na_2CO_3 和 S 的混合物用于分解含砷、锑、锡的矿石，可使其转化为可溶性的硫代酸盐。由于含硫的混合熔剂会腐蚀铂，故常在瓷坩埚中进行。

③ NaOH＋KOH　NaOH 和 KOH 二者都是低熔点的强碱性熔剂，常用于分解铝土矿、硅酸盐等试样。可在铁、银或镍坩埚中进行分解。

④ Na_2O_2　Na_2O_2 是一种具有强氧化性和腐蚀性的碱性熔剂，能分解许多难溶物，如铬铁矿、硅铁矿、黑钨矿、辉钼矿、绿柱石、独居石等，能将其中的大部分元素氧化成高氧化值的状态。有时将 Na_2O_2 与 Na_2CO_3 混合使用，以减缓其氧化的剧烈程度。用 Na_2O_2 作熔剂时，不宜与有机物混合，以免发生爆炸。Na_2O_2 对坩埚腐蚀严重，一般用铁、镍或刚玉坩埚。

⑤ $NaOH + Na_2O_2$ 或 $KOH + Na_2O_2$　这类混合物常用于分解一些难溶性的酸性物质。

(3) 半熔法

半熔法又称烧结法。该法是在低于熔点的温度下，将试样与熔剂混合加热至熔结。由于温度比较低，不易损坏坩埚而引入杂质，但所需加热时间较长。例如 800℃时，用 $Na_2CO_3 +$ ZnO 分解矿石或煤，用 $MgO + Na_2CO_3$ 分解矿石、煤或土壤等。

一般情况下，优先选用简便、快速、不易引入干扰的溶解法分解样品。在溶解法中选择溶剂的原则是：能溶于水的先用水溶解，不溶于水的碱性物质用酸性溶剂，酸性物质用碱性溶剂，还原性物质用氧化性溶剂，氧化性物质用还原性溶剂。熔融法分解样品时，操作费时费事，且易引入坩埚杂质，所以熔融时，应根据试样的性质及操作条件，选择合适的坩埚，尽量避免引入干扰。

1.1.2.3　干式灰化法

干式灰化法常用于分解有机试样或生物试样。在一定温度下，于马弗炉内加热，使试样分解、灰化，然后用适当的溶剂将剩余的残渣溶解。根据待测物质挥发性的差异，选择合适的灰化温度，以免造成分析误差。也可用氧气瓶燃烧法，该法是将试样包裹在定量滤纸内，用铂片夹牢，放入充满氧气并盛有少量吸收液的锥形瓶中，用电火花引燃试样进行燃烧，试样中的硫、磷、卤素及金属元素，将分别形成硫酸根、磷酸根、卤素离子及金属氧化物或盐类等溶解在吸收液中。对于有机物中碳、氢元素的测定，通常用燃烧法，将其定量地转变为 CO_2 和 H_2O。

除以上介绍的几种在常温、常压和加热条件下分解试样外，还可在高压下或用微波加热分解试样。如压力溶样法是在密封容器中进行加热，使试样和溶剂在高温、高压下快速反应而分解；微波溶样法是利用微波能，将试样、溶剂置于密封的、耐压、耐高温的聚四氟乙烯容器中进行微波加热溶样，该法可大大简化操作步骤、节省时间和能源，且不易引入干扰，同时也减少了对环境的污染，原本需数小时处理分解的样品，只需几分钟即可顺利完成。

1.1.3　干扰组分的分离和测定方法的选择

1.1.3.1　干扰组分的分离

若试样组成简单，测定时各组分之间互不干扰，则将试样制成溶液后，即可选择合适的分析方法进行直接测定。但实际工作过程中，试样的组成往往较为复杂，测定时彼此相互干扰，所以，在测定某一组分之前，常需进行干扰组分的分离。分离不仅要把干扰组分消除，而且被测组分也不能有损失。对于微量或痕量组分的测定，在分离的同时，还需把被测组分富集，以提高分析方法的灵敏度。常用的分离方法有沉淀分离法、萃取分离法、离子交换分离法和色谱分离法等（详见第 9 章内容）。

1.1.3.2　分析方法的选择

随着科学技术的快速发展，新的分析方法不断问世，对同一样品、同一物质的测定，有着不同的多种分析方法。为使分析结果满足准确度、灵敏度等方面的要求，应根据具体情况，从以下几个方面考虑，选择合适的分析方法。

(1) 测定的具体要求

根据测定的目的、组分、准确度和时间上的要求等采用不同的测定方法。例如对于相对原子质量的测定、标准样品分析或成品分析，对结果的准确度就会要求很高；对微量组分、痕量组分或高纯物质的分析，会对灵敏度要求很高；而对于生产过程中的控制分析，则首先要考虑快速的分析方法。

(2) 被测组分含量

对常量组分的测定，一般选用滴定分析法，这种方法准确、简便。但当准确度要求更高、滴定分析不能满足时，再考虑选用操作较为费时、费事的重量分析法；对于微量、痕量组分的分析，则首先要考虑选用灵敏度高的仪器分析法。

(3) 被测组分的性质

分析方法是依据被测组分的性质而建立起来的。例如，试样具有酸、碱或氧化还原的性质，就可考虑酸碱滴定或氧化还原滴定分析法。如果被测组分是过渡金属，则可利用其配位的性质，选择配位滴定分析法。当然也可直接或间接利用被测组分的光学、电学、动力学等方面的性质，选择仪器分析的方法。如对于碱金属，它们的大部分盐类的溶解度较大，不具有氧化还原性质，它们的配合物一般都很不稳定，但能发射或吸收一定波长的特征谱线，因此火焰光度法及原子吸收光谱法是较好的选择。又如农药残留量的测定，由于待测组分较多，性质又相近，应采用选择性好、灵敏度高的色谱分析法。

(4) 干扰物质的影响

在选择分析方法时，必须考虑其他共存组分对测定的影响，尽可能采用选择性高的分析方法，以提高测定的准确度。如果没有适当的方法，则可通过测定条件的控制以避免干扰，需要时可以采取适当的方法分离共存的干扰组分。

(5) 实验室设备和技术条件

除要考虑试样的性质、测定结果的要求等因素外，还要考虑实验室所具备的条件，如实验室的温度、湿度、仪器及其性能、操作人员的业务能力等。如果条件具备，应首选标准方法进行分析测定。

综上所述，由于样品的种类繁多，分析要求不尽相同，分析方法各异，所以，我们应根据试样的组成、性质、含量、测定要求、干扰情况及实验室条件等因素，综合考虑，选择准确、灵敏、快速、简便、选择性好、自动化程度高的分析方法。

1.1.4 分析结果的表示及对结果的评价

整个分析过程的最后一个环节是计算待测组分的含量。用数理统计方法处理平行测定的结果，合理取舍实验数据，使结果得到最好的表达，并同时对分析结果进行评价，以判断分析结果的准确度、灵敏度、选择性等是否达到要求（将在第 2 章介绍）。

1.1.4.1 分析结果的表示

待测组分含量的表示方法，通常以单位质量或单位体积中被测物质的量来表示。固体样品常用组分的质量分数（w）表示；液体样品用物质的量浓度（c，$mol \cdot L^{-1}$）或质量摩尔浓度（b，$mol \cdot kg^{-1}$）或质量浓度（ρ，$g \cdot L^{-1}$）表示；气体样品用体积分数（φ，$mL \cdot L^{-1}$或 $mL \cdot m^{-3}$）表示。

1.1.4.2 分析结果的评价

对分析结果的评价，就是对分析结果的可靠性作出判断，包括对分析过程误差的控制、数据处理过程的显著性检验、与国家标准对照建立分析质量保证体系等方面。通常通过“实验室内”和“实验室间”进行。实验室内的质量评价包括：通过多次重复测定确定偶然误差；用标准物质或其他可靠的分析方法检验系统误差；用互换仪器以发现仪器误差，交换操作人员以发现操作误差；绘制质量控制图以便及时发现测量过程中的问题。实验室间的质量评价由一个中心实验室指导进行。它将标准样（或管理样）分发给各实验室，用于考核各实验室的工作质量，评价这些实验室间是否存在明显的系统误差。

在国家标准 GB 4471—84 化工产品试验方法中，规定了试验方法的重复性和再现性，技术指标和容许差，取测量值的算术平均值为测定结果，不合格则需重做。

例如，在 GB 4553—84 中，有关硝酸钠的各项技术指标及平行两次的容许差如表 1-2 所示。

表 1-2 GB 4553—84 中有关硝酸钠的各项技术指标及平行两次的容许差

技术指标		规格/%		容许差/%
		一级	二级	
$NaNO_3$	≥	99.2	98.3	0.3① 0.5①
水分	≤	2.0	2.0	0.1
水不溶物	≤	0.08	—	0.008
NaCl	≤	0.40	—	0.03
Na_2CO_3	≤	0.10	—	0.01

① 平行测定两次结果之差≤0.3%，不同实验室结果之差≤0.5%。

假如测定一级品含量的两次平行结果分别为 99.15%和 99.35%，两者之差为 0.20%，小于 0.3%，可取平均值 99.25%；如果平行结果为 99.15%和 99.50%，超过 0.3%，表明已超差应重做。

对于一种新的试验方法，要检查其准确度和精密度，可以用标准样与未知样做平行测定。检验是否存在显著性差异，可以将测定标准样的结果与标准值比较，如无显著性差异，可认为方法是可靠的。也可以采用回收试验，即在试样中加入一定量的待测组分，在最佳条件下测定，平行测定 10 次，计算各次的回收率。对于微量组分的测定，平均回收率达 95%～105%时，认为测定可靠。

1.2　滴定分析法概述

1.2.1　滴定分析法的过程和特点

滴定分析是将已知准确浓度的试剂溶液，滴加到被测物质的溶液中，直到所加的试剂溶液与被测物按滴定反应式中的化学计量关系定量反应为止，然后根据所用试剂溶液的浓度和体积，计算被测物质的含量。

在滴定分析中，通常把已知准确浓度的试剂溶液称为“**滴定剂**”或“**标准溶液**”。将标准溶液通过滴定管滴加到被测物质溶液中的过程称为“**滴定**”。当所加的标准溶液与被测物质按滴定反应式所表示的化学计量关系定量反应完全时，称反应到达了“**化学计量点**”（以 sp 表示），亦称等量点。等量点时，反应往往没有任何外部特征为人们所察觉，所以化学计量点通常借助于指示剂的变色来确定。滴定过程中，在指示剂正好发生颜色变化的那一点停止滴定，称为“**滴定终点**”（以 ep 表示）。滴定终点与化学计量点不一定恰好一致，由此造成的分析误差称为“**滴定误差**”或“**终点误差**”。

滴定分析法通常用于测定常量组分。与重量分析法相比，滴定分析法简便、快速，并且有较高的准确度，测定的相对误差一般不大于 0.2%，应用范围广，可用于许多物质的测定，在生产实践和科学研究中具有很大的实用价值。

1.2.2　滴定分析法分类

根据滴定反应的不同，滴定分析法一般可分为下列四类。

(1) 酸碱滴定法

以质子传递反应为基础的一类滴定分析方法称酸碱滴定法，其反应可用下式表示：

$$H^+ + A^- \longrightarrow HA$$

式中，A^- 按酸碱质子理论代表碱。

(2) 沉淀滴定法

以沉淀反应为基础的滴定分析法称为沉淀滴定法，如银量法，其反应如下：

$$Ag^+ + X^- \longrightarrow AgX\downarrow$$

(3) 配位滴定法

以配位反应为基础的滴定分析法称为配位滴定法，如 EDTA 的配位滴定，其反应如下：

$$M + Y \longrightarrow MY$$

(4) 氧化还原滴定法

以氧化还原反应为基础的滴定分析法称为氧化还原滴定法，如高锰酸钾法滴定 Fe^{2+} 的反应：

$$MnO_4^- + 5Fe^{2+} + 8H^+ = Mn^{2+} + 5Fe^{3+} + 4H_2O$$

1.2.3 滴定分析对滴定反应的要求和滴定方式

1.2.3.1 滴定分析法对滴定反应的要求

化学反应很多，但是适用于滴定分析法的反应必须具备以下条件：

① 反应必须定量完成。即标准溶液和被测物质之间的反应必须具有确定的化学计量关系，没有副反应，通常要求反应达到 99.9%以上。这是定量计算的基础。

② 反应速率要快。对于速率较慢的反应，有时可通过加热或加入催化剂等方法来加快反应速率。

③ 必须有适当、简便的方法确定滴定终点。

1.2.3.2 滴定分析的方式

(1) 直接滴定法

凡能满足上述要求的反应，都可用直接滴定法，即用标准溶液直接滴定待测物质。这是滴定分析中最常用和最基本的滴定方式。如果反应不能完全符合上述要求，则可根据情况的不同，选择其他的滴定方式。

(2) 返滴定法

当反应速率较慢或待测物是固体时，可采用返滴定法。即在待测物中先加入过量的标准溶液，待反应完成后，再用另一种标准溶液滴定剩余的标准溶液。例如 Al^{3+} 与 EDTA 的配位反应速率很慢，不能用直接滴定法进行测定。可在 Al^{3+} 的溶液中加入过量的 EDTA 标准溶液，加热使反应完全后，冷却，再用标准 Zn^{2+} 溶液滴定剩余的 EDTA。

(3) 间接滴定法

对于不能与滴定剂直接起反应的物质，可以采用间接法滴定。例如，Ca^{2+} 不能直接用氧化还原滴定法滴定。可将 Ca^{2+} 沉淀为 CaC_2O_4，经过滤、洗涤后，溶解于 H_2SO_4 溶液中，再用 $KMnO_4$ 标准溶液滴定与 Ca^{2+} 结合的 $C_2O_4^{2-}$，从而间接测定 Ca^{2+} 的含量。

(4) 置换滴定法

对于没有定量关系或伴有副反应的反应，可先用适当的试剂与待测物反应，转化为一种能被定量滴定的物质，然后再用标准溶液进行滴定。例如，$K_2Cr_2O_7$ 和 $Na_2S_2O_3$ 之间没有一定的化学计量关系，因此不能用 $Na_2S_2O_3$ 标准溶液直接滴定 $K_2Cr_2O_7$。可在 $K_2Cr_2O_7$ 的酸性溶液中加入过量的 KI，$K_2Cr_2O_7$ 与 KI 定量反应后，析出的 I_2 可用 $Na_2S_2O_3$ 标准溶液直接滴定，由此可间接求得 $K_2Cr_2O_7$ 的含量。

注意：有时，间接滴定法和置换滴定法不作区别。

由于各种不同滴定方式的应用，扩大了滴定分析的应用范围。

1.2.4 基准物质和标准溶液

滴定分析中必须使用标准溶液，最后要通过标准溶液的浓度和体积来确定待测组分的含量，因此正确地配制标准溶液，准确地确定标准溶液的浓度以及对标准溶液进行妥善保存，对于保证滴定分析的准确度有重要意义。

1.2.4.1　基准物质和标准溶液的配制

(1) 基准物质

能够用于直接配制标准溶液或标定标准溶液浓度的物质称为**基准物质**。作为基准物质必须符合以下要求：

① 试剂的组成应与其化学式完全相符。若含有结晶水，如草酸（$H_2C_2O_4 \cdot 2H_2O$）、硼砂（$Na_2B_4O_7 \cdot 10H_2O$）等，其结晶水的含量也应与化学式相符。

② 试剂的纯度应足够高（纯度应在99.9%以上）。

③ 试剂性质要稳定。即不容易吸收空气中的水分和CO_2，也不容易被空气中的氧所氧化等。

④ 试剂最好具有较大的摩尔质量，以减少称量的相对误差。

在分析化学中，常用的基准试剂有纯金属和纯化合物等，如邻苯二甲酸氢钾、$H_2C_2O_4 \cdot 2H_2O$、无水Na_2CO_3、$K_2Cr_2O_7$、NaCl、$CaCO_3$、金属锌等。它们的含量一般在99.9%，甚至可达99.99%以上。有些超纯试剂和光谱试剂的纯度虽然很高，但并不表明它的主成分的含量在99.9%以上，而只能说明其中杂质的含量很低。有时因为其中含有不定组成的水分和气体杂质，以及试剂本身的组成不固定等原因，致使主成分的含量可能达不到99.9%，所以，选择基准物时要特别慎重。

(2) 标准溶液的配制

标准溶液的配制一般有**直接法**和**间接法**两种。

① 直接法　准确称取一定量的基准物质，溶解后定量转入一定体积的容量瓶中，用蒸馏水稀释至刻度。根据基准物质的质量和容量瓶的体积，即可计算出该标准溶液的准确浓度。

② 间接法（也叫标定法）　很多试剂不符合基准物质的条件，不能直接配制标准溶液，则采用标定法。即先将其配制成接近于所需浓度的溶液，然后再用基准物质（或已知准确浓度的另一标准溶液）来测定它的准确浓度，这一操作过程，称为"标定"。例如欲配制$0.1mol \cdot L^{-1}$ NaOH标准溶液，先将NaOH配制成浓度约为$0.1mol \cdot L^{-1}$的溶液，然后准确称取一定量的邻苯二甲酸氢钾，溶解后用待标定的NaOH溶液滴定，根据邻苯二甲酸氢钾的质量和滴定所消耗的NaOH溶液的体积，即可算出NaOH溶液的准确浓度。也可用已知准确浓度的HCl标准溶液来测定NaOH的浓度。

1.2.4.2　标准溶液浓度的表示

(1) 物质的量浓度

物质的量浓度是指单位体积溶液中所含溶质的物质的量，例如物质B的浓度，以符号c_B表示，即

$$c_B = \frac{n_B}{V} \tag{1-3}$$

式中，V为溶液的体积，其单位可以是m^3、dm^3，在分析化学中，最常用的体积单位是L或mL；n_B为溶液中溶质B的物质的量，单位为mol或mmol；浓度c_B的常用单位为$mol \cdot L^{-1}$。

根据物质的量n_B、摩尔质量M_B以及质量m_B(g)之间的关系，可导出下列关系式：

$$c_B = \frac{n_B}{V} = \frac{m_B}{M_B V} \tag{1-4}$$

$$m_B = n_B M_B = c_B M_B V \tag{1-5}$$

(2) 滴定度

滴定度是指1mL标准溶液相当于被测物质的质量(g)。即

$$T_{A/B} = \frac{m_A}{V_B} \tag{1-6}$$

式中，$T_{A/B}$为标准溶液B对被测物质A的滴定度，$g\cdot mL^{-1}$；m_A为被测物质A的质量，g；V_B为标准溶液B的体积，mL。例如，用$K_2Cr_2O_7$标准溶液滴定铁，$T(Fe/K_2Cr_2O_7)=0.005000g\cdot mL^{-1}$，表示每毫升$K_2Cr_2O_7$标准溶液相当于0.005000g Fe。若某次滴定中消耗$K_2Cr_2O_7$标准溶液21.53mL，则溶液中铁的质量为$0.005000\times21.53=0.1076g$。在生产单位的例行分析中，如果分析对象固定，这时若用滴定度来表示标准溶液所相当的被测物质的质量，则计算待测组分的含量就比较方便。

在书写滴定度符号时，将被测物质的化学式写在前面，滴定剂的化学式写在后面，中间的斜线只表示"相当于"的意思，并不代表分数关系。

(3) 标准溶液浓度大小的确定

在滴定分析中，不论采用何种滴定方式都离不开标准溶液，所采用的标准溶液浓度及体积大小直接影响到结果测定的准确度。标准溶液浓度大小的选择应从以下几个方面考虑。

① 滴定终点的敏锐程度　标准溶液浓度越大，最后滴加一滴标准溶液使指示剂所发生的颜色变化也就越明显，但标准溶液浓度过大，则会由于一滴或半滴的过量造成误差过大。

② 滴定标准溶液体积的相对误差　在滴定分析中，滴定管读数最大误差为±0.02mL(一次滴定，对滴定管有两次读数)，一般滴定分析要求滴定的相对误差小于0.1%，为了使滴定管读数的相对误差小于0.1%，所用标准溶液的体积不应小于20mL。若标准溶液浓度过大，滴定体积就会小于20mL，这样就会造成滴定体积读数的相对误差增大。

③ 分析试样中被测成分的含量　若被测物质的含量较低，就应使用较稀的标准溶液。

在定量分析中，常用标准溶液的浓度在$0.05\sim0.2mol\cdot L^{-1}$之间，而以$0.1mol\cdot L^{-1}$的应用最多。在工业分析中，也时常用到$0.5mol\cdot L^{-1}$或$1mol\cdot L^{-1}$的溶液。半微量分析中，常用$0.001mol\cdot L^{-1}$的溶液。

1.2.5 滴定分析中的有关计算

1.2.5.1 计算的依据

在滴定分析中，用标准溶液(滴定剂B)滴定被测物A时，反应物之间是按反应式中的计量关系相互作用的。假设滴定反应为

$$aA + bB = cC + dD$$

当滴定到达化学计量点时，$a$mol A物质恰好与$b$mol B物质作用完全，即它们之间的物质的量之比就等于其系数之比，这就是计算的关键。

$$\frac{n_A}{n_B} = \frac{a}{b} \tag{1-7}$$

由此可得

$$n_A = \frac{a}{b} n_B \tag{1-8a}$$

$$n_B = \frac{b}{a} n_A \tag{1-8b}$$

如果A物质和B物质均为液体，则式(1-8a)又可表示为

$$c_A V_A = \frac{a}{b} c_B V_B \tag{1-9}$$

如果 A 物质为液体，B 物质为固体，则式(1-8b) 可写为

$$\frac{m_B}{M_B} \times 1000 = \frac{b}{a} c_A V_A \tag{1-10}$$

注意：式(1-9) 和式(1-10) 中浓度 c 的单位为 $mol \cdot L^{-1}$，m_B 的单位为 g，M_B 的单位为 $g \cdot mol^{-1}$，体积 V 的单位为 mL。

例如，在酸性溶液中，以 $Na_2C_2O_4$ 为基准物标定 $KMnO_4$ 溶液的浓度时，其反应

$$2MnO_4^- + 5C_2O_4^{2-} + 16H^+ = 2Mn^{2+} + 10CO_2\uparrow + 8H_2O$$

则有

$$n(KMnO_4) = \frac{2}{5} n(Na_2C_2O_4)$$

在置换滴定或间接滴定中一般涉及两个或两个以上的反应，此时应该从整个反应过程中找出被测物与滴定剂之间的物质的量关系。

例如在酸性溶液中以 $K_2Cr_2O_7$ 为基准物标定 $Na_2S_2O_3$ 溶液的浓度时，有以下两个反应。首先，在酸性溶液中，一定量的 $K_2Cr_2O_7$ 与过量的 KI 反应，定量析出 I_2

$$Cr_2O_7^{2-} + 6I^- + 14H^+ = 2Cr^{3+} + 3I_2 + 7H_2O \tag{1}$$

析出的 I_2，用 $Na_2S_2O_3$ 溶液滴定。

$$I_2 + 2S_2O_3^{2-} = 2I^- + S_4O_6^{2-} \tag{2}$$

I^- 在前一反应中被 $K_2Cr_2O_7$ 氧化，在后一反应中 I_2 又被 $Na_2S_2O_3$ 还原，其结果并未发生改变。虽然在反应过程中 $K_2Cr_2O_7$ 和 $Na_2S_2O_3$ 未直接发生反应，但是实际结果相当于 $K_2Cr_2O_7$ 氧化了 $Na_2S_2O_3$。因为在反应 (1) 中，1mol $K_2Cr_2O_7$ 和 I^- 反应产生 3mol I_2，而在反应 (2) 中，1mol I_2 又和 2mol $Na_2S_2O_3$ 反应，由此可知 $K_2Cr_2O_7$ 与 $Na_2S_2O_3$ 的物质的量之比为1∶6，故

$$n(Na_2S_2O_3) = 6n(K_2Cr_2O_7)$$

又如，用 $KMnO_4$ 法测定 Ca^{2+}，其分析过程为：

$$Ca^{2+} \xrightarrow{C_2O_4^{2-}} CaC_2O_4\downarrow \xrightarrow{H^+} H_2C_2O_4 \xrightarrow{MnO_4^-} 2CO_2\uparrow$$

由以上过程可知，Ca^{2+} 与 $C_2O_4^{2-}$ 反应的物质的量之比是 1∶1，而 $C_2O_4^{2-}$ 与 $KMnO_4$ 是按 5∶2 的物质的量之比互相反应的，所以 Ca^{2+} 和 $KMnO_4$ 的物质的量之比为

$$n(Ca^{2+}) = \frac{5}{2} n(KMnO_4)$$

1.2.5.2　标准溶液浓度的计算

(1) 溶液的稀释

在分析化学中，常遇到把浓溶液稀释成工作溶液的操作。其计算的依据是，溶液稀释前后溶质的物质的量没有改变。若以 c_1 和 c_2 分别代表稀释前后溶液的浓度，V_1 和 V_2 分别代表稀释前后溶液的体积，则可得

$$c_1 V_1 = c_2 V_2 \tag{1-11}$$

使用此公式时应注意稀释前后所用的浓度单位和体积单位应保持一致。

(2) 标准溶液的物质的量浓度与滴定度之间的关系

若滴定剂为 B，被测物为 A，相当于固体和溶液间的反应，根据式(1-10) 可得：

$$\frac{m_A}{M_A}\times 1000=\frac{a}{b}c_B V_B \tag{1-12}$$

根据滴定度的定义，即 $V_B=1\text{mL}$ 时的 m_A 可用 $T_{A/B}$表示。由此可求得滴定度 $T_{A/B}$与滴定剂的浓度 c_B 之间的关系，即：

$$T_{A/B}=\frac{a}{b}\times c_B\times M_A\times 10^{-3} \tag{1-13}$$

(3) 标准溶液浓度的确定

直接配制法可据式(1-5) 直接计算。

标定法中，若用已知准确浓度的标准溶液标定，可根据式(1-9) 进行计算。

若用基准物标定，可根据式(1-10) 进行计算。

基准物的称取量也可由式(1-10) 计算，为了保证滴定体积读数的相对误差不大于0.1%，则滴定体积可按 25mL（或 20～30mL）左右进行计算。

(4) 被测物质量分数的计算

若称取试样的质量为 G(g)，用标准溶液 B 测得被测物 A 的质量为 m_A，则被测物 A 在试样中的质量分数 w_A 为

$$w_A=\frac{m_A}{G}\times 100\%$$

根据式(1-12)，上式得

$$w_A=\frac{\frac{a}{b}c_B V_B M_A}{G\times 1000}\times 100\% \tag{1-14}$$

1.2.5.3 滴定分析计算实例

例 1-2 欲配制 0.02000mol·L^{-1} $K_2Cr_2O_7$ 标准溶液 250mL，应称取 $K_2Cr_2O_7$ 多少克？

解 由于 $K_2Cr_2O_7$ 符合基准物条件，可直接配制其标准溶液。已知 $K_2Cr_2O_7$ 的摩尔质量为 294.18g·mol^{-1}，由式(1-5) 得：

$$m(K_2Cr_2O_7)=c(K_2Cr_2O_7)\times M(K_2Cr_2O_7)\times V$$
$$=0.02000\times 294.18\times 250\times 10^{-3}=1.471(\text{g})$$

即在分析天平上准确称取 $K_2Cr_2O_7$ 1.471g，然后定容至 250.0mL 的容量瓶中。

例 1-3 称取基准物质草酸（$H_2C_2O_4\cdot 2H_2O$）0.3287g，溶于水，用 NaOH 溶液滴定至终点，消耗 NaOH 溶液 25.35mL，求该 NaOH 溶液的物质的量浓度。

解 已知滴定反应为

$$H_2C_2O_4+2NaOH = Na_2C_2O_4+2H_2O$$

由滴定反应可知，$\frac{n(NaOH)}{n(H_2C_2O_4\cdot 2H_2O)}=2$，$n(NaOH)=2n(H_2C_2O_4)$，故

故

$$c(NaOH)=2\times\frac{m(H_2C_2O_4\cdot 2H_2O)}{M(H_2C_2O_4\cdot 2H_2O)}\times\frac{1}{V(NaOH)}\times 10^3$$
$$=2\times\frac{0.3287}{126.07}\times\frac{1}{25.35}\times 10^3$$
$$=0.2057(\text{mol}\cdot\text{L}^{-1})$$

例 1-4 今用 $K_2Cr_2O_7$ 标准溶液滴定 Fe^{2+}，需配制 $K_2Cr_2O_7$ 标准溶液 250.0mL，要求每毫升 $K_2Cr_2O_7$ 溶液相当于 0.01000g Fe^{2+}，问如何配制？

解　$$Cr_2O_7^{2-}+6Fe^{2+}+14H^+ \xlongequal{} 2Cr^{3+}+6Fe^{3+}+7H_2O$$

$$n(Fe^{2+})=6n(K_2Cr_2O_7)\text{或}\ n(K_2Cr_2O_7)=\frac{1}{6}n(Fe^{2+})$$

$$T(Fe/K_2Cr_2O_7)=0.0100g\cdot mL^{-1},\ M(Fe)=55.85g\cdot mol^{-1}$$

将题中已知条件代入式(1-13) 可求得 $c(K_2Cr_2O_7)$。

$$T(Fe/K_2Cr_2O_7)=6c(K_2Cr_2O_7)M(Fe)\times 10^{-3}$$

$$c(K_2Cr_2O_7)=\frac{0.01000\times 1000}{6\times 55.85}=0.02984(mol\cdot L^{-1})$$

$K_2Cr_2O_7$ 的质量为：

$$m(K_2Cr_2O_7)=c(K_2Cr_2O_7)V(K_2Cr_2O_7)\frac{M(K_2Cr_2O_7)}{1000}$$

$$=0.02984\times 250.0\times\frac{294.18}{1000}=2.195(g)$$

配制步骤：在分析天平上准确称取 $K_2Cr_2O_7$ 2.195g，用蒸馏水溶解后，转移至 250.0mL 容量瓶中，稀释至刻度，并摇匀，即得所需的溶液。

例 1-5　以 KIO_3 为基准物，标定浓度约为 0.02mol·L^{-1} $Na_2S_2O_3$ 溶液。若滴定时，欲将消耗 $Na_2S_2O_3$ 溶液的体积控制在 25mL 左右，问应当称取 KIO_3 多少克？如何做能使称量的相对误差在±0.1%以内。

解　其滴定过程的反应为：

$$IO_3^-+5I^-+6H^+ \xlongequal{} 3I_2+3H_2O$$

$$I_2+2S_2O_3^{2-} \xlongequal{} 2I^-+S_4O_6^{2-}$$

KIO_3 和 $Na_2S_2O_3$ 之间的化学计量关系为：

$$n(KIO_3)=\frac{1}{6}n(Na_2S_2O_3)$$

按式(1-10) 计算基准物 $m(KIO_3)$：

$$m(KIO_3)=\frac{1}{6}\times 0.020\times 25\times M(KIO_3)\times 10^{-3}$$

已知 $M(KIO_3)=214.00g\cdot mol^{-1}$，故应称取 KIO_3 的质量为：

$$m(KIO_3)\approx 0.18g$$

由于分析天平称量的绝对误差为±0.0001g，采用减量法称样，称量一份样品，需称两次，因此称量的最大绝对误差为±0.0002g，称取 0.018g 的 KIO_3，造成称量的相对误差为 $\frac{\pm 0.0002}{0.018}\times 100\%=\pm 1\%$。为使称量的相对误差在±0.1%以内，**应采取大样称取**，即在分析天平称取 0.18g 左右的 KIO_3，溶解后，定容至 250.0mL 的容量瓶中，然后每次用移液管移取 25.00mL 作标定用。

例 1-6　测定某试样中 Na_2CO_3 的含量时，称取 0.2578g 试样，用 0.1983mol·L^{-1} 的 HCl 标准溶液滴定，以甲基橙指示终点，消耗 HCl 标准溶液 24.12mL。求试样中 Na_2CO_3 的质量分数。

解　用甲基橙作为指示剂时，滴定反应为：

$$2HCl+Na_2CO_3 \xlongequal{} 2NaCl+H_2CO_3$$

$$n(Na_2CO_3)=\frac{1}{2}n(HCl)$$

由此可得：

$$w(Na_2CO_3)=\frac{\frac{1}{2}c(HCl)V(HCl)M(Na_2CO_3)}{G\times 1000}\times 100\%$$

$$=\frac{\frac{1}{2}\times 0.1983\times 24.12\times 106.0}{0.2578\times 1000}\times 100\%=98.33\%$$

例 1-7 分析某样品中钙含量。今称取试样 0.2548g，用 EDTA 标准溶液滴定。已知 EDTA 对 CaO 的滴定度为 $0.001200g\cdot mL^{-1}$，滴定时，消耗 EDTA 25.25mL。计算试样中 CaO 的质量分数。

解 已知 $T(CaO/EDTA)=0.001200g\cdot mL^{-1}$，根据题中条件可直接求得 CaO 的质量分数。

$$w(CaO)=\frac{T(CaO/EDTA)V(EDTA)}{G}\times 100\%=\frac{0.001200\times 25.25}{0.2548}\times 100\%=11.89\%$$

本章要点

1. 定量分析过程（包括取样，试样的分解和分析试液的制备，干扰组分的分离，测定，数据的计算和处理，以及分析结果的报告和评价等步骤）。

（1）取样的关键是保证所取试样具有高度的代表性，其次是在采样的过程中严防杂质混入。不同的分析对象和不同状态的试样，其取样的方法不同。

（2）常用的分解试样的方法有溶解法、熔融法和干式灰化法等。

（3）分析方法的选择：常量组分一般选用滴定分析法；微量、痕量组分，选用灵敏度高的仪器分析法。相对原子质量的测定、标准样品分析或成分分析，选用准确度高的分析方法；生产过程中的控制分析，选择快速的分析方法。

2. 滴定分析基本概念以及滴定分析对滴定反应的要求。

3. 滴定分析方法分类和不同的滴定方式。

4. 基准物质以及基准物质应具备的条件。

5. 标准溶液的配制（直接法和标定法）。

6. 标准溶液浓度的表示（物质的量浓度和滴定度以及二者之间的相互换算）。

7. 滴定分析中的有关计算。

计算的关键：滴定剂和被测物质完全反应时，它们之间的物质的量之比等于其化学计量系数之比。

思 考 题

1. 正确进行试样的采取、制备和分解对分析工作有何意义？

2. 在进行农业试验时，需要了解微量元素对农作物栽培的影响。某人从试验田中挖一小铲泥土试样，送化验室测定。试问由此试样所得的分析结果有无意义。如何采样才正确？

3. 为了探讨某江河地段底泥中工业污染物的聚集情况，某单位于不同地段采集足够量原始试样，混匀后取部分试样送分析室。分析人员用不同方法测定其中有害化学组分的含量。这样做对不对？为什么？

4. 怎样溶解下列试样：锡青铜（Cu 80%，Sn 15%，Zn 5%）、高钨钢、纯铝、银币、玻璃（不测硅）、方解石。

5. 欲测石灰石（$CaCO_3$）和白云石［$CaMg(CO_3)_2$］中钙、镁的含量，怎样测定才能得到较准确的结果？

6. 半熔融法分解试样有何优点？

7. 选择分析方法应注意哪些方面的问题？

8. 什么叫滴定分析？它的主要分析方法有哪些？

9. 能用于滴定分析的化学反应必须符合哪些条件？

10. 为什么用于滴定分析的化学反应必须要有确定的计量关系？什么是“化学计量点”？什么是“滴定终点”？

11. 下列物质中哪些可以用直接法配制标准溶液？哪些只能用间接法配制？

H_2SO_4，KOH，$KMnO_4$，$K_2Cr_2O_7$，KIO_3，$Na_2S_2O_3 \cdot 5H_2O$

12. 标准溶液浓度的表示方法有几种？各有何优缺点？标准溶液浓度大小的选择应从哪几个方面考虑？

13. 基准物条件之一是要具有较大的摩尔质量，对这个条件如何理解？

14. 若将 $H_2C_2O_4 \cdot 2H_2O$ 基准物长期放在有硅胶的干燥器中，当用它标定 NaOH 溶液的浓度时，结果是偏低还是偏高？

15. 什么叫滴定度？滴定度与物质的量浓度如何换算？试举例说明。

习　题

1. 已知浓硝酸的相对密度 1.42，其中含 HNO_3 约为 70.0%（质量分数），求其物质的量浓度。如欲配制 1L 0.250mol·L^{-1} HNO_3 溶液，应取这种浓硝酸多少毫升？

2. 某 NaOH 溶液，其浓度为 0.5000mol·L^{-1}，取该溶液 100.0mL，需加水多少毫升方能配制成 0.2000mol·L^{-1}的溶液？

3. 中和下列溶液，需要多少毫升 0.2150mol·L^{-1} NaOH 溶液？

(1) 22.53mL 0.1250mol·L^{-1} H_2SO_4 溶液；

(2) 20.52mL 0.2040mol·L^{-1} HCl 溶液。

4. 假如有一邻苯二甲酸氢钾试样，其中邻苯二甲酸氢钾含量约 90%（质量分数），其余为不与碱作用的惰性杂质，今用酸碱滴定法测定其含量。

(1) 若采用浓度为 1.000mol·L^{-1} NaOH 标准溶液滴定，欲控制滴定时 NaOH 溶液的体积在 25mL 左右，则需称取上述试样多少克？

(2) 若以浓度为 0.0100mol·L^{-1}的 NaOH 溶液代替 1.000mol·L^{-1}的 NaOH 溶液滴定，重复上述计算。

(3) 通过上述的计算结果，说明为什么在滴定分析中通常采用的滴定剂浓度为 0.1～0.2mol·L^{-1}。

5. 计算下列溶液的滴定度，以 g·mL^{-1}表示：

(1) 0.1002mol·L^{-1} NaOH 溶液对 HNO_3 的滴定度。

(2) 0.1100mol·L^{-1} HCl 溶液对 CaO 的滴定度。

6. 已知高锰酸钾溶液浓度为 $T(CaCO_3/KMnO_4)=0.005005$g·mL^{-1}，求此高锰酸钾溶液的物质的量浓度以及它对铁的滴定度。

7. 30.0mL 0.150mol·L^{-1} HCl 溶液和 20.0mL 0.150mol·L^{-1} $Ba(OH)_2$ 溶液相混合，所得溶液是酸性、中性还是碱性？计算过量反应物的浓度。

8. 滴定 0.1560g 草酸的试样，用去 0.1011mol·L^{-1} NaOH 22.60mL。求草酸试样中 $H_2C_2O_4 \cdot 2H_2O$ 的质量分数。

9. 分析不纯 $CaCO_3$（其中不含干扰物质）时，称取试样 0.3000g，加入浓度为 0.2500mol·L^{-1}的 HCl 标准溶液 25.00mL。煮沸后，用浓度为 0.2012mol·L^{-1}的 NaOH 溶液返滴过量酸，消耗了 5.84mL。计算试样中 $CaCO_3$ 的质量分数。

第 2 章　误差和分析数据的处理

定量分析的目的是准确测定试样中组分的含量。只有分析结果达到一定的准确度，才能对生产和科学研究起指导作用。但是，在定量分析过程中，即使采用最可靠的分析方法，使用最精密的仪器，由专业技能很熟练的分析人员进行多次测量，也不可能得到绝对准确的结果。同一个人对同一样品用同样的方法进行多次分析，结果也不尽相同。这表明，在分析过程中，误差是客观存在的。在一定条件下分析结果只能趋近于真值而不能达到真值。因此，在定量分析中就必须对所得数据进行归纳、取舍等一系列数理统计处理，根据实际工作对准确度的要求，对分析结果的可靠性和准确程度作出合理的判断和正确的表述。为此，应了解分析过程中误差产生的原因及其出现的规律，采用相应的措施减小误差，并对测量数据进行科学的归纳、取舍、处理，使分析结果尽可能地接近客观真值。

2.1　定量分析中的误差

分析结果与真实值之间的差值称为误差。分析结果大于真实值，误差为正；分析结果小于真实值，误差为负。

根据误差的性质与产生的原因，可将误差分为**系统误差**和**偶然误差**两类。

2.1.1　系统误差和偶然误差

2.1.1.1　系统误差

系统误差是由某种固定的原因所造成的，其数值具有单向性，即在同一原因的影响下，其测定结果总是系统地偏高或偏低；当重复测定时，会重复出现，且误差大小基本不变，对测定结果影响比较恒定。因此系统误差的大小、正负是可以测定的，至少在理论上说是可测的，因此系统误差又称为可测误差。系统误差产生的原因主要有以下几个方面。

(1) 方法误差

指分析方法本身所造成的误差。例如，重量分析中由于沉淀的溶解损失，会使分析结果偏低；而由于杂质的包藏，又会使分析结果偏高。又如滴定分析中反应进行不完全，或由于指示剂选择不当造成的终点与化学计量点相差较大等，也都会产生系统误差。

(2) 仪器误差

指仪器本身的缺陷造成的误差。例如，分析天平两臂不等，砝码未经校正，滴定管刻度不准，容量瓶与移液管未经相对校正等，在使用过程中就会引入误差。另外，玻璃或塑料容器所含杂质的溶出，也往往造成误差。

(3) 试剂误差

所用化学试剂或蒸馏水中若含有微量的待测组分或含有对测定有干扰的杂质，均会造成测定误差，对微量、痕量分析造成的影响尤为严重。作为基准物的物质纯度达不到要求，也会造成系统误差。

(4) 主观误差

由于操作人员主观原因造成的误差。例如，不同的分析人员判断颜色的能力不同，对终点颜色辨别偏深或偏浅；有的分析人员为了使测定结果的重复性好，在读数时常常带有主观倾向性，总是想使第二次体积读数与第一次的体积读数相吻合，不自觉地受到“先入为主”的影响，结果造成主观误差。

2.1.1.2 偶然误差

偶然误差产生的原因与系统误差不同，它是由某些难以控制、无法避免的偶然因素（如测定时仪器性能的微小变化，环境的温度、湿度和气压的微小波动等）造成的，其大小、正负都不固定，完全是随机的。因此这种误差也称为随机误差或不可测误差。虽然偶然误差难以觉察和控制，但在同样条件下进行多次平行测定，则可发现偶然误差的分布也是服从一定规律的。

① 大小相等的正、负误差出现的概率相等。

② 小误差出现的概率大，大误差出现的概率少。

虽然偶然误差不能通过校正而减小或消除，但可以通过增加测量次数予以减小。不存在系统误差的情况下，测定次数越多，其结果平均值越接近真值。实验表明，在测定次数较少时，偶然误差随着测定次数的增加而迅速减小，当测定次数大于 10 时，偶然误差已减小到很小的数值。所以，一般平行测定 4～6 次就可以了。

除这两种误差外，往往可能由于分析人员的粗心大意或违反操作规程等而造成“过失误差”。如器皿不洁净、溶液溅失、转移沉淀时丢失、加错试剂、看错砝码、读错滴定管读数、记录或计算错误等，这些都属于不应有的过失，是错误而不是误差，必须避免。在处理所得数据时，如发现确实为过失引起的错误，应该把该次测定的结果弃去不要，重新测定。因此，在定量分析测试工作中，首先必须掌握规范的操作技术，其二就是必须要有严谨求实、一丝不苟的科学态度。

2.1.2 真值、平均值、中位数

2.1.2.1 真值（用 μ 表示）

某一物理量本身具有的客观存在的真实数值，即为该量的真值。一般来说，真值是未知的。但下列情况的真值可认为是已知的。

(1) 理论真值

比如某纯物质的理论组成或含量，如纯 NaCl 中 Cl 的含量（质量分数）：

$$w=\frac{A(\mathrm{Cl})}{M(\mathrm{NaCl})}=\frac{35.45}{58.44}\times100\%=60.66\%$$

(2) 约定真值

如国际计量大会上确定的长度、质量等；标准参考物质证书上给出的数值；有经验的人在确认消除系统误差后用可靠方法多次测定的平均值。

(3) 相对真值

认定精确度高一个数量级的测定值可作为低一级测量值的真值（如在仪器分析中常常用标准试样的含量作真值）。

2.1.2.2 平均值（$\overline{x}$）

相同条件下，n 次测定结果的算术平均值，即为平均值，其表达式为

$$\overline{x}=\frac{x_1+x_2+\cdots+x_n}{n}=\frac{1}{n}\sum_{i=1}^{n}x_i \tag{2-1}$$

算术平均值虽然不是真值，但是比单次测定结果更接近真值。分析工作中常常用多次测定的算术平均值来代替真值。数理统计方法已经证明，在没有系统误差的前提下，一组测量数据的算术平均值就是真值的最佳估计值。

2.1.2.3 中位数（x_M）

一组测量数据按大小顺序排列，中间一个数据即为中位数 x_M。当测量值的个数为偶数时，中位数为中间相邻两个测量值的平均值。

2.1.3 准确度与误差

准确度表示分析结果的测量值与真实值接近的程度。准确度的高低，可用误差（E）来衡量，误差是指测定结果与真实值的差值。如个别测定结果 x_1、x_2、…、x_n 与真值之差称为**个别测定的绝对误差**，分别表示为 $x_1-\mu$、$x_2-\mu$、…、$x_n-\mu$，其通式可表示为：

$$E_i=x_i-\mu \tag{2-2}$$

实际工作中通常是用各次测定结果的平均值$\overline{x}$来表示测定结果，因此误差又可用下式表示：

$$E=\overline{x}-\mu \tag{2-3}$$

可见，当用$\overline{x}-\mu$ 表示测量值的误差时，其实质是全部单次测定绝对误差的算术平均值。

误差有正、负之分，当测量值大于真值时误差为正，表示分析结果偏高；当测量值小于真值时误差为负，表示分析结果偏低。

绝对误差不能反映在真实值中所占的比例，因此常采用**相对误差**来表示。相对误差是绝对误差在真值中所占的百分数，其表达式为

$$E_r=\frac{E}{\mu}\times 100\% \tag{2-4}$$

测量误差越小，表示结果与真值越接近，测定的准确度越高。反之，误差越大，测定的准确度越低。

例 2-1 试样 A 的真值为 2.54%，实验员甲分析结果的平均值为 2.55%；试样 B 的真值为 25.43%，实验员乙分析结果的平均值为 25.44%，试比较两个实验员的测定结果哪一个准确度高。

解 分别计算它们的绝对误差和相对误差：

甲测量的绝对误差 $E=2.55\%-2.54\%=0.01\%$

乙测量的绝对误差 $E=25.44\%-25.43\%=0.01\%$

两个实验员测量的绝对误差相同，所以比较不出哪一个准确度高，故需用相对误差来比较。

甲测量的相对误差 $E_r=\frac{0.01}{2.54}\times 100\%=0.4\%$

乙测量的相对误差 $E_r=\frac{0.01}{25.43}\times 100\%=0.04\%$

显然，乙测量的相对误差比甲小，说明乙的准确度高。

由此看出，相对误差更适合于比较测定结果的准确度，故在定量分析中多用相对误差表示分析结果的准确度。为了避免与质量分数相混淆，相对误差也常用千分数（‰）表示。

2.1.4　精密度与偏差

2.1.4.1　算术平均偏差（简称偏差）

在实际工作中，真实值往往是不知道的，因此无法求得分析结果的准确度，所以不得不用另外一种表示形式，即用精密度来判断分析结果的好坏。精密度是表示多次平行测定结果相互接近的程度。在分析工作中，由于不知道真值，所以通常是对待测试样进行多次平行测定并求其算术平均值，然后用各测量值与其平均值进行比较，所得差值称为偏差，用 d 表示。

偏差是衡量测量结果精密度高低的尺度。偏差大说明精密度低，偏差小说明精密度高。偏差分为绝对偏差和相对偏差，绝对偏差又分为个别测定的绝对偏差和平均偏差。通常以测定结果的相对平均偏差来衡量。

个别测定的绝对偏差（d_i）是个别测量值与平均值之差，即

$$d_i = x_i - \overline{x} \tag{2-5}$$

式中，d_i 为第 i 次测量结果的绝对偏差。

个别测定的平均偏差（$\overline{d}$）是个别测定的绝对偏差的平均值。

$$\overline{d} = \frac{|d_1| + |d_2| + \cdots + |d_n|}{n} = \frac{1}{n}\sum_{i=1}^{n}|d_i| \tag{2-6}$$

相对平均偏差（d_r）是绝对平均偏差在测定结果的平均值中所占的百分数。其表达式为

$$d_r = \frac{\overline{d}}{\overline{x}} \times 100\% \tag{2-7}$$

平均偏差和相对平均偏差均无正负号，而个别测定值的绝对偏差要记正、负号。

2.1.4.2　标准偏差

使用平均偏差表示分析结果的精密度比较简单，但这个方法有不足之处。因为在一系列的测定中，小偏差出现的机会总是占多数，而大偏差出现的机会总是占少数，按总的测定次数去求平均偏差所得结果会偏小，大偏差得不到充分的反映。所以，用平均偏差表示精密度的方法在数理统计上一般不采用。

近年来，在精度要求相对高一些的分析工作中，愈来愈广泛地采用数理统计方法来处理各种测定数据。在数理统计中，我们常把所研究对象的全体称为总体（或母体）；自总体中随机抽出的一部分样品称为样本（或子样）；样本中所含测量值的数目称为样本大小（或容量）。例如，我们对某一批煤中硫的含量进行分析，首先是按照有关部门的规定进行取样，最后制备成一定数量（如 500g）的分析试样，这就是供分析用的总体。如果从中称取 10 份煤样进行平行测定，得到 10 个测定值，则这一组数据就是该试样总体的一个随机样本，其样本容量为 10。

若样本容量为 n，平行测定结果分别为 x_1、x_2、x_3、x_4、…、x_n，则其样本平均值为

$$\overline{x} = \frac{1}{n}\sum_{i=1}^{n}x_i$$

当测定次数无限多，即 $n \to \infty$ 时，样本平均值即为总体平均值 μ，即

$$\lim_{n\to\infty}\overline{x}=\mu$$

μ 表示数据的集中趋势。

若没有系统误差，且测定次数无限多（一般 $n>30$）时，则总体平均值 μ 就是真值。此时个别测定的平均偏差用 δ 表示。但是在定量分析实验中，测定次数一般较少，故仍用$\overline{d}$表示平均偏差。

在数理统计上，常用标准偏差来衡量数据的精密程度。标准偏差也简称标准差。

当测定次数趋于无限，即 $n\to\infty$时，用总体标准偏差 σ 表征数据分散程度，其数学表达式为

$$\sigma=\sqrt{\frac{\sum(x-\mu)^2}{n}} \tag{2-8}$$

但实际工作中由于测定次数是有限的（一般 $n<20$），总体标准偏差 σ 是未知的，故此时用样本标准偏差 s 来衡量该组数据的分散程度。在有限次测量中，其样本标准偏差 s 为

$$s=\sqrt{\frac{\sum(x_i-\overline{x})^2}{n-1}} \tag{2-9}$$

式中，$n-1$ 为自由度，常用 f 表示。它通常是指在 n 次测量值中具有独立可变差值的数目。引入 $n-1$ 的目的，主要是为了校正在有限次测定中以样本平均值$\overline{x}$代替 μ 所引起的误差。

样本相对标准偏差，又称变异系数，以 s_r 或 CV 表示。

$$s_r=\frac{s}{\overline{x}}\times100\% \tag{2-10}$$

标准偏差与平均偏差的区别在于，标准偏差是把单次测量值与平均值的差值先平方起来再加和，因为将单次测定值的偏差平方后，它能更灵敏地将较大的偏差显著地表现出来，能更好地说明数据的分散程度。因此用标准偏差表示数据的精密度更合理，在统计学上更有意义。

例 2-2 有甲、乙两组数据，各得 10 个偏差：

甲组

+0.32，−0.22，−0.41，+0.21，+0.10，+0.40，0.00，−0.29，+0.19，−0.30

乙组

+0.10，0.00，−0.72，+0.18，−0.07，−0.20，+0.51，−0.23，+0.33，+0.10

比较甲、乙两组精密度的高低。

解 根据相应公式算得结果如下：

	$\sum\|d_i\|$	$\overline{d}$	$\sum d_i^2$	s
甲	2.44	0.24	0.74	0.29
乙	2.44	0.24	1.04	0.34

比较可知，两组数据的平均偏差相等，无法区分二者精密度的高低，而实际上乙组数值中有两个大偏差（−0.72 和+0.51）。标准偏差的差别明显，说明甲组精密度高于乙组。

例 2-3 在用发酵法生产赖氨酸的过程中，对产酸率（%）作 6 次测定，样本测定值为 3.48、3.37、3.47、3.38、3.40、3.43。计算其平均偏差、相对平均偏差、标准偏差和相对标准偏差。

解 计算结果如下：

x_i	$\vert x_i-\overline{x}\vert$	$(x_i-\overline{x})^2$
3.48	0.06	0.0036
3.37	0.05	0.0025
3.47	0.05	0.0025
3.38	0.04	0.0016
3.40	0.02	0.0004
0.43	0.01	0.0001
$x=3.42$	$\sum\vert d_i\vert=0.23$	$\sum\vert d_i^2\vert-0.0107$

平均偏差　$$\overline{d}=\frac{\sum|d_i|}{n}=\frac{0.23}{6}=0.038$$

相对平均偏差　$$d_r=\frac{\overline{d}}{\overline{x}}\times100\%=\frac{0.038}{3.42}\times100\%=1.1\%$$

标准偏差　$$s=\sqrt{\frac{\sum d_i^2}{n-1}}=\sqrt{\frac{0.0107}{6-1}}=0.046$$

相对标准偏差　$$s_r=\frac{s}{\overline{x}}\times100\%=\frac{0.046}{3.42}\times100\%=1.3\%$$

精密度有时也用重复性和再现性表示。前者表示同一操作者，在相同条件下，获得一系列结果之间的一致程度。后者表示不同分析人员或不同实验室之间在各自的条件下所得分析结果的一致程度。

2.1.4.3　平均值的标准偏差

通常是用一组测定的平均值$\overline{x}_1$来估计总体平均值μ的。一系列测定（每次作n个平行测定）的平均值$\overline{x}_1$、$\overline{x}_2$、…、$\overline{x}_i$，其波动情况也遵从正态分布。这时应当用平均值的标准偏差$\sigma_{\overline{x}}$来表示平均值的分散程度。显然，平均值的精密度应当比单次测定的精密度更好。

统计学已证明，测定次数无限时　$$\sigma_{\overline{x}}=\frac{\sigma}{\sqrt{n}}\tag{2-11}$$

对有限次测定，则是　$$s_{\overline{x}}=\frac{s}{\sqrt{n}}\tag{2-12}$$

这表明，平均值的标准偏差与测定次数的平方根成反比。增加测定次数可以提高测定的精密度，但实际上增加测定次数所取得的效果是有限的。从图 2-1 可见，开始时$s_{\overline{x}}$随n值的增加减少很快，但当$n>5$变化就较慢了，而当$n>10$变化已很小。实际工作中测定次数无需过多，3～5 次已足够。

有了平均值$\overline{x}$和平均值的标准偏差$s_{\overline{x}}$（或者样本标准偏差s和测定次数n），就可以进一步对总体平均值可能存在的区间作出估计。

2.1.5　准确度与精密度的关系

系统误差是定量分析中误差的主要来源，它影响分析结果的准确度；偶然误差影响分析结果的精密度。准确度与精密度两者之间的关系可用图 2-2 说明。

图 2-2 表示甲、乙、丙、丁四人测定同一试样中铁含量时所得的结果。由图可见：甲所得结果的准确度与精密度均好，结果可靠；乙的分析结果的精密度虽然很高，但准确度稍低；丙的精密度和准确度都很差；丁的精密度很差，虽然平均值接近真值，但带有偶然性，这是由于大的正、负误差相互抵消的结果，其结果是不可靠的。在实际工作中，如遇到这种情况，应将其结果舍弃重做。

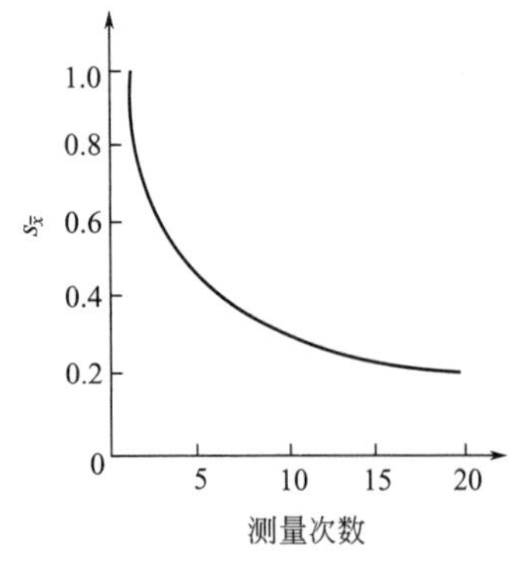

图 2-1 平均值的标准偏差与测量次数的关系

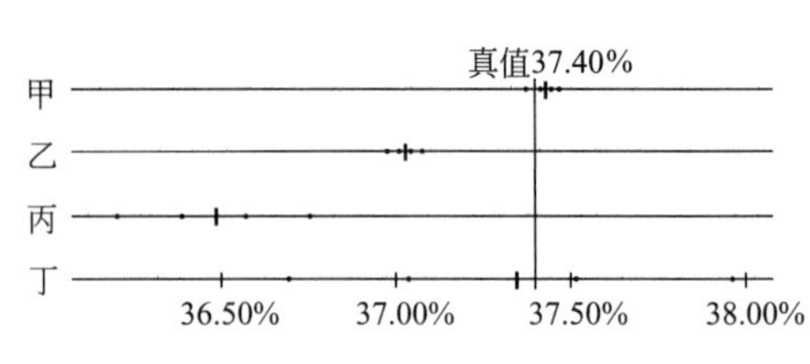

图 2-2 准确度与精密度的关系

综上所述，精密度是保证准确度的先决条件。准确度高一定要求精密度好，但精密度好不一定准确度高，因为这时可能存在较大的系统误差。若精密度很差，说明所测结果不可靠，已失去衡量准确度的意义，如丁的结果。因此，我们在评价分析结果的时候，还必须将系统误差和偶然误差的影响结合起来考虑，以提高分析结果的准确度。

2.1.6 极差和公差

2.1.6.1 极差

一组测量数据中，最大值（$x_{\max}$）与最小值（$x_{\min}$）之差称为极差，又称全距或范围误差。

$$R=x_{\max}-x_{\min} \tag{2-13}$$

相对极差为

$$R_r=\frac{R}{\bar{x}}\times 100\% \tag{2-14}$$

用该法表示误差，十分简单，适用于少数几次测定中估计误差的范围。它的不足之处是没有利用全部测量数据。

2.1.6.2 公差

由前述可知，误差和偏差具有不同的含义。前者以真实值为标准，后者是以多次测定结果的算术平均值为标准。但是严格说来，任何物质的“真实值”都无法准确知道，人们只能通过多次反复的测定，得到一个接近于真实值的平均结果，用这个平均值代替真实值计算误差。显然，由此计算的是误差还是偏差，不好界定。因此，在生产部门并不强调误差和偏差两个概念的区别，一般均称为“误差”，并用“公差”范围来表示允许误差的大小。

公差是生产部门对于分析结果允许误差的一种表示方法。公差范围的确定，与诸多因素有关。首先是根据具体情况对分析结果准确度的要求来决定的。例如，一般工业分析，允许相对误差在百分之几到千分之几；而相对原子质量的测定，要求相对误差要小得多。其次，公差范围常依试样组成及待测组分含量的多少而不同。组成愈复杂，引起误差的可能性就愈大，允许的公差范围则宽一些；待测组分含量愈高，允许的公差范围愈窄。

此外，各主管部门还对每一项的具体分析项目，都规定了具体的公差范围。如果分析结果超出了允许的公差范围，称为“超差”，该项分析工作必须重做。

2.1.7　提高分析结果准确度的方法

对试样进行分析测试的目的，是希望得到物质的最真实的信息，以指导生产和科研。因此，如何提高分析测定结果的准确度，是分析测试工作的核心问题。

从误差产生的原因来看，系统误差是影响测量结果准确度的主要因素。因此尽可能地减小和消除系统误差是我们首先要考虑的，其次还要结合实际情况，从各个环节考虑如何减少分析过程的误差，以真正提高分析测试的准确度。

2.1.7.1　系统误差的检验、减免或消除

消除测量过程中的系统误差，在实际工作中是一件非常重要而又比较难以处理的问题。造成系统误差有多方面的原因，通常应根据具体情况，采用不同的方法来检验或消除系统误差。

(1) 对照试验

对分析过程中是否存在系统误差，可通过对照试验来检测，然后对测定结果进行统计分析。**对照试验是检验系统误差的有效方法**。进行对照实验时，可用已知准确含量的标准试样，按同样的方法进行分析以资对照，以判断试样的分析结果有无系统误差；也可用国家规定的标准方法或其他成熟的、公认的经典分析方法进行对照；或者由不同的分析人员，不同的实验室来进行对照试验。例如在进行新的分析方法研究时，常用标准试样或国家规定的标准方法进行对照试验，以检验新方法的准确度。

又如，在许多生产单位，为了检验分析人员之间是否存在系统误差和其他方面的问题，常在安排试样分析任务时，将一部分试样重复安排在不同分析人员之间，互相进行对照试验，这种方法称为“内检”。有时也将部分试样送交其他单位进行对照试验，这种方法称为“外检”。

(2) 回收试验

回收试验多用于检验低含量组分的测定方法或条件是否存在系统误差。这种方法是称取等量试样两份，在一份试样中加入已知量的被测组分，平行进行此两份试样的测定，根据测定结果计算加入的已知量的被测组分是否定量回收，根据回收率判断分析过程是否存在系统误差。回收率由下式计算：

$$\text{回收率}=\frac{x_3-x_1}{x_2}\times 100\% \tag{2-15}$$

式中，x_1、x_2、x_3 分别为试样中某组分的初始量、加入该组分的已知量及测定出来组分的量。

由回收率的高低来判断有无系统误差存在。对常量组分来说，回收率要求高，一般在99%以上；对于微量组分，回收率要求在 90%～110%之间。一般来说，**回收率在 95%～105%之间认为不存在系统误差，即方法可靠。**

(3) 空白试验

由试剂、蒸馏水、实验器皿和环境带入的杂质所引起的系统误差，一般可通过空白试验来消除或减少。

所谓空白试验，就是在不加试样的情况下，完全按照试样的分析步骤和条件进行测定，

所得结果称为空白值。然后从试样的测定结果中扣除此空白值，可消除此类系统误差。但是在空白值较大时，应从提纯试剂或更换其他材料的器皿来解决。

(4) 仪器校正和方法校正

由仪器不准确引起的系统误差可通过校正仪器来消除或减免。在准确度要求较高的分析中，仪器读数刻度、量器刻度、砝码等标出值与实际值的细小差异都会影响测定的准确度，应进行校正并求出校正值。如对砝码、移液管、容量瓶、滴定管等的校准，并在计算结果时加入校正值，以消除由此带来的系统误差。

对分析方法也可以进行校正。例如，用重量分析法测定 SiO_2 时，在沉淀硅酸后的滤液中，用光度法可测出微量硅，将此结果加到重量分析结果内，可使重量分析结果更加准确。

2.1.7.2 选择合适的分析方法

各种分析方法的准确度和灵敏度不相同，必须根据被测组分的具体含量和测定的要求来选择最佳方法。例如，重量分析和滴定分析，灵敏度虽不高，但对于高含量组分的测定，准确度高，相对误差一般在 0.1%～0.2%之间。如用重铬酸钾法测某常量组分的含铁试样，得到铁的质量分数为 40.20%，相对误差为 0.2%，则铁的含量为在 40.12%～40.28%；同一样品若用比色法测定，其方法的相对误差为 2%，铁的含量范围为 41.0%～39.4%，误差显然较大。所以对于高含量组分的测定应采用化学分析法，而低含量组分的测定则应选择仪器分析法。

2.1.7.3 减小测量误差

为了保证分析结果的准确度，在分析过程中应尽量减少每一步操作中的测量误差。如用万分之一的分析天平称取样品，一般每次称量都有±0.0001g 的称量误差，因此称取一份试样，最大的称量误差可能是±0.0002g，为使称量时的相对误差小于 0.1%，则

$$试样质量=\frac{绝对误差}{相对误差}=\frac{0.0002}{0.001}=0.2\text{g}$$

可见，试样的称取量必须在 0.2g 以上。又如，在滴定分析中，滴定管的读数常有±0.01mL 的误差，完成一次滴定，最大可能造成±0.02mL 的误差。所以必须考虑滴定的相对误差对消耗体积量的要求。

2.1.7.4 减小偶然误差

前已述及，偶然误差可以通过增加测量次数予以减小。通常在定量分析实验中，对于同一试样，平行测定 3～5 次即可。

2.2 偶然误差的正态分布

2.2.1 偶然误差的正态分布

偶然误差的正负和大小虽然在测定中难以预料，但在测定次数较多，消除系统误差的情况下，用统计学的方法处理，就会发现它服从一定的统计规律。以横坐标表示偶然误差的数值，纵坐标表示误差出现的概率，当测定次数趋于无限多时，得到**偶然误差的正态分布曲线**，如图 2-3 所示。

正态分布也称高斯分布，它的数学表达式为

$$y=f(x)=\frac{1}{\sigma\sqrt{2\pi}}e^{\frac{-(x-\mu)^2}{2\sigma^2}} \tag{2-16}$$

式中，y 为概率密度；σ 为总体标准偏差；x 表示测定值；μ 为总体平均值，即无限次测定数据的平均值，相应于正态分布曲线最高点的横坐标值，在没有系统误差的情况下，μ 就是真值。

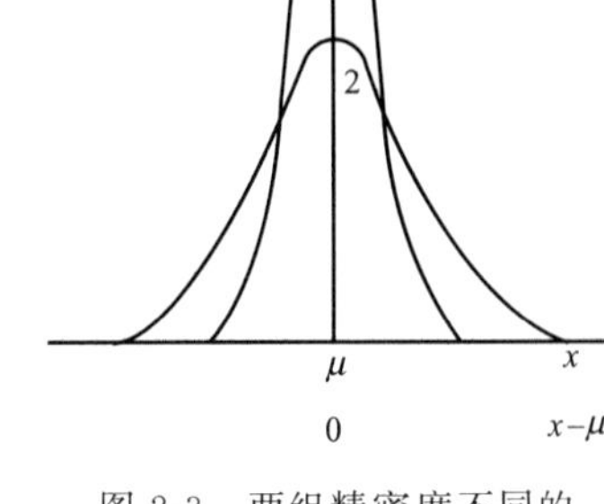

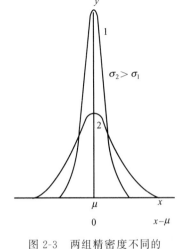

图 2-3　两组精密度不同的测量值的正态分布曲线

由式(2-16) 和图 2-3 可得：

① $x=\mu$ 时，y 值最大，此值就是曲线的最高点。这表明大多数测量值集中在总体平均值的附近，体现了测量值的集中趋势。

② 曲线以通过 $x=\mu$ 这一点的垂直线为其对称轴，说明正、负误差出现的概率相等。

③ 当 $x\to\pm\infty$时，y 趋于 0，曲线以 x 轴为渐近线，说明小误差出现的概率大，大误差出现的概率小，极大误差出现的概率极小，趋近于 0。

④ 当 $x=\mu$ 时，概率密度

$$y_{(x=\mu)}=\frac{1}{\sigma\sqrt{2\pi}} \tag{2-17}$$

上式说明概率密度的最大值取决于 σ，精密度越高，即 σ 越小时，y 值越大，曲线越陡峭，说明测量值的分布越集中；而 σ 越大时，精密度越低，则曲线越平坦，测量值的分布就越分散。

μ 和 σ，前者反映测量值分布的集中趋势，后者反映测量值分布的分散程度，它们是正态分布的两个基本参数。μ 和 σ 不同时，曲线的“坦”、“陡”不同，图 2-3 就是同一总体的两组精密度不同的测量值的正态分布曲线。通常，只要知道总体平均值 μ 和标准偏差 σ，就可以将正态分布曲线确定下来，这种正态分布曲线用 $N(\mu,\sigma^2)$ 表示。

由于 y 代表概率密度，所以正态分布曲线下的面积就是全部数据出现概率的总和，故该面积等于 1，这可通过对式(2-16) 积分求得。

由于式(2-16) 的积分计算比较复杂，所以将正态分布曲线的横坐标改用以标准偏差 σ 为单位的 $x-\mu$ 的偏差值，即用 u 值表示，则可将正态分布曲线标准化。u 定义为：

$$u=\frac{x-\mu}{\sigma} \tag{2-18}$$

也就是说，以 σ 为单位来表示随机误差，曲线的形状与 σ 的大小无关，即不同 σ 的曲线皆合为一条，这样的分布称为标准正态分布，记作 $N(0,1)$。图 2-4 为标准正态分布曲线。

2.2.2　偶然误差的区间概率

在标准正态分布曲线上，正态分布曲线与横坐标从 $-\infty$到 $+\infty$之间所夹的总面积，代表所有测量值随机误差出现的概率的总和，定为 100%。通过计算得知，误差范围与出现的概率有如表 2-1 所示的关系。

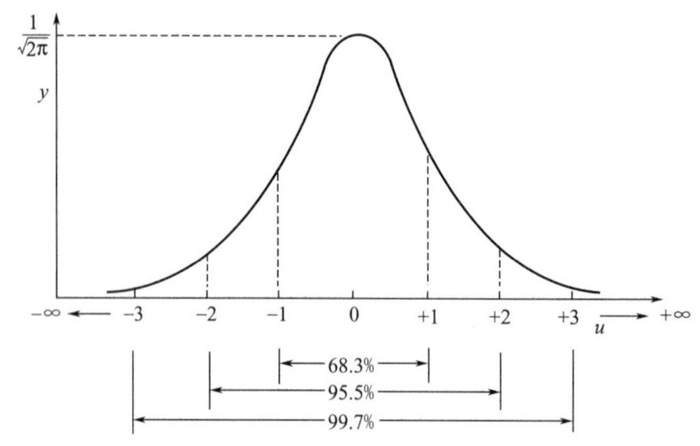

图 2-4 标准正态分布曲线

表 2-1 测量值在不同区间内出现的概率

随机误差出现的区间(以 σ 为单位)	测量值出现的区间	概　率
$u=\pm 1$	$x=\mu\pm 1\sigma$	68.3%
$u=\pm 1.96$	$x=\mu\pm 1.96\sigma$	95.0%
$u=\pm 2$	$x=\mu\pm 2\sigma$	95.5%
$u=\pm 2.58$	$x=\mu\pm 2.58\sigma$	99.0%
$u=\pm 3$	$x=\mu\pm 3\sigma$	99.7%

表 2-1 表明，测定值落在 $\mu\pm 1\sigma$ 范围内的概率为 68.3%；落在 $\mu\pm 2\sigma$ 范围内的概率为 95.5%；落在 $\mu\pm 3\sigma$ 范围内的概率为 99.7%。而落在 $\mu\pm 3\sigma$ 范围以外的概率很小，只占全部分析结果的 0.3%。也即是说，在多次重复测定中，随机误差超过 $\pm 3\sigma$ 的测量值出现的概率是很小的。因而，在实际工作中，如果对多次重复测定中的个别数据的误差的绝对值大于 3σ，则这些测量值可以舍去。

这种测定值或随机误差落在某范围内的概率称为**置信度**，通常用 p 表示，图 2-4 或表 2-1 中的 68.3%、95.5%、99.7% 即为置信度。其意义可理解为某一范围内的测定值（或误差值）出现的概率。而 $\mu\pm\sigma$、$\mu\pm 2\sigma$、$\mu\pm 3\sigma$ 等称为**置信区间**，其意义为测定值在指定概率下，分布的某一区间范围。

2.3 少量数据的统计处理

2.3.1 t 分布曲线

正态分布是对无限次测量而言的，而在实际工作中，只能对随机抽得的样本进行有限次测定。数据处理的任务就是通过对有限次测量数据合理地分析，对总体做出科学的论断。其中包括对总体平均值的估计和对它的统计检验。

对于有限次测定，通常无法知道总体标准偏差 σ 和总体平均值 μ，只能用样本标准偏差 s 来估计测量数据的分散情况。用 s 代替 σ，必然引起误差，从而导致正态分布的偏离，这

时可用 t 分布来代替，以补偿这一误差。t 分布是由英国统计学家兼化学家戈塞特（W. S. Gosset）提出的。t 的定义与 u 一致，只是用 s 代替 σ，即

$$t=\frac{x-\mu}{s} \tag{2-19}$$

也可衍生出

$$t=\frac{\overline{x}-\mu}{s_{\overline{x}}}=\frac{\overline{x}-\mu}{s}\sqrt{n}$$

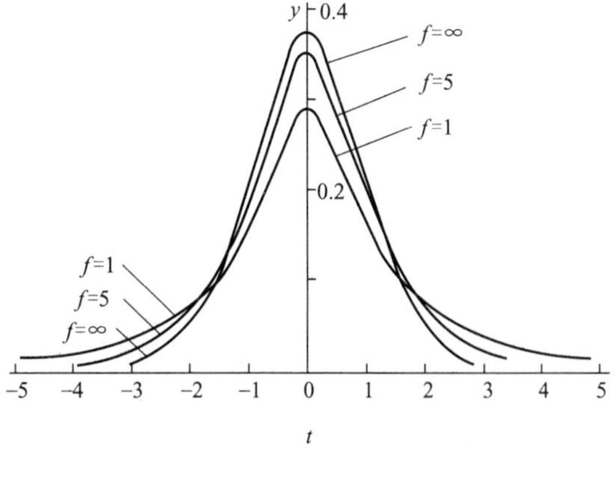

图 2-5　t 分布曲线

t 分布如图 2-5 所示，纵坐标仍为概率密度 y，但横坐标则将 u 改为用 t 表示。由图可见，t 分布曲线与正态分布曲线相似，只是 t 分布曲线因自由度 f 的不同而不同。当 $f>20$ 时，二者很接近，当 $f\rightarrow\infty$ 时，t 分布就趋近正态分布。

与正态分布曲线一样，t 分布曲线下面某区间的面积，也表示测定值或随机误差出现的概率。应该注意，对于正态分布曲线，只要 u 值一定，相应的概率也就一定；但对于 t 分布曲线，当 t 值一定时，由于 f 值的不同，相应曲线所包围的面积，即概率却不同。不同概率及不同 f 值所相应的 t 值已有数学家计算出来，表 2-2 列出了部分常用的 t 值。由于 t 值与置信度及自由度有关，所以通常用 $t_{\alpha,f}$ 表示。$\alpha=1-p$，根据置信度的定义，α 为测定值落在某区间之外的概率，称为显著性水平。$t_{0.05,9}=2.26$ 表示概率（置信度）为 95%，自由度 f 为 9（测定次数 n 为 10）时的 t 值。

表 2-2　t 值表

t 值　置信度 p / 自由度 f	0.50	0.90	0.95	0.99
1	1.00	6.31	12.71	63.66
2	0.82	2.92	4.30	9.93
3	0.76	2.35	3.18	5.84
4	0.74	2.13	2.78	4.60
5	0.73	2.02	2.57	4.03
6	0.72	1.94	2.45	3.71
7	0.71	1.90	2.37	3.50
8	0.71	1.86	2.31	3.36
9	0.70	1.83	2.26	3.25
10	0.70	1.81	2.23	3.17
20	0.69	1.73	2.09	2.85
∞	0.76	1.65	1.96	2.58

2.3.2　平均值的置信区间

如前所述，只有当 $n\rightarrow\infty$，$\overline{x}\rightarrow\mu$，才能准确地找到总体平均值 μ，显然，实际上是做不到的。从“2.2.2　偶然误差的区间概率”可知，如果用单次测定结果（x）对总体平均值 μ 的范围作出估计，则 μ 包括在 $x\pm1\sigma$ 范围内的概率为 68.3%，在 $x\pm1.96\sigma$ 范围内的概率为

95.0%，在 $x\pm2\sigma$ 范围内的概率为 95.5%……它的数学表达式为：

$$\mu=x\pm u\sigma \tag{2-20}$$

若以样本平均值 $\overline{x}$ 对总体平均值 μ 的范围作出估计，则可按下式表示

$$\mu=\overline{x}\pm u\sigma_{\overline{x}}=\overline{x}\pm\frac{u\sigma}{\sqrt{n}} \tag{2-21}$$

在实际工作中，对于少量测量数据，必须根据 t 分布进行统计处理，按 t 的定义可得出

$$\mu=\overline{x}\pm ts_{\overline{x}}=\overline{x}\pm t\frac{s}{\sqrt{n}} \tag{2-22}$$

式(2-22) 表示：在一定置信度下，总体平均值（真值）μ 将在测定平均值 $\overline{x}$ 附近的一个区间范围，这就叫**平均值的置信区间**。对于置信区间的概念必须正确理解，如 $\mu=48.50\%\pm0.10\%(p=95\%)$，应当理解为在 48.40%～48.60%区间内包含总体平均值 μ 的概率为 95%。式(2-22) 常作为分析结果的表达式。

只要选定置信度，从测定结果的 $\overline{x}$、s、n 值就可求出相应的置信区间。

置信区间的宽窄与置信度、测定值的精密度、测定次数有关，当测定值的精密度愈高（s 愈小）、测定次数（n）愈大时，置信区间愈窄，即平均值愈接近真值，平均值愈可靠。

置信度选得愈高，置信区间就愈宽，其区间包括真值的概率也就愈大，在分析化学中，一般选置信度 95%或 90%。

例 2-4 某样品中含铬量的测定，先测定三次，测得的质量分数 w 分别为 1.12%、1.13%、1.15%；再测定三次，测得的数据为 1.11%、1.16%和 1.12%。试计算按前三次测定和按六次测定的数据来表示平均值的置信区间（置信度均为 95%）。

解 前三次测定时：$\overline{x}=1.13\%$ $s=0.015\%$

$f=n-1=2$，查表 2-2，$t_{0.05,2}=4.30$

故平均值的置信区间为

$$\mu=\overline{x}\pm\frac{t_{0.05,2}s}{\sqrt{n}}=\left(1.13\pm\frac{4.30\times0.015}{\sqrt{3}}\right)\%=(1.13\pm0.04)\%$$

上述表明：在 1.13%±0.04%区间中包括总体平均值 μ 的把握有 95%。

6 次测定时：$\overline{x}=1.13\%$ $s=0.019\%$

$f=n-1=5$，查表，$t_{0.05,5}=2.57$

故平均值的置信区间为

$$\mu=\left(1.13\pm\frac{2.57\times0.019}{\sqrt{6}}\right)\%=(1.13\pm0.02)\%$$

此例说明，6 次测定结果的平均值的置信区间比 3 次测定结果平均值的置信区间小。即测定次数越多，其置信区间越小，平均值的可靠性越高。但是只靠增加测定次数来提高平均值的可靠性是有限的，还必须同时提高测定的精密度。

2.3.3 显著性检验

在实际工作中，试样的分析结果可能与标准值不同；两种方法、两个实验室、两名分析人员对同一试样的分析结果也会不同。其原因可能是存在着随机误差或系统误差。如果是随机误差所致，那么从统计学来说是正常的，但如果是系统误差所致，那就称此两组结果存在显著性差异。要确定是否存在系统误差，就要作显著性检验。在定量分析中，常用 ***t* 检验法**

和 **F** 检验法进行检验。

2.3.3.1　t 检验法

(1) 平均值与标准值的比较

为了评价某一分析方法或操作过程的可靠性，可将分析数据的平均值与试样的标准值进行比较，检验两者有无显著性差异，以确定分析方法是否存在系统误差。

作 t 检验时，先将标准值 μ 与平均值 $\overline{x}$ 代入下式计算 t 值：

$$t_{计算}=\frac{|\overline{x}-\mu|}{s}\sqrt{n} \tag{2-23}$$

再根据置信度（通常为 95%）和自由度 f，由 t 分布表中查出 t 值。

若 $t_{计算}>t_{表}$，则说明 $\overline{x}$ 处于以 μ 为中心的 95% 概率区间之外。也就是说，有 95% 的可靠性，可以认为 $\overline{x}$ 与 μ 有显著性差异，说明有系统误差；若 $t_{计算}\leqslant t_{表}$，则可以认为 $\overline{x}$ 与标准值 μ 之间的差异是由偶然误差引起的正常差异。

例 2-5　某实验员用一新方法测定标准样品中 CaO 含量，结果如下：$\overline{x}=30.51\%$，$s=0.05$，$n=6$，已知标准样品中 CaO 含量的标准值为 30.43%，问此方法是否存在系统误差？（置信度为 95%）

解

$$t_{计算}=\frac{|\overline{x}-\mu|}{s}\sqrt{n}=\frac{|30.51-30.43|}{0.05}\sqrt{6}=3.92$$

查表 2-2，$f=5$，置信度为 95% 时，$t_{表}=2.57$，故 $t_{计算}>t_{表}$，说明平均值与标准值有显著性差异，此新方法存在系统误差。

(2) 两组数据平均值的比较

不同分析人员或同一分析人员采用不同方法分析同一试样，所得的平均值，经常是不完全相等的。为了比较两组数据是否有显著性差异，亦可采用 t 检验法。

若两组测定结果分别为 $(\overline{x}_1, s_1, n_1)$ 和 $(\overline{x}_2, s_2, n_2)$，首先用 F 检验法检验两组数据的精密度 s_1、s_2 有无显著性差异。若有显著性差异，因进一步处理方法较复杂，此处不再详述。若无显著性差异，进而用 t 检验法检验两组平均值之间有无显著性差异。按下式计算 t 值。

$$t_{计算}=\frac{|\overline{x}_1-\overline{x}_2|}{s}\sqrt{\frac{n_1 n_2}{n_1+n_2}} \tag{2-24}$$

式(2-24) 中的 s 称为合并标准偏差，由下式计算

$$s=\sqrt{\frac{差方和之和}{自由度之和}}=\sqrt{\frac{\sum d_{1i}^2+\sum d_{2i}^2}{(n_1-1)+(n_2-1)}}=\sqrt{\frac{(n_1-1)s_1^2+(n_2-1)s_2^2}{(n_1-1)+(n_2-1)}} \tag{2-25}$$

在一定置信度下，查得表值 $t_{表}$（总自由度 $f=n_1+n_2-2$），若 $t_{计算}>t_{表}$，则两平均值有显著性差异。若 $t_{计算}<t_{表}$，则不存在显著性差异。

例 2-6　甲乙两人测某一样品，所得结果为：

甲 $n_1=4$　$\overline{x}_1=15.08$　$s_1^2=0.127$

乙 $n_2=3$　$\overline{x}_2=14.93$　$s_2^2=0.062$

根据题中的数据，若已知甲组测定值无系统误差，检验乙组测定值是否有系统误差。（置信度为 95%）

解　根据所给样本测定值，作如下计算：

$$s=\sqrt{\frac{(n_1-1)s_1^2+(n_2-1)s_2^2}{n_1+n_2-2}}=\sqrt{\frac{3\times0.127+2\times0.062}{4+3-2}}=0.318$$

则

$$t_{计算}=\frac{|\bar{x}_1-\bar{x}_2|}{s}\sqrt{\frac{n_1n_2}{n_1+n_2}}=\frac{15.08-14.93}{0.318}\sqrt{\frac{4\times3}{4+3}}=0.808$$

$f=4+3-2=5$，查表 2-2，$t_{0.05,5}=2.57$。

由于 $t_{计算}<t_{表}$，说明乙组测定值无系统误差。

2.3.3.2　*F* 检验法

F 检验法是通过比较两组数据的方差 s^2，确定它们的精密度是否有显著性差异。在 *F* 检验法中，定义统计量 *F* 为两个方差的比值，规定大的方差作为分子，小的方差作为分母。

$$F=\frac{s_{大}^2}{s_{小}^2} \tag{2-26}$$

一般置信度取 95%，不同自由度所对应的 *F* 值见表 2-3。若 $F_{计算}>F_{表}$，说明两组数据的精密度存在显著性差异，否则不存在显著性差异。

表 2-3　*F* 值（单侧，置信度 95%）

$f_{小}$ \ $f_{大}$	1	2	3	4	5	6	7	8	9	10	∞
1	161.4	199.5	215.7	224.6	230.2	234.0	236.8	238.9	240.5	241.9	254.3
2	18.51	19.00	19.16	19.25	19.30	19.33	19.37	19.38	19.40	19.43	19.50
3	10.13	9.55	9.28	9.12	9.01	8.94	8.89	8.85	8.81	8.79	8.53
4	7.71	6.94	6.59	6.39	6.26	6.16	6.09	6.04	6.00	5.96	5.63
5	6.61	5.79	5.41	5.19	5.05	4.95	4.88	4.82	4.77	4.74	4.36
6	5.99	5.14	4.76	4.53	4.39	4.28	4.21	4.15	4.10	4.06	3.67
7	5.59	4.74	4.35	4.12	3.97	3.87	3.79	3.73	3.68	3.64	3.23
8	5.32	4.46	4.07	3.84	3.69	3.58	3.50	3.44	3.39	3.35	2.93
9	5.12	4.26	3.86	3.63	3.48	3.37	3.29	3.23	3.18	3.14	2.71
10	4.96	4.10	3.71	3.48	3.33	3.22	3.14	3.07	3.02	2.98	2.54
15	4.54	3.68	3.29	3.06	2.90	2.79	2.71	2.64	2.59	2.54	2.07
20	4.35	3.49	3.10	2.87	2.71	2.60	2.51	2.45	2.39	2.35	1.84
∞	3.84	3.00	2.60	2.37	2.21	2.10	2.01	1.94	1.88	1.83	1.00

注：$f_{大}$ 为大方差对应的自由度；$f_{小}$ 为小方差对应的自由度。

应该指出，表中所对应 *F* 值在作单侧检验时，即检验某组数据的精密度是否大于或等于另一组数据的精密度时，置信度为 95%；而用于检验两组数据精密度是否有显著性差异，即一组数据精密度可能大于、等于，也可能小于另一组数据的精密度时，则为双侧检验，这时显著性水平为单侧检验时的两倍，即 0.05×2，因而此时的置信度 $p=1-0.10=0.90(90\%)$。

例 2-7　甲、乙两人分析同一样品中的 CO_2 含量，得样本测定值分别为：

甲 14.7，14.8，15.2，15.6

乙 14.6，15.0，15.2

问甲的精密度是否显著地高于乙？（置信度 95%）

解　此题为单侧检验问题，根据数据计算得

$s_{甲}=0.356$　$n_{甲}=4$，故 $f_{甲}=4-1=3$

$s_{乙}=0.249$　$n_{乙}=3$，故 $f_{乙}=3-1=2$

$$F=\frac{s_{大}^{2}}{s_{小}^{2}}=\frac{0.356^{2}}{0.249^{2}}=2.044$$

对应于 $f_{大}=3$，$f_{小}=2$，查得 $F_{表}=19.16$，可见 $F<F_{表}$，说明甲的精密度不显著地高于乙。

如果对该例问："两人的分析精密度有无显著性差异?"则属于双侧检验问题，结论是没有显著性差异，但这时的置信度为 90%。

2.3.4　可疑值的取舍

在一组测量数据中，往往有个别数据与其他数据相差较大，这一数据称为可疑值，也称离群值。如果可疑值不是由明显的过失造成的，就要用统计学的方法决定其取舍。下面介绍几种处理可疑值的方法。

2.3.4.1　$4\overline{d}$ 法

其步骤如下：

① 求可疑值 x_{D}之外的各数据的平均值 $\overline{x}$ 和平均偏差 $\overline{d}$。

② 计算可疑值与 $\overline{x}$ 的差值 $|x_{D}-\overline{x}|$。

③ 求$\frac{|x_{D}-\overline{x}|}{\overline{d}}$比值，若大于 4，则舍去 x_{D}，否则保留。

例 2-8　平行测定某试样中铜的质量百分数，得以下数据：10.05、10.18、10.14、10.12，其中 10.05 这个数据应否保留?

解

$$\overline{x}=\frac{1}{3}(10.18+10.14+10.12)=10.15$$

$$\overline{d}=\frac{1}{3}(0.03+0.01+0.03)=0.023$$

$$|x_{D}-\overline{x}|=|10.05-10.15|=0.10 \qquad \frac{|x_{D}-\overline{x}|}{\overline{d}}=\frac{0.10}{0.023}=4.3>4$$

因此，应舍去 10.05 这个数据。

$4\overline{d}$ 法比较简单，不必查表，但仅应用于处理一些要求不高的实验数据。

2.3.4.2　Q 检验法

其检验步骤如下：

① 将所测数据按自小到大的顺序进行排列，如 x_1、x_2、…、x_n，并找出可疑值，其中 x_1 或 x_n 可疑。

② 计算可疑值与相邻值的差值 x_2-x_1 或 x_n-x_{n-1}。

③ 计算极差 x_n-x_1。

④ 计算统计量 $Q_{计}$：

$$Q_{计}=\frac{x_2-x_1}{x_n-x_1} \quad 或 \quad Q_{计}=\frac{x_n-x_{n-1}}{x_n-x_1} \tag{2-27}$$

⑤ 根据测定次数和要求的置信度，将计算的 $Q_{计}$ 值与表 2-4 中的 $Q_{表}$ 比较，如果 $Q_{计}>Q_{表}$，则将可疑值舍去，否则，应予保留。

Q 检验法符合数理统计原理，特别是具有直观性和计算方法简单的优点。但是该法的缺点是，式(2-27) 的分母项是极差，由此可以看出，数据的离散程度愈大，即 x_n-x_1 愈大，$Q_{计}$ 愈小，$x_{可疑}$就愈不能舍去。因此，Q 检验法的准确性较差。

表 2-4 Q 值表（置信度 90%和 95%）

n	3	4	5	6	7	8	9	10
$Q_{0.90}$	0.94	0.76	0.64	0.56	0.51	0.47	0.44	0.41
$Q_{0.95}$	1.53	1.05	0.86	0.76	0.69	0.64	0.60	0.58

例 2-9 对例 2-8 中数据用 Q 检验法判别 10.05 这个数据应否舍去。（置信度 90%）

解 将数据自小到大排列为：10.05，10.12，10.14，10.18。

计算可疑值与相邻值的差值：$x_2-x_1=10.12-10.05=0.07$

计算极差 x_n-x_1：$x_4-x_1=10.18-10.05=0.13$

$$Q_{计}=\frac{x_2-x_1}{x_4-x_1}=\frac{0.07}{0.13}=0.54$$

查得 $Q_{0.90}=0.76$，可见 $Q_{计}<Q_{表}$，数据 10.05 应予保留。

如果测定次数较少（如 $n=3$），用 Q 检验法时，若 $Q_{计}$ 值恰好与 $Q_{表}$ 相等，按规定应弃去该可疑值。但是这样做较为勉强，如果可能的话，最好再补测一两个数据，而不是把剩下的两个数据取平均值作为分析结果。

2.3.4.3 格鲁布斯（Grubbs）法

格鲁布斯法可按如下步骤检验：

① 将所测数据按自小到大的顺序排列起来 x_1、x_2、…、x_n，其中 x_1 或 x_n 可疑，需要进行判断。

② 计算 n 个测定值的平均值 $\overline{x}$ 及标准偏差 s。

③ 计算统计量 G 值。

需要判断 x_1，按 $G_{计}=\frac{\overline{x}-x_1}{s}$计算；需要判断 x_n，按 $G_{计}=\frac{x_n-\overline{x}}{s}$计算。

④ 按要求的置信度查表 2-5 得 $G_{p,n}$，如果 $G_{计}>G_{p,n}$，则将可疑值舍去；否则，应予保留。

表 2-5 $G_{p,n}$ 值表

n	置信度(p)		
	95%	97.5%	99%
3	1.15	1.15	1.15
4	1.46	1.48	1.49
5	1.67	1.71	1.75
6	1.82	1.89	1.94
7	1.94	2.02	2.10
8	2.03	2.13	2.22
9	2.11	2.21	2.32
10	2.18	2.29	2.41
11	2.23	2.36	2.48
12	2.29	2.41	2.55
13	2.33	2.46	2.61
14	2.37	2.51	2.66
15	2.41	2.55	2.71
20	2.56	2.71	2.88

例 2-10　对例 2-8 中数据用 G 检验法判别 10.05 这个数据应否舍去。(置信度 95%)

解

$$\overline{x}=\frac{1}{4}(10.05+10.12+10.14+10.18)=10.12 \qquad s=0.054$$

$$G_{计}=\frac{10.12-10.05}{0.054}=1.30$$

查得 $G_{0.95,4}=1.46$，可见，$G_{计}<G_{0.95,4}$，数据 10.05 应予保留。

格鲁布斯法最大的优点，是在判断可疑值的过程中，应用了正态分布中的两个最主要的样本参数 $\overline{x}$ 及 s，故方法的准确性较高。但该法的缺点也正是在判断可疑值的过程中，需要计算 $\overline{x}$ 和 s，稍费时和麻烦。

2.3.5　质量控制图

在实际工作中，为了对产品质量加以控制，检验日常分析测试数据的有效性，常用质量控制图。该图通常由一条中心线（如标准值或平均值）和分别对应于置信度 95.5% 和 99.7% 的 $\pm 2\sigma$ 或 $\pm 3\sigma$（在一定条件下，σ 或 s 是已知的）的警告线和控制线组成。

例如，某实验室连续 20 天测定组成大体一致的试样中某组分，在分析时同时插入一个或几个标准样，然后将标准样的测定值按时间顺序点在图上，如图 2-6 所示。图中的点表示落在 $\pm 3s$ 控制线外的测定值出现的概率是 0.3%。显然，在第 7、11 两日出现了较大的偏差，这表明精密度已失控，这两日的分析结果不可靠，应查明可能存在的过失误差或仪器失灵、试剂变质、环境异常等，重新测定。

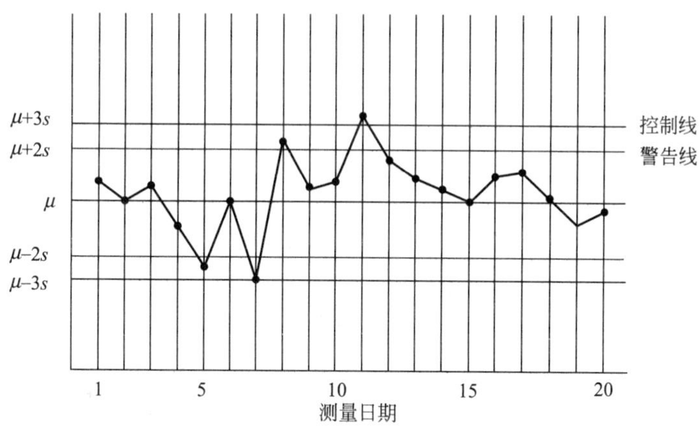

图 2-6　质量控制图

以平均值绘制质量控制图，应用最广。它可及时发现分析误差的异常变化或变化趋势，判断分析结果的质量是否异常。

*2.4　误差的传递

分析的最后结果通常是由若干测量值经一系列计算而得出的，而每一测量值都存在误差，这些误差都会反映到分析结果中去。它们是如何影响分析结果的准确度呢？这就是误差传递所要讨论的问题。由于系统误差与随机误差的性质不同，下面分别进行讨论。

2.4.1 系统误差的传递

2.4.1.1 加减法

若分析结果 R 是 A、B、C 三个测量值相加减的结果，例如：

$$R=A+B-C$$

若 E 表示相应各项的测量误差，则分析结果 R 的误差 E_R 为：

$$E_R=E_A+E_B-E_C \tag{2-28}$$

可见分析结果的绝对误差为各测量值绝对误差的代数和。

如果各测量项有系数，例如：

$$R=mA+nB-pC$$

则

$$E_R=mE_A+nE_B-pE_C$$

此时，分析结果的绝对误差为各测量值绝对误差与相应系数之积的代数和。

2.4.1.2 乘除法

若分析结果为各测量值的积或商，比如 R 是 A、B、C 三个测量值相乘除的结果，即：

$$R=\frac{AB}{C}$$

则得到

$$\frac{E_R}{R}=\frac{E_A}{A}+\frac{E_B}{B}-\frac{E_C}{C} \tag{2-29}$$

如果计算式带有系数，如 $R=m\frac{AB}{C}$，同样可得到式(2-29)。

即分析结果的相对误差为各测量值的相对误差的代数和，而与算式中的系数 m 无关。

2.4.2 随机误差的传递

2.4.2.1 加减法

若分析结果 R 是 A、B、C 三个测量值的相加减的结果，即：

$$R=A+B-C$$

若以 s 代表各项的标准偏差，则有：

$$s_R^2=s_A^2+s_B^2+s_C^2 \tag{2-30}$$

对于一般通式 $R=mA+nB+pC$

$$s_R^2=m^2s_A^2+n^2s_B^2+p^2s_C^2 \tag{2-31}$$

即分析结果的方差为各测量值方差与相应系数的平方之积的和。

2.4.2.2 乘除法

若分析结果 R 是 A、B、C 三个测量值相乘除的结果，如：

$$R=m\frac{AB}{C}$$

则有

$$\left(\frac{s_R}{R}\right)^2=\left(\frac{s_A}{A}\right)^2+\left(\frac{s_B}{B}\right)^2+\left(\frac{s_C}{C}\right)^2 \tag{2-32}$$

即分析结果的相对标准偏差的平方等于各测量值相对标准偏差的平方之和，而与系数无关。

例 2-11 欲配制 0.01000mol 的 $K_2Cr_2O_7$ 标准溶液，称取 2.9418g $K_2Cr_2O_7$ 基准试剂，溶解后，转入 1L 容量瓶中，稀释至刻度。称量 $K_2Cr_2O_7$ 完毕后，发现天平零点变至 0.3mg 处，又已知 1L 容量瓶的校正值为 0.2mL，问配得的 $K_2Cr_2O_7$ 标准溶液的浓度的相对误差，绝对误差及真实浓度是多少？

解 天平零点的变动和容量器皿的体积误差均属于系统误差，故可利用系统误差的传递公式，从测量误差来推断最后浓度的误差。根据浓度计算公式：

$$c=\frac{m}{M\times V}\times 1000=\frac{2.9418}{294.18\times 1000.0}\times 1000=0.01000(\text{mol}\cdot\text{L}^{-1})$$

称取 2.9418g $K_2Cr_2O_7$ 时天平零点变至 0.3mg 处，而原来零点为 0.0mg，可见 $K_2Cr_2O_7$ 的真实质量要比砝码读数多 0.3mg，即 $E_m=0.3\text{mg}$。

容量瓶体积的校正值为 0.2mL，则容量瓶的真实体积 $V_T=1000.0-0.2=999.8$ (mL)，则

$$E_V=1000.0-999.8=0.2(\text{mL})$$

于是浓度的相对误差：

$$\left|\frac{E_c}{c}\right|\times 100\%=\left(-\frac{0.0003}{2.9418}-\frac{0.2}{1000}\right)\times 100\%=-0.03\%$$

绝对误差：

$$E_c=0.01000\times(-0.03\%)=-0.000003(\text{mol}\cdot\text{L}^{-1})$$

真实浓度：

$$c_r=c-E_c=0.01000+0.000003=0.010003(\text{mol}\cdot\text{L}^{-1})$$

例 2-12 设天平测量时的标准偏差 $s=0.10\text{mg}$，求称量试样时的标准偏差 s_m。

解 称取试样时，无论是用差减法，或是用直接称样法称量，都需要称量两次，读取两次平衡点。试样质量 m 是两次称量所得质量 m_1 与 m_2 的差值，即

$$m=m_1-m_2 \text{ 或 } m=m_2-m_1$$

读取称量 m_1 和 m_2 时平衡点的偏差，要反映到 m 中去。因此，根据式(2-30)，得

$$s_m=\sqrt{s_1^2+s_2^2}=\sqrt{2s^2}=0.14(\text{mg})$$

例 2-13 用 AgCl 重量法测定氯时，称取试样 0.2000g，最后得 AgCl 沉淀 0.2500g。若天平称量的标准偏差 s 为 0.10mg。求含氯百分数的标准偏差。

解 设试样和 AgCl 的质量分别为 G 和 W，则试样中含氯质量分数可按下式计算

$$w=\frac{W\dfrac{M_{(\text{Cl})}}{M_{(\text{AgCl})}}}{G}\times 100\%=\frac{0.2500\times\dfrac{35.45}{143.32}}{0.2000}\times 100\%=30.92\%$$

在本题中只涉及称重，而天平平衡点的微小变动所造成的误差为随机误差，故可利用随机误差传递公式，由称量的标准偏差推断分析结果的标准偏差。根据式(2-32) 有

$$\left(\frac{s_X}{X}\right)^2=\left(\frac{s_W}{W}\right)^2+\left(\frac{s_G}{G}\right)^2$$

称取试样时，通常用差减法，G 为两次平衡点之差：

$$G=G_1-G_2$$

式中，G_1、G_2 分别为试样取出前后称量瓶（加试样）的质量。由式(2-30) 有

$$s_G^2=s_{G_1}^2+s_{G_2}^2$$

因用同台天平称量，故 $s=s_{G_1}=s_{G_2}$，于是

$$s_G^2=2s^2=2\times 0.10^2=0.020(\text{mg})$$

为了获得沉淀的质量，需要首先称取坩埚的质量，这时需要读数两次平衡点（其中一次

为天平零点)。沉淀在坩埚中灼烧至恒重后，需要再读取两次平衡点（其中也有一次为天平零点)，才能求得沉淀和坩埚的总质量。因此，在获得沉淀质量 W 的过程中，一共涉及 4 次读数：

$$W=(W_2-W_0')-(W_1-W_0)$$

式中，W_1 为称空坩埚的平衡点；W_2 为称含沉淀的坩埚时的平衡点；W_0、W_0' 分别为两次称量时的零点。故同理：

$$s_W^2=4s^2=4\times0.10^2=0.040(\text{mg})$$

于是，分析结果的相对标准偏差：

$$\frac{s_X}{X}\times100\%=\sqrt{\frac{s_W^2}{W^2}+\frac{s_G^2}{G^2}}\times100\%=\sqrt{\frac{0.040}{250^2}+\frac{0.020}{200^2}}\times100\%=0.11\%$$

含氯百分数的标准偏差 $s_X=30.92\times0.11\%=0.034\%$

2.4.3 极值误差

在考虑分析过程最不利的情况下，根据各测量值的误差，按它们最大程度的叠加来估计分析结果的误差，这样所得的误差称为极值误差。

若分析结果 R 是 A、B、C 三个测量值的相加减的结果，即：

$$R=A+B-C$$

其极值误差

$$E_R=|E_A|+|E_B|+|E_C| \tag{2-33}$$

若分析结果 R 是 A、B、C 三个测量值的相乘除的结果，即

$$R=\frac{AB}{C}$$

其相对极值误差为

$$\frac{E_R}{R}=\left|\frac{E_A}{A}\right|+\left|\frac{E_B}{B}\right|+\left|\frac{E_C}{C}\right| \tag{2-34}$$

例 2-14 滴定管的初读数为 (0.05+0.01)mL，末读数为 (22.10+0.01)mL，问滴定剂的体积可能在多大范围内波动?

解 极值误差

$$\Delta V=|\pm0.01|+|\pm0.01|=0.02(\text{mL})$$

故滴定剂体积为 $(22.10-0.05)\pm0.02=(22.05\pm0.02)\text{mL}$

事实上，各测量值之间有时正负误差可彼此抵消一部分，出现最大误差的可能性较小，用极值误差表示不尽合理，但可用它粗略估计在最不利情况下可能出现的最大误差，在实际工作中仍是有用的。

2.5 有效数字及其运算规则

在科学试验中，分析结果的数值所表达的不仅仅是试样中待测组分含量的多少，还反映了测量的精确程度。因此，在实验数据的记录、运算处理以及结果的表示中，保留几位数字不是任意的，要根据测量仪器、分析方法的精度来决定。这就必须了解有效数

字的概念。

2.5.1　有效数字的含义及位数

有效数字是以数字来表示有效数量，它是指在具体分析工作中实际能测量到的数字。即在记录测定数据时，测得结果的数值所表示的准确程度应与测试时所用的仪器和分析方法的精度相一致。例如，将一称量瓶用万分之一的分析天平称量，称得质量为 15.5119g，说明该类天平可称至小数点后第四位，这些数是有效数字，即有六位有效数字；如用台秤称量，称得质量为 15.5g，说明该台秤可称至小数点后一位，即有三位有效数字。在有效数字中，只有最后一位数字是不确定的，称为可疑数字，其余数字都应该是准确的。又如，用一分析天平称得某物质的质量为 0.5180g，为四位有效数字。其中 0.518 是准确的，“0”位可疑，说明其有上下一个单位的误差，即该物质称量的绝对误差为 ± 0.0001g，该物质的质量应为 (0.5180 ± 0.0001)g，其相对误差约为 $\pm 0.02\%$；若将 0.5180 写成 0.518g，则其绝对误差为 ± 0.001g，相对误差为约为 $\pm 0.2\%$。可见多一位或少一位数字“0”，从数学角度看关系不大，但记录反映出的精度却相差了 10 倍。所以，在数据中代表着一定的量的每一个数字都是重要的。因此**记录和报告的测定结果只应包含有效数字，对有效数字的位数不能任意增删**。

关于有效数字位数的确定，还应注意以下几点：

① 数字“0”在数据中具有双重意义。它可以作为有效数字使用，但有时只起定位作用，就不是有效数字。例如定量分析中所用的 $0.02010\text{mol}\cdot\text{L}^{-1}$ 的 $KMnO_4$ 标准溶液，此数具有 4 位有效数字。数字前面的“0”只起定位作用，不是有效数字；中间的“0”和后面的“0”均算有效数字。该数据准确到小数点第四位，第五位可能有 ± 1 的误差。

② 改变单位并不改变有效数字的位数。如滴定管读数 12.34mL，若该读数改用升为单位，则是 0.01234L，这时前面的两个零只起定位作用，不是有效数字，0.01234L 与 12.34mL 一样都是四位有效数字。当进行单位换算，需要在数的末尾加“0”作定位作用时，最好采用指数形式表示，否则有效数字的位数含混不清。例如，质量为 25.0g 的某物质，若以毫克为单位，则可表示为 2.50×10^4mg；若表示为 25000mg，就易误解为五位有效数字。

③ 分析化学中还经常遇到 pH、pC、lg$K$ 等对数值。对数值的有效数字位数，仅由真数小数部分的位数决定，首数（整数部分）只起定位作用，不是有效数字。因此对数运算时，对数小数部分的有效数字位数应与相应的真数的有效数字位数相同。例如，pH=12.68，即 $[H^+]=2.1\times 10^{-13}\text{mol}\cdot\text{L}^{-1}$，其有效数字为两位，而不是四位。

④ 对于非测量所得的数字，如倍数、分数、π、e 等，它们具有不确定性，其有效数字位数可视为无限制，应根据具体情况来确定，即在计算过程中需要几位写几位。

2.5.2　有效数字的修约规则

有效数字的修约，按“四舍六入五留双”的原则，即当多余尾数小于 5 时，弃去；当多余尾数大于或等于 6 时，进位；多余尾数等于 5 且其后没有数字或其后数字为零时，如进位后得偶数则进位，如进位后为奇数，则弃去；多余尾数等于 5 且其后的数字不为零时，不管进位后是奇数或是偶数一律进位。如将下列测量值修约为四位有效数字时，结果应为：

4.1265→4.126；　4.1275→4.128；　4.12651→4.127；

4.1264→4.126；　4.1266→4.127

应当注意，在修约数字时，只能对原始数据一次修约到所需位数，而不能连续修约。如：

要把 17.46 修约为两位，只能一次修约为 17；而不能把 17.46 修约为 17.5，再修约为 18。

2.5.3 有效数字的运算规则

2.5.3.1 加减法

几个数相加减时，和或差的有效数字的保留，应以小数点后位数最少的数据为根据，即决定于绝对误差最大的那个数据。

例如：0.0121+25.64+1.05782=26.71

25.64 的绝对误差为±0.01，是最大的，故按小数后保留两位。

小数点后位数的多少反映了测量绝对误差的大小，如小数后有 1 位，它的绝对误差为±0.1，而小数点有 2 位时，绝对误差为±0.01 。可见，小数点后具有相同位数的数字，其绝对误差的大小也相同。而且，绝对误差的大小仅与小数部分有关，而与有效数字位数无关。所以，在加减运算中，原始数据的绝对误差，决定了计算结果的绝对误差大小，计算结果的绝对误差必然受到绝对误差最大的那个原始数据的制约而与之处在同一水平上。

2.5.3.2 乘除法

几个数相乘、除时，其积或商的有效数字位数应与参加运算的数字中有效数字位数最少的那个数字相同。即：所得结果的位数取决于相对误差最大的那个数字。

如 $$\frac{0.0325\times 5.103\times 60.064}{139.82}=0.0713$$

式中 0.0325、5.103、60.064、139.82 四个数字的相对误差分别为±0.3%、±0.02%、±0.02%、±0.07%，故结果应以 0.0325 为标准，修约为三位有效数字。

具有相同有效数字位数的数字，其相对误差 E_r 处在同一水平上，而且 E_r 的大小，仅与有效数字位数有关，而与小数点位数无关。因此，积或商的相对误差必然受到相对误差最大的那个有效数字的制约，且在同一水平上。

注意：计算有效数字位数时，若数据的首位数等于或大于 8，其有效数字的位数可多算一位。如 0.870、0.928 等实际上虽只有三位有效数字，但其相对误差约为 0.1%，与 0.1008、0.1102 等四位有效数字数值的相对误差接近，所以通常将它们当 4 位有效数字的数值处理。

在较复杂的计算过程中，中间各步可暂时多保留一位不定值数字，以免多次舍弃，造成误差的积累。待到最后结束时，再弃去多余的数字。

目前，电子计算器的应用相当普遍。由于计算器上显示的数值位数较多，虽运算过程中不必对每一步计算结果进行位数确定，但应注意正确保留最后结果的有效数字位数。

在表示分析结果时，组分含量≥10%时，取四位有效数字，含量在 1%～10%时取三位有效数字，含量≤1%时取两位；标准溶液浓度取四位；表示误差时，只需取一位有效数字，最多取两位已足够。

*2.6 标准曲线的回归分析

2.6.1 一元线性回归方程

在分析化学中，经常使用标准曲线来获得试样某组分的浓度。如光度分析中的浓度-吸光度曲线；电位法中的浓度-电位值曲线等。怎样才能使这些标准曲线描述得最为准确，误差最小呢？这就需要找出浓度与某特征值两者之间的定量关系以及代表这种关系的回归方程。以下简介回归方程的计算方法。

设浓度 x 为自变量，某特征参数 y 为因变量，在 x 与 y 之间存在一定的相关关系，当用实验数据 x_i 和 y_i 绘图时，由于测量仪器本身的精度以及测量条件的微小变化等都会给测量带来误差，因此用各测量点的测量值绘图就不可能全部在一条直线上，而是分散在直线的周围。为了找出一条直线，使各实验点到直线的距离最短，即误差最小。需要用数理统计方法，利用最小二乘法计算出相应的方程 $y_i=a+bx_i$ 后再绘出相应的直线，这样的方程称为 y 对 x 的线性回归方程，相应的直线称为回归直线，从回归方程或回归直线上求得的数值，误差小，准确度高。式中的 a 为直线的截距，与系统误差大小有关；b 为直线的斜率，与方法灵敏度有关。

设实验点为 $(x_i,y_i)(i=1\rightarrow n)$，则平均值：

$$\overline{x}=\frac{\sum_{i=1}^{n}x_i}{n}\qquad\qquad \overline{y}=\frac{\sum_{i=1}^{n}y_i}{n}$$

由最小二乘法得：

$$b=\frac{\sum_{i=1}^{n}(x_i-\overline{x})(y_i-\overline{y})}{\sum_{i=1}^{n}(x_i-\overline{x})^2}\tag{2-35}$$

或

$$b=\frac{\sum_{i=1}^{n}x_iy_i-\left(\sum_{i=1}^{n}x_i\right)\left(\sum_{i=1}^{n}y_i\right)/n}{\sum_{i=1}^{n}x_i^2-\left(\sum_{i=1}^{n}x_i\right)^2/n}\tag{2-36}$$

$$a=\overline{y}-b\overline{x}\tag{2-37}$$

若 a、b 值确定，回归方程也就确定了。但这个方程是否有意义，还需要判断两个变量 x 与 y 之间的相关关系是否达到一定密切程度，因为即使数据误差很大，仍可以求出一回归方程。为此可采用相关系数（r）来检验。

2.6.2　相关系数

相关系数 r 由下列公式计算：

$$r=\frac{\sum_{i=1}^{n}(x_i-\overline{x})(y_i-\overline{y})}{\sqrt{\sum_{i=1}^{n}(x_i-\overline{x})^2\sum_{i=1}^{n}(y_i-\overline{y})^2}}\tag{2-38}$$

当 $r=1$ 时，两变量完全线性相关，实验点全部在回归直线上。

$r=0$ 时，两变量毫无相关关系。

$0<|r|<1$ 时，两变量有一定的相关性，只有当 $|r|$ 大于某临界值时，二者相关才显著，所得的回归方程才有意义。

r 的临界值与置信度及自由度有关，如表 2-6 所示。如果计算的 r 大于表上相应数值，则表示所求的回归直线方程有意义；反之，则无意义。

表 2-6 相关系数 r 的临界值

置信度 \ $f=n-2$	1	2	3	4	5	6	7	8
90%	0.988	0.900	0.805	0.729	0.669	0.622	0.582	0.549
95%	0.997	0.950	0.878	0.811	0.755	0.707	0.666	0.632
99%	0.999	0.990	0.959	0.917	0875	0.834	0.798	0.765

例 2-15 分光光度法测定某酚类化合物的数据如下：

酚含量 x	0.005	0.010	0.020	0.030	0.040	0.050
吸光度 y	0.020	0.046	0.100	0.120	0.140	0.180

用回归方程表示该酚类化合物的含量 x 与吸光度 y 之间的关系，并检查回归方程是否有意义？

解 已知 $n=6$，$\sum_{i=1}^{6} x_i = 0.155$，$\sum_{i=1}^{6} y_i = 0.606$，$\sum_{i=1}^{6} x_i y_i = 0.0208$

$$\overline{x} = 0.0258，\overline{y} = 0.101，n\overline{x}\,\overline{y} = 0.0156，\sum_{i=1}^{6} x_i^2 = 0.0055，\sum_{i=1}^{6} y_i^2 = 0.0789$$

则

$$\sum_{i=1}^{6} x_i y_i - \left(\sum_{i=1}^{n} x_i\right)\left(\sum_{i=1}^{n} y_i\right)/n = 0.0208 - 0.155 \times 0.606/6 = 0.0051$$

$$\sum_{i=1}^{6} x_i^2 - \left(\sum_{i=1}^{6} x_i\right)^2/n = 0.0055 - 0.155^2/6 = 0.0015$$

故

$$b=\frac{0.0051}{0.0015}=3.40$$

$$a=0.101-3.40\times 0.0258=0.013$$

回归方程为 $y=0.013+3.40x$

利用此方程只要测得试液的吸光度 y 即可计算得到试样中酚的含量 x。

检查 x 与 y 的相关系数，代入公式(2-38) 得，$r=0.996$。

查表 2-6，当 $f=6-2=4$ 时，选置信度 95%，$r_{临}=0.811$，因此

$$r_{计}>r_{临}$$

表明此回归方程是有意义的。

本章要点

1. 准确度与误差。准确度表示分析结果的测量值与真实值接近的程度。准确度的高低，用误差来衡量。

2. 精密度与偏差。精密度是表示几次平行测定结果相互接近的程度。精密度高低可用偏差来衡量。偏差有算术平均偏差和标准偏差。

标准偏差能更好地说明数据的分散程度，用标准偏差表示数据的精密度更合理。

3. 准确度与精密度。精密度是保证准确度的先决条件。准确度高一定要求精密度好，

但精密度好不一定准确度高。系统误差影响分析结果的准确度；偶然误差影响分析结果的精密度。

4. 系统误差产生的原因、性质、分类及减免。系统误差由某种固定的原因造成，其性质具有单向性，重复测定时，会重复出现。系统误差有方法误差、仪器误差、试剂误差、主观误差。通过对照实验、回收实验 、空白实验、仪器校正和方法校正等手段可减免或消除系统误差 。

5. 随机误差是由某些难以控制、无法避免的偶然因素造成的，其大小、正负都不固定。适当增加测定次数可减小偶然误差。

测定次数无限时偶然误差遵循正态分布曲线。

测定次数有限时偶然误差符合 t 分布曲线。

t 分布曲线与正态分布曲线相似，但 t 分布曲线与自由度 f 有关，当 $f\to\infty$ 时，t 分布趋近正态分布。

6. 平均值的置信区间：$\mu=\overline{x}\pm ts_{\overline{x}}=\overline{x}\pm t\dfrac{s}{\sqrt{n}}$

表示在一定置信度下，总体平均值（真值）μ 将在测定平均值 $\overline{x}$ 附近的一个区间范围。

7. t 检验和 F 检验：t 检验用于检验是否存在系统误差；F 检验检验精密度是否有显著性差异。

8. 可疑值的取舍：$4\overline{d}$ 法、Q 检验法、格鲁布斯法。

9. 有效数字：实际能测量到的数字。

有效数字的修约原则：四舍六入五留双。

有效数字的运算规则：和或差的有效数字的保留以小数点后位数最少的数据为依据；积或商的有效数字位数的保留以有效数字位数最少的数据为依据。

思　考　题

1. 正确理解准确度和精密度，误差和偏差的概念。

2. 下列情况各引起什么误差？

(1) 砝码腐蚀；

(2) 称量时试样吸收了空气中的水分；

(3) 天平零点稍变动；

(4) 天平两臂不等长；

(5) 容量瓶和吸管不配套；

(6) 天平称量时最后一位读数估计不准；

(7) 以含量为98%的金属锌作为基准物质标定EDTA的浓度；

(8) 试剂中含有微量被测组分；

(9) 重量法测定 SiO_2 时，试液中硅酸沉淀不完全。

3. 什么叫准确度，什么叫精密度？两者有何关系？

4. 用标准偏差和算术平均偏差表示结果，哪一个更合理？

5. 如何减少偶然误差？如何减少系统误差？

6. 某铁矿石中含铁39.16%，若甲分析结果为39.12%、39.15%、39.18%，乙分析得39.19%、39.24%、39.28%。试比较甲、乙两人分析结果的准确度和精密度。

7. 甲、乙两人同时分析同一矿物中的含硫量。每次取样3.5g，分析结果分别报告为：甲0.042%、0.041%；乙0.04199%、0.04201%。哪一份报告是合理的？为什么？

8. 下列数值各有几位有效数字？

0.72，36.080，6.02×10^{23}，100，1000.00，1.0×10^{-3}，pH＝5.2

习　题

1. 已知分析天平能称准至±0.1mg，要使试样的称量误差不大于0.1%，则至少要称取试样多少克？

2. 某试样经分析测得含锰质量分数（%）为：41.24、41.27、41.23、41.26。求分析结果的平均偏差、标准偏差和变异系数。

3. 某矿石中钨的质量分数（%）测定结果为：20.39、20.41、20.43。计算标准偏差及置信度为95%时的置信区间。

4. 水中Cl^-含量，经6次测定，求得其平均值为35.2mg·L^{-1}，$s=0.7$mg·L^{-1}，计算置信度为90%平均值的置信区间。

5. 用Q检验法，判断下列数据中，有无取舍（置信度为90%）？

（1）24.26，24.50，24.73，24.63；

（2）6.400，6.416，6.222，6.408；

（3）31.50，31.68，31.54，31.82。

6. 测定试样中P_2O_5质量分数（%），数据如下：8.44、8.32、8.45、8.52、8.69、8.38。

用Grubbs法对可疑数据决定取舍，求平均值、平均偏差、标准偏差和置信度为95%及99%的平均值的置信区间。

7. 有一标样，其标准值为0.123%，今用一新方法测定，得四次数据如下（%）：0.112、0.118、0.115、0.119，判断新方法是否存在系统误差。（置信度选95%）

8. 用两种不同方法测得数据如下：

方法1　$n_1=6$，$\overline{x}_1=71.26\%$，$s_1=0.13\%$

方法2　$n_2=9$，$\overline{x}_2=71.38$，$s_2=0.11\%$

判断两种方法间有无显著性差异（置信度为95%）？

9. 用两种方法测定钢样中碳的质量分数（%）：

方法1　数据为4.08，4.03，3.94，3.90，3.96，3.99

方法2　数据为3.98，3.92，3.90，3.97，3.94

判断两种方法的精密度是否有显著差别（置信度为95%）。

10. 某试样经分析测得含锰百分率为41.24、41.27、41.23和41.26。①求分析结果的平均偏差和标准偏差；②计算平均值的标准偏差及置信度为95%时的置信区间；③若此样品是标准样品，含锰量为41.20%，计算以上测定结果的绝对误差和相对误差。

11. 计算下列结果：

（1）$\dfrac{3.10\times21.14\times5.10}{0.0001120}$　　（2）$\dfrac{2.2856\times2.51+5.42-1.8940\times7.50\times10^{-3}}{3.5462}$

12. 要使在置信度为95%时平均值的置信区间不超过±s，问至少应平行测定几次？

13. 某试样中铁的标准值为54.46%，某分析人员分析4次，得平均值54.26%，标准偏差$s=0.05\%$，问在置信度为95%时，分析结果是否存在系统误差？

14. 下列两组实验数据的精密度有无显著性差异（置信度90%）？

A：9.56　9.49　9.62　9.51　9.58　9.63

B：9.33　9.51　9.49　9.51　9.56　9.40

15. 用A法对试样进行了8次测定，标准偏差为0.25；用B法对同一试样进行了5次测定，标准偏差为0.35。A法精密度是否显著优于B法？（置信度95%）

16. 在锥形瓶中用移液管移入25.00mL未知碱溶液，用0.1105mol·L^{-1}的HCl标准溶液滴定，到达终点时，消耗体积为24.78mL。已知移液管校正值为－0.02mL，滴定管读数校正值为＋0.05mL，HCl标准溶液浓度的校正值为$-0.0002\text{mol}\cdot\text{L}^{-1}$。求未知碱溶液的真实浓度和绝对误差。

17. 设某痕量组分按下式计算分析结果：

$$x(\mu\text{g}\cdot\text{mL}^{-1})=\frac{A-C}{G}$$

式中，A为测得值；C为空白值；G为试样重。已知$s_A=s_C=0.1$，$s_G=0.001$，$A=8.0$，$C=1.0$，$G=1.0$，求s_X。

18. 返滴定测定试样中某组分含量，按下式计算：

$$x=\frac{c(V_1-V_2)M}{\frac{G}{2}\times1000}\times100\%$$

已知$V_1=(25.00+0.02)\text{mL}$，$V_2=(5.00+0.02)\text{mL}$，$G=(0.2000+0.0002)\text{g}$，求分析结果的极值相对误差。

第 3 章　酸碱滴定法

以酸碱反应为基础的一类滴定分析方法叫酸碱滴定法，它是最重要的滴定分析方法之一，具有反应速率快，反应过程简单，副反应少，滴定终点易判断，有多种指示剂指示终点等优点。本章以酸碱质子理论为基础，讨论各种酸碱平衡体系的问题，然后介绍酸碱滴定法的有关理论和应用。

3.1　酸碱质子理论

酸碱质子理论是 1923 年分别由丹麦物理化学家布朗斯特（J. N. Brϕnsted）和英国化学家劳里（T. M. Lowry）同时提出的，所以又称为布朗斯特-劳里质子理论。

3.1.1　酸碱的定义

酸碱质子理论认为：**凡能给出质子（H^+）的物质都是酸；凡能接受质子的物质都是碱**。酸和碱的关系可用下式表示为

$$HA \rightleftharpoons H^+ + A^-$$

$$酸 \rightleftharpoons 质子 + 碱$$

酸是质子给予体，碱是质子接受体。例如：

$$HCl \rightleftharpoons H^+ + Cl^-$$

$$HAc \rightleftharpoons H^+ + Ac^-$$

$$H_3PO_4 \rightleftharpoons H^+ + H_2PO_4^-$$

$$H_2PO_4^- \rightleftharpoons H^+ + HPO_4^{2-}$$

$$NH_4^+ \rightleftharpoons H^+ + NH_3$$

$$H_3O^+ \rightleftharpoons H^+ + H_2O$$

$$H_2O \rightleftharpoons H^+ + OH^-$$

$$\underset{(酸)}{[Al(H_2O)_6]^{3+}} \rightleftharpoons H^+ + \underset{(碱)}{[Al(OH)(H_2O)_5]^{2+}}$$

上述关系式称为酸碱半反应。可以看出，酸和碱可以是分子，也可以是阴离子或阳离子。酸给出质子后余下的部分就是碱，碱接受质子后就成为相应的酸。酸和碱的这种相互依存关系称为共轭关系。仅相差一个质子的这一对酸碱称为**共轭酸碱对**。例如，HAc 的共轭碱是 Ac^-，Ac^- 的共轭酸是 HAc，HAc 和 Ac^- 互为共轭酸碱对。

值得注意的是，在酸碱质子理论中，没有盐的概念。如 Na_2CO_3，质子理论认为 CO_3^{2-} 是碱，而 Na^+ 既不给出质子，又不接受质子，是非酸非碱物质。对于 $H_2PO_4^-$、HCO_3^-、H_2O 等，既可以给出质子，又可以接受质子，这样的物质称为**两性物质**。

3.1.2 酸碱反应

酸碱半反应式仅仅是酸碱共轭关系的表达形式，并不能独立存在。根据质子理论，当一种酸给出质子时，溶液中必定有一种碱来接受质子。酸和碱是同时存在的。例如，HAc 在水溶液中的解离反应：

$$\underset{酸_1}{HAc} + \underset{碱_2}{H_2O} \rightleftharpoons \underset{酸_2}{H_3O^+} + \underset{碱_1}{Ac^-} \quad (H^+: HAc \rightarrow H_2O)$$

HAc 作为酸给出 H^+，转变成其共轭碱 Ac^-，溶剂 H_2O 作为碱接受 H^+，转变成其共轭酸 H_3O^+。又如

$$\underset{酸_1}{H_2O} + \underset{碱_2}{NH_3} \rightleftharpoons \underset{酸_2}{NH_4^+} + \underset{碱_1}{OH^-} \quad (H^+: H_2O \rightarrow NH_3)$$

$$\underset{酸_1}{H_2O} + \underset{碱_2}{Ac^-} \rightleftharpoons \underset{酸_2}{HAc} + \underset{碱_1}{OH^-} \quad (H^+: H_2O \rightarrow Ac^-)$$

从以上反应式可以看出，酸碱体系中必然同时存在两个酸碱半反应，即同时存在两对共轭酸碱对。因此，**酸碱反应的实质是两对共轭酸碱对之间的质子传递**。

3.1.3 溶剂的质子自递反应与离子积

从上面的酸碱反应可以看出，作为溶剂的水是两性物质，既可给出质子，又可接受质子。由于水分子的两性作用，水分子之间发生质子自递反应，也是质子理论中的酸碱反应，即

$$H_2O + H_2O \rightleftharpoons H_3O^+ + OH^-$$

在一定温度下，达到平衡时 $K_w^{\ominus} = \left[\frac{c(H_3O^+)}{c^{\ominus}}\right]\left[\frac{c(OH^-)}{c^{\ominus}}\right]$

水合质子 H_3O^+ 常常简写为 H^+，因此上式也可简写为

$$K_w^{\ominus} = \left[\frac{c(H^+)}{c^{\ominus}}\right]\left[\frac{c(OH^-)}{c^{\ominus}}\right] \tag{3-1}$$

$K^{\ominus}_w$ 称为水的质子自递平衡常数，又称水的离子积常数，简称离子积。在 25℃ 时，$c(H^+) = c(OH^-) = 1.0 \times 10^{-7} mol \cdot L^{-1}$，则

$$K_w^{\ominus} = 1.0 \times 10^{-14}$$

注意：以后凡是涉及各类标准平衡常数时，为简便起见，标准态的符号可略去不写，$c^{\ominus}$ 也可略去。如下所示：

$$K_w = c(H^+)c(OH^-) = 1.0 \times 10^{-14}$$

3.1.4 酸碱的强弱

根据酸碱质子理论，酸或碱的强弱取决于物质给出质子或接受质子的能力大小。物质给出质子的能力越强，其酸性也就越强。同样，物质接受质子的能力越强，其碱性就越强。酸给出质子或碱接受质子能力的大小可以用解离常数 K_a 或 K_b 来衡量。

例如，酸在水溶液中的质子转移反应：

$$HA + H_2O \rightleftharpoons H_3O^+ + A^-$$

$$K_a(HA) = \frac{[H_3O^+][A^-]}{[HA]}$$

可简写为：

$$K_a(HA) = \frac{[H^+][A^-]}{[HA]} \tag{3-2}$$

同样，碱在水溶液中的解离平衡：

$$A^- + H_2O \rightleftharpoons HA + OH^-$$

$$K_b(A^-) = \frac{[HA][OH^-]}{[A^-]} \tag{3-3}$$

根据 K_a、K_b 的大小，可以定量比较酸碱的相对强弱。解离常数越大，酸（碱）的强度就越强。

从式(3-2) 和式(3-3) 可以看到，HA 和 A^- 是一对共轭酸碱对，以水为溶剂时，其 K_a 和 K_b 之间的关系为：

$$K_aK_b = [H^+][OH^-] = K_w \tag{3-4a}$$

也可以表示为：

$$pK_a + pK_b = pK_w \tag{3-4b}$$

因此，知道了酸的 K_a，即可得到其共轭碱的 K_b；同样，知道了碱的 K_b，就可以得到其共轭酸的 K_a。例如，H_3PO_4 为三元酸，其解离常数分别为 pK_{a_1}、pK_{a_2}、pK_{a_3}，PO_4^{3-} 为三元碱，其解离常数为 pK_{b_1}、pK_{b_2}、pK_{b_3}，根据共轭酸碱对之间的关系，可以推导得到：

$$K_{a_1}K_{b_3} = K_{a_2}K_{b_2} = K_{a_3}K_{b_1} = K_w \tag{3-5}$$

由于质子酸碱的解离常数大小反映了其酸碱的强弱，因此，如果酸越强，则其共轭碱的碱性就越弱。反之，酸越弱，则其共轭碱的碱性就越强。

3.2 酸碱体系中各种存在形式的分布情况

在酸碱平衡体系中，溶液中通常存在着多种酸碱形式，此时它们的浓度称为**平衡浓度**，用［ ］表示。各种存在形式的平衡浓度之和称为**分析浓度**或总浓度，一般用 c 表示。这些组分的平衡浓度随溶液酸度的变化而变化。溶液中某一存在形式的平衡浓度占总浓度的分数，即为该存在形式的**分布系数**，用 δ 表示。分布系数的大小能定量说明溶液中各种存在形式的分布情况。知道了分布系数，就可以计算有关组分的平衡浓度。分布系数与 pH 有关，它与溶液 pH 间的关系曲线称为**分布曲线**。了解分布系数和分布曲线有助于深入理解酸碱滴定的过程、终点误差以及分步滴定的可能性，同时为学习配位滴定中的副反应系数和沉淀反应中酸度对沉淀溶解度影响的有关计算打下基础。

3.2.1 一元弱酸（碱）溶液中各存在形式的分布

对于一元弱酸，例如 HAc，在溶液中以 HAc 和 Ac^- 两种形式存在，其平衡浓度分别为

[HAc] 和 [Ac⁻]，则

$$c(\text{HAc})=[\text{HAc}]+[\text{Ac}^-]$$

$$\delta_{\text{HAc}}=\frac{[\text{HAc}]}{[\text{HAc}]+[\text{Ac}^-]}=\frac{1}{1+\frac{[\text{Ac}^-]}{[\text{HAc}]}}=\frac{1}{1+\frac{K_a}{[\text{H}^+]}}=\frac{[\text{H}^+]}{[\text{H}^+]+K_a} \tag{3-6a}$$

同理可得：

$$\delta_{\text{Ac}^-}=\frac{[\text{Ac}^-]}{[\text{HAc}]+[\text{Ac}^-]}=\frac{K_a}{[\text{H}^+]+K_a} \tag{3-6b}$$

$$\delta_{\text{HAc}}+\delta_{\text{Ac}^-}=1$$

如果以 pH 值为横坐标，各存在形式的分布系数为纵坐标，可得如图 3-1 所示的分布曲线。从图中可以看到：

① 当 $\text{pH}=\text{p}K_a$ 时，$\delta_{\text{HAc}}=\delta_{\text{Ac}^-}=0.5$，溶液中 HAc 与 Ac^- 两种形式各占 50%。

② 当 $\text{pH}>\text{p}K_a$ 时，$\delta_{\text{HAc}}<\delta_{\text{Ac}^-}$，溶液中的主要存在形式是 Ac^-。

③ 当 $\text{pH}<\text{p}K_a$ 时，$\delta_{\text{HAc}}>\delta_{\text{Ac}^-}$，溶液中的主要存在形式是 HAc。

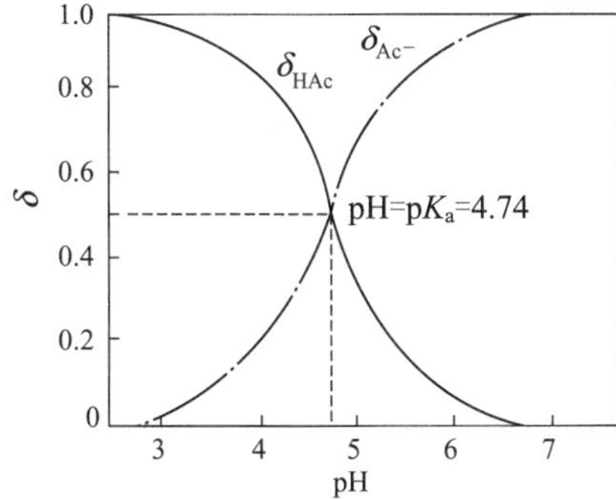

图 3-1 HAc 中两种存在形式的分布曲线

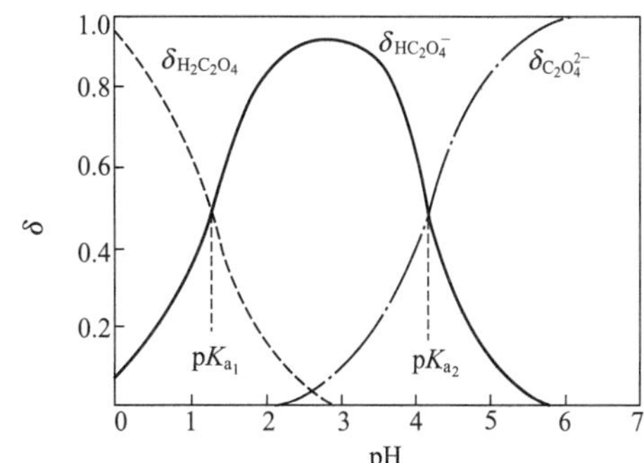

图 3-2 $H_2C_2O_4$ 中各种存在形式的分布曲线

3.2.2 多元弱酸（碱）溶液中各存在形式的分布

以 $H_2C_2O_4$ 为例，在水溶液中有 $H_2C_2O_4$、$HC_2O_4^-$ 和 $C_2O_4^{2-}$ 三种存在形式，其分布系数分别为 $\delta_{H_2C_2O_4}$、$\delta_{HC_2O_4^-}$ 和 $\delta_{C_2O_4^{2-}}$。草酸的总浓度为 c，即

$$c(H_2C_2O_4)=[H_2C_2O_4]+[HC_2O_4^-]+[C_2O_4^{2-}]$$

$$\delta_{H_2C_2O_4}=\frac{[H_2C_2O_4]}{c(H_2C_2O_4)}=\frac{[H_2C_2O_4]}{[H_2C_2O_4]+[HC_2O_4^-]+[C_2O_4^{2-}]}=\frac{1}{1+\frac{[HC_2O_4^-]}{[H_2C_2O_4]}+\frac{[C_2O_4^{2-}]}{[H_2C_2O_4]}}$$

$$=\frac{1}{1+\frac{K_{a_1}}{[H^+]}+\frac{K_{a_1}K_{a_2}}{[H^+]^2}}=\frac{[H^+]^2}{[H^+]^2+K_{a_1}[H^+]+K_{a_1}K_{a_2}} \tag{3-7a}$$

同理可得：

$$\delta_{HC_2O_4^-}=\frac{[H^+]K_{a_1}}{[H^+]^2+K_{a_1}[H^+]+K_{a_1}K_{a_2}} \tag{3-7b}$$

$$\delta_{C_2O_4^{2-}}=\frac{K_{a_1}K_{a_2}}{[H^+]^2+K_{a_1}[H^+]+K_{a_1}K_{a_2}} \tag{3-7c}$$

$$\delta_{H_2C_2O_4}+\delta_{HC_2O_4^-}+\delta_{C_2O_4^{2-}}=1$$

于是可以得到图 3-2 所示的分布曲线。由图可知：

① 当 $pH<pK_{a_1}$ 时，$\delta_{H_2C_2O_4}>\delta_{HC_2O_4^-}$，溶液中的主要存在形式为 $H_2C_2O_4$。

② 当 $pK_{a_1}<pH<pK_{a_2}$，$\delta_{HC_2O_4^-}>\delta_{H_2C_2O_4}$ 和 $\delta_{HC_2O_4^-}>\delta_{C_2O_4^{2-}}$，溶液中主要存在形式为 $HC_2O_4^-$。

③ 当 $pH>pK_{a_2}$ 时，$\delta_{C_2O_4^{2-}}>\delta_{HC_2O_4^-}$，溶液中的主要存在形式为 $C_2O_4^{2-}$。

由于草酸 $pK_{a_1}=1.23$，$pK_{a_2}=4.19$，比较接近，因此当溶液的 pH 变化时，各种存在形式的分布情况比较复杂。计算表明，在 pH=2.2～3.2 时，明显出现三种组分同时存在的情况，而在 pH=2.71 时，虽然 $HC_2O_4^-$ 的分布系数达到最大（0.938），但 $\delta_{H_2C_2O_4}$ 与 $\delta_{C_2O_4^{2-}}$ 的数值也各占 0.031。

三元酸的情况略显复杂，但采用同样的处理方法，可得到溶液中各种存在形式的分布系数。例如 H_3PO_4：

$$\delta_{H_3PO_4}=\frac{[H_3PO_4]}{c(H_3PO_4)}=\frac{[H^+]^3}{[H^+]^3+K_{a_1}[H^+]^2+K_{a_1}K_{a_2}[H^+]+K_{a_1}K_{a_2}K_{a_3}} \tag{3-8a}$$

$$\delta_{H_2PO_4^-}=\frac{[H_2PO_4^-]}{c(H_3PO_4)}=\frac{K_{a_1}[H^+]^2}{[H^+]^3+K_{a_1}[H^+]^2+K_{a_1}K_{a_2}[H^+]+K_{a_1}K_{a_2}K_{a_3}} \tag{3-8b}$$

$$\delta_{HPO_4^{2-}}=\frac{[HPO_4^{2-}]}{c(H_3PO_4)}=\frac{K_{a_1}K_{a_2}[H^+]}{[H^+]^3+K_{a_1}[H^+]^2+K_{a_1}K_{a_2}[H^+]+K_{a_1}K_{a_2}K_{a_3}} \tag{3-8c}$$

$$\delta_{PO_4^{3-}}=\frac{[PO_4^{3-}]}{c(H_3PO_4)}=\frac{K_{a_1}K_{a_2}K_{a_3}}{[H^+]^3+K_{a_1}[H^+]^2+K_{a_1}K_{a_2}[H^+]+K_{a_1}K_{a_2}K_{a_3}} \tag{3-8d}$$

图 3-3 为 H_3PO_4 溶液在不同 pH 值时各存在形式的分布曲线。由图可知：

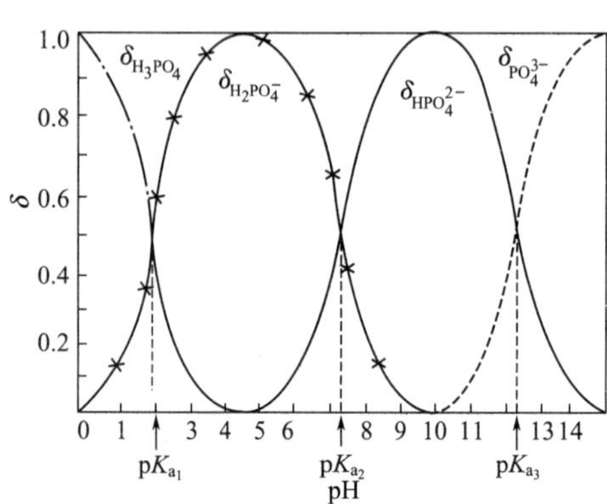

图 3-3　H_3PO_4 各种存在形式的分布曲线

当 $pH<pK_{a_1}$ 时，H_3PO_4 为主要存在形式，$\delta_{H_3PO_4}>\delta_{H_2PO_4^-}$；当 $pK_{a_1}<pH<pK_{a_2}$ 时，$H_2PO_4^-$ 为主要存在形式，$\delta_{H_2PO_4^-}>\delta_{H_3PO_4}$，$\delta_{H_2PO_4^-}>\delta_{HPO_4^{2-}}$；当 $pK_{a_2}<pH<pK_{a_3}$ 时，HPO_4^{2-} 为主要存在形式，$\delta_{HPO_4^{2-}}>\delta_{H_2PO_4^-}$，$\delta_{HPO_4^{2-}}>\delta_{PO_4^{3-}}$；当 $pH>pK_{a_3}$ 时，PO_4^{3-} 为主要存在形式，$\delta_{PO_4^{3-}}>\delta_{HPO_4^{2-}}$。

由于 H_3PO_4 的各级解离常数 $pK_{a_1}=2.12$，$pK_{a_2}=7.20$，$pK_{a_3}=12.36$，差别比较大，各存在形式同时存在的情况没有草酸明显。在 pH=4.7 时，$H_2PO_4^-$ 占 99.4%，另外两种形式各占 0.3%；在 pH=9.8 时，HPO_4^{2-} 占 99.5%，而另外两种形式也各约占 0.3%。

例 3-1　常温常压下，CO_2 饱和水溶液中，$c(H_2CO_3)=0.04mol\cdot L^{-1}$。计算（1）pH=5.00 时，溶液中各种存在形式的平衡浓度；（2）pH=8.00，溶液中的主要存在形式为何种组分？

解　CO_2 饱和水溶液中主要有三种存在形式，分别为 H_2CO_3、HCO_3^- 以及 CO_3^{2-}。

（1）pH=5.00 时

$$\delta_{H_2CO_3}=\frac{[H^+]^2}{[H^+]^2+[H^+]K_{a_1}+K_{a_1}K_{a_2}}$$

$$=\frac{(10^{-5.00})^2}{(10^{-5.00})^2+10^{-5.00}\times10^{-6.35}+10^{-6.35}\times10^{-10.33}}=0.96$$

同理可求得：

$$\delta_{HCO_3^-}=0.04，\delta_{CO_3^{2-}}=0$$

$$[H_2CO_3]=c(H_2CO_3)\delta_{H_2CO_3}=0.04\times0.96=3.8\times10^{-2}(mol \cdot L^{-1})$$

$$[HCO_3^-]=\delta_{HCO_3^-}c(H_2CO_3)=0.04\times0.04=1.6\times10^{-3}(mol \cdot L^{-1})$$

$$[CO_3^{2-}]=\delta_{CO_3^{2-}}c(H_2CO_3)=0(mol \cdot L^{-1})$$

(2) pH=8.00 时，同理可求得：

$$\delta_{H_2CO_3}=0.02；\delta_{HCO_3^-}=0.97；\delta_{CO_3^{2-}}=0.01$$

可见 pH=8.00 时，溶液中的主要存在形式是 HCO_3^-。

3.3　酸碱溶液 pH 的计算

在酸碱滴定中，必须了解滴定过程中溶液 pH 值的变化情况。强酸（碱）在水溶液中全部解离，溶液的酸度可以用酸（碱）的浓度表示；而弱酸（碱）在水溶液中部分解离，溶液的酸度与酸（碱）的浓度是不相等的。在计算溶液 pH 时，首先需全面考虑影响溶液 pH 的因素，即应把溶剂也作为参与酸碱的一个组分，然后根据质子转移的平衡关系得到精确的计算式，这样做对酸碱平衡关系的理解才是全面的。然后在允许的误差范围内，进行合理简化，得到计算 pH 的近似式和最简式，并求得结果。

本节仅讨论一元弱酸（碱）溶液、多元弱酸（碱）和两性物质溶液 pH 的计算方法，其他类型的酸碱溶液 pH 的计算，用简表的形式列出计算公式和使用条件，不再详细推导。

3.3.1　质子条件

根据质子理论，酸碱反应的实质是质子的转移。当酸碱反应达到平衡时，酸失去的质子数应等于碱得到的质子数，酸碱之间质子转移的这种等衡关系称为质子平衡（或称为质子条件），简写为 PBE。**质子条件反映了平衡体系中质子转移的数量关系，是计算溶液 pH 值的基本关系式**。

书写质子条件的步骤：①从酸碱平衡体系中选择质子参考水准（零水准）。溶液中大量存在并参与质子转移的物质作为质子参考水准，通常是原始的酸碱组分和溶剂分子。②根据质子参考水准判断得失质子的物质和得失质子后的对应产物及其得失质子数。③根据得失质子的物质的量相等的原则写出质子条件。习惯上，得质子物质写在等号左边，失质子物质写在等号右边。

例如，在 NaAc 水溶液中，大量存在并参与质子转移的物质是 H_2O、Ac^-，选择 H_2O、Ac^- 作为零水准，有以下平衡存在：

$$H_2O+H_2O \rightleftharpoons H_3O^+ + OH^-$$

$$Ac^- + H_2O \rightleftharpoons HAc + OH^-$$

与 H_2O 相比，H_3O^+ 是得一个质子的产物，可简写为 H^+；OH^- 是失一个质子的产物。与 Ac^- 相比，HAc 是得一个质子的产物，因此 NaAc 溶液的质子条件为：

$$[H^+]+[HAc]=[OH^-]$$

又如，$NH_4H_2PO_4$ 水溶液，选择 $H_2PO_4^-$，NH_4^+ 和 H_2O 作为参考水准，溶液中存在

下列平衡：

$$H_2O+H_2O \rightleftharpoons H_3O^+ +OH^-$$

$$NH_4^+ +H_2O \rightleftharpoons NH_3+H_3O^+$$

$$H_2PO_4^- +H_2O \rightleftharpoons HPO_4^{2-} +H_3O^+$$

$$H_2PO_4^- +2H_2O \rightleftharpoons PO_4^{3-} +2H_3O^+$$

$$H_2PO_4^- +H_2O \rightleftharpoons H_3PO_4+OH^-$$

$NH_4H_2PO_4$ 的质子条件为：

$$[H^+]+[H_3PO_4]=[OH^-]+[NH_3]+2[PO_4^{3-}]+[HPO_4^{2-}]$$

例 3-2 分别写出 NH_4Ac、Na_2CO_3 水溶液的质子条件式。

解 对于 NH_4Ac 水溶液，选择 H_2O、NH_4^+、Ac^- 作为零水准，溶液中质子转移反应有：

$$H_2O+H_2O \rightleftharpoons H_3O^+ +OH^-$$

$$NH_4^+ +H_2O \rightleftharpoons H_3O^+ +NH_3$$

$$Ac^- +H_2O \rightleftharpoons HAc+OH^-$$

质子条件为：

$$[H^+]+[HAc]=[OH^-]+[NH_3]$$

对于 Na_2CO_3 溶液，选择 CO_3^{2-} 和 H_2O 作为零水准，溶液中的质子转移反应有：

$$H_2O+H_2O \rightleftharpoons H_3O^+ +OH^-$$

$$CO_3^{2-} +H_2O \rightleftharpoons HCO_3^- +OH^-$$

$$HCO_3^- +H_2O \rightleftharpoons H_2CO_3+OH^-$$

质子条件为：

$$[H^+]+[HCO_3^-]+2[H_2CO_3]=[OH^-]$$

3.3.2 一元弱酸（碱）溶液 pH 的计算

一元弱酸 HA 水溶液中存在以下质子转移反应：

$$HA+H_2O \rightleftharpoons H_3O^+ +A^-$$

$$H_2O+H_2O \rightleftharpoons H_3O^+ +OH^-$$

质子条件为：

$$[H^+]=[OH^-]+[A^-]$$

由于$[OH^-]=\dfrac{K_w}{[H^+]}$，$[A^-]=\dfrac{K_a[HA]}{[H^+]}$

则

$$[H^+]=\frac{K_a[HA]}{[H^+]}+\frac{K_w}{[H^+]}$$

即

$$[H^+]=\sqrt{K_a[HA]+K_w} \tag{3-9}$$

式(3-9) 是计算一元弱酸水溶液 H^+ 浓度的精确式。式中$[HA]=\delta_{HA}c=\dfrac{[H^+]}{[H^+]+K_a}c$，将其代入式(3-9) 中，整理后得出一元三次方程：

$$[H^+]^3+K_a[H^+]^2-(K_ac+K_w)[H^+]-K_aK_w=0$$

显然，解上述方程相当麻烦。考虑到计算中所采用的解离常数本身有一定的误差，且在计算中又忽略了离子强度的影响，因此进行这类计算时允许有 5%的误差。所以对于具体情况，可以进行合理简化，作近似处理。

考虑到弱酸的解离度一般都不大，在实际应用中，为简便起见，HA 的平衡浓度可以近似认为等于其总浓度 c，即忽略弱酸本身的解离；若 $cK_a \geqslant 10K_w$，又可忽略水的解离，具体如下：

① 当 $cK_a \geqslant 10K_w$时，可忽略 K_w，此时，式(3-9) 可简化为

$$[H^+]=\sqrt{K_a[HA]} \tag{3-10}$$

$[HA]=c-[A^-]\approx c-[H^+]$，式(3-10) 可表示为

$$[H^+]=\sqrt{K_a(c-[H^+])}$$

经整理得：

$$[H^+]=\frac{-K_a+\sqrt{K_a^2+4K_ac}}{2} \tag{3-11}$$

② 若 $c/K_a \geqslant 105$ 时，但 $cK_a < 10K_w$，式(3-9) 可简化为

$$[H^+]=\sqrt{K_ac+K_w} \tag{3-12}$$

式(3-11)、式 (3-12) 均是计算一元弱酸溶液中 $[H^+]$ 的近似式。

③ 当 $cK_a \geqslant 10K_w$，且 $c/K_a \geqslant 105$ 时，式(3-9) 可表示为：

$$[H^+]=\sqrt{K_ac} \tag{3-13}$$

该式是计算一元弱酸水溶液中 $[H^+]$ 的最简式。

对于一元弱碱，处理方法以及计算公式、使用条件与一元弱酸相似，只需把相应公式及判断条件中的 K_a 换成 K_b，将 $[H^+]$ 换成 $[OH^-]$ 即可。

例 3-3　计算 $0.10mol\cdot L^{-1}$的 NH_4Cl 溶液的 pH 值。

解

$$K_a(NH_4^+)=\frac{K_w}{K_b(NH_3)}=\frac{1\times10^{-14}}{1.8\times10^{-5}}=5.6\times10^{-10}$$

$$cK_a=5.6\times10^{-10}\times0.10=5.6\times10^{-11}>10K_w$$

$$c/K_a=\frac{0.10}{5.6\times10^{-10}}>105$$

可采用最简式(3-13) 计算：

$$[H^+]=\sqrt{K_ac}=\sqrt{5.6\times10^{-10}\times0.10}=7.4\times10^{-6}(mol\cdot L^{-1})$$

$$pH=5.13$$

例 3-4　计算 $c(HCN)=1.0\times10^{-4}mol\cdot L^{-1}$的 HCN 溶液 pH 值。

解　$cK_a=1.0\times10^{-4}\times6.2\times10^{-10}=6.2\times10^{-14}<10K_w$

因此水的解离不能忽略。

$$c/K_a=\frac{1.0\times10^{-4}}{6.2\times10^{-10}}>105$$

可以用总浓度近似代替平衡浓度，所以采用式(3-12)：

$$[H^+]=\sqrt{cK_a+K_w}=\sqrt{1.0\times10^{-4}\times6.2\times10^{-10}+1.0\times10^{-14}}$$

$$=2.7\times10^{-7}(mol\cdot L^{-1})$$

$$pH=6.57$$

例 3-5　计算浓度为 $0.10mol\cdot L^{-1}$的一氯乙酸溶液的 pH 值。

解　$cK_a=0.10\times1.4\times10^{-3}=1.4\times10^{-4}>10K_w$

因此水解离的 H^+ 可以忽略。

又

$$c/K_a=\frac{0.10}{1.4\times10^{-3}}<105$$

直接代入式(3-11) 得：

$$[H^+]=\frac{-K_a+\sqrt{K_a^2+4K_ac}}{2}=\frac{-1.4\times10^{-3}+\sqrt{(1.4\times10^{-3})^2+4\times1.4\times10^{-3}\times0.1}}{2}$$

$$=1.1\times10^{-2}(\text{moL}\cdot\text{L}^-1)$$

$$\text{pH}=1.96$$

3.3.3 多元弱酸（碱）溶液 pH 的计算

多元弱酸（碱）溶液中 H^+ 浓度的计算方法与一元弱酸（碱）溶液相似，但由于多元弱酸（碱）在溶液中逐级解离，因此情况要复杂一些。

以浓度为 c 的二元弱酸 H_2A 为例讨论其 pH 值的计算，质子条件为：

$$[H^+]=[HA^-]+2[A^{2-}]+[OH^-]$$

将式中 $[HA^-]$、$[A^{2-}]$、$[OH^-]$ 以 K_{a_1}、K_{a_2} 及 K_w 和 $[H^+]$ 的平衡关系式代入上式，得到

$$[H^+]=\frac{[H_2A]K_{a_1}}{[H^+]}+2\frac{[H_2A]K_{a_1}K_{a_2}}{[H^+]^2}+\frac{K_w}{[H^+]}$$

$$[H^+]=\sqrt{[H_2A]K_{a_1}\left(1+\frac{2K_{a_2}}{[H^+]}\right)+K_w} \tag{3-14}$$

式(3-14) 是计算二元弱酸溶液 $[H^+]$ 的精确公式。其中 $[H_2A]$ 可根据分布系数进行处理，处理后得到一个一元四次方程。采用精确式计算，数学处理太复杂，并且也没必要。一般根据具体情况，对其进行近似、简化处理。

① 当 $cK_{a_1}\geqslant10K_w$ 时，可以忽略水的解离。又若满足 $\frac{2K_{a_2}}{[H^+]}\approx\frac{2K_{a_2}}{\sqrt{cK_{a_1}}}<0.05$，则可忽略第二级解离，此时二元弱酸可按一元弱酸处理：

$$[H^+]=\sqrt{[H_2A]K_{a_1}}\approx\sqrt{K_{a_1}(c-[H^+])}=\frac{-K_{a_1}+\sqrt{K_{a_1}^2+4K_{a_1}c}}{2} \tag{3-15}$$

式(3-15) 是计算二元弱酸溶液 $[H^+]$ 的近似公式。

② 当 $cK_{a_1}\geqslant10K_w$，$\frac{2K_{a_2}}{[H^+]}\approx\frac{2K_{a_2}}{\sqrt{cK_{a_1}}}<0.05$，且 $\frac{c}{K_{a_1}}>105$，则说明二元弱酸的第一级解离也较小。此时 $[H_2A]=c-[H^+]\approx c$，式(3-14) 简化为：

$$[H^+]=\sqrt{K_{a_1}c} \tag{3-16}$$

式(3-16) 是计算二元弱酸溶液 $[H^+]$ 的最简式。与一元弱酸溶液计算 $[H^+]$ 的最简式相似，不同之处就是将 K_a 换成了 K_{a_1}。

例 3-6 室温时饱和 H_2CO_3 溶液的浓度约为 $0.040\text{mol}\cdot\text{L}^{-1}$，计算该溶液的 pH 值。

解 已知 $pK_{a_1}=6.35$，$pK_{a_2}=10.33$

$$cK_{a_1}=10^{-6.35}\times0.040\gg10K_w$$

因此可以忽略水的解离。

$$\frac{2K_{a_2}}{[H^+]}\approx\frac{2K_{a_2}}{\sqrt{cK_{a_1}}}=\frac{2\times4.7\times10^{-11}}{\sqrt{0.04\times4.5\times10^{-7}}}<0.05,\ \frac{c}{K_{a_1}}=\frac{0.04}{4.5\times10^{-7}}>105$$

故采用最简式(3-16) 计算：

$$[H^+]=\sqrt{0.040\times10^{-6.35}}=1.3\times10^{-4}(mol\cdot L^{-1})$$

$$pH=3.89$$

3.3.4 两性物质溶液 pH 的计算

两性物质溶液中的酸碱平衡比较复杂，故应根据具体情况，进行合理简化。以 NaHA 为例，说明溶液中存在的质子转移反应：

$$HA^- + H_2O \rightleftharpoons H_3O^+ + A^{2-}$$

$$HA^- + H_2O \rightleftharpoons H_2A + OH^-$$

$$H_2O + H_2O \rightleftharpoons H_3O^+ + OH^-$$

质子条件为：

$$[H_2A]+[H^+]=[OH^-]+[A^{2-}]$$

根据酸碱解离平衡关系式（以 K_{a_1}、K_{a_2} 及 K_w 代入上式），得：

$$\frac{[H^+][HA^-]}{K_{a_1}}+[H^+]=\frac{K_{a_2}[HA^-]}{[H^+]}+\frac{K_w}{[H^+]}$$

整理后得到：

$$[H^+]=\sqrt{\frac{K_{a_1}(K_{a_2}[HA^-]+K_w)}{K_{a_1}+[HA^-]}} \tag{3-17}$$

上式就是计算 NaHA 水溶液酸度的精确式。

一般情况下，HA^- 给出质子和接受质子的能力都较弱，则可以认为 $[HA^-]\approx c$，则得到：

$$[H^+]=\sqrt{\frac{K_{a_1}(K_{a_2}c+K_w)}{K_{a_1}+c}} \tag{3-18}$$

若 $cK_{a_2}>10K_w$，可以忽略 K_w，则得：

$$[H^+]=\sqrt{\frac{K_{a_1}K_{a_2}c}{K_{a_1}+c}} \tag{3-19}$$

若 $c>10K_{a_1}$ 但 $cK_{a_2}<10K_w$，可忽略分母中的 K_{a_1}，故

$$[H^+]=\sqrt{\frac{K_{a_1}(cK_{a_2}+K_w)}{c}} \tag{3-20}$$

若 $cK_{a_2}>10K_w$，且 $c>10K_{a_1}$ 时，可同时忽略分子上的 K_w 和分母中的 K_{a1}，则：

$$[H^+]=\sqrt{K_{a_1}K_{a_2}} \tag{3-21}$$

式(3-21) 是计算两性物质溶液 $[H^+]$ 的最简式。

例 3-7 分别计算 $0.050mol\cdot L^{-1}$ NaH_2PO_4 溶液以及 $0.010mol\cdot L^{-1}$ Na_2HPO_4 溶液的 pH 值。

解 已知 H_3PO_4 的 $K_{a_1}=7.6\times10^{-3}$，$K_{a_2}=6.3\times10^{-8}$，$K_{a_3}=4.4\times10^{-13}$

(1) 对于 $0.050mol\cdot L^{-1}$ NaH_2PO_4 溶液

$$cK_{a_2}=0.050\times6.3\times10^{-8}=3.2\times10^{-9}>10K_w$$

$$c=0.05<10K_{a_1}=10\times7.6\times10^{-3}=0.076$$

所以应采用近似式(3-19) 计算：

$$[H^+]=\sqrt{\frac{K_{a_1}K_{a_2}c}{K_{a_1}+c}}=\sqrt{\frac{7.6\times10^{-3}\times6.3\times10^{-8}\times0.050}{7.6\times10^{-3}+0.050}}=2.0\times10^{-5}(mol\cdot L^{-1})$$

$$pH=4.70$$

（2）对于 $0.010mol \cdot L^{-1}$ Na_2HPO_4 溶液

由于 HPO_4^{2-} 的得失质子平衡与 K_{a_2} 及 K_{a_3} 有关，所以在应用有关公式时，应将公式中的 K_{a_1} 和 K_{a_2} 分别换为 K_{a_2} 和 K_{a_3}。

$$cK_{a_3}=0.010\times4.4\times10^{-13}=4.4\times10^{-15}<10K_w$$

$$c=0.01>10K_{a_2}$$

所以不能忽略水的解离，应采用近似式(3-20)计算：

$$[H^+]=\sqrt{\frac{K_{a_2}(K_{a_3}c+K_w)}{c}}$$

$$=\sqrt{\frac{6.3\times10^{-8}\times(4.4\times10^{-13}\times0.010+10^{-14})}{0.010}}$$

$$=3.0\times10^{-10}(mol \cdot L^{-1})$$

$$pH=9.52$$

现将各种溶液 H^+ 浓度的计算公式和使用条件归纳于表 3-1。

表 3-1 各种溶液计算［H^+］的公式及使用条件

项目	计算公式	使用条件(允许误差 5%)
强酸	$[H^+]=c$	$c\geqslant4.7\times10^{-7}mol \cdot L^{-1}$
一元弱酸	精确式：$[H^+]=\sqrt{K_a[HA]+K_w}$	
	近似式：$[H^+]=\sqrt{K_ac+K_w}$	$\frac{c}{K_a}\geqslant105$
	$[H^+]=\frac{-K_a+\sqrt{K_a^2+4K_ac}}{2}$	$K_ac\geqslant10K_w$
	最简式：$[H^+]=\sqrt{K_ac}$	$c/K_a\geqslant105$，且 $K_ac\geqslant10K_w$
二元弱酸	近似式：$[H^+]=\sqrt{K_{a_1}(c-[H^+])}$	$cK_{a_1}\geqslant10K_w$，$\frac{2K_{a_2}}{[H^+]}\approx\frac{2K_{a_2}}{\sqrt{cK_{a_1}}}<0.05$
	最简式：$[H^+]=\sqrt{K_{a_1}c}$	$cK_{a_1}\geqslant10K_w$，$\frac{2K_{a_2}}{[H^+]}\approx\frac{2K_{a_2}}{\sqrt{cK_{a_1}}}<0.05$，且 $\frac{c}{K_{a_1}}>105$
两性物质	精确式：$[H^+]=\sqrt{\frac{K_{a_1}(K_{a_2}[HA^-]+K_w)}{K_{a_1}+[HA^-]}}$	
	近似式：$[H^+]=\sqrt{\frac{K_{a_1}K_{a_2}c}{K_{a_1}+c}}$	$cK_{a_2}>10K_w$
	$[H^+]=\sqrt{\frac{K_{a_1}(cK_{a_2}+K_w)}{c}}$	$c>10K_{a_1}$，但 $cK_{a_2}<10K_w$
	最简式：$[H^+]=\sqrt{K_{a_1}K_{a_2}}$	$cK_{a_2}>10K_w$，且 $c>10K_{a_1}$
缓冲溶液	精确式：$[H^+]=K_a\frac{c_a-[H^+]+[OH^-]}{c_b+[H^+]-[OH^-]}$	
	近似式：$[H^+]=K_a\frac{c_a-[H^+]}{c_b+[H^+]}$	$[H^+]\gg[OH^-]$
	最简式：$[H^+]=K_a\frac{c_a}{c_b}$	$c_a\gg[OH^-]-[H^+]$，$c_b\gg[H^+]-[OH^-]$

3.4　酸碱指示剂

酸碱滴定分析中判断终点的方法主要有两种：**指示剂法和电位滴定法**。指示剂法是利用指示剂在一定条件时变色来指示终点；电位滴定法则是通过测量两个电极的电位差，根据电位差的突变来确定终点。这里仅讨论指示剂法。

3.4.1　酸碱指示剂的作用原理

酸碱指示剂一般为弱的有机酸或有机碱，它们的共轭酸碱对具有不同的结构，因而呈现不同的颜色。当溶液 pH 值改变时，指示剂失去质子由酸型转变为碱型，或得到质子由碱型转变为酸型，结构发生变化，从而引起颜色的变化。下面以甲基橙和酚酞为例来说明。

甲基橙是一种弱的有机碱，在溶液中存在如下平衡：

黄色（偶氮式）　　红色（醌式）

由平衡关系可以看出，增大溶液的 H^+ 浓度，反应向右进行，甲基橙主要以醌式（酸色型）存在，溶液呈红色；降低溶液的 H^+ 浓度，反应向左进行，甲基橙主要以偶氮式（碱色型）存在，溶液呈黄色。像甲基橙这类酸色型和碱色型均有颜色的指示剂，称为双色指示剂。

又如酚酞，它是一种弱的有机酸，属单色指示剂，在溶液中有如下平衡：

无色分子　　无色分子　　无色离子

红色离子　　无色离子

酚酞为无色二元弱酸，当溶液的 pH 逐渐升高时，酚酞给出一个质子 H^+，形成无色的离子；然后再给出第二个质子 H^+ 并发生结构的改变，成为具有共轭体系醌式结构，呈红色，第二步离解过程的 $pK_{a_2}=9.1$。当碱性进一步加强时，醌式结构转变为无色羧酸盐式离子。

酚酞结构变化的过程也可简单表示为：

$$\text{无色分子} \underset{H^+}{\overset{OH^-}{\rightleftharpoons}} \text{无色离子} \underset{H^+}{\overset{OH^-}{\rightleftharpoons}} \text{红色离子} \underset{H^+}{\overset{\text{强碱}}{\rightleftharpoons}} \text{无色离子}$$

上式表明，这个转变过程是可逆的。当溶液 pH 降低（H^+ 浓度增大）时，平衡向左移动，酚酞又变成无色的分子。当 pH 值升高到一定数值后成红色，在浓的强碱溶液中酚酞又变成无色。反之亦然。

3.4.2 指示剂的变色范围

指示剂在不同 pH 值的溶液中，显示不同的颜色。但是否溶液 pH 稍有改变时，我们就能看到它的颜色变化呢？事实并不是这样，必须使溶液的 pH 值改变到一定程度，才能看得出指示剂的颜色变化。也就是说，引起指示剂变色的 pH 值是有一定范围的，只有在超过这个范围我们才能明显地观察到指示剂颜色的变化。

若以 HIn 表示一种弱酸型指示剂，In^- 为其共轭碱，在溶液中有如下平衡：

$$HIn \rightleftharpoons H^+ + In^-$$

$$K_{HIn} = \frac{[H^+][In^-]}{[HIn]}$$

$$[H^+] = K_{HIn}\frac{[HIn]}{[In^-]}$$

$$pH = pK_{HIn} + \lg\frac{[In^-]}{[HIn]}$$

溶液呈现的颜色决定于$\frac{[In^-]}{[HIn]}$值，对某种指示剂来讲，在指定条件下，K_{HIn}是个常数，因此$\frac{[In^-]}{[HIn]}$决定于溶液的 $[H^+]$。由于人眼对颜色的分辨能力有一定限度，当$\frac{[In^-]}{[HIn]} \leqslant \frac{1}{10}$时，只能看到 HIn 的颜色称酸色；当$\frac{[In^-]}{[HIn]} \geqslant \frac{10}{1}$时，只能看到 In^- 的颜色称碱色；当$\frac{[In^-]}{[HIn]}$在$\frac{1}{10} \sim \frac{10}{1}$时，出现 HIn 和 In^- 的混合色。当溶液的 pH 从 $pK_{HIn}-1$ 变到 $pK_{HIn}+1$ 时，可明显看到指示剂从酸色变到碱色。因此，

$$pH = pK_{HIn} \pm 1$$

称为**指示剂的理论 pH 变色范围**。不同的指示剂，其 K_{HIn}不同，其变色范围的 pH 也不同。

当$\frac{[In^-]}{[HIn]}=1$时，溶液呈现指示剂的中间颜色，即 HIn 和 In^- 的混合色。此时

$$pH = pK_{HIn}$$

称为**指示剂的理论变色点**。

本书附表 4 列出了一些常用的酸碱指示剂。

3.4.3 影响指示剂变色范围的主要因素

3.4.3.1 指示剂的用量

在滴定过程中，适宜的指示剂浓度将使其在终点变色比较敏锐，有助于提高滴定分析的准确度。指示剂的浓度过高或过低，会使得溶液的颜色太深或太浅，因变色不够明显而影响对终点的准确判断。同时指示剂在变色时也要消耗一定的滴定剂，从而引入误差，故使用时

其用量要合适。

对于双色指示剂，当溶液中 $[H^+]$ 一定时，其碱型与酸型的浓度之比 $\frac{[In^-]}{[HIn]}$ 是一个定值，因此指示剂的用量不会影响指示剂的变色范围。但是单色指示剂，指示剂用量的改变，会引起变色范围的移动。如酚酞，它的酸型为无色，碱型为红色，设人眼观察红色的最低浓度为 a，指示剂的总浓度为 c，则：

$$\frac{[In^-]}{[HIn]}=\frac{K_{HIn}}{[H^+]}=\frac{a}{c-a}$$

若酚酞的总浓度增大，由于 K_{HIn}、a 不变，则溶液中的 $[H^+]$ 增大，即指示剂会在较低的 pH 时变色。例如，在 50～100mL 溶液中加入 2～3 滴 0.1% 酚酞，在 pH≈9 时出现微红，而加入 10～15 滴酚酞，则在 pH≈8 时出现微红。

3.4.3.2　温度

温度改变时，指示剂的离解常数和水的质子自递常数都会发生变化，因而指示剂的变色范围也随之改变。如甲基橙在 18℃ 时变色范围为 3.1～4.4，而在 100℃ 时为 2.5～3.7；酚酞在 18℃ 时变色范围为 8.0～9.6，100℃ 时为 8.0～9.20。

3.4.4　混合指示剂

常用酸碱指示剂都是单一指示剂，变色范围比较大，一般都有 1.5～2 个 pH 单位。对于某些弱酸、弱碱的滴定，化学计量点附近 pH 的突跃很小，需要采用变色范围更窄、颜色变化鲜明的指示剂才能正确地指示滴定终点。对此，可以采用混合指示剂来指示滴定终点。混合指示剂是利用颜色的互补作用，使变色范围变窄，达到颜色变化敏锐的效果。

混合指示剂有两种配制方法。一是将两种或多种 pK_{HIn} 值相近，其酸色与碱色又为互补色的指示剂按一定比例混合而成。如甲基红和溴甲酚绿按一定比例混合后，在酸性条件下显红色（红＋黄），碱性条件下显绿色（黄＋蓝），而在 pH＝5.1（混合指示剂变色点）时，溴甲酚绿呈绿色，甲基红显橙红色，两种颜色互补产生灰色，因而使颜色在此点发生突变，变色很敏锐。常用的 pH 试纸就是将多种酸碱指示剂按一定比例混合浸制而成，能在不同的 pH 值时显示不同的颜色。

另一种混合指示剂是由某种指示剂和一种惰性染料按一定比例配制而成。如将甲基橙与靛蓝二磺酸钠混合，在 pH 3.1～4.4 范围内颜色由紫色（红＋蓝）变为黄绿色（黄＋蓝），中间呈浅灰色，变化敏锐，易于辨别。

附表 5 列出了一些常见的混合指示剂。

3.5　一元酸碱的滴定

为了正确运用酸碱滴定法进行分析测定，必须了解酸碱滴定过程中 H^+ 浓度的变化规律，尤其是化学计量点附近 pH 的变化规律，才能选择合适的指示剂指示终点，减小滴定误差，提高准确度。下面具体讨论不同类型的酸碱滴定过程中 pH 的变化规律，以及如何选择指示剂来确定滴定终点。

3.5.1 强酸强碱的滴定

这类滴定的反应式是

$$H_3O^+ + OH^- \rightleftharpoons 2H_2O$$

可简写为

$$H^+ + OH^- \rightleftharpoons H_2O$$

以 0.1000mol·L^{-1} NaOH 溶液滴定 20.00mL 0.1000mol·L^{-1} HCl 溶液为例，讨论强酸与强碱滴定过程中 pH 的变化规律。整个滴定过程可分为四个阶段。

(1) 滴定前

溶液中仅有 HCl 存在，溶液 pH 取决于 HCl 溶液的原始浓度，$[H^+]=0.1000mol\cdot L^{-1}$，pH=1.00。

(2) 滴定开始至化学计量点前

由于加入 NaOH，部分 HCl 被中和，溶液的酸度主要决定于剩余 HCl 的浓度。例如，加入 19.98mL NaOH 溶液时，还剩余 0.02mL HCl，因此

$$[H^+]=\frac{0.1000\times0.02}{20.00+19.98}=5.0\times10^{-5}(mol\cdot L^{-1})$$

$$pH=4.30$$

(3) 化学计量点

正好加入 20.00mL NaOH 溶液时，HCl 被 NaOH 完全中和，pH=7.00。

(4) 化学计量点后

溶液的酸度主要取决于过量的 NaOH 浓度。例如，加入 20.02mL NaOH 溶液时，即过量 0.02mL NaOH 溶液，则

$$[OH^-]=\frac{0.1000\times0.02}{20.00+20.02}=5.0\times10^{-5}(mol\cdot L^{-1})$$

$$pOH=4.30,\ pH=9.70$$

表 3-2 列出了加入不同体积的 NaOH 时溶液相应的 pH 值。以 NaOH 加入量为横坐标，对应溶液的 pH 值为纵坐标作图，所得到的 V-pH 关系曲线称为滴定曲线，如图 3-4 所示。

表 3-2 用 0.1000mol·L^{-1} NaOH 溶液滴定 20.00mL 0.1000mol·L^{-1} HCl 溶液

加入 NaOH 溶液		剩余 HCl 溶液的体积 V/mL	过量 NaOH 溶液的体积 V/mL	pH 值
体积/mL	滴定百分比			
0.00	0.00	20.00		1.00
18.00	90.00	2.00		2.28
19.80	99.00	0.20		3.30
19.98	**99.90**	0.02		**4.30**
20.00	100.0	0.00		7.00
20.02	**100.1**		0.02	**9.70**
20.20	101.0		0.20	10.70
22.00	110.0		2.00	11.70
40.00	200.0		20.00	12.52

在滴定开始时，溶液中有大量的 HCl，pH 升高十分缓慢，加入 18mL NaOH 时 pH 才改变约 1.3 个单位，滴定曲线比较平坦。随着滴定的进行，HCl 的量逐渐减小，pH 升高逐渐增快。当 NaOH 加到 19.98mL，即溶液中 99.9% 的 HCl 被滴定，达到曲线上 A 点，pH=4.30；当 NaOH 加到 20.02mL，即 NaOH 过量 0.1%，达到滴定曲线上的 B 点，

pH=9.70，NaOH 的变化量仅为 0.04mL，pH 从 4.30 升高到 9.70，增加了 5.4 个 pH 单位，滴定曲线上出现了几乎垂直的一段，因此化学计量点前后±0.1%误差范围内 pH 值的急剧变化，称为滴定突跃，对应的 pH 变化范围称为 **pH 突跃范围**。在此之后，继续加入 NaOH 溶液，随着溶液中 OH^- 浓度增大，pH 的变化减慢，滴定曲线又趋于平坦。

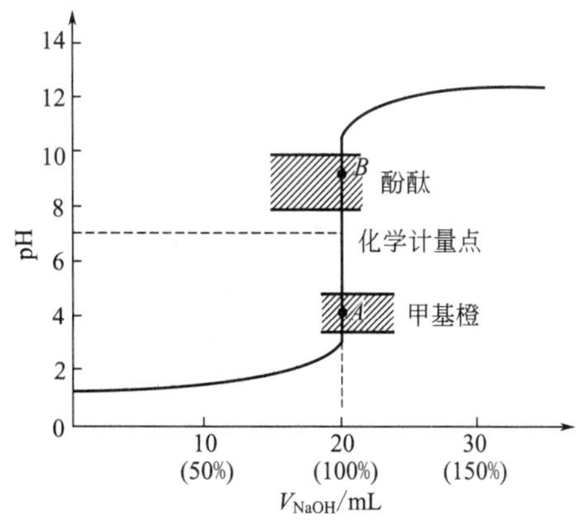

图 3-4　0.1000mol·L^{-1} NaOH 滴定 20.00mL 0.1000mol·L^{-1} HCl 的滴定曲线

滴定突跃范围是选择指示剂的基本依据。显然，最理想的指示剂应该恰好在化学计量点时变色。实际上，**凡是在滴定突跃范围内变色的指示剂（即指示剂的变色范围全部或部分落在滴定突跃范围之内），都可以保证其滴定终点误差小于±0.1%**。例如，甲基橙（pH 3.1～4.4）、甲基红（pH 4.4～6.2）、溴百里酚蓝（pH 6.0～7.6）、中性红（pH 6.8～8.0）、酚酞（pH 8.0～10.0）等都可用作该滴定过程的指示剂。

在实际滴定中，指示剂选择还应考虑人的视觉对颜色的敏感性，如酚酞由无色变为粉红色、甲基橙由黄色变为橙色，即颜色由无到有、由浅到深，人的视觉较敏感，因此强酸滴定强碱时常选用甲基橙，强碱滴定强酸时常选用酚酞指示剂指示终点。

滴定突跃的大小与酸碱溶液的浓度有关。酸碱的浓度越大，突跃范围越大；酸碱的浓度越小，突跃范围也就越小。如图 3-5 所示，用 1mol·L^{-1} NaOH 滴定 1mol·L^{-1} HCl，突跃范围 pH 为 3.3～10.7；而用 0.01mol·L^{-1} NaOH 滴定 0.01mol·L^{-1} HCl，突跃范围 pH 为 5.3～8.7，其突跃范围相应减小 2 个 pH 单位，这时则不能选用甲基橙作指示剂了。

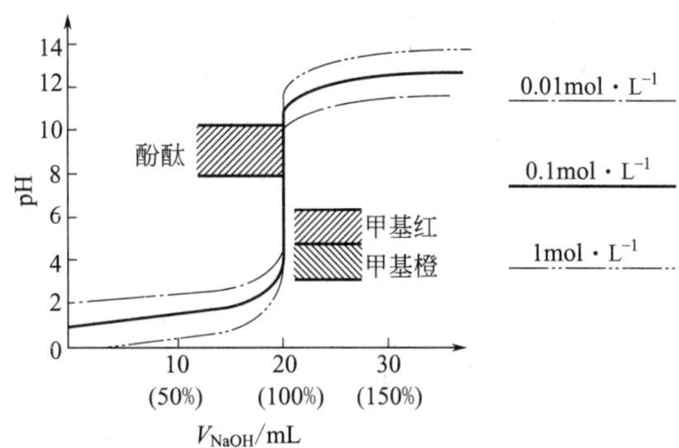

图 3-5　不同浓度 NaOH 溶液滴定不同浓度 HCl 溶液的滴定曲线

如果反过来改用 0.1mol·L^{-1} HCl 滴定 0.1mol·L^{-1} NaOH，滴定曲线的形状与图 3-4 相同，只是 pH 的变化与此相反。

3.5.2　一元弱酸、弱碱的滴定

滴定弱酸、弱碱溶液一般采用强碱、强酸滴定。以 0.1000mol·L^{-1} NaOH 溶液滴定 20.00mL 同浓度 HAc 溶液为例说明。与强碱滴定强酸相似，整个滴定过程按照不同的溶液组成情况，可分为四个阶段。为方便考虑，pH 计算采用最简式。

(1) 滴定前

此时溶液是 0.1000mol·L^{-1} HAc，因此

$$[H^+]=\sqrt{K_a c}=\sqrt{10^{-4.74}\times 0.1000}=1.34\times 10^{-3}(\text{mol·L}^{-1})$$

$$pH=2.87$$

(2) 滴定开始至化学计量点前

溶液中未反应的 HAc 和反应产物 Ac^- 组成 HAc-Ac^- 缓冲体系，因此，溶液的 pH 可根据缓冲溶液计算公式计算。

例如，当加入 NaOH 19.98mL 时

$$c(HAc)=\frac{0.02\times 0.1000}{20.00+19.98}=5.0\times 10^{-5}(\text{mol·L}^{-1})$$

$$c(Ac^-)=\frac{19.98\times 0.1000}{20.00+19.98}=5.0\times 10^{-2}(\text{mol·L}^{-1})$$

$$pH=4.74+\lg\frac{5.0\times 10^{-2}}{5.0\times 10^{-5}}=7.74$$

(3) 化学计量点

此时 HAc 被全部中和生成 NaAc，由于 Ac^- 为弱碱，溶液 pH 可根据弱碱的有关计算式计算。

$$c(Ac^-)=0.1000\times\frac{1}{2}=0.05000(\text{mol·L}^{-1})$$

$$[OH^-]=\sqrt{K_b c}=\sqrt{\frac{K_w}{K_a}c}=\sqrt{\frac{1.0\times 10^{-14}\times 0.05000}{1.8\times 10^{-5}}}=5.3\times 10^{-6}(\text{mol·L}^{-1})$$

$$pOH=5.28，pH=8.72$$

(4) 化学计量点后

溶液由 NaOH 和 NaAc 组成。由于过量 NaOH 存在，抑制了 Ac^- 的离解，其产生的 OH^- 可以忽略，故此阶段溶液的 pH 值主要取决于过量 NaOH 浓度，计算方法与强碱滴定强酸相同。

例如，加入 20.02mL NaOH 溶液时，即过量 0.02mL NaOH 溶液，则

$$[OH^-]=\frac{0.1000\times 0.02}{20.00+20.02}=5.0\times 10^{-5}(\text{mol·L}^{-1})$$

$$pOH=4.30，pH=9.70$$

将所得结果列于表 3-3，据此绘制滴定曲线，得到如图 3-6 中所示的曲线Ⅰ。

表 3-3 用 0.1000mol·L^{-1} NaOH 溶液滴定 20.00mL 0.1000mol·L^{-1} HAc 溶液

加入 NaOH 溶液		剩余 HAc 溶液的体积 V/mL	过量 NaOH 溶液的体积 V/mL	pH 值
体积/mL	滴定百分比			
0.00	0.00	20.00		2.87
10.00	50.00	10.00		4.74
18.00	90.00	2.00		5.70
19.80	99.00	0.20		6.74
19.98	**99.90**	0.02		**7.74**
20.00	100.0	0.00		8.72
20.02	**100.1**		0.02	**9.70**
20.20	101.0		0.20	10.70
22.00	110.0		2.00	11.70
40.00	200.0		20.00	12.52

由于 HAc 是弱酸，滴定开始前溶液中 H^+ 浓度较低，pH 值起点较高。滴定开始后，反应产生的 Ac^- 抑制了 HAc 的离解，溶液 pH 很快增加。继续加入 NaOH，HAc 浓度不断降低，而 NaAc 浓度逐渐增大，在溶液中形成 HAc-Ac^- 缓冲体系，溶液的 pH 增加缓慢，使这一段曲线较为平坦。接近化学计量点时，由于溶液中剩余的 HAc 少，达到计量点时，在其附近出现一个较小的滴定突跃（pH 7.74～9.70），处于碱性范围。化学计量点后为 NaAc 和 NaOH 混合物，Ac^- 解离受到过量滴定剂 OH^- 的抑制，滴定曲线的变化规律与 NaOH 滴定 HCl 时基本相同。

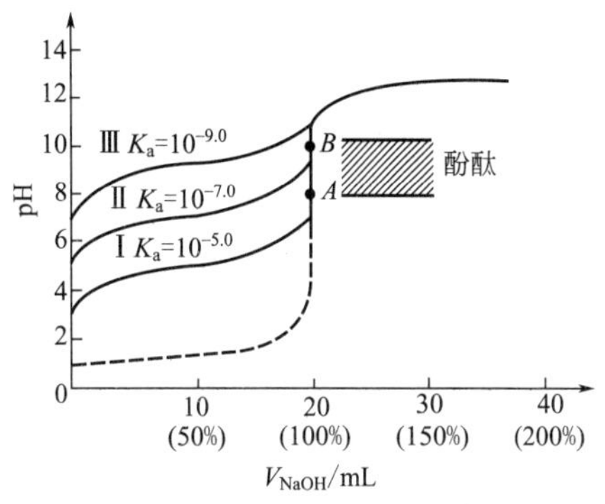

图 3-6　NaOH 溶液滴定不同弱酸溶液的滴定曲线

强碱滴定弱酸的突跃范围比滴定同浓度强酸的突跃小得多，而且在弱碱性区域，因此，在酸性范围内变色的指示剂如甲基橙、甲基红等都不能使用，而只能选择在碱性范围内变色的指示剂如酚酞、百里酚蓝等来指示终点。

从图 3-6 可看出，影响滴定突跃范围大小的主要因素是酸的强度。当酸的浓度一定时，K_a 值愈大，突跃范围愈大；K_a 值愈小，突跃范围愈小。当 $K_a \leqslant 10^{-9}$ 时，没有明显的突跃，利用一般的酸碱指示剂无法确定滴定终点。其次，与浓度有关，当 K_a 值一定时，酸的浓度愈大，突跃范围也愈大；反之，酸的浓度愈小，突跃范围愈小。

一般来讲，当弱酸溶液的浓度 c 和弱酸的离解常数 K_a 的乘积 $cK_a \geqslant 10^{-8}$ 时，滴定突跃范围≥0.3pH 单位，此时人眼能辨别出指示剂颜色的改变，滴定就可以直接进行，这时终点误差也在允许的±0.1%以内。也就是说，若要直接滴定某种弱酸，必须满足

$$cK_a \geqslant 10^{-8} \tag{3-22}$$

因此，**式(3-22) 可以作为一元弱酸目视直接滴定的判别式**。当然，如果允许误差可以放宽，相应判据条件也可降低。

强酸滴定弱碱的过程与强碱滴定弱酸很相似，所不同的是溶液的 pH 变化是由大到小，滴定曲线的形状刚好相反，其突跃范围发生在酸性范围，必须选用在酸性范围内变色的指示剂。

与一元弱酸一样，对于一元弱碱，当 $cK_b \geqslant 10^{-8}$ 时，才能准确进行滴定。

3.6　多元酸、混合酸以及多元碱的滴定

3.6.1　多元酸的滴定

多元酸在水溶液中是分步解离的，其滴定反应也是分步进行的。例如，用 NaOH 滴定二元酸 H_2A 时有如下反应

$$H_2A + OH^- \rightleftharpoons HA^- + H_2O$$

$$HA^- + OH^- \rightleftharpoons A^{2-} + H_2O$$

用强碱滴定多元酸时，情况比较复杂，既要考虑能否准确滴定，又要考虑能否分开滴定。与一元弱酸类似，$cK_a \geqslant 10^{-8}$ 就可以被准确滴定，至于能否分步滴定，取决于 K_{a_1}、K_{a_2} 的相对大小。若 K_{a_1}、K_{a_2} 相差不大，当第一步反应未进行完全时，第二步反应

或多或少也要进行，即两步反应有所交叉，这样就不能形成两个独立的突跃，不能分步滴定。那么 K_{a_1}、K_{a_2} 相差多少才能分步滴定，这与分步滴定要求的准确度和检测终点的准确度有关。由于在第一计量点的滴定产物 HA^- 是两性物质，具有缓冲作用，过量的碱不会造成溶液的 pH 大幅度升高，故此时的滴定突跃较一元弱酸（碱）的要小得多。因此，对多元酸分步滴定的准确度不能要求太高，当允许滴定误差为±1%，滴定突跃≥0.3pH 单位，要进行分步滴定必须满足下列条件：

$$\begin{cases} cK_{a_1} \geqslant 10^{-9} \\ \dfrac{K_{a_1}}{K_{a_2}} > 10^4 \end{cases} \tag{3-23}$$

因此，**式(3-23) 可作为多元弱酸分步滴定的判别式**。例如，用 0.1000mol·L^{-1} NaOH 滴定同浓度的 H_3PO_4 溶液。H_3PO_4 在水中有三级离解：

$$H_3PO_4 \rightleftharpoons H^+ + H_2PO_4^- \qquad pK_{a_1}=2.12$$

$$H_2PO_4^- \rightleftharpoons H^+ + HPO_4^{2-} \qquad pK_{a_2}=7.20$$

$$HPO_4^{2-} \rightleftharpoons H^+ + PO_4^{3-} \qquad pK_{a_3}=12.36$$

由于 $cK_{a_1} > 10^{-9}$，$K_{a_1}/K_{a_2} > 10^4$，$cK_{a_2} > 10^{-9}$，$K_{a_2}/K_{a_3} > 10^4$，$cK_{a_3} < 10^{-9}$，因此 H_3PO_4 第一级和第二级解离 H^+ 均可准确直接滴定，且可分步滴定，而第三级解离 H^+ 不能直接滴定。NaOH 滴定 H_3PO_4 的滴定曲线见图 3-7，图中有两个明显的滴定突跃。

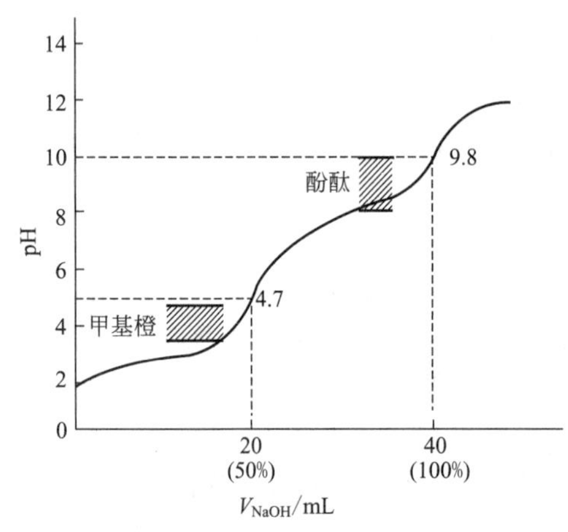

图 3-7 NaOH 溶液滴定 H_3PO_4 溶液的滴定曲线

由于要准确计算多元酸的滴定曲线，涉及比较麻烦的数学处理，下面我们仅讨论化学计量点 pH 的计算和指示剂的选择。

第一化学计量点时，溶液组成为 NaH_2PO_4，若按最简式计算，$[H^+]=\sqrt{K_{a_1}K_{a_2}}$，将数据代入得 $pH_1=4.66$。

选择甲基橙为指示剂，终点由红变黄，分析结果的误差约为－0.5%，在误差允许范围内。若选用甲基红或溴甲酚绿作指示剂会更好。

第二化学计量点的产物为 Na_2HPO_4，按最简式计算，$[H^+]=\sqrt{K_{a_2}K_{a_3}}$，将数据代入得 $pH_2=9.78$。

若选用酚酞作指示剂，终点出现过早，有较大负误差。若选用百里酚蓝作指示剂，终点颜色由无色变为浅蓝色，结果的误差约为＋0.3%。

3.6.2 混合酸的滴定

混合酸有三种情况：两种弱酸混合、强酸和强酸混合以及强酸和弱酸的混合。

① 两种弱酸（HA＋HB）混合。这种情况与多元酸相似。如 $K_a(HA) > K_a(HB)$，允许误差为 1%，需 $c(HA)K_a(HA) \geqslant 10^{-9}$，$\dfrac{c(HA)K_a(HA)}{c(HB)K_a(HB)} \geqslant 10^4$，可分步滴定 HA。如果 c

(HB)K_a(HB)$\geqslant 10^{-9}$，则较弱酸 HB 也可以被准确滴定。

② 两种强酸混合。用强碱滴定两种强酸，不能分别滴定，但可以测定两种强酸的总量。

③ 强酸和弱酸的混合。其情况比较复杂，这里不作讨论。

3.6.3 多元碱的滴定

多元碱滴定的处理方法与多元酸相似，只需将相应计算公式、判别式中的 K_a 换成 K_b，H^+ 换成 OH^- 即可。

例如用 0.1000mol·L^{-1} HCl 溶液滴定同浓度的 Na_2CO_3 溶液。Na_2CO_3 是二元弱碱，在水溶液中分两步离解：

$$CO_3^{2-} + H_2O \rightleftharpoons HCO_3^- + OH^- \quad pK_{b_1} = 3.67$$

$$HCO_3^- + H_2O \rightleftharpoons H_2CO_3 + OH^- \quad pK_{b_2} = 7.65$$

由于 $cK_{b_1} > 10^{-9}$，$cK_{b_2} = 0.1 \times 2.2 \times 10^{-8} = 2.2 \times 10^{-9}$，$K_{b_1}/K_{b_2} \approx 10^4$，可准确分步滴定到第二步，即 H_2CO_3；又因为 HCO_3^- 的缓冲作用，第一个滴定突跃不明显。第二个滴定突跃虽然较第一个明显些，但滴定突跃仍然较小。其滴定曲线见图 3-8。

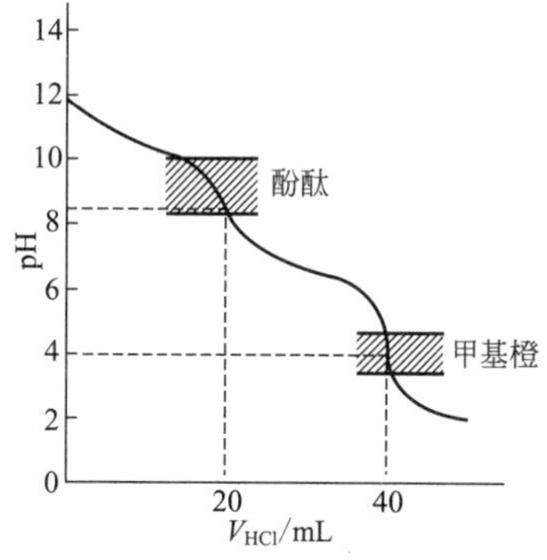

图 3-8 HCl 溶液滴定 Na_2CO_3 溶液的滴定曲线

在第一化学计量点，产物为 $NaHCO_3$，则

$$[H^+] = \sqrt{K_{a_1} K_{a_2}} = \sqrt{4.5 \times 10^{-7} \times 4.7 \times 10^{-11}}$$

$$= 4.6 \times 10^{-9} (mol \cdot L^{-1})$$

$$pH = 8.34$$

可选用酚酞为指示剂，但终点颜色较难判断（红～微红或无色），误差可大于 1%。若选用甲酚红与百里酚蓝混合指示剂（变色的 pH 值范围为 8.2～8.4，颜色粉红～紫），并使用同浓度 $NaHCO_3$ 溶液作参比，终点误差可减少到 0.5%。

第二化学计量点时产物为 H_2CO_3（CO_2 + H_2O），其饱和溶液的浓度约为 0.04mol·L^{-1}，则

$$[H^+] = \sqrt{K_{a_1} c} = \sqrt{0.04 \times 4.5 \times 10^{-7}} = 1.3 \times 10^{-4} (mol \cdot L^{-1})$$

$$pH = 3.87$$

可选用甲基橙作指示剂。由于滴定时易形成 CO_2 的过饱和溶液，致使溶液的酸度稍稍增大，终点出现过早。因此快到终点时，应剧烈地摇动溶液，必要时可加热煮沸溶液以除去 CO_2，冷却后再继续滴定至终点，也可使用参比溶液进行对照。

3.7 酸碱滴定法的应用

酸碱滴定法在生产实际中应用非常广泛。许多工业品如烧碱、纯碱、硫酸铵和碳酸氢铵等，一般都采用酸碱滴定法测定其主要成分的含量。食品工业中的原料、中间产品和成品的分析等也常用到酸碱滴定法。在我国的国家标准（GB）和有关的部颁标准中，凡涉及酸度、碱度项目的，多数都采用简便易行的酸碱滴定法。

3.7.1 直接滴定法

若被测物质满足 $cK_a \geqslant 10^{-8}$ 或 $cK_b \geqslant 10^{-8}$，即可直接测定。

3.7.1.1 烧碱中 NaOH 和 Na_2CO_3 含量的测定

NaOH 在生产和存放过程中会吸收空气中的 CO_2 而生成部分 Na_2CO_3。在测定 NaOH 含量的同时，常要测定 Na_2CO_3 的含量，故称为混合碱的分析。分析方法有两种：双指示剂法和氯化钡法。下面仅介绍双指示剂法。

利用两种指示剂在不同计量点的颜色变化，得到两个终点，根据各终点时所消耗的酸标准溶液的体积计算各成分的含量。

准确称取一定量试样 m，溶解后先加酚酞，用 HCl 标准溶液滴定至红色刚消失，设用去 HCl 的体积为 V_1(mL)，这时溶液中 NaOH 全部被中和，Na_2CO_3 仅反应到 $NaHCO_3$。然后向溶液中再加入甲基橙，继续用 HCl 标准溶液滴定至由黄色到橙红色，此时 $NaHCO_3$ 被滴定，设用去 HCl 的体积为 V_2(mL)。滴定过程如图 3-9 所示。

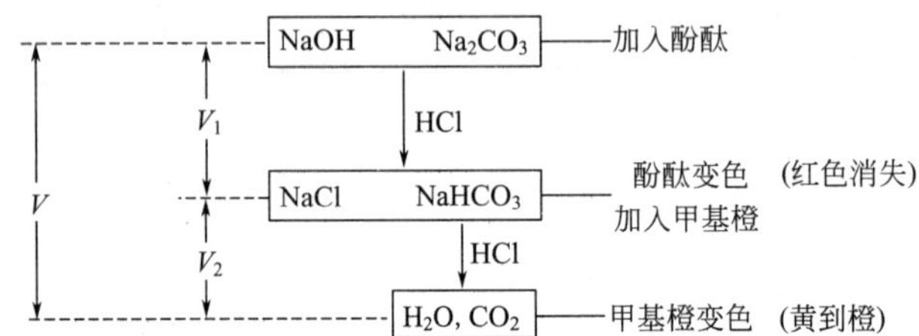

图 3-9 双指示剂法测定烧碱中 NaOH 和 Na_2CO_3 的滴定过程

由于 Na_2CO_3 被中和到 $NaHCO_3$ 和 $NaHCO_3$ 被中和到 H_2CO_3 所消耗的体积是相等的，所以 Na_2CO_3 所消耗的 HCl 标准溶液体积为 $2V_2$，中和 NaOH 用的 HCl 体积为 V_1-V_2，计算式如下：

$$w(Na_2CO_3)=\frac{\frac{1}{2}c(HCl)\times 2V_2M(Na_2CO_3)}{1000m}=\frac{c(HCl)V_2M(Na_2CO_3)}{1000m}$$

$$w(NaOH)=\frac{c(HCl)(V_1-V_2)M(NaOH)}{1000m}$$

3.7.1.2 纯碱中 Na_2CO_3 和 $NaHCO_3$ 的分析

测定纯碱中 Na_2CO_3 和 $NaHCO_3$ 的含量，与测定烧碱的方法相同。

以酚酞为指示剂时，消耗 HCl 标准溶液的体积为 V_1(mL)；再加甲基橙指示剂，继续用 HCl 滴定时消耗 HCl 的体积为 V_2(mL)，滴定过程如图 3-10 所示。

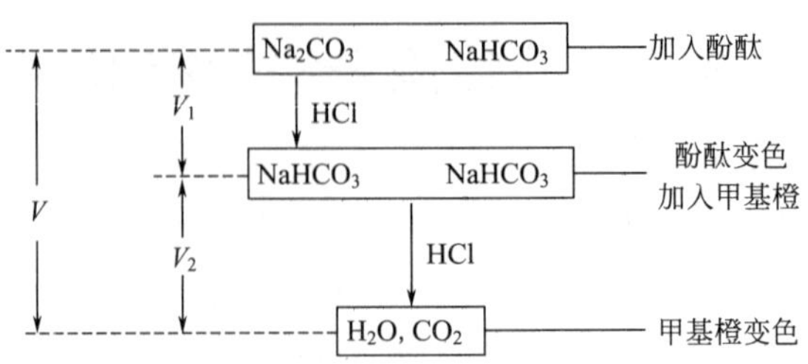

图 3-10 双指示剂法测定纯碱中 Na_2CO_3 和 $NaHCO_3$ 的滴定过程

$$w(Na_2CO_3)=\frac{\frac{1}{2}c(HCl)\times 2V_1M(Na_2CO_3)}{1000m}=\frac{c(HCl)V_1M(Na_2CO_3)}{1000m}$$

$$w(NaHCO_3)=\frac{c(HCl)(V_2-V_1)M(NaHCO_3)}{1000m}$$

双指示剂法不仅用于混合碱的定量分析，还可用于未知碱样的定性分析。根据所消耗酸的体积判断试样的组成：

V_1 和 V_2 的变化	试样的组成
$V_1>0$，$V_2=0$	NaOH
$V_1=0$，$V_2>0$	$NaHCO_3$
$V_1=V_2>0$	Na_2CO_3
$V_1>V_2$	$NaOH+Na_2CO_3$
$V_2>V_1$	$NaHCO_3+Na_2CO_3$

3.7.2 间接滴定法

有些弱酸（碱）因 cK_a 或 $cK_b\leqslant 10^{-8}$，如 H_3BO_3、NH_4Cl 等；有些弱酸或弱碱难溶于水，如 ZnO、SiO_2 等；还有些物质不具有酸或碱的性质，但通过化学反应可产生酸或碱。以上几种情况不能用直接法滴定，可采用间接滴定法。

3.7.2.1 铵盐中氮含量的测定

测定的方法主要有蒸馏法和甲醛法。

(1) 蒸馏法

蒸馏法是在铵盐试液中加入过量浓 NaOH 溶液，加热煮沸，把氨蒸馏出来，吸收在过量的 H_2SO_4 或 HCl 标准溶液中，过量的酸用 NaOH 标准溶液回滴，用甲基红或甲基橙指示终点，反应如下：

$$NH_4^+ + OH^- \xrightarrow{\triangle} NH_3\uparrow + H_2O$$

$$NH_3 + HCl \longrightarrow NH_4Cl$$

$$NaOH + HCl(剩余) \longrightarrow NaCl + H_2O$$

也可用 H_3BO_3 溶液吸收蒸馏出来的 NH_3，生成的 $H_2BO_3^-$ 是较强的碱，采用甲基红和溴甲酚绿混合指示剂，用 H_2SO_4 或 HCl 标准溶液滴定至灰色时为终点。测定过程反应式如下：

$$NH_3 + H_3BO_3 \longrightarrow NH_4^+ + H_2BO_3^-$$

$$H_2BO_3^- + HCl \longrightarrow H_3BO_3 + Cl^-$$

使用 H_3BO_3 溶液吸收 NH_3 的优点是 H_3BO_3 酸性弱，不影响滴定，仅需配制一种标准溶液。

(2) 甲醛法

铵盐与甲醛反应生成等物质的量的酸，包括质子化的六亚甲基四胺和 H^+：

$$4NH_4^+ + 6HCHO = 3H^+ + (CH_2)_6N_4H^+ + 6H_2O$$

然后以酚酞为指示剂，用 NaOH 溶液滴定。

$$3H^+ + (CH_2)_6N_4H^+ + 4NaOH = (CH_2)_6N_4 + 4Na^+ + 4H_2O$$

3.7.2.2 凯氏定氮法

凯氏定氮法是测定含氮的有机物质（如面粉、谷物、肥料、生物碱、肉类中的蛋白质、土壤、饲料以及合成药物等）中氮含量的重要方法。测定时将有机试样与 H_2SO_4 共煮，进行消化分解，为提高沸点促进分解，加入 K_2SO_4，通常还加入 $CuSO_4$（或汞盐）作催化剂，以提高消化效率。消化时有机物中的 C 转变为 CO_2，H 转变成 H_2O，而 N 则转变成 NH_3，H_2SO_4 被还原成 SO_2 及 H_2O，NH_3 与过量的 H_2SO_4 结合成 $(NH_4)_2SO_4$ 或 NH_4HSO_4 保留在溶液中。消化液用过量的浓 NaOH 处理后，再用蒸馏法测定 NH_4^+。

对于含有硝基、亚硝基或偶氮基等的某些有机化合物，在消化前先用还原剂如亚铁盐、硫代硫酸盐及葡萄糖等进行处理，使氮定量转化为铵离子。

目前在我国的国家标准（GB）及国际标准方法中，仍采用凯氏定氮法作为检验有机化合物中含氮量的标准方法。

3.7.2.3 极弱酸（碱）的测定

对于一些极弱的酸（碱），有时可利用化学反应使其转变为较强的酸（碱）再进行滴定。例如，H_3BO_3 是极弱的一元酸，$K_a=5.8\times10^{-10}$，不能用 NaOH 直接滴定。但其可与多元醇，如乙二醇、丙三醇、甘露醇等反应生成酸性较强的配合酸。反应如下：

$$2\begin{matrix}\text{H}\\ \text{R—C—OH}\\ |\\ \text{R—C—OH}\\ \text{H}\end{matrix}+H_3BO_3 \rightleftharpoons H\left[\begin{matrix}\text{H} & & \text{H}\\ \text{R—C—O} & & \text{O—C—R}\\ | & \text{B} & |\\ \text{R—C—O} & & \text{O—C—R}\\ \text{H} & & \text{H}\end{matrix}\right]+3H_2O$$

可用酚酞作指示剂，用 NaOH 滴定。为使 H_3BO_3 定量地转化为配合酸，多元醇应过量，并应分次加入。计算式如下：

$$w(H_3BO_3)=\frac{c(NaOH)V(NaOH)M(H_3BO_3)}{1000m}$$

3.7.2.4 醛和酮的测定

酸碱滴定法也可以用于测定一些带羟基、羰基官能团的有机化合物，如醇、酯类、醛和酮等，由于有机反应较慢，一般采用返滴定法进行测定。酸碱滴定法测定醛和酮常用的有下列两种方法。

(1) 盐酸羟胺法

盐酸羟胺与醛、酮反应生成肟和游离酸，化学反应式如下：

$$R—CHO+NH_2OH\cdot HCl \rightleftharpoons R—CHNOH+H_2O+HCl$$

$$R—CO—R'+NH_2OH\cdot HCl \rightleftharpoons R—CNOH—R'+H_2O+HCl$$

生成的游离酸可用碱标准溶液滴定。由于溶液中存在着过量盐酸羟胺，显酸性，因此采用溴酚蓝指示终点。

(2) 亚硫酸钠法

醛和酮与过量亚硫酸钠反应，生成加成化合物和游离碱：

$$R—CHO+Na_2SO_3+H_2O \rightleftharpoons R—CH(OH)SO_3Na+NaOH$$

$$R—CO—R'+Na_2SO_3+H_2O \rightleftharpoons R—CR'(OH)SO_3Na+NaOH$$

生成的游离碱可以用百里酚蓝为指示剂，用盐酸标准溶液滴定。

3.7.2.5 SiO_2 含量的测定

硅酸盐试样中 SiO_2 含量，可以通过重量法准确测定，但方法烦琐费时，因此生产上的例行分析多采用氟硅酸钾定量法。

硅酸盐试样一般难溶于酸，可用 KOH 或 NaOH 熔融，使其转化为可溶性硅酸盐，如

K_2SiO_3。在强酸溶液中，过量 KCl、KF 存在下，K_2SiO_3 转化成难溶的氟硅酸钾（K_2SiF_6），其反应如下：

$$K_2SiO_3 + 6HF = K_2SiF_6 \downarrow + 3H_2O$$

将沉淀过滤和洗涤，中和未洗净的游离酸，然后加入沸水使 K_2SiF_6 水解：

$$K_2SiF_6 + 3H_2O = 2KF + H_2SiO_3 + 4HF$$

水解生成的 HF 用碱标准溶液滴定，酚酞作指示剂，从而可计算出试样中 SiO_2 的含量。

由反应式可知，1mol K_2SiO_3 转变成 1mol K_2SiF_6，又释放 4mol HF，即消耗 4mol NaOH，所以试样中 SiO_2 和 NaOH 的计量比为 1∶4。即

$$n(SiO_2) = \frac{1}{4}n(NaOH)$$

$$w(SiO_2) = \frac{\frac{1}{4}c(NaOH)V(NaOH)M(SiO_2)}{1000m} \times 100\%$$

由于整个反应过程中有 HF 参加或生成，而 HF 对玻璃有腐蚀性，因此操作必须在塑料容器中进行。

3.7.2.6 磷的测定

将含磷试样经硝酸和硫酸处理后使磷转化为 H_3PO_4，然后在硝酸介质中加入钼酸铵，使磷酸与钼酸铵反应生成黄色磷钼酸铵沉淀，反应如下：

$$H_3PO_4 + 12MoO_4^{2-} + 2NH_4^+ + 22H^+ = (NH_4)_2HPO_4 \cdot 12MoO_3 \cdot H_2O \downarrow + 11H_2O$$

沉淀经过滤洗涤后，溶解于一定量且过量的 NaOH 标准溶液中：

$$(NH_4)_2HPO_4 \cdot 12MoO_3 \cdot H_2O + 24OH^- = HPO_4^{2-} + 12MoO_4^{2-} + 13H_2O + 2NH_4^+$$

再以酚酞为指示剂，用 HCl 标准溶液返滴定剩余的 NaOH 至红色褪去为终点（pH≈8）。可计算出试样中磷的含量。

由上述反应可知，溶解 1mol 磷钼酸铵沉淀，要消耗 24mol NaOH，1mol 磷钼酸铵中含有 1mol P，因此磷和 NaOH 的物质的量之比为 1∶24，即

$$\frac{n(P)}{n(NaOH)} = \frac{1}{24}$$

磷的质量分数为：

$$w(P) = \frac{\frac{1}{24}[c(NaOH)V(NaOH) - c(HCl)V(HCl)] \times M(P)}{1000m}$$

由于磷的化学计量比小，本方法可用于微量磷的测定。

3.7.3 计算示例

例 3-8 称取 0.2500g 食品试样，采用凯氏定氮法测定氮的含量。蒸馏出的氨导入饱和硼酸吸收液中，以 $0.1000mol \cdot L^{-1}$ HCl 溶液滴定至终点，消耗 21.20mL，计算该食品中氮的质量分数及蛋白质的含量。已知蛋白质中将氮的质量换算为蛋白质的换算因数为 6.25。

解

$$w(N) = \frac{c(HCl)V(HCl)M(N)}{1000m} \times 100\%$$

$$= \frac{0.1000 \times 21.20 \times 14.01}{0.2500 \times 1000} \times 100\% = 11.88\%$$

$$w(\text{蛋白质}) = 11.88\% \times 6.25 = 74.25\%$$

例 3-9 称取分析纯试剂 $MgCO_3$ 1.850g 溶解于过量的盐酸溶液 48.48mL 中，待两者反

应完全后，过量的 HCl 用 3.83mL NaOH 溶液返滴定。已知 30.33mL NaOH 溶液可以中和 36.40mL HCl 溶液。计算该 HCl 和 NaOH 溶液的浓度。

解 与 $MgCO_3$ 反应的 HCl 溶液的体积实际为：

$$48.48-3.83\times\frac{36.40}{30.33}=43.88(\text{mL})$$

设 HCl 溶液和 NaOH 溶液的浓度分别为 c_1 和 c_2，则

$$MgCO_3+2HCl = MgCl_2+CO_2\uparrow+H_2O$$

$$n(HCl)=2n(MgCO_3)$$

$$c_1\times 43.88\times 10^{-3}=2\times\frac{1.850}{84.31}$$

$$c_1=1.000\text{mol}\cdot\text{L}^{-1}$$

$$c_2\times 30.33=1.000\times 36.40$$

$$c_2=1.200\text{mol}\cdot\text{L}^{-1}$$

因此，HCl 溶液浓度为 $1.000\text{mol}\cdot\text{L}^{-1}$，NaOH 溶液浓度为 $1.200\text{mol}\cdot\text{L}^{-1}$。

例 3-10 称取粗铵盐 1.000g，加过量 NaOH 溶液，加热逸出的氨用 56.00mL $0.2500\text{mol}\cdot\text{L}^{-1}$ H_2SO_4 吸收，过量的酸用 $0.5000\text{mol}\cdot\text{L}^{-1}$ NaOH 溶液回滴，用去 21.56mL，计算试样中 NH_3 的质量分数。

解

$$H_2SO_4+2NH_3 = (NH_4)_2SO_4$$

$$H_2SO_4+2NaOH = Na_2SO_4+2H_2O$$

$$n(NH_3)=2n(H_2SO_4)$$

$$n(H_2SO_4)=\frac{1}{2}n(NaOH)$$

$$w(NH_3)=\frac{2\left[c(H_2SO_4)V(H_2SO_4)-\frac{1}{2}c(NaOH)V(NaOH)\right]\times M(NH_3)}{1000m}\times 100\%$$

$$=\frac{2\times\left(56.00\times 0.2500-\frac{1}{2}\times 0.5000\times 21.56\right)\times 17.03}{1.000\times 1000}\times 100\%$$

$$=29.33\%$$

例 3-11 某试样可能含有 NaOH、Na_2CO_3、$NaHCO_3$ 或它们的混合物及惰性杂质。称取试样 1.000g，用 $0.2500\text{mol}\cdot\text{L}^{-1}$ HCl 标准溶液进行滴定，以酚酞为指示剂，用去 HCl 溶液 12.00mL，再加入甲基橙继续滴定，又用去 HCl 溶液 20.00mL。判断试样组成并计算各组分质量分数。

解 以酚酞为指示剂，所消耗 HCl 体积 $V_1=12.00\text{mL}$，以甲基橙为指示剂，所消耗 HCl 体积 $V_2=20.00\text{mL}$，$V_2>V_1$，样品组成应为 $NaHCO_3$ 与 Na_2CO_3。

$$w(Na_2CO_3)=\frac{c(HCl)V_1M(Na_2CO_3)}{1000m}\times 100\%$$

$$=\frac{0.2500\times 12.00\times 105.99}{1.000\times 1000}=31.80\%$$

$$w(NaHCO_3)=\frac{(V_2-V_1)c(HCl)M(NaHCO_3)}{1000m}\times 100\%$$

$$=\frac{(20.00-12.00)\times 0.2500\times 84.01}{1.000\times 1000}=16.80\%$$

例 3-12　已知试样可能含有 Na_3PO_4、Na_2HPO_4、NaH_2PO_4 或它们的混合物，以及其他不与酸作用的物质。今称取试样 2.000g 溶解后用甲基橙作指示剂，以 0.5000mol·L^{-1} HCl 溶液滴定时需用 32.00mL。同样质量的试样，当用酚酞为指示剂时，需用 HCl 标准溶液 12.00mL。求试样中各组分的含量。

解　在该测定中，当用 HCl 溶液滴定到酚酞变色时，发生下述反应：

$$Na_3PO_4 + HCl \longrightarrow Na_2HPO_4 + NaCl \quad (1)$$

当滴定到甲基橙变色时，除了上述反应外，又同时发生了下述反应：

$$Na_2HPO_4 + HCl \longrightarrow NaH_2PO_4 + NaCl \quad (2)$$

设试样中 Na_3PO_4 含量为 $w(Na_3PO_4)$，根据反应式(1) 可得：

$$0.5000 \times 12.00 \times 10^{-3} = \frac{2.000 \times w(Na_3PO_4)}{163.9}$$

$$w(Na_3PO_4) = 0.4917 = 49.17\%$$

当到达甲基橙指示的终点时，用去 HCl 消耗在两部分：一部分中和 Na_3PO_4，即反应式(1)、(2) 所需的 HCl 量；另一为中和试样中原来含有的 Na_2HPO_4 所需的 HCl 量，后者用去的 HCl 溶液体积为

$$32.00 - 2 \times 12.00 = 8.00(mL)$$

设 $w(Na_2HPO_4)$ 为试样中原来含有的 Na_2HPO_4 质量分数，根据反应式(2)可得：

$$w(Na_2HPO_4) = \frac{0.5000 \times 8.00 \times M(Na_2HPO_4)}{2.000 \times 1000} = \frac{0.5000 \times 8.00 \times 142.0}{2.000 \times 1000} = 28.40\%$$

由于 NaH_2PO_4 不能与 Na_3PO_4 共存，故试样中不会含有 NaH_2PO_4。

试样含 Na_3PO_4 49.17%，含 Na_2HPO_4 28.40%。

3.8　酸碱标准溶液的配制与标定

3.8.1　酸标准溶液

酸标准溶液常用 HCl，有时也用 H_2SO_4，其浓度一般为 0.05～0.2mol·L^{-1}，最常用 0.1mol·L^{-1}，有时也有低到 0.01mol·L^{-1} 或高到 1mol·L^{-1}。如果溶液浓度太小，滴定突跃小，误差较大；而溶液浓度太大时，不仅误差较大，也造成浪费。

HCl 标准溶液用间接法配制，即先配制成近似浓度的溶液，然后用基准物标定。标定 HCl 溶液的基准物，最常用的是无水碳酸钠和硼砂。

(1) 无水 Na_2CO_3

碳酸钠容易获得纯品，价格便宜，但有强烈的吸湿性，使用前必须在 270～300℃ 烘 1h，然后置于干燥器内冷却备用。称量时动作要快，以免吸收空气中水分而引入误差。

Na_2CO_3 标定 HCl 溶液，用甲基橙作指示剂，滴定反应为：

$$Na_2CO_3 + 2HCl \longrightarrow 2NaCl + H_2CO_3$$
$$H_2CO_3 \longrightarrow H_2O + CO_2\uparrow$$

$$c(HCl) = \frac{2m(Na_2CO_3) \times 1000}{V(HCl)M(Na_2CO_3)}$$

式中，$m(Na_2CO_3)$ 为称取的 Na_2CO_3 质量，g；$V(HCl)$ 为所用 HCl 体积，mL。

(2) 硼砂 ($Na_2B_4O_7 \cdot 10H_2O$)

硼砂容易制得纯品，吸湿性小，摩尔质量较大，称量误差较小。但当空气中相对湿度小于 39%时，容易失去结晶水。因此常保存在相对湿度为 60%的恒湿器中。

HCl 滴定硼砂溶液的反应为：

$$Na_2B_4O_7 \cdot 10H_2O + 2HCl = 4H_3BO_3 + 2NaCl + 5H_2O$$

以甲基红为指示剂，指示终点。

$$c(HCl) = \frac{2m(Na_2B_4O_7 \cdot 10H_2O) \times 1000}{V(HCl)M(Na_2B_4O_7 \cdot 10H_2O)}$$

3.8.2 碱标准溶液

碱标准溶液最常用的是 NaOH，有时也用 KOH。最常用的浓度为 $0.1mol \cdot L^{-1}$，但有时需用高至 $1mol \cdot L^{-1}$ 和低至 $0.01mol \cdot L^{-1}$ 的。NaOH 易吸潮，也易吸收空气中 CO_2 以致含有 Na_2CO_3，而且 NaOH 还可能含有硫酸盐、硅酸盐、氯化物等杂质，因此应采用间接法配制，即配制成近似浓度的 NaOH 溶液，然后标定。

含有 Na_2CO_3 的标准碱溶液用于强酸的滴定时，选用酸性范围内变色的指示剂（如甲基橙），少量碳酸盐的存在没有影响，不会引入误差；如果用来滴定弱酸，用酚酞作指示剂，滴到出现浅红色时，Na_2CO_3 仅交换 1 个质子，即作用到 $NaHCO_3$，于是就会引起一定的误差，因此应配制和使用不含 Na_2CO_3 的碱标准溶液。

常用配制方法有两种：一种是在 NaOH 溶液中加入少量 20% $BaCl_2$ 溶液，静置后把清液转入另一试剂瓶中，待标定；另一种是先把 NaOH 配成 50%的浓溶液，由于 Na_2CO_3 在此浓度溶液中溶解度很小，待沉淀完全沉降后，吸取上层清液，稀释至所需浓度，以备标定。为了配制不含 CO_3^{2-} 的碱溶液，所用蒸馏水应不含 CO_2，即应使用新鲜蒸馏水。

标定碱的基准物常用的有邻苯二甲酸氢钾和草酸。

(1) 邻苯二甲酸氢钾 ($KHC_8H_4O_4$)

邻苯二甲酸氢钾用重结晶法容易制得纯品，不吸潮，易保存，摩尔质量较大，称量误差小，一般在 100～125℃干燥后备用。标定反应为：

$$C_6H_4(COOH)(COOK) + NaOH \longrightarrow C_6H_4(COONa)(COOK) + H_2O$$

化学计量点时溶液显弱碱性，可用酚酞做指示剂，变色相当敏锐。

$$c(NaOH) = \frac{1000m(KHC_8H_4O_4)}{M(KHC_8H_4O_4)V(NaOH)}$$

(2) 草酸 ($H_2C_2O_4 \cdot 2H_2O$)

草酸容易提纯，也相当稳定。草酸虽是二元弱酸，但只能被 NaOH 一次滴定到 $C_2O_4^{2-}$。化学计量点时溶液显弱碱性，可用酚酞作指示剂。

$$c(NaOH) = \frac{2m(H_2C_2O_4 \cdot 2H_2O) \times 1000}{M(H_2C_2O_4 \cdot 2H_2O)V(NaOH)}$$

*3.9　非水溶液的酸碱滴定

酸碱滴定一般都在水溶液中进行。但是许多有机试样难溶于水；许多弱酸、弱碱，当它们的离解常数小于 10^{-8}时，在水溶液中不能直接滴定；另外，一些酸（或碱）的混合溶液在水溶液中不能分别滴定，因此在水溶液中进行的酸碱滴定有一定局限性，若采用非水滴定就可以克服上述困难，扩大酸碱滴定的应用范围。

3.9.1　非水滴定中的溶剂

3.9.1.1　溶剂的分类

根据酸碱质子理论，可将非水溶剂分为质子溶剂和非质子溶剂两大类。

(1) 质子溶剂

能给出质子或接受质子的溶剂，称为质子溶剂。其最大特点是在溶剂分子间有质子转移，能发生质子自递反应。根据它们酸碱性的强弱，又分为以下 3 类。

① 两性溶剂：既易给出质子又易接受质子的溶剂，又称为中性溶剂。其酸碱性与水相似。醇类一般属于两性溶剂，如甲醇、乙醇、丙醇、乙二醇等。两性溶剂可用作滴定不太弱的酸、碱的介质。

② 酸性溶剂：给出质子的能力较强的溶剂，如甲酸、醋酸、丙酸等。酸性溶剂适于作为滴定弱碱性物质的介质。

③ 碱性溶剂：接受质子的能力较强的溶剂，如乙二胺、丁胺、乙醇胺等，碱性溶剂适于作为滴定弱酸性物质的介质。

(2) 非质子溶剂

非质子溶剂的特点是没有给出质子的能力，分子间没有质子的转移，不能发生分子的自递反应。但是这类溶剂可能具有接受质子的能力，根据溶剂接受质子能力的不同，可进一步将它们分为两类。

① 偶性亲质子溶剂：溶剂分子中无转移性质子，但却有较弱的接受质子倾向和形成氢键的能力，如酮类、酰胺类、吡啶类、脂类等。这类溶剂具有一定碱性却无酸性，适合作为弱酸的滴定介质。

② 惰性溶剂：溶剂分子几乎没有接受质子的能力，不参与酸碱反应，也没有形成氢键的能力，但能起溶解、分散和稀释溶质的作用。如苯、四氯化碳、氯仿、正己烷等。在惰性溶剂中，质子转移反应直接发生在被滴物与滴定剂之间。

应当指出，溶剂的分类是一个比较复杂的问题，目前有多种不同的分类方法，但都各有其局限性。实际上，各类溶剂之间并无严格的界限。

3.9.1.2　溶剂的性质

(1) 溶剂的解离性

除惰性溶剂外，非水溶剂均有不同程度的解离，存在下列平衡：

$$SH \rightleftharpoons H^{+} + S^{-} \quad K_a^{SH} = \frac{[H^{+}][S^{-}]}{[SH]}$$

$$SH+H^+ \rightleftharpoons SH_2^+ \qquad K_b^{SH}=\frac{[SH_2^+]}{[H^+][SH]}$$

式中，K_a^{SH} 为溶剂的固有酸度常数，反映溶剂给出质子的能力；K_b^{SH} 为溶剂的固有碱度常数，反映溶剂接受质子的能力。

溶剂的自递反应为：$2SH \rightleftharpoons SH_2^+ + S^-$

$$K=\frac{[SH_2^+][S^-]}{[SH]^2}=K_a^{SH}K_b^{SH}$$

由于溶剂自身解离极微，且溶剂是大量的，故 [SH] 可看作是定值，则得

$$K_s=[SH_2^+][S^-]=K_a^{SH}K_b^{SH}[SH]^2$$

式中，K_s 称为溶剂的自身离解常数或离子积。如乙醇的质子自递反应为：

$$2C_2H_5OH \rightleftharpoons C_2H_5OH_2^+ + C_2H_5O^-$$

则质子自递常数 $K_s=[C_2H_5OH_2^+][C_2H_5O^-]=7.9\times10^{-20}$，而水的质子自递常数$K_s=[H_3O^+][OH^-]=1.0\times10^{-14}$。

在一定温度下，不同溶剂因其解离程度不同而具有不同的质子自递常数。溶剂质子自递常数 K_s 值的大小对滴定突跃范围有一定的影响。溶剂的自身离解常数越小，突跃范围越大，滴定终点越敏锐。下面以水和乙醇两种溶剂进行比较。

在水溶液中，以 0.1mol·L^{-1}的 NaOH 溶液滴定同浓度的一元强酸，当滴定至化学计量点前 0.1%时，pH=4.3；化学计量点后 0.1%时，pOH=4.3，pH=14−4.3=9.7，滴定突跃范围为 4.3～9.7，有 5.4 个 pH 单位的变化。

在乙醇溶剂中，$C_2H_5OH_2^+$ 相当于水中的 H_3O^+，$C_2H_5O^-$ 相当于 OH^-。若以 0.1mol·L^{-1} C_2H_5ONa 溶液滴定酸，当滴定到化学计量点前 0.1%时，$pH^*=4.3$（这里 pH^* 代表 $pC_2H_5OH_2$）。而滴定至化学计量点后 0.1% 时，$pC_2H_5O=4.3$，因为 $pC_2H_5OH_2+pC_2H_5O=19.1$，此时 $pH^*=19.1-4.3=14.8$。故在乙醇溶液中 pH^* 的变化范围为4.3～14.8，有 10.5 个 pH^* 单位的变化，比水为介质的溶液突跃范围大得多。由此可见，溶剂的自身离解常数越小，突跃范围越大，滴定终点越敏锐。因此，原来在水中不能滴定的酸碱，在乙醇中有可能被滴定。

（2）溶剂的酸碱性

溶剂的酸碱性对溶质酸碱性强弱有影响。若用 HA 代表酸或 B 代表碱，根据质子理论有下列解离平衡存在

$$HA \rightleftharpoons H^+ + A^- \qquad K_a^{HA}=\frac{[H^+][A^-]}{[HA]}$$

$$B+H^+ \rightleftharpoons BH^+ \qquad K_b^{B}=\frac{[BH^+]}{[H^+][B]}$$

若将 HA 溶于质子溶剂 SH 中,则发生下列质子转移反应

$$HA \rightleftharpoons H^+ + A^-$$

$$SH+H^+ \rightleftharpoons SH_2^+$$

$$\text{总式} \quad SH+HA \rightleftharpoons SH_2^+ + A^-$$

反应平衡常数,即溶质 HA 在溶剂 SH 中的表观解离常数为：

$$K_{HA}=\frac{[SH_2^+][A^-]}{[HA][SH]}=K_a^{HA}K_b^{SH}$$

上式表明，酸HA在溶剂SH中的表观酸强度决定于HA的固有酸度和溶剂SH的碱度，即决定于酸给出质子的能力和溶剂接受质子的能力。

同理，碱B溶于质子溶剂SH中，则发生下列质子转移反应

$$SH+B \rightleftharpoons BH^+ + S^-$$

反应平衡常数K_B为：

$$K_B=\frac{[BH^+][S^-]}{[B][SH]}=K_a^{SH}K_b^B$$

碱B在溶剂SH中的表观碱强度决定于B的固有碱度和溶剂SH的酸度。即决定于碱接受质子的能力和溶剂给出质子的能力。

由此可见，酸、碱的强度不仅与酸、碱自身给出、接受质子的能力有关，而且还与溶剂的接受、给出质子的能力有关。在非水滴定中，对于弱酸性物质，应选择碱性溶剂，使物质的酸性增加；对于弱碱性物质，应选择酸性溶剂，使物质的碱性增加。

(3) 溶剂的拉平效应和区分效应

$HClO_4$、H_2SO_4、HCl和HNO_3四种强酸，它们的强度是有区别的，可是在水中它们的强度没有什么差异。这是由于水是两性溶剂，具有一定碱性，对质子有一定的亲和力。当这些强酸溶于水时，只要它们的浓度不是太大，它们的质子将全部为水分子所夺取，即全部离解转化为H_3O^+。

$$HClO_4+H_2O \longrightarrow ClO_4^- + H_3O^+$$

$$H_2SO_4+H_2O \longrightarrow HSO_4^- + H_3O^+$$

$$HCl+H_2O \longrightarrow Cl^- + H_3O^+$$

$$HNO_3+H_2O \longrightarrow NO_3^- + H_3O^+$$

H_3O^+是水溶液中能够存在的最强的酸的形式，因此，比H_3O^+更强的酸全部被拉平到水合质子H_3O^+的强度水平。这种将各种不同强度的酸拉平到溶剂化质子水平效应称为拉平效应，具有这种拉平效应的溶剂称为拉平溶剂。

如果把这四种强酸溶解到冰醋酸介质中，由于醋酸是酸性溶剂，对质子的亲和力较弱，这四种强酸就不能将其质子全部转移给HAc分子，并且在程度上有差别：

$$HClO_4+HAc \longrightarrow ClO_4^- + H_2Ac^+ \qquad pK_a=5.8$$

$$H_2SO_4+HAc \longrightarrow HSO_4^- + H_2Ac^+ \qquad pK_a=8.2$$

$$HCl+HAc \longrightarrow Cl^- + H_2Ac^+ \qquad pK_a=8.8$$

$$HNO_3+HAc \longrightarrow NO_3{}^- + H_2Ac^+ \qquad pK_a=9.4$$

这种能区分酸碱强度的作用称为区分效应，具有区分效应的溶剂称为区分溶剂。冰醋酸是$HClO_4$、H_2SO_4、HCl和HNO_3的区分溶剂。

拉平效应和区分效应都是相对的。一般来讲，碱性溶剂对于酸具有拉平效应，对于碱就具有区分效应；酸性溶剂对酸具有区分效应，但对碱却具有拉平效应。水把四种强酸拉平，但它却能使四种强酸与醋酸区分开，而在碱性溶剂液氨中，醋酸也将被拉平到和四种强酸相同的强度。

惰性溶剂不参加质子转移反应，没有明显的酸碱性，因此没有拉平效应。在惰性溶剂中

各溶质的酸碱性的差异不受影响，所以惰性溶剂具有良好的区分效应。

在非水滴定中，利用溶剂的拉平效应可以测定各种酸或碱的总浓度，利用溶剂的区分效应，可以分别测定各种酸或各种碱的含量。

3.9.2 非水滴定条件的选择

3.9.2.1 溶剂的选择

选择溶剂时首先要考虑的是溶剂的酸碱性，因为它直接影响滴定反应的完全程度。例如，滴定一元弱酸 HA，通常用溶剂阴离子 S^-，其反应如下

$$HA+S^- \rightleftharpoons HS+A^- \qquad K=\frac{[SH][A^-]}{[HA][S^-]}=\frac{K_a^{HA}}{K_a^{SH}}$$

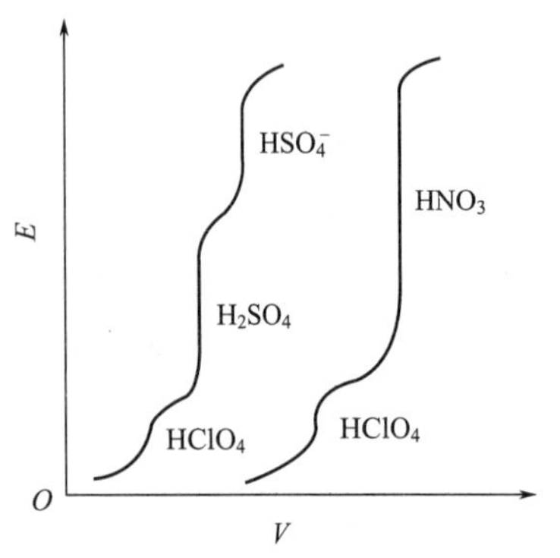

图 3-11 $HClO_4$-H_2SO_4 及 $HClO_4$-HNO_3 混合酸的电位滴定曲线

从上式可知，HA 的固有酸度（K_a^{HA}）越大，溶剂的固有酸度（K_a^{SH}）越小，平衡常数 K 越大，滴定反应越完全。因此，对于酸的滴定，溶剂的酸性越弱越好，通常采用碱性溶剂或偶性亲质子溶剂。同样，对于弱碱的滴定，溶剂的碱性越弱越好，通常采用酸性溶剂或惰性溶剂。

对于强酸（或强碱）的混合溶液，例如 $HClO_4$ 和 H_2SO_4 或 $HClO_4$ 和 HNO_3 的混合溶液，在水溶液中，只能滴定它们的总量，要分别滴定它们，应在适当的区分性溶剂中进行。显然，这种溶剂的碱性要比水弱，可选择酸性溶剂、偶性亲质子溶剂或惰性溶剂等。例如，在甲基异丁酮介质中，用氢氧化四丁基胺的异丙醇溶液作为滴定剂，可用电位滴定法分别滴定上述强酸混合液，其电位滴定曲线如图 3-11 所示。

此外，选择溶剂时还应考虑下述两个方面：一是溶剂应能溶解试样及滴定反应的产物，当用一种溶剂不能溶解时，可采用混合溶剂；二是溶剂应有一定的纯度，黏度要小，挥发性要低，还要价廉、安全、易于回收。

3.9.2.2 滴定剂的选择

（1）酸性滴定剂

在非水介质中滴定碱时，常用高氯酸的冰醋酸溶液作滴定剂，高氯酸的冰醋酸溶液用邻苯二甲酸氢钾作基准物质标定，以甲基紫或结晶紫为指示剂。滴定反应为

$$C_6H_4(COOH)(COOK)+HClO_4 \longrightarrow C_6H_4(COOH)_2+KClO_4$$

（2）碱性滴定剂

最常用的为醇钠和醇钾，如甲醇钠，它是由金属钠和甲醇反应制得。碱金属氢氧化物和季铵碱（如氢氧化四丁基铵）也可用作滴定剂。

（3）滴定终点的检测

确定终点的方法主要有电位法和指示剂法。电位法以玻璃电极或锑电极为指示电极，饱和甘汞电极为参比电极，通过绘制滴定曲线来确定滴定终点。

非水滴定中指示剂的选择一般是通过实验来确定的，即在电位滴定的同时，观察指示剂颜色的变化，从而可以确定何种指示剂的颜色改变与电位滴定的终点相符合。常用的指示剂有：百里酚蓝、偶氮紫、邻硝基苯胺等。

3.9.3　非水滴定应用示例

(1) 钢中碳的非水滴定

试样在氧气中经高温燃烧，产生的 CO_2 导入含有百里香酚蓝和百里酚酞指示剂的丙酸-甲醇混合吸收液中，然后以甲醇钾标准溶液滴定至终点，根据消耗甲醇钾的用量，计算试样中碳的质量分数。

(2) α-氨基酸含量的测定

α-氨基酸为两性物质，在水中的解离很弱，无法用酸或碱准确滴定。若将试样溶于冰醋酸中，其碱性显著增强，可用溶于冰醋酸的高氯酸准确滴定。滴定时以结晶紫为指示剂，滴至由紫变为蓝绿色为终点。

本章要点

1. 酸碱质子理论：凡能给出质子的物质是酸；凡是能接受质子的物质是碱；既能得到质子，又能给出质子的为两性物质。酸碱反应的实质就是质子的转移。

2. 酸或碱的强弱用酸或碱的解离常数 K_a 或 K_b 来衡量。

3. 分布系数：溶液平衡体系中溶质某种存在形式的平衡浓度占其总浓度的分数，以 δ 表示。组分的分布系数与溶液酸度的关系称为分布曲线。

4. 质子条件（PBE）：酸碱反应达到平衡时，酸和碱得失质子数相等的等衡关系式。

5. 一元强酸（碱）、一元弱酸（碱）、多元弱酸（碱）、两性物质和缓冲溶液 pH 值的计算。

6. 指示剂的变色原理、变色范围（$pH=pK_{HIn}\pm1$）。

7. 一元弱酸（碱）目视直接滴定的条件：$cK_a\geqslant10^{-8}$（$cK_b\geqslant10^{-8}$）

8. 多元弱酸（碱）分步滴定的条件：$\begin{cases}cK_{a_1}\geqslant10^{-9}\\ \dfrac{K_{a_1}}{K_{a_2}}>10^4\end{cases}$ $\left(\begin{cases}cK_{b_1}\geqslant10^{-9}\\ \dfrac{K_{b_1}}{K_{b_2}}>10^4\end{cases}\right)$

9. 一元强酸-强碱、强碱（酸）-弱酸（碱）的滴定曲线：滴定突跃范围 pH 的计算；指示剂的选择。

10. 酸碱滴定法的应用：

(1) 直接法。双指示剂法测定混合碱的原理及计算方法。

(2) 间接法。蒸馏法和甲醛法测定铵盐中含氮量、凯氏定氮法、极弱酸（碱）的测定、醛和酮的测定、氟硅酸钾法测定硅及磷的测定的原理及计算方法。

11. NaOH、HCl 标准溶液的配制和标定。

思　考　题

1. 根据酸碱质子理论，举例说明什么是酸？什么是碱？什么是两性物质？

2. 质子理论和电离理论的主要不同点是什么？

3. 判断下面各对物质哪个是酸？哪个是碱？试按强弱顺序排列起来。

HAc，Ac^-；NH_3，NH_4^+；HCN，CN^-；HF，F^-；HCO_3^-，CO_3^{2-}；H_3PO_4，$H_2PO_4^-$。

4. 在下列各组酸碱物质中，哪些属于共轭酸碱对？

(1) H_3PO_4-Na_2HPO_4；(2) H_2SO_4-SO_4^{2-}；(3) H_2CO_3-CO_3^{2-}；(4) HAc-Ac^-。

5. 写出下列酸的共轭碱：$H_2PO_4^-$，NH_4^+，HPO_4^{2-}，HCO_3^-，H_2O，苯酚。

6. 写出下列碱的共轭酸：$H_2PO_4^-$，$HC_2O_4^-$，HPO_4^{2-}，HCO_3^-，H_2O，C_2H_5OH。

7. 在 1mol·L^{-1} HCl 和 1mol·L^{-1} HAc 溶液中，哪一个酸度较高？它们中和 NaOH 的能力哪一个较大？为什么？

8. 写出下列物质的质子条件：

NH_4CN；Na_2CO_3；$(NH_4)_2HPO_4$；$(NH_4)_3PO_4$；$(NH_4)_2CO_3$；NH_4HCO_3。

9. 有三种缓冲溶液，它们的组成如下：

(1) 1.0mol·L^{-1} HAc＋1.0mol·L^{-1} NaAc；

(2) 1.0mol·L^{-1} HAc＋0.01mol·L^{-1} NaAc；

(3) 0.01mol·L^{-1} HAc＋1.0mol·L^{-1} NaAc。

这三种缓冲溶液的缓冲能力（或缓冲容量）有什么不同？加入稍多的酸或稍多的碱时，哪种溶液的 pH 将发生较大的改变？哪种溶液仍具有较好的缓冲作用？

10. 欲配制 pH 为 3 左右的缓冲溶液，应选下列何种酸及其共轭碱（括号内为 pK_a）：

HAc(4.74)，甲酸(3.74)，一氯乙酸(2.86)，二氯乙酸(1.30)，苯酚(9.95)。

11. 酸碱滴定中指示剂的选择原则是什么？在使用时应该注意什么？

12. 下列各种弱酸、弱碱能否用酸碱滴定法直接加以测定？如果可以，应选用哪种指示剂？为什么？

HF，苯酚，吡啶，CCl_3COOH，苯甲酸

13. 用 NaOH 溶液滴定下列各种多元酸时会出现几个滴定突跃？分别应采用何种指示剂指示终点？

H_2SO_4，H_2SO_3，$H_2C_2O_4$，H_2CO_3，H_3PO_4

14. 有一碱液，可能为 NaOH、Na_2CO_3 或 $NaHCO_3$，或者其中两者的混合物。今用 HCl 溶液滴定，以酚酞为指示剂时，消耗 HCl 体积为 V_1；继续加入甲基橙指示剂，再用 HCl 溶液滴定，又消耗 HCl 体积为 V_2，在下列情况时，溶液由哪些物质组成：

(1) $V_1>V_2$，$V_2>0$；(2) $V_2>V_1$，$V_1>0$；(3) $V_1=V_2$；(4) $V_1=0$，$V_2>0$；(5) $V_1>0$，$V_2=0$。

15. 判断下列情况对测定结果的影响：

(1) 用部分风化的 $H_2C_2O_4\cdot 2H_2O$ 标定 NaOH 溶液浓度。

(2) 用混有少量邻苯二甲酸的邻苯二甲酸氢钾标定 NaOH。

(3) 用吸收了 CO_2 的 NaOH 溶液滴定 H_3PO_4 至第一化学计量点；若滴定至第二化学计量点，情况又怎样？

(4) 已知某 NaOH 溶液吸收了二氧化碳，有 0.4%的 NaOH 转变为 Na_2CO_3。用此 NaOH 溶液测定 HAc 的含量。

16. 用蒸馏法测定 NH_3 含量，可用过量 H_2SO_4 吸收，也可用 H_3BO_3 吸收，试对这两种分析方法进行比较。

17. 今欲分别测定下列混合物中的各个组分，试拟出测定方案（包括主要步骤、标准溶液、指示剂和含量计算式，以 g·mL^{-1} 表示）。

(1) H_3BO_3＋硼砂；　(2) HCl＋NH_4Cl；　(3) $NH_3\cdot H_2O$＋NH_4Cl；

(4) NaH_2PO_4＋Na_2HPO_4；　(5) NaH_2PO_4＋H_3PO_4；　(6) NaOH＋Na_3PO_4。

习　题

1. 计算 PO_4^{3-} 的 pK_{b_1}、HPO_4^{2-} 的 pK_{b_2} 和 $H_2PO_4^-$ 的 pK_{b_3}。

2. 计算 pH＝6.0 时，H_3PO_4 的各种存在形式的分布系数？

3. 计算下列溶液的 pH 值：

(1) 0.05mol·L^{-1} $ClCH_2COOH$（一氯乙酸）；　(2) 0.10mol·L^{-1} KH_2PO_4；

(3) 0.05mol·L^{-1}醋酸+0.05mol·L^{-1}醋酸钠；　(4) 0.10mol·L^{-1} Na_2S；

(5) 0.05mol·L^{-1}邻苯二甲酸氢钾；　(6) 0.20mol·L^{-1} H_3PO_4；

(7) 0.10mol·L^{-1} Na_3PO_4；　(8) 0.10mol·L^{-1} H_3BO_3；

(9) 0.05mol·L^{-1} NH_4NO_3；　(10) 0.10mol·L^{-1} Na_2HPO_4。

4. 下列两种缓冲溶液的 pH 各为多少？如分别加入 6mol·L^{-1} NaOH 溶液 1mL，它们的 pH 各变为多少？这些计算结果说明了什么问题？

(1) 100mL 1.0mol·L^{-1} $NH_3·H_2O$ 和 1.0mol·L^{-1} NH_4Cl 溶液；

(2) 100mL 0.050mol·L^{-1} $NH_3·H_2O$ 和 1.0mol·L^{-1} NH_4Cl 溶液。

5. 当下列溶液各加水稀释十倍时，其 pH 有何变化？计算变化前后的 pH。

(1) 0.10mol·L^{-1} HNO_3；　(2) 0.10mol·L^{-1} KOH；

(3) 0.10mol·L^{-1} $NH_3·H_2O$；　(4) 0.10mol·L^{-1} HAc+0.10mol·L^{-1} NaAc。

6. 配制 pH=8.0 的缓冲溶液 500mL，用了 15mol·L^{-1}的氨水 3.5mL，问需加固体 NH_4Cl 多少克？

7. 现有 0.20mol·L^{-1}的 HAc 溶液 30mL，需配置一个 pH=5.0 的缓冲溶液，问需要加入0.20mol·L^{-1} NaOH 溶液多少毫升？

8. 用 0.1000mol·L^{-1} NaOH 标准溶液滴定 20.00mL 0.1000mol·L^{-1}邻苯二甲酸氢钾溶液，化学计量点时的 pH 为多少？化学计量点附近滴定突跃为多少？应选用何种指示剂指示终点？

9. 用 0.1000mol·L^{-1} HCl 溶液滴定 20.00mL 0.1000mol·L^{-1} $NH_3·H_2O$ 溶液时，化学计量点的 pH 值是多少？化学计量点附近的滴定突跃为多少？应选择何种指示剂？

10. 有一三元酸，其 $pK_{a_1}=2.0$，$pK_{a_2}=6.0$，$pK_{a_3}=12.0$。能否用 NaOH 标准溶液进行分步滴定，若能，第一和第二化学计量点时的 pH 值分别为多少？两个化学计量点附近有无 pH 突跃？可选用什么指示剂？能否直接滴定至酸的质子全部被作用？

11. 用 0.1000mol·L^{-1} NaOH 滴定 0.1000mol·L^{-1}酒石酸溶液时，有几个 pH 突跃？在第二个化学计量点时 pH 值为多少？应选用什么指示剂？

12. 以甲基红为指示剂，用硼砂为基准物，标定 HCl 溶液。称取硼砂 0.9854g，滴定用去 HCl 溶液 23.76mL，求 HCl 溶液的浓度。

13. 标定 NaOH 溶液，用邻苯二甲酸氢钾基准物 0.6025g，以酚酞为指示剂滴定至终点，用去 NaOH 溶液 22.98mL。求 NaOH 溶液的浓度。

14. 称取纯的四草酸氢钾（$KHC_2O_4·H_2C_2O_4·2H_2O$）0.4198g，用 NaOH 标准溶液滴定时，用去 25.35mL。求 NaOH 溶液的浓度。

15. 称取混合碱试样 0.8236g，以酚酞为指示剂，用 0.2238mol·L^{-1} HCl 滴定至终点，耗去酸体积为 28.45mL 时。再以甲基橙为指示剂滴定至终点，又耗去 HCl 20.25mL，求试样中各组分的含量。

16. 称取混合碱试样 0.6524g，以酚酞为指示剂，用 0.1992mol·L^{-1} HCl 标准溶液滴定终点，用去酸标液 21.76mL，再加甲基橙指示剂，滴定至终点，又耗去酸标液 27.15mL。计算试样中各组分的质量分数。

17. 有 Na_3PO_4 试样，其中含有 Na_2HPO_4。称取该样 0.9947g，以酚酞的指示剂，用 0.2881mol·L^{-1} HCl 标准溶液 17.56mL 滴定至终点。再加入甲基橙指示剂，继续用 0.2881mol·L^{-1} HCl 滴定至终点时，又耗去 20.18mL。求试样中 Na_3PO_4、Na_2HPO_4 的含量。

18. 有一 Na_2CO_3 与 $NaHCO_3$ 的混合物 0.3518g，以 0.1298mol·L^{-1} HCl 溶液滴定，用酚酞指示终点时耗去 22.16mL，试求当以甲基橙指示终点时，将需要多少毫升的 HCl 溶液？

19. 称取某含氮化合物 1.000g，加过量 KOH 溶液，加热，蒸出的 NH_3 吸收在 50.00mL 0.5000mol·L^{-1}的 HCl 标准溶液中，过量的 HCl 用 0.5000mol·L^{-1} NaOH 标准溶液返滴定，耗去 1.56mL。计算试样中 N 的含量。

20. 称取不纯的硫酸铵 1.000g，以甲醛法分析。加入已中和至中性的甲醛溶液和 0.3005mol·L^{-1}

NaOH 溶液 50.00mL 时，过量的 NaOH 再以 0.2988mol·L^{-1} HCl 溶液 15.64mL 回滴至酚酞终点。试计算 $(NH_4)_2SO_4$ 的纯度。

21. 有一纯的（100%）未知有机酸 400mg，用 0.09996mol·L^{-1} NaOH 溶液滴定，滴定曲线表明该酸为一元酸。加入 32.80mL NaOH 溶液时到达终点。当加入 16.40mL NaOH 溶液时，pH 为 4.20。根据上述数据求：(1) 有机酸的 pK_a；(2) 有机酸的相对分子质量；(3) 如酸只含 C、H、O，写出符合逻辑的经验式。

22. 称取硅酸盐试样 0.1000g，经熔融分解，沉淀 K_2SiF_6，然后过滤、洗净，水解产生的 HF 用 0.1477mol·L^{-1} NaOH 标准溶液滴定。以酚酞作指示剂，耗去标准溶液 24.72mL。计算试样中 SiO_2 的质量分数。

23. 有一 $HCl+H_3BO_3$ 混合试液，吸取 25.00mL，用甲基红-溴甲酚绿指示终点，需 0.1992mol·L^{-1} NaOH 溶液 21.22mL，另取 25.00mL 试液，加入甘露醇后，需 38.74mL 上述碱溶液滴定至酚酞终点，求试液中 HCl 与 H_3BO_3 的含量，以 mg·mL^{-1} 表示。

第4章　配位滴定法

4.1　概　　述

配位滴定法是以配位反应为基础的一类滴定分析方法，又称为络合滴定法。根据路易斯酸碱理论，配位反应也属于酸碱反应，因此与酸碱滴定法有许多相似之处，但是配位滴定法更加复杂。配位滴定法主要用于金属离子含量的测定，通过间接滴定、返滴定和置换滴定也可以测定许多阴离子和有机化合物，在食品检测、生物制品分析、环境监测、临床检验等方面应用广泛。

配位滴定法中常用的滴定剂包括两大类：一类是无机配位剂，另一类是有机配位剂。无机配位剂如 NH_3、F^-、Cl^- 等，很少用于滴定分析，因为配位剂和金属离子是逐级配位，且不太稳定，所以不适合作为滴定剂；而作为滴定剂的仅有以 CN^- 为滴定剂的氰量法和以 Hg^{2+} 为中心离子的汞量法具有实际意义。

氰量法主要用于滴定 Ag^+，以 KCN 作为滴定剂，滴定反应为：

$$Ag^+ + 2CN^- \rightleftharpoons [Ag(CN)_2]^-$$

汞量法主要用于滴定 Cl^- 和 SCN^-，以 $Hg(NO_3)_2$ 作为滴定剂，二苯氨基脲作指示剂，滴定反应为：

$$Hg^{2+} + 2Cl^- \rightleftharpoons HgCl_2$$

$$Hg^{2+} + 2SCN^- \rightleftharpoons Hg(SCN)_2$$

大多数有机配位剂常含有 2 个或 2 个以上的配位原子，与金属离子配位时形成具有环状结构的螯合物，稳定性好。其中广泛用作配位剂的是含有氨羧基团［$-N(CH_2COOH)_2$］的一类有机化合物，称为**氨羧配位剂**。这类配位剂中含有配位能力很强的氨氮和羧氧配位原子：

$$\underset{\text{氨氮}}{\ddot{N}\text{(三键)}} \qquad \underset{\text{羧氧}}{-\overset{O}{\overset{\|}{C}}-\ddot{O}-}$$

这两种配位原子能与大多数金属离子形成稳定的配合物。氨羧配位剂的种类很多，其中应用最广的是乙二胺四乙酸，简称 EDTA。EDTA 可以直接或间接滴定几十种金属离子，是应用最为广泛的螯合剂。本章主要讨论以 EDTA 为配位剂滴定金属离子的配位滴定法，又称为 **EDTA 配位滴定法**。

4.2 EDTA及其配合物的稳定性

4.2.1 EDTA的性质

乙二胺四乙酸（ethylene diamine tetraacetic acid，简称EDTA或EDTA酸）为白色晶体，分子中含有4个可解离的H^+，用H_4Y表示。EDTA在水中的溶解度很小（22℃时，100mL水中仅能溶解0.02g），难溶于酸和有机溶剂，易溶于碱。故通常用其二钠盐，简称EDTA或EDTA二钠盐，用$Na_2H_2Y \cdot 2H_2O$表示。EDTA二钠盐为白色晶状化合物，在水中的溶解度较大（22℃时，100mL水中可溶解11.1g），其溶液的浓度约为$0.3mol \cdot L^{-1}$，pH约为4.5。

EDTA的结构式为：

```
HOOCH2C                      CH2COOH
       \                    /
        N—CH2—CH2—N
       /                    \
HOOCH2C                      CH2COOH
```

由于两个氨氮上都有一对孤对电子，且电负性较大，因此EDTA在固态时，两个羧基上的H^+转移到N原子上，形成双偶极离子：

```
-OOCH2C                      CH2COOH
       \H                  H/
        N—CH2—CH2—N
       /+                  +\
HOOCH2C                      CH2COO-
```

H_4Y在强酸性介质中，两个羧基可以再接受H^+，形成相当于六元酸的结构，以H_6Y^{2+}表示，存在六级解离平衡，即：

$$H_6Y^{2+} \underset{K_6^H}{\overset{K_{a_1}}{\rightleftharpoons}} H_5Y^+ \underset{K_5^H}{\overset{K_{a_2}}{\rightleftharpoons}} H_4Y \underset{K_4^H}{\overset{K_{a_3}}{\rightleftharpoons}} H_3Y^- \underset{K_3^H}{\overset{K_{a_4}}{\rightleftharpoons}} H_2Y^{2-} \underset{K_2^H}{\overset{K_{a_5}}{\rightleftharpoons}} HY^{3-} \underset{K_1^H}{\overset{K_{a_6}}{\rightleftharpoons}} Y^{4-} \tag{4-1}$$

式中，K_{a_i}为EDTA的逐级解离平衡常数；K_i^H为逐级质子化常数，也可称为逐级稳定常数。逐级累积稳定常数用β_i表示，可用下式表示

$$\beta_i = \prod_{i=1}^{n} K_i^H \tag{4-2}$$

最后一级累积稳定常数β_n又称为稳定常数。EDTA的各种平衡常数之间的关系见表4-1。

表4-1 EDTA的各种平衡常数之间的关系

逐级解离常数	逐级稳定常数(质子化常数)	逐级累积稳定常数
$K_{a_1}=10^{-0.9}$	$K_1^H=\frac{1}{K_{a_6}}=10^{10.26}$	$\beta_1=K_1^H$
$K_{a_2}=10^{-1.6}$	$K_2^H=\frac{1}{K_{a_5}}=10^{6.16}$	$\beta_2=K_1^HK_2^H$
$K_{a_3}=10^{-2.0}$	$K_3^H=\frac{1}{K_{a_4}}=10^{2.67}$	$\beta_3=K_1^HK_2^HK_3^H$
$K_{a_4}=10^{-2.67}$	$K_4^H=\frac{1}{K_{a_3}}=10^{2.0}$	$\beta_4=K_1^HK_2^HK_3^HK_4^H$

续表

逐级解离常数	逐级稳定常数(质子化常数)	逐级累积稳定常数
$K_{a_5}=10^{-6.16}$	$K_5^H=\frac{1}{K_{a_2}}=10^{1.6}$	$\beta_5=K_1^H K_2^H K_3^H K_4^H K_5^H$
$K_{a_6}=10^{-10.26}$	$K_6^H=\frac{1}{K_{a_1}}=10^{0.9}$	$\beta_6=K_1^H K_2^H K_3^H K_4^H K_5^H K_6^H$

因此，在 EDTA 水溶液中，有 H_6Y^{2+}、H_5Y^+、H_4Y、H_3Y^-、H_2Y^{2-}、HY^{3-} 和 Y^{4-} 七种形式同时存在，各种存在形式的分布系数与 pH 有关。图 4-1 是 EDTA 溶液中各种存在形式的分布曲线。

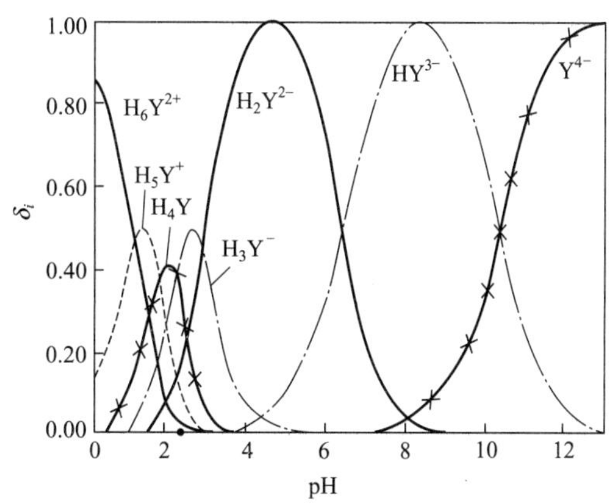

图 4-1　EDTA 各种存在形式的分布曲线

从图 4-1 可以看出，不论 EDTA 的原始存在形式是 H_4Y 还是 Na_2H_2Y，在 pH<1 的强酸性溶液中，EDTA 主要以 H_6Y^{2+} 形式存在；在 pH=1～1.6 的溶液中，主要以 H_5Y^+ 形式存在；在 pH=1.6～2.0 的溶液中，主要以 H_4Y 形式存在；在 pH=2.0～2.67 的溶液中，主要以 H_3Y^- 形式存在；在 pH=2.67～6.16 的溶液中，主要以 H_2Y^{2-} 形式存在；在 pH=6.16～10.26 的溶液中，主要以 HY^{3-} 形式存在；在 pH>10.26 的碱性溶液中，主要以 Y^{4-} 形式存在。

4.2.2　EDTA 的螯合物

EDTA 与金属离子形成螯合物时，它的两个氨基氮和四个羧基氧都能与金属离子键合，形成配位数为 4 或 6 的稳定的配合物。EDTA 与金属离子的配位反应具有如下特点。

① **EDTA 与许多金属离子可形成配位比为 1∶1 的稳定配合物**。例如：

$$Ca^{2+}+Y^{4-}\rightleftharpoons CaY^{2-}$$

$$Fe^{3+}+Y^{4-}\rightleftharpoons FeY^-$$

只有极少数高氧化值金属离子与 EDTA 螯合时，不是形成 1∶1 的配合物，例如 Mo(Ⅵ)、Zr(Ⅳ) 等。

② EDTA 与多数金属离子生成含多个五元环的螯合物，具有很高的稳定性。具有五元环或六元环的螯合物很稳定，而且所形成的环愈多，螯合物愈稳定。

③ EDTA 与金属离子形成的配合物大多易溶于水，反应速率较快。

④ EDTA 与无色金属离子生成的配合物为无色，与有色金属离子一般生成颜色更深的配合物。滴定时，如果遇到有色金属离子，要注意控制溶液的浓度，以利于终点的判断。

EDTA（简单表示为 Y）与金属离子的配位反应可简写为：

$$M+Y\rightleftharpoons MY$$

反应达到平衡时，其稳定常数表达式为：

$$K_{MY}=\frac{[MY]}{[M][Y]} \tag{4-3}$$

附表 6 列出了部分金属离子与 EDTA 形成的配合物的稳定常数。从表中数据可以看出，碱金属离子的配合物最不稳定；碱土金属离子的配合物 $\lg K_{MY}=8\sim11$；过渡金属、稀土元素的配合物 $\lg K_{MY}$值较大。因此，金属离子与 EDTA 形成的配合物的稳定性与金属离子的电荷、离子半径、电子层结构等因素有关。

4.3 副反应系数和条件稳定常数

在 EDTA 配位滴定法中，除了被测金属离子 M 与滴定剂 Y 之间的主反应外，还可能存在如图 4-2 所示的副反应。

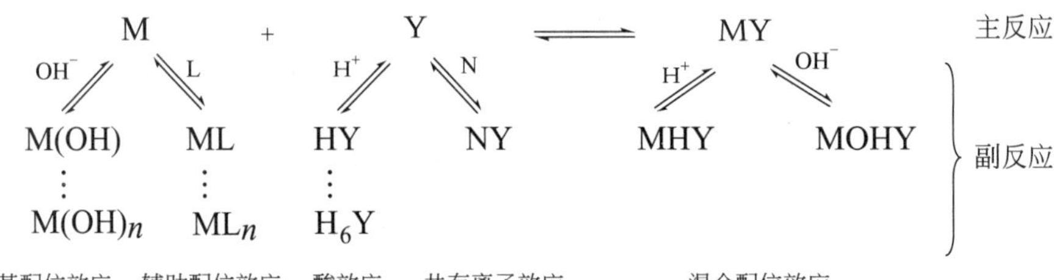

图 4-2 EDTA 配位滴定中的副反应

L—辅助配体；N—干扰离子

显然，反应物 M 及 Y 的各种副反应不利于主反应的进行，生成物 MY 的副反应则有利于主反应的进行。由于酸式（MHY）、碱式（MOHY）配合物一般不太稳定，所以在有关的计算中，MY 的副反应可以忽略不计。

为了定量讨论副反应进行的程度，引入副反应系数 α。下面分别讨论 M 和 Y 的几种重要的副反应和副反应系数。

4.3.1 EDTA 的副反应及副反应系数

4.3.1.1 酸效应及酸效应系数

当 M 与 Y 发生配位反应时，如果有 H^+ 存在，就会与 Y 结合形成它的共轭酸，使 Y 的平衡浓度降低，主反应将受到影响。这种由于 H^+ 的存在使 Y 参加主反应能力降低的现象称为**酸效应**。酸效应的大小用酸效应系数衡量，用 $\alpha_{Y(H)}$ 表示。**酸效应系数**表示在一定 pH 下，EDTA 的各种存在形式的总浓度 [Y′] 与 Y^{4-}（Y）的平衡浓度之比，即：

$$\alpha_{Y(H)}=\frac{[Y']}{[Y]}=\frac{[Y^{4-}]+[HY^{3-}]+[H_2Y^{2-}]+[H_3Y^-]+[H_4Y]+[H_5Y^+]+[H_6Y^{2+}]}{[Y^{4-}]}$$

$$=1+\frac{[H^+]}{K_{a_6}}+\frac{[H^+]^2}{K_{a_6}K_{a_5}}+\frac{[H^+]^3}{K_{a_6}K_{a_5}K_{a_4}}+\frac{[H^+]^4}{K_{a_6}K_{a_5}K_{a_4}K_{a_3}}+\frac{[H^+]^5}{K_{a_6}K_{a_5}K_{a_4}K_{a_3}K_{a_2}}+\frac{[H^+]^6}{K_{a_6}K_{a_5}K_{a_4}K_{a_3}K_{a_2}K_{a_1}}$$

$$=1+\beta_1[H^+]+\beta_2[H^+]^2+\beta_3[H^+]^3+\beta_4[H^+]^4+\beta_5[H^+]^5+\beta_6[H^+]^6$$

$$=1+\sum_{i=1}^{6}\beta_i[H^+]^i \tag{4-4}$$

由上式可知，酸效应系数与 EDTA 的各级解离常数和溶液的酸度有关。在一定温度下，$\alpha_{Y(H)}$ 仅随着溶液的酸度而变。溶液的酸度越大，pH 越小，$\alpha_{Y(H)}$ 越大，则酸效应引起的副反应越严重。相反，酸度越小，pH 越大，$\alpha_{Y(H)}$ 越小。当 pH≥12 时，$\alpha_{Y(H)} \approx 1$，此时可以忽略酸效应的影响。

为了应用方便，将不同酸度下 $\alpha_{Y(H)}$ 的对数值列于表 4-2。

表 4-2　不同 pH 时的 $\lg\alpha_{Y(H)}$

pH	$\lg\alpha_{Y(H)}$	pH	$\lg\alpha_{Y(H)}$	pH	$\lg\alpha_{Y(H)}$	pH	$\lg\alpha_{Y(H)}$	pH	$\lg\alpha_{Y(H)}$
0.0	23.64	2.5	11.90	5.0	6.45	7.5	2.78	10.0	0.45
0.1	23.06	2.6	11.62	5.1	6.26	7.6	2.68	10.1	0.39
0.2	22.47	2.7	11.35	5.2	6.07	7.7	2.57	10.2	0.33
0.3	21.89	2.8	11.09	5.3	5.88	7.8	2.47	10.3	0.28
0.4	21.32	2.9	10.84	5.4	5.69	7.9	2.37	10.4	0.24
0.5	20.75	3.0	10.60	5.5	5.51	8.0	2.27	10.5	0.20
0.6	20.18	3.1	10.37	5.6	5.33	8.1	2.17	10.6	0.16
0.7	19.62	3.2	10.14	5.7	5.15	8.2	2.07	10.7	0.13
0.8	19.08	3.3	9.92	5.8	4.98	8.3	1.97	10.8	0.11
0.9	18.54	3.4	9.70	5.9	4.81	8.4	1.87	10.9	0.09
1.0	18.01	3.5	9.48	6.0	4.65	8.5	1.77	11.0	0.07
1.1	17.49	3.6	9.27	6.1	4.49	8.6	1.67	11.1	0.06
1.2	16.98	3.7	9.06	6.2	4.34	8.7	1.57	11.2	0.05
1.3	16.49	3.8	8.85	6.3	4.20	8.8	1.48	11.3	0.04
1.4	16.02	3.9	8.65	6.4	4.06	8.9	1.38	11.4	0.03
1.5	15.55	4.0	8.44	6.5	3.92	9.0	1.28	11.5	0.02
1.6	15.11	4.1	8.24	6.6	3.79	9.1	1.19	11.6	0.02
1.7	14.68	4.2	8.04	6.7	3.67	9.2	1.10	11.7	0.02
1.8	14.27	4.3	7.84	6.8	3.55	9.3	1.01	11.8	0.01
1.9	13.88	4.4	7.64	6.9	3.43	9.4	0.92	11.9	0.01
2.0	13.51	4.5	7.44	7.0	3.32	9.5	0.83	12.0	0.01
2.1	13.16	4.6	7.24	7.1	3.21	9.6	0.75	12.1	0.01
2.2	12.82	4.7	7.04	7.2	3.10	9.7	0.67	12.2	0.005
2.3	12.50	4.8	6.84	7.3	2.99	9.8	0.59	13.0	0.0008
2.4	12.19	4.9	6.65	7.4	2.88	9.9	0.52	13.9	0.0001

4.3.1.2　共存离子效应及共存离子效应系数

除了金属离子 M 与 Y 反应外，共存离子 N 也可能与 Y 发生副反应。由于配合物 NY 的生成，使 Y 的平衡浓度降低，从而影响 Y 参加主反应的能力。这种由共存离子引起的副反应称为**共存离子效应**。共存离子效应的副反应系数称为**共存离子效应系数**，用 $\alpha_{Y(N)}$ 表示。

$$\alpha_{Y(N)}=\frac{[Y']}{[Y]}=\frac{[NY]+[Y]}{[Y]}=1+K_{NY}[N] \tag{4-5}$$

式中，K_{NY} 是配合物 NY 的稳定常数；[N] 是游离的共存离子 N 的平衡浓度。

若溶液中存在多种共存离子 N_1、N_2、N_3、…、N_n，则

$$\begin{aligned}\alpha_{Y(N)}&=\frac{[Y']}{[Y]}=\frac{[Y]+[N_1Y]+[N_2Y]+\cdots+[N_nY]}{[Y]}\\&=1+K_{N_1Y}[N_1]+K_{N_2Y}[N_2]+\cdots+K_{N_nY}[N_n]\\&=1+\alpha_{Y(N_1)}+\alpha_{Y(N_2)}+\cdots+\alpha_{Y(N_n)}-n\\&=\alpha_{Y(N_1)}+\alpha_{Y(N_2)}+\cdots+\alpha_{Y(N_n)}-(n-1)\end{aligned}\tag{4-6}$$

当有几种共存离子存在时，$\alpha_{Y(N)}$ 往往只取其中一种或少数几种影响较大的共存离子副反应系数之和，而其他影响不大的共存离子可忽略不计。

4.3.1.3 EDTA 的总副反应系数 α_Y

当溶液中同时存在酸效应和一种共存离子 N 时，EDTA 的总副反应系数为：

$$\begin{aligned}\alpha_Y&=\frac{[Y']}{[Y]}=\frac{[Y]+[HY^{3-}]+[H_2Y^{2-}]+[H_3Y^-]+[H_4Y]+[H_5Y^+]+[H_6Y^{2+}]+[NY]}{[Y]}\\&=\frac{[Y]+[HY^{3-}]+[H_2Y^{2-}]+[H_3Y^-]+[H_4Y]+[H_5Y^+]+[H_6Y^{2+}]}{[Y]}+\\&\quad\frac{[Y]+[NY]}{[Y]}-\frac{[Y]}{[Y]}\\&=\alpha_{Y(H)}+\alpha_{Y(N)}-1\end{aligned}\tag{4-7}$$

例 4-1 在 pH=2.0 的溶液中，有浓度均为 $0.010\text{mol}\cdot L^{-1}$ 的 Fe^{3+} 和 Ca^{2+}，用相同浓度的 EDTA 滴定 Fe^{3+}。计算 $\alpha_{Y(Ca)}$ 和 α_Y。

解 已知 $K_{CaY}=10^{10.69}$，pH=2.0 时，$\lg\alpha_{Y(H)}=13.51$。

Y 的副反应有酸效应和共存离子的影响：

$$\alpha_{Y(Ca)}=1+K_{CaY}[Ca^{2+}]=1+10^{10.69}\times0.010=10^{8.69}$$

$$\alpha_Y=\alpha_{Y(H)}+\alpha_{Y(Ca)}-1=10^{13.51}+10^{8.69}-1\approx10^{13.51}$$

4.3.2 金属离子的副反应及副反应系数

4.3.2.1 辅助配位效应与配位效应系数

溶液中若存在其他辅助配体 L 时，而 L 能与 M 形成配合物，则 M 与 Y 的主反应将会受到影响。这种由于其他配位剂的存在使 M 参加主反应能力降低的现象称为**辅助配位效应**。配位效应的大小用配位效应系数 $\alpha_{M(L)}$ 表示。

$$\begin{aligned}\alpha_{M(L)}&=\frac{[M']}{[M]}=\frac{[M]+[ML]+[ML_2]+[ML_3]+\cdots+[ML_n]}{[M]}\\&=1+\beta_1[L]+\beta_2[L]^2+\beta_3[L]^3+\cdots+\beta_n[L]^n\\&=1+\sum_{i=1}^{n}\beta_i[L]^i\end{aligned}\tag{4-8}$$

$\alpha_{M(L)}$ 越大，则金属离子 M 与辅助配体 L 的副反应越严重。如果体系中金属离子 M 没有发生副反应，则 $\alpha_{M(L)}=1$。附表 7 列出了部分金属配合物的累积稳定常数。

在配位滴定中，配位剂 L 可能是滴定条件所需的缓冲剂，或者是为了防止金属离子水解所加的辅助配位剂，也可能是为了消除干扰而加入的掩蔽剂。例如，pH=10.0 时，用 EDTA滴定 Zn^{2+}，加入 NH_3-NH_4Cl 缓冲溶液，一是为了控制滴定所需要的 pH，另一方面使 Zn^{2+} 生成 $[Zn(NH_3)_4]^{2+}$，防止 $Zn(OH)_2$ 沉淀析出。

4.3.2.2 羟基配位效应与配位效应系数

在高 pH 值下滴定金属离子时，金属离子与 OH^- 生成各种羟基化配离子，这种现象称

为金属离子的**羟基配位效应**，也称为金属离子的水解效应，此时的羟基配位效应系数用$\alpha_{M(OH)}$表示。附表8中列出了部分金属离子的$\lg\alpha_{M(OH)}$值。

$$\alpha_{M(OH)}=\frac{[M']}{[M]}=\frac{[M]+[MOH]+[M(OH)_2]+[M(OH)_3]+\cdots+[M(OH)_n]}{[M]}$$

$$=1+\beta_1[OH^-]+\beta_2[OH^-]^2+\beta_3[OH^-]^3+\cdots+\beta_n[OH^-]^n$$

$$=1+\sum_{i=1}^{n}\beta_i[OH^-]^i \tag{4-9}$$

4.3.2.3　金属离子的总副反应系数

若溶液中金属离子存在以上两类副反应：羟基配位效应和辅助配位效应，则金属离子的总副反应系数可用α_M表示。

$$\alpha_M=\frac{[M']}{[M]}=\frac{[M]+[ML]+\cdots+[ML_n]+[MOH]+\cdots+[M(OH)_n]}{[M]}$$

$$=\frac{[M]+[ML]+\cdots+[ML_n]}{[M]}+\frac{[M]+[MOH]+\cdots+[M(OH)_n]}{[M]}-\frac{[M]}{[M]}$$

$$=\alpha_{M(L)}+\alpha_{M(OH)}-1 \tag{4-10}$$

一般地，若溶液中有n个辅助配位剂能与金属离子发生副反应，则M的总副反应系数α_M为

$$\alpha_M=\alpha_{M(L_1)}+\alpha_{M(L_2)}+\cdots+\alpha_{M(L_n)}-(n-1) \tag{4-11}$$

上式中，L也可以代表OH^-所参与的羟基配位效应。

例4-2　在0.010mol·L^{-1}锌氨溶液中，游离氨的浓度为0.10mol·L^{-1}时，分别计算锌离子在pH=10.00，12.00时的总副反应系数α_M。

解　已知pH=10.00时，查表可知$\alpha_{Zn(OH)}=10^{2.4}$，$[Zn(NH_3)_4]^{2+}$的$\lg\beta_1\sim\lg\beta_4$分别为2.37、4.81、7.31、9.46，因此：

$$\alpha_{Zn(NH_3)}=1+\beta_1[NH_3]+\beta_2[NH_3]^2+\beta_3[NH_3]^3+\beta_4[NH_3]^4$$

$$=1+10^{2.37}\times0.1+10^{4.81}\times0.1^2+10^{7.31}\times0.1^3+10^{9.46}\times0.1^4$$

$$=10^{5.49}$$

$$\alpha_{Zn}=\alpha_{Zn(NH_3)}+\alpha_{Zn(OH)}-1=10^{5.49}+10^{2.4}-1=10^{5.49}$$

计算结果表明，在pH=10.00时，$\alpha_{Zn(OH)}$可以忽略。

已知pH=12.00时，查表可知$\alpha_{Zn(OH)}=10^{8.5}$，又知$\alpha_{Zn(NH_3)}=10^{5.49}$，则：

$$\alpha_{Zn}=\alpha_{Zn(NH_3)}+\alpha_{Zn(OH)}-1=10^{5.49}+10^{8.5}-1=10^{8.5}$$

由此可见，在pH=12.00时，$\alpha_{Zn(NH_3)}$可以忽略。

4.3.3　条件稳定常数

在配位滴定法中，如果没有副反应，溶液中M和EDTA的主反应进行的程度用稳定常数K_{MY}表示。K_{MY}值越大，形成的配合物越稳定。但是在实际反应中总会存在一些副反应，对主反应就会有不同程度的影响，K_{MY}就不能客观地反映主反应进行的程度。因此，需要对式(4-3)表示的配合物的稳定常数进行修正。若仅考虑EDTA的副反应（酸效应）和金属离子的配位效应的影响，则得到下式：

$$\frac{[MY]}{[M]'[Y]'}=K'_{MY} \tag{4-12}$$

式中，[M]′和 [Y]′分别表示 M 和 Y 的总浓度；K'_{MY}称为条件稳定常数，它是考虑了酸效应和配位效应后 EDTA 与金属离子配合物的实际稳定常数。**采用 K'_{MY} 能更客观地判断金属离子和 EDTA 的配位情况**。

从副反应系数定义可得：

$$[M]'=\alpha_M[M]$$

$$[Y]'=\alpha_Y[Y]$$

将上述关系式代入式(4-12) 中，得到：

$$K'_{MY}=\frac{[MY]}{\alpha_M[M]\alpha_Y[Y]}=\frac{K_{MY}}{\alpha_M\alpha_Y} \tag{4-13}$$

在一定条件下（如溶液的 pH 和试剂浓度一定时），α_M 和 α_Y 均为定值，因此，K'_{MY}在一定条件下也为常数。用对数形式表示，则式(4-13) 可以表示为：

$$\lg K'_{MY}=\lg K_{MY}-\lg\alpha_M-\lg\alpha_Y \tag{4-14}$$

若仅考虑 EDTA 酸效应和金属离子的配位效应，则式(4-14) 可表示为：

$$\lg K'_{MY}=\lg K_{MY}-\lg\alpha_M-\lg\alpha_{Y(H)} \tag{4-15}$$

若仅考虑 EDTA 酸效应，则式(4-14) 可表示为：

$$\lg K'_{MY}=\lg K_{MY}-\lg\alpha_{Y(H)} \tag{4-16}$$

例 4-3 计算 pH=10.0，游离 NH_3 的浓度为 $0.10\text{mol}\cdot\text{L}^{-1}$时的 $\lg K'_{ZnY}$。

解 已知 pH=10.0 时，查表得到 $\lg\alpha_{Y(H)}=0.45$，$\lg\alpha_{Zn(OH)}=2.4$；从例 4-2 可知在此条件下 $\alpha_{Zn(NH_3)}=10^{5.49}$，所以

$$\alpha_{Zn}=\alpha_{Zn(NH_3)}+\alpha_{Zn(OH)}-1=10^{5.49}+10^{2.4}-1=10^{5.49}$$

查表知 $\lg K_{ZnY}=16.50$，则

$$\lg K'_{ZnY}=\lg K_{ZnY}-\lg\alpha_{Zn}-\lg\alpha_{Y(H)}$$

$$=16.50-5.49-0.45=10.56$$

4.4 配位滴定法的原理

4.4.1 滴定曲线

在 EDTA 配位滴定中，随着配位剂 EDTA 的不断加入，被滴定的金属离子浓度 [M] 不断减小，达到化学计量点附近时，溶液的 pM 发生突跃。因此，讨论滴定过程中金属离子浓度的变化规律（即滴定曲线）及影响 pM 突跃的因素是极其重要的。

绘制滴定曲线时，必须要计算随着 EDTA 加入量的不同，pM 相应的变化情况。在配位滴定法中，除了主反应外，还有涉及 EDTA、金属离子 M 和产物 MY 的各种副反应。对于不易水解且不与其他配位剂配位的金属离子，只需考虑 EDTA 的酸效应，引入 $\alpha_{Y(H)}$ 对 K_{MY}进行修正；对于易水解的金属离子，还应考虑水解效应，引入 $\alpha_{Y(H)}$ 和 $\alpha_{M(OH)}$ 对 K_{MY}修正；对于易水解且与辅助配位剂配位的金属离子，则应考虑 $\alpha_{Y(H)}$ 和 α_M 修正 K_{MY}。然后利用条件稳定常数计算化学计量点和化学计量点后被滴定金属离子的浓度，并求得 pM，从而根据 pM 随着滴定剂 EDTA 的变化关系绘制滴定曲线。

例 4-4 用 $0.01000\text{mol}\cdot\text{L}^{-1}$ EDTA 标准溶液滴定 20.00mL 同浓度的 Ca^{2+} 溶液，计算

在 pH=12.00 时化学计量点附近（±0.1%误差）的 pCa。

解 已知 $\lg K_{CaY}=10.69$，pH=12.00 时，$\lg\alpha_{Y(H)}=0.01$，因此，$K'_{CaY}=10^{10.68}$，说明反应进行完全。

在化学计量点前（-0.1%误差）：溶液中剩余 Ca^{2+} 溶液 0.02mL，所以

$$[Ca^{2+}]=\frac{0.01000\times0.02}{20.00+19.98}=5.0\times10^{-6}(mol\cdot L^{-1}) \qquad pCa=5.30$$

化学计量点：Ca^{2+} 与 EDTA 几乎全部配位形成 CaY^{2-}，则

$$[CaY]=0.01000\times\frac{20.00}{20.00+20.00}=5.0\times10^{-3}(mol\cdot L^{-1})$$

$\lg\alpha_{Y(H)}$ 值很小，EDTA 的酸效应可以忽略，金属离子也不存在副反应，则

$$K'_{CaY}=\frac{[CaY]}{[Ca^{2+}][Y]'}=\frac{5\times10^{-3}}{[Ca^{2+}]^2}=10^{10.68}$$

$$[Ca^{2+}]=3.2\times10^{-7}(mol\cdot L^{-1})$$

$$pCa=6.49$$

化学计量点后，EDTA 过量 0.02mL（+0.1%误差）：

$$[Y]=\frac{0.01000\times0.02}{20.00+20.02}=5\times10^{-6}(mol\cdot L^{-1})$$

$$K'_{CaY}=\frac{[CaY]}{[Ca^{2+}][Y]'}=\frac{5\times10^{-3}}{[Ca^{2+}]\times5\times10^{-6}}=10^{10.69}$$

$$[Ca^{2+}]=10^{-7.69}(mol\cdot L^{-1})$$

$$pCa=7.69$$

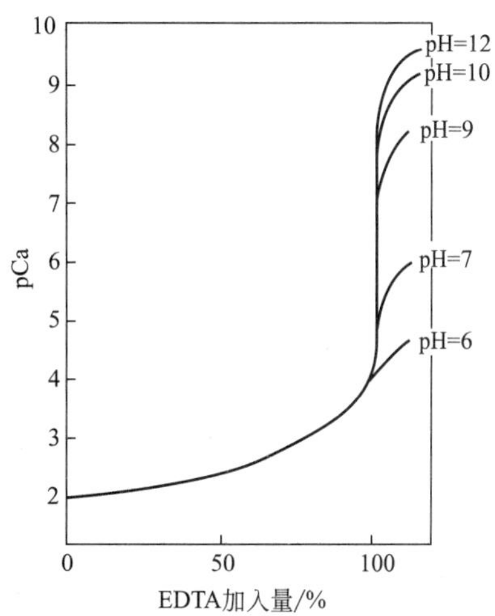

图 4-3 不同 pH 下 EDTA 滴定同浓度 Ca^{2+} 的滴定曲线

按照同样的方法可以求得在不同 pH 条件下的 pCa 值，以 pCa 对 EDTA 加入量作图得到滴定曲线，如图 4-3 所示。图 4-4 和图 4-5 分别是不同金属离子浓度的滴定曲线和不同条件稳定常数的滴定曲线。

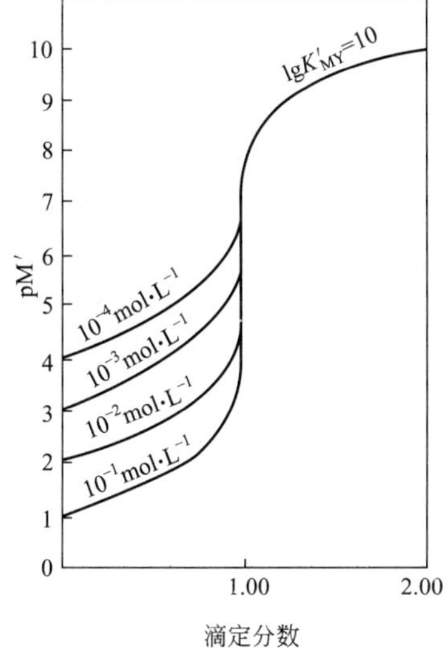

图 4-4 不同金属离子浓度的滴定曲线

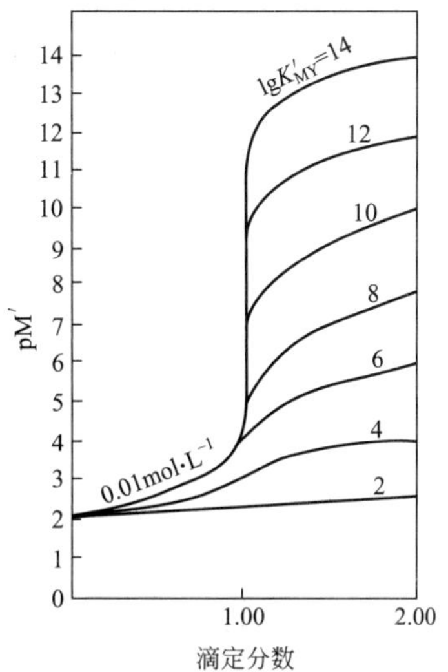

图 4-5 不同条件稳定常数的滴定曲线

由图 4-3～图 4-5 可看出，影响滴定突跃大小的因素主要有以下几个方面：

① pH 对滴定曲线的影响很大，pH 越小，突跃越小，甚至看不出突跃。因此，**溶液酸度的控制在 EDTA 配位滴定法中是非常重要的**。

② 在条件稳定常数 K'_{MY}一定时，金属离子浓度越大，滴定突跃也越大。反之，则滴定突跃就越小。

③ 配合物的条件稳定常数 K'_{MY}值越大，滴定突跃越大。而 K'_{MY}值取决于 K_{MY}、α_M 和 α_Y。

需要说明的是，配位滴定的滴定曲线仅能说明在不同 pH 条件下，金属离子浓度（pM）在滴定过程中的变化情况，而用于选择指示剂的实用性不大。

4.4.2 单一离子体系准确滴定的条件

在配位滴定法中，通常使用金属离子指示剂来指示终点，由于人眼判断颜色的局限性，目测终点与化学计量点 pM 的差值 ΔpM 一般为±(0.2～0.5)。若允许相对误差为 0.1%，金属离子的分析浓度为 c，根据终点误差公式可推导出

$$\lg cK'_{MY} \geqslant 6 \tag{4-17a}$$

通常**将式(4-17a) 作为能否用配位滴定法准确滴定单一金属离子的判别式**。若能满足该条件，则可得到相对误差小于或等于 0.1% 的分析结果。若金属离子的分析浓度为 $0.01\text{mol}\cdot\text{L}^{-1}$，代入式(4-17a) 可得

$$\lg K'_{MY} \geqslant 8 \tag{4-17b}$$

4.4.3 配位滴定中酸度的控制和酸效应曲线

在配位滴定中，假设配位反应中除了 EDTA 的酸效应和 M 的水解效应外，没有其他副反应，则溶液酸度的控制是由 EDTA 的酸效应和金属离子的羟基配位效应决定的。**根据酸效应可以确定滴定时允许的最低 pH 值（最高酸度），根据羟基配位效应可以估算出滴定时允许的最高 pH 值（最低酸度），从而得出滴定的适宜 pH 范围。**

最高酸度（最低 pH）的确定，将式(4-16) 和式(4-17a) 结合可得：

$$\lg c + \lg K_{MY} - \lg \alpha_{Y(H)} \geqslant 6$$

$$\lg \alpha_{Y(H)} \leqslant \lg c + \lg K_{MY} - 6 \tag{4-18}$$

由式(4-18) 可计算出 $\lg \alpha_{Y(H)}$，再查表 4-2，可求得配位滴定允许的最低 pH(pH_{min})。

例 4-5 计算 EDTA 滴定 $0.01\text{mol}\cdot\text{L}^{-1}$ Ca^{2+} 溶液允许的最低 pH 值。

解 已知 $c=0.01\text{mol}\cdot\text{L}^{-1}$，$\lg K_{CaY}=10.69$

由式(4-18) 可得

$$\lg \alpha_{Y(H)} \leqslant \lg c + \lg K_{CaY} - 6 = \lg 0.01 + 10.69 - 6 = 2.69$$

查表 4-2，$pH_{min} \approx 7.6$。所以，用 EDTA 滴定 $0.01\text{mol}\cdot\text{L}^{-1}$ Ca^{2+} 溶液允许的最低 pH 值为 7.6。

由式(4-18) 可知，不同金属离子由于其 $\lg K_{MY}$不同，滴定时允许的最低 pH 值也不同。将金属离子的 $\lg K_{MY}$值与最低 pH 值［或对应的 $\lg \alpha_{Y(H)}$ 与最低 pH 值］绘制成曲线，称为 EDTA 的**酸效应曲线或林邦（Ringbon）曲线**，如图 4-6 所示。图中金属离子位置所对应的 pH 值，就是滴定该金属离子（$c=0.01\text{mol}\cdot\text{L}^{-1}$）时所允许的最低 pH 值。

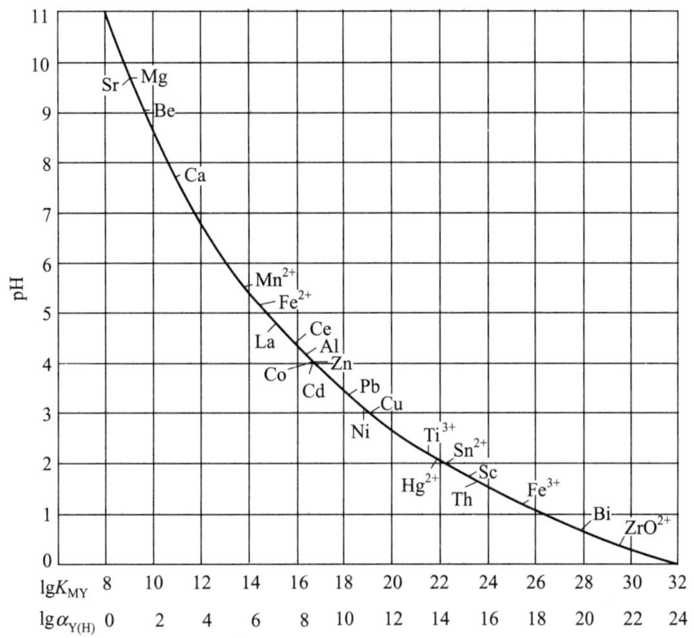

图 4-6　EDTA 的酸效应曲线（金属离子浓度为 $0.01mol \cdot L^{-1}$）

从林邦曲线上可以得出如下信息：

① 从曲线上可以查出单独滴定各种金属离子时允许的最低 pH 值。例如 FeY^- 配合物的 $\lg K_{FeY^-}=25.1$，查图 4-6 得到 pH>1，即在强酸性溶液中滴定；而 CaY^{2-} 的滴定条件须在 pH≈7.8 的弱碱性溶液中滴定。

② 通过曲线可知在一定范围内哪些离子可以被滴定，哪些离子对滴定有干扰。曲线下方的离子干扰曲线上方离子的滴定。

③ 从曲线还可以看出，利用控制酸度的方法，在同一溶液中可以连续滴定哪几种离子。

在满足滴定所允许的最低 pH 值的条件下，增大溶液的 pH 值，$\lg\alpha_{Y(H)}$ 减小，则 $\lg K'_{MY}$ 增大，配位反应的完全程度也增大。但是若溶液的 pH 太高，金属离子尤其是高氧化值的金属离子易发生水解或形成羟基配合物，从而影响配位反应的进行。因此，还应考虑不使金属离子水解或发生羟基配位反应的 pH 条件。一般粗略计算时，可直接利用金属离子氢氧化物的溶度积常数求得。

例 4-6　计算 $0.02000mol \cdot L^{-1}$ EDTA 标准溶液滴定同浓度的 Cu^{2+} 溶液时的适宜酸度范围。

解　查表知 $\lg K_{CuY}=18.80$，$K_{sp}\{Cu(OH)_2\}=2.2\times10^{-20}$

由式(4-18) 可得

$$\lg\alpha_{Y(H)} \leqslant \lg c+\lg K_{CuY}-6$$
$$=\lg 0.02+18.80-6=11.10$$

查表 4-2 求得滴定的最低 pH 为 2.9。

$$K_{sp}=[Cu^{2+}][OH^-]^2$$

$$[OH^-]=\sqrt{\frac{K_{sp}}{[Cu^{2+}]}}=\sqrt{\frac{2.2\times10^{-20}}{0.02000}}=1.05\times10^{-9} \qquad pH=14-pOH=5.02$$

所以，EDTA 滴定 Cu^{2+} 溶液时的适宜酸度范围为 2.9～5.0。

4.5 金属离子指示剂

4.5.1 金属离子指示剂的作用原理

金属指示剂是一些有机配位剂，可与金属离子生成有色配合物，其有色配合物的颜色与游离指示剂的颜色不同，从而可以用来指示滴定过程中金属离子浓度的变化情况，因而称为金属离子指示剂，简称金属指示剂。以铬黑 T（EBT）为例说明金属指示剂的作用原理。

铬黑 T 在 pH 8～11 时呈现蓝色，它与 Ca^{2+}、Mg^{2+}、Zn^{2+} 等金属离子形成的配合物呈酒红色。EDTA 滴定这些金属离子时，加入铬黑 T 指示剂，滴定前它与少量金属离子形成酒红色配合物，而大多数金属离子处于游离状态。随着 EDTA 的不断滴入，游离金属离子逐步被配位形成配合物 M-EDTA。当游离的金属离子几乎完全配位后，继续滴加 EDTA 时，由于 EDTA 与金属离子形成的配合物（M-EDTA）的条件稳定常数大于 EBT 与金属离子形成的配合物（M-EBT）的条件稳定常数，因此，EDTA 夺取 M-EBT 中的金属离子，从而将指示剂释放出来，溶液显示出游离 EBT 的蓝色，指示滴定终点的到达。其反应方程式如下：

$$\underset{\text{(酒红色)}}{\text{M-EBT}} + \text{EDTA} \rightleftharpoons \text{M-EDTA} + \underset{\text{(蓝色)}}{\text{EBT}}$$

4.5.2 金属离子指示剂应具备的条件

从以上的讨论可知，作为金属指示剂应具备以下条件：

① 在滴定的 pH 范围内，指示剂与金属离子形成的配合物的颜色必须与指示剂本身的颜色有明显的差别。

② 指示剂与金属离子形成的配合物的稳定性要适当。它既要有一定的稳定性，但是又要比金属离子与 EDTA 形成的配合物的稳定性要小。如果指示剂与金属离子形成的配合物的稳定性太低，就会导致终点提前，而且变色不敏锐；相反，如果稳定性太高，又会使终点拖后，而且有可能虽加入过量的 EDTA 也不能夺走其中的金属离子，得不到滴定终点，这种现象称为**指示剂的封闭**。通常可采用加入适当的掩蔽剂来消除指示剂的封闭现象。例如，在 pH＝10，以 EBT 为指示剂滴定 Ca^{2+}、Mg^{2+} 总量时，Al^{3+}、Fe^{3+}、Cu^{2+}、Ni^{2+}、Co^{2+} 会封闭指示剂，使终点无法确定。可以加入掩蔽剂，使这些干扰离子生成更稳定的配合物，从而不再与指示剂作用，如加入三乙醇胺消除 Al^{3+}、Fe^{3+} 对 EBT 的封闭，加入 KCN 掩蔽 Cu^{2+}、Ni^{2+}、Co^{2+}。

③ 指示剂与金属离子的反应必须迅速、灵敏，具有良好的可逆性。

④ 指示剂与金属离子形成的配合物应易溶于水。如果指示剂与金属离子形成的配合物溶解度很小，将使 EDTA 与指示剂的置换速率缓慢，终点拉长，这种现象称为**指示剂的僵化**。解决的方法是可以加入有机溶剂或加热，以增大其溶解度。例如，用 PAN 作指示剂时常加入乙醇或加热。

由于金属指示剂大多数是具有若干双键的有色化合物，易受日光、氧化剂、空气等的作用而分解，有些在水中不稳定，有些日久则变质。因此，这些指示剂可以用中性盐稀释后配成固体指示剂使用，也可在指示剂溶液中加入可以防止变质的试剂。如铬黑 T 常用氯化钠固体作稀释剂配制。一般金属指示剂都不宜久放，最好用时现配。

4.5.3 常用的金属指示剂

常用的金属指示剂列于表 4-3。

表 4-3 常见的金属指示剂

指示剂	适用 pH 范围	颜色		直接滴定的离子	配制方法	注意事项
		In	MIn			
铬黑 T (eriochrome black T，简称 BT 或 EBT)	8～10	蓝	红	pH＝10，Mg^{2+}、Zn^{2+}、Cd^{2+}、Pb^{2+}、Mn^{2+}、稀土元素离子	1∶100 NaCl（固体）（质量比）	Fe^{3+}、Al^{3+}、Cu^{2+}、Ni^{2+} 等离子封闭 EBT
酸性铬蓝 K (acid chrome blue K)	8～13	蓝	红	pH＝10，Mg^{2+}、Zn^{2+}、Mn^{2+} pH＝13，Ca^{2+}	1∶100 NaCl（固体）（质量比）	
二甲酚橙 (xylenol orange，简称 XO)	＜6	亮黄	红	pH＜1，ZrO^{2+} pH＝1～3.5，Bi^{3+}、Th^{4+} pH＝5～6，Tl^{3+}、Zn^{2+}、Pb^{2+}、Cd^{2+}、Hg^{2+}、稀土元素离子	5g·L^{-1} 水溶液	Fe^{3+}、Al^{3+}、Ti(Ⅳ)、Ni^{2+} 等离子封闭 XO
磺基水杨酸 (sulfosalicylic acid，简称 Ssal)	1.5～2.5	无色	紫红	pH＝1.5～2.5，Fe^{3+}	50g·L^{-1} 水溶液	Ssal 本身无色，FeY^{-} 呈黄色
钙指示剂 (calcon-carboxylic acid，简称 NN)	12～13	蓝	红	pH＝12～13，Ca^{2+}	1∶100 NaCl（固体）（质量比）	Ti(Ⅳ)、Fe^{3+}、Al^{3+}、Cu^{2+}、Ni^{2+}、Co^{2+}、Mn^{2+} 等离子封闭 NN
PAN 指示剂 [1-(2-吡啶偶氮)-2-萘酚，1-(2-pyridylazo)-2-naphthol]	2～12	黄	紫红	pH＝2～3，Bi^{3+}、Th^{4+} pH＝4～5，Cd^{2+}、Fe^{2+}、Zn^{2+}、Cu^{2+}、Ni^{2+}、Pb^{2+}、Mn^{2+}	1g·L^{-1} 乙醇溶液	MIn 在水中溶解度很小，为防止 PAN 指示剂僵化，滴定时须加热

4.6 混合离子的分别滴定

在实际工作中，分析对象常常比较复杂，在被滴定的溶液中可能存在多种金属离子，EDTA 滴定时可能互相干扰，因此，在混合离子中如何滴定某一种离子或分别滴定某几种离子是配位滴定中需要解决的重要问题。

4.6.1 利用控制酸度进行分别滴定

当滴定单一金属离子时，只要满足 $\lg cK'_{MY} \geqslant 6$ 的条件，就可以准确进行滴定，此时相对误差≤±0.1%。但是当溶液中存在两种或两种以上的金属离子时，就不能使用式(4-18)

判断滴定的准确性。

若溶液中含有金属离子 M 和 N，它们均与 EDTA 形成配合物，欲测定 M 的含量，需考虑共存离子 N 是否对 M 的测定产生干扰，即需要考虑干扰离子 N 的副反应，其副反应系数为 $\alpha_{Y(N)}$。当 $K_{MY}>K_{NY}$，且 $\alpha_{Y(N)}\gg\alpha_{Y(H)}$，可推导出下式：

$$\lg c_M K_{MY}\approx\lg K_{MY}-\lg K_{NY}+\lg\frac{c_M}{c_N}=\Delta\lg K+\lg\frac{c_M}{c_N} \tag{4-19}$$

即两种金属离子配合物的稳定常数差值 $\Delta\lg K$ 越大，被测金属离子浓度 c_M 越大，干扰离子浓度 c_N 越小，则在 N 存在下准确滴定 M 的可能性就越大。那么 $\Delta\lg K$ 要相差多大才能分别滴定？这取决于滴定时所要求的准确度及终点和化学计量点之间 pM 的差值 ΔpM 等因素。

对于有干扰离子存在的配位滴定，一般允许有≤±0.5%的相对误差，当用指示剂检测终点 ΔpM≈0.3 时，应使 $\lg c_M K'_{MY}\geqslant 5$，则

$$\Delta\lg(cK)=5 \tag{4-20}$$

当 $c_M=c_N$ 时，则

$$\Delta\lg K=5 \tag{4-21}$$

故用式(4-20)或式(4-21)作为判断能否利用控制酸度进行分别滴定的条件。

例如，Bi^{3+}、Pb^{2+} 混合溶液中，其浓度均为 0.01mol·L^{-1}，用 EDTA 滴定 Bi^{3+}。查表可知，$\lg K_{BiY}=27.94$，$\lg K_{PbY}=18.04$，则 $\Delta\lg K=27.94-18.04=9.9>5$，符合式(4-21)的要求。因此可以选择滴定 Bi^{3+} 而 Pb^{2+} 不干扰。根据酸效应曲线可查出滴定 Bi^{3+} 的最低 pH 约为 0.7，但滴定时 pH 也不能太大，因在 pH≈2 时，Bi^{3+} 开始水解析出沉淀。因此滴定 Bi^{3+} 的适宜 pH 范围为 0.7～2。在实际操作中，选取 pH≈1 时进行滴定，以保证滴定时 Bi^{3+} 不会析出水解产物，Pb^{2+} 也不会干扰 Bi^{3+} 与 EDTA 的滴定。

因此，当溶液中有两种以上金属离子共存时，能否分别滴定应首先判断各组分在测定时有无相互干扰，若 $\Delta\lg(cK)$ 足够大，则相互无干扰，这时可以通过控制酸度依次测定各金属离子的含量。

具体步骤如下。

① 判断混合物中各组分离子与 EDTA 形成配合物的稳定常数的大小，K_{MY} 值最大的金属离子首先被滴定。

② 根据式(4-20)或式(4-21)判断 K_{MY} 值最大的金属离子和与其相邻的另一种金属离子之间有无干扰。

③ 若无干扰，则计算确定 K_{MY} 值最大的金属离子被滴定的适宜 pH 范围，选择合适的指示剂，用 EDTA 进行滴定；其他离子的测定以此类推。

④ 若有干扰，则不能直接滴定，需采取掩蔽、分离等方法去除干扰离子后再进行测定。

例 4-7 某一混合溶液中含有 Fe^{3+}、Al^{3+}、Mg^{2+}、Ca^{2+}，其浓度均为 0.01mol·L^{-1}，是否可以利用控制酸度的方法分别滴定 Fe^{3+} 和 Al^{3+}？

解 已知 $\lg K_{FeY}=25.1$，$\lg K_{AlY}=16.3$，$\lg K_{CaY}=10.69$，$\lg K_{MgY}=8.69$。

比较 $\lg K_{MY}$ 值可知，$\lg K_{FeY}>\lg K_{AlY}>\lg K_{CaY}>\lg K_{MgY}$，所以首先滴定 Fe^{3+} 时，邻近的 Al^{3+} 可能发生干扰。根据式(4-21)，可得到：

$$\Delta\lg K=\lg K_{FeY}-\lg K_{AlY}=25.1-16.3=8.8>5$$

故可以利用控制酸度的方法滴定 Fe^{3+}，共存的 Al^{3+} 不干扰。

从酸效应曲线上查得滴定 Fe^{3+} 的 pH_{min} 约为 1，考虑到 Fe^{3+} 的水解效应，需 $pH<2.2$，因此测定 Fe^{3+} 的 pH 范围在 1～2.2。据此从表 4-3 中选择磺基水杨酸作指示剂，在 pH＝1.5～2.0 范围内，它与 Fe^{3+} 形成的配合物呈红色。

因此，控制溶液在 pH＝1.5～2.0 范围内，用 EDTA 直接滴定 Fe^{3+}，终点由红色变无色。Al^{3+}、Mg^{2+}、Ca^{2+} 不干扰。

在滴定 Fe^{3+} 后的溶液中，继续滴定 Al^{3+}，此时要考虑 Mg^{2+}、Ca^{2+} 是否会干扰 Al^{3+} 的测定。由于：

$$\Delta \lg K = \lg K_{AlY} - \lg K_{CaY} = 16.3 - 10.69 = 5.61 > 5$$

故 Mg^{2+}、Ca^{2+} 不会干扰 Al^{3+} 的测定。

测定 Al^{3+} 时，调节 pH 约为 3，加入过量的 EDTA，煮沸，使大部分 Al^{3+} 与 EDTA 配位，再加六亚甲基四胺缓冲溶液，控制 pH 约为 4～6，使 Al^{3+} 与 EDTA 配位完全，然后用 PAN 作指示剂，用 Cu^{2+} 标准溶液回滴过量的 EDTA，即可测出 Al^{3+} 的含量。

控制溶液的酸度是在混合溶液中进行选择性滴定的途径之一，滴定的 pH 是综合了滴定适宜的 pH 范围、指示剂的变色，同时考虑共存离子的存在等情况下确定的，而且实际滴定时选取的 pH 范围一般比上述求得的适宜 pH 范围更窄一些。

4.6.2　掩蔽和解蔽

若被测金属的配合物与干扰离子的配合物的稳定性相差不够大（$\Delta \lg K$ 小），甚至 $\lg K_{MY}$ 比 $\lg K_{NY}$ 还小，就不能用控制酸度的方法进行分别滴定。若加入一种试剂与干扰离子 N 反应，则溶液中 N 的浓度降低，N 对 M 的干扰作用也就减小或消除。这种方法称为掩蔽法，所加入的试剂称为掩蔽剂。

按照掩蔽方法的不同，可以分为配位掩蔽法、沉淀掩蔽法和氧化还原掩蔽法等，其中以配位掩蔽法用得最多。

4.6.2.1　配位掩蔽法

利用掩蔽剂和干扰离子 N 能形成稳定的配合物，降低溶液中干扰离子浓度，从而达到选择滴定金属离子 M 的目的。具体方法如下：

① 先加入配位掩蔽剂 L，再用 EDTA 滴定 M。例如，溶液中含有 Al^{3+} 和 Zn^{2+}，则先在酸性溶液中加入过量 F^-，调节 pH 5～6，使 Al^{3+} 生成 $[AlF_6]^{3-}$ 后，再用 EDTA 准确滴定 Zn^{2+}、Al^{3+} 不干扰。

② 先加入配位掩蔽剂，使干扰离子 N 生成配合物 NL，用 EDTA 准确滴定 M，然后使用另一种试剂 X 破坏 NL，从 NL 中将 N 释放出来，再用 EDTA 准确滴定 N，这种作用称为解蔽，所加入的试剂 X 起了消除掩蔽剂的作用，故称 X 为解蔽剂。例如，铜合金中 Cu^{2+}、Zn^{2+} 和 Pb^{2+} 三种离子共存，欲测定其中 Zn^{2+} 和 Pb^{2+}，用氨水中和试液，加入 KCN 掩蔽 Cu^{2+} 和 Zn^{2+}，在 pH＝10 时，用铬黑 T 作指示剂，用 EDTA 滴定 Pb^{2+}。滴定后的溶液，加入甲醛或三氯乙醛作解蔽剂，破坏 $[Zn(CN)_4]^{2-}$ 配离子：

$$[Zn(CN)_4]^{2-} + 4HCHO + 4H_2O \rightleftharpoons Zn^{2+} + \underset{\text{羟基乙腈}}{4H_2\overset{\overset{\displaystyle OH}{|}}{C}\text{—}CN} + 4OH^-$$

释放出来的 Zn^{2+}，再用 EDTA 继续滴定。$[Cu(CN)_4]^{2-}$ 比较稳定，不易解蔽，但是若甲醛浓度较大时会发生部分解蔽。

常见的配位掩蔽剂见表 4-4。

表 4-4　一些常见的配位掩蔽剂

名称	pH 范围	被掩蔽离子	备注
氰化钾	>8	Co^{2+}、Ni^{2+}、Cu^{2+}、Zn^{2+}、Hg^{2+}、Cd^{2+}、Ag^{+}、Tl^{+} 及铂系元素	
氟化铵	4～6	Al^{3+}、Ti(Ⅳ)、Sn(Ⅳ)、Zn^{2+}、W(Ⅵ)	NH_4F 比 NaF 好，加入后溶液 pH 变化不大
	10	Al^{3+}、Mg^{2+}、Ca^{2+}、Sr^{2+}、Ba^{2+} 及稀土元素	
邻二氮杂菲	5～6	Cu^{2+}、Co^{2+}、Ni^{2+}、Zn^{2+}、Hg^{2+}、Cd^{2+}、Mn^{2+}	
三乙醇胺(TEA)	10	Al^{3+}、Sn(Ⅳ)、Ti(Ⅳ)、Fe^{3+}	与 KCN 并用，可提高掩蔽效果
	11～12	Fe^{3+}、Al^{3+} 及少量 Mn^{2+}	
二巯基丙醇	10	Hg^{2+}、Cd^{2+}、Zn^{2+}、Bi^{3+}、Pb^{2+}、Ag^{+}、As^{3+}、Sn(Ⅳ) 及少量 Cu^{2+}、Co^{2+}、Ni^{2+}、Fe^{3+}	
硫脲	弱酸性	Cu^{2+}、Hg^{2+}、Tl^{+}	
铜试剂(DDTC)	10	能与 Cu^{2+}、Hg^{2+}、Pb^{2+}、Cd^{2+}、Bi^{3+} 生成沉淀，其中 Cu^{2+}-DDTC 为褐色，Bi-DDTC 为黄色，故其存在量应分别小于 2mg 和 10mg	
酒石酸	1.5～2	Sb^{3+}、Sn(Ⅳ)	在抗坏血酸存在下
	5.5	Fe^{3+}、Al^{3+}、Sn(Ⅳ)、Ca^{2+}	
	6～7.5	Mg^{2+}、Cu^{2+}、Fe^{3+}、Al^{3+}、Mo^{4+}	
	10	Fe^{3+}、Al^{3+}、Sn(Ⅳ)	

使用掩蔽剂时需注意以下几点：

① 掩蔽剂应不与待测离子配位，即使能生成配合物，其稳定性也应远小于待测离子与 EDTA 配合物的稳定性。

② 掩蔽剂与干扰离子形成的配合物不仅应远比与 EDTA 形成的配合物稳定，而且形成的配合物应为无色或浅色，不影响终点的判断。

③ 使用掩蔽剂时应注意适用的 pH 范围。例如在 pH＝8～10 时测定 Zn^{2+}，用铬黑 T 作指示剂，则用 NH_4F 可掩蔽 Al^{3+}。但是在测定 Mg^{2+}、Ca^{2+} 和 Al^{3+} 溶液中的 Mg^{2+}、Ca^{2+} 总量时，在 pH＝10 滴定，因为 F^- 与被测物将会生成 CaF_2 沉淀，故不能用氟化物来掩蔽 Al^{3+}。

④ 使用掩蔽剂时还要注意其性质和加入时的 pH 条件是否合适。例如，KCN 是剧毒物，只允许在碱性溶液中使用；掩蔽 Fe^{3+}、Al^{3+} 等的三乙醇胺，必须在酸性溶液中加入，然后再碱化，否则 Fe^{3+} 将会生成氢氧化铁沉淀而不能进行配位掩蔽。

4.6.2.2　沉淀掩蔽法

在体系中加入一种沉淀剂，使其中的干扰离子浓度降低，在不分离沉淀的情况下直接进行滴定，这种方法称为沉淀掩蔽法。例如，测定 Mg^{2+}、Ca^{2+} 含量时，由于 $\lg K_{CaY}=10.7$，$\lg K_{MgY}=8.7$，$\Delta\lg K<5$，不能用控制酸度的方法分别滴定。但它们的氢氧化物溶解度相差较大，若使溶液 pH>12，则 Mg^{2+} 生成 $Mg(OH)_2$ 沉淀，用钙指示剂，EDTA 可以准确滴

定 Ca^{2+}。

常用的沉淀掩蔽剂见表 4-5。

表 4-5 一些常用的沉淀掩蔽剂

名称	被掩蔽离子	待测定离子	pH 范围	指示剂
NH_4F	Mg^{2+}、Ca^{2+}、Sr^{2+}、Ba^{2+}、Ti(Ⅳ)、Al^{3+} 及稀土元素	Zn^{2+}、Mn^{2+}、Cd^{2+}（有还原剂存在下）	10	铬黑 T
		Cu^{2+}、Co^{2+}、Ni^{2+}	10	紫脲酸铵
K_2CrO_4	Ba^{2+}	Sr^{2+}	10	Mg-EDTA 铬黑 T
Na_2S 或铜试剂	Hg^{2+}、Cd^{2+}、Bi^{3+}、Pb^{2+}、Cu^{2+} 等	Mg^{2+}、Ca^{2+}	10	铬黑 T
H_2SO_4	Pb^{2+}	Bi^{3+}	1	二甲酚橙
$K_4[Fe(CN)_6]$	微量 Zn^{2+}	Pb^{2+}	5～6	二甲酚橙
KI	Cu^{2+}	Zn^{2+}	5～6	PAN

由于一些沉淀反应进行的不够完全，特别是过饱和现象使沉淀不易析出；发生沉淀反应时，通常伴随共沉淀现象；沉淀会吸附金属指示剂，从而影响终点观察；一些沉淀颜色深、体积庞大而妨碍终点的判断。因此在实际工作中，沉淀掩蔽法用得不多。

4.6.2.3 氧化还原掩蔽法

利用氧化还原反应，使干扰离子的氧化值发生改变而消除其干扰，这种方法称为氧化还原掩蔽法。例如，测定锆铁中的锆，由于锆和铁的 EDTA 配合物的稳定性相差不大（$\Delta\lg K=\lg K_{ZrY}-\lg K_{FeY_6^-}=29.5-25.1=4.8<5$），$Fe^{3+}$ 会干扰锆的滴定。若加入抗坏血酸或盐酸羟胺将 Fe^{3+} 还原为 Fe^{2+}，由于 Fe^{2+}-EDTA 配合物的稳定常数（$\lg K_{FeY^{2-}}=14.33$）比 Fe^{3+}-EDTA 配合物的稳定常数小得多，因此，Fe^{2+} 不干扰锆的测定。

常用的还原剂有抗坏血酸、盐酸羟胺、硫脲、联氨等，其中有些还原剂同时又是配位剂。例如，$Na_2S_2O_3$ 可将 Cu^{2+} 还原为 Cu^+，并与 Cu^+ 配位。

$$2Cu^{2+}+2S_2O_3^{2-} = 2Cu^+ + S_4O_6^{2-}$$

$$Cu^+ + 2S_2O_3^{2-} = Cu(S_2O_3)_2^{3-}$$

有些高氧化值状态的干扰离子与 EDTA 不发生配位反应，可以通过将低氧化值状态的干扰离子氧化成高氧化值的方法来消除干扰。例如 Cr^{3+} 对配位滴定有干扰，但 CrO_4^{2-}、$Cr_2O_7^{2-}$ 则对滴定没有干扰。

4.6.3 选择其他配位剂滴定

除了 EDTA 外，其他氨羧类配位剂与金属离子形成配合物的稳定性也各有特点，可以选择不同配位剂进行滴定，以提高金属离子滴定的选择性。

例如，乙二醇二乙醚二胺四乙酸（EGTA）：

```
                              CH2COOH
                             /
H2C—O—CH2—CH2—N
 |                           \
 |                            CH2COOH
 |                            CH2COOH
 |                           /
H2C—O—CH2—CH2—N
                             \
                              CH2COOH
```

EGTA 与 Mg^{2+} 配位不稳定（$\lg K_{Mg\text{-}EGTA}=5.2$），但与 Ca^{2+} 配位则稳定得多（$\lg K_{Ca\text{-}EGTA}=11.0$）。因此在 Mg^{2+} 存在下滴定 Ca^{2+}，选择 EGTA 作滴定剂有利于提高选择性。

乙二胺四丙酸（EDTP）：

$$\begin{array}{l} \qquad\qquad CH_2CH_2COOH \\ CH_2-N\langle \\ \;|\qquad\qquad CH_2CH_2COOH \\ \;|\qquad\qquad CH_2CH_2COOH \\ CH_2-N\langle \\ \qquad\qquad CH_2CH_2COOH \end{array}$$

EDTP 与 Cu^{2+} 形成的螯合物稳定性很好（$\lg K_{Cu\text{-}EDTP}=15.4$），但是与 Zn^{2+}、Mn^{2+}、Cd^{2+} 等金属离子形成的配合物稳定性差（$\lg K_{Zn\text{-}EDTP}=7.8$，$\lg K_{Cd\text{-}EDTP}=6.0$，$\lg K_{Mn\text{-}EDTP}=4.7$），因此在一定条件下，用 EDTP 滴定 Cu^{2+} 时，Zn^{2+}、Mn^{2+}、Cd^{2+} 都不会干扰测定。

4.7 配位滴定方式及其应用

在配位滴定中，采用不同的滴定方式，不仅可以扩大配位滴定的应用范围，而且可以提高配位滴定的选择性。

4.7.1 直接滴定法

这种方法是用 EDTA 标准溶液直接滴定待测金属离子。采用直接滴定法必须满足下列条件：

① 被测离子浓度 c_M 及其与 EDTA 形成的配合物的条件稳定常数 K'_{MY} 的乘积应满足准确滴定的要求，即 $\lg cK'_{MY}\geqslant 6$。

② 被测离子与 EDTA 的配位反应速率快。

③ 应有变色敏锐的指示剂，且不发生封闭现象。

④ 被测离子在滴定条件下，不会发生水解和沉淀反应。

直接滴定法操作简单，一般情况下引入的误差较少，因此只要条件允许，应尽可能采用直接滴定法。表 4-6 列出了 EDTA 直接滴定一些金属离子的条件。

表 4-6 EDTA 直接滴定的一些金属离子

金属离子	pH	指示剂	其他条件
Bi^{3+}	1	XO	HNO_3 介质
Fe^{3+}	2	磺基水杨酸	50～60℃
Cu^{2+}	2.5～10	PAN	加乙醇或加热
	8	紫脲酸铵	
Zn^{2+}、Cd^{2+}、Pb^{2+} 和稀土元素	5.5	XO	
	9～10	EBT	Pb^{2+} 以酒石酸为辅助配位剂
Ni^{2+}	9～10	紫脲酸铵	氨性缓冲溶液，50～60℃
Mg^{2+}	10	EBT	
Ca^{2+}	12～13	钙指示剂	

例如，水硬度的测定就是直接滴定法的应用。水的总硬度是指水中钙、镁离子的含量，由镁离子形成的硬度称为镁硬，由钙离子形成的硬度称为钙硬。测定方法如下：先在 pH≈10 的氨缓冲溶液中，以 EBT 为指示剂，用 EDTA 滴定，测得的是 Ca^{2+}、Mg^{2+} 总量。另取同量试液，加入 NaOH 调节 pH＞12，此时 Mg^{2+} 以 $Mg(OH)_2$ 沉淀形式被掩蔽，用钙指示剂，EDTA滴定 Ca^{2+}，终点由红色变为蓝色，测得的是 Ca^{2+} 的含量。前后两次测定之差，即可得到 Mg^{2+} 含量。

4.7.2 返滴定法

返滴定法是在试液中先加入已知过量的 EDTA 标准溶液，然后用其他金属离子标准溶液滴定过量的 EDTA，根据两种标准溶液的浓度和所消耗的体积，即可求得被测物质的含量。

例如，EDTA 滴定 Al^{3+} 时，因为 Al^{3+} 与 EDTA 的反应速率慢；酸度不高时，Al^{3+} 水解生成多核羟基配合物；Al^{3+} 对二甲酚橙等指示剂有封闭作用，因此不能直接滴定 Al^{3+}。采用返滴定法即可解决这些问题，方法是先加入已知过量的 EDTA 标准溶液，在 pH≈3.5（防止 Al^{3+} 水解）时，煮沸溶液来加速 Al^{3+} 与 EDTA 的配位反应。然后冷却，并调节 pH 至 5～6，以保证 Al^{3+} 与 EDTA 配位反应定量进行。以 XO 为指示剂，此时 Al^{3+} 已形成 AlY 配合物，不再封闭指示剂。过量的 EDTA 可用 Zn^{2+} 或 Pb^{2+} 标准溶液返滴定，即可测得 Al^{3+} 的含量。

特别注意的是，作为返滴定的金属离子，与 EDTA 配合物的稳定性要适当。即要有足够的稳定性以保证滴定的准确度，但不宜超过被测离子与 EDTA 配合物的稳定性，否则在滴定过程中，返滴定剂会将被测离子置换出来，造成测定误差，而且终点也不敏锐。

返滴定法主要用于以下情况：

① 被测离子与 EDTA 反应速率慢。

② 被测离子对指示剂有封闭作用，或者缺乏合适的指示剂。

③ 被测离子发生水解等副反应。

表 4-7 列出了一些常用作返滴定剂的金属离子。

表 4-7　常用作返滴定剂的金属离子

pH	返滴定剂	指示剂	测定的金属离子
1～2	Bi^{3+}	XO	Sn^{2+}、ZrO^{2+}
5～6	Zn^{2+}、Pb^{2+}	XO	Al^{3+}、Cu^{2+}、Co^{2+}、Ni^{2+}
5～6	Cu^{2+}	PAN	Al^{3+}
10	Mg^{2+}、Zn^{2+}	EBT	Ni^{2+}、稀土元素
12～13	Ca^{2+}	钙指示剂	Co^{2+}、Ni^{2+}

4.7.3 置换滴定法

利用置换反应，置换出相应数量的金属离子或 EDTA，然后用 EDTA 或金属离子标准溶液滴定被置换出来的金属离子或 EDTA，这种方法称为置换滴定法。

(1) 置换出金属离子

当被测离子 M 与 EDTA 反应不完全或形成的配合物不稳定时，可用 M 置换出另一配合物（NL）中的N，然后用EDTA滴定N，即可求得M的含量。

$$M+NL \longrightarrow ML+N$$

例如，Ag^+与EDTA的配合物不稳定，不能用直接法滴定，但是将Ag^+加入到$[Ni(CN)_4]^{2-}$溶液中，则Ni^{2+}被置换出来：

$$2Ag^+ + [Ni(CN)_4]^{2-} \longrightarrow 2[Ag(CN)_2]^- + Ni^{2+}$$

在pH=10的氨性缓冲溶液中，以紫脲酸铵作指示剂，用EDTA滴定置换出来的Ni^{2+}，即可求得Ag^+的含量。

(2) 置换出EDTA

先将被测离子M与干扰离子全部用EDTA配位，加入选择性高的配位剂L，生成ML，从而释放出与M等物质的量的EDTA：

$$MY+L \rightleftharpoons ML+Y$$

反应完全后，再用另一金属离子标准溶液滴定释放出来的EDTA，即可测得M的含量。

例如，测定锡合金中Sn含量时，在试液中加入过量的EDTA，使Sn(Ⅳ)和可能存在的干扰离子如Zn^{2+}、Cd^{2+}、Pb^{2+}等同时发生反应，用Zn^{2+}标准溶液回滴过量的EDTA。再加入NH_4F，使SnY转变为更稳定的$[SnF_6]^{2-}$，再用Zn^{2+}标准溶液滴定释放出来的EDTA，即可求得Sn(Ⅳ)的含量。

利用置换滴定法还可以改善指示剂滴定终点的敏锐性。例如，EBT与Ca^{2+}显色不灵敏，但对Mg^{2+}显色很敏锐。在pH=10的氨性缓冲溶液中，用EDTA滴定Ca^{2+}时，加入少量MgY，则发生如下置换反应：

$$MgY+Ca^{2+} \rightleftharpoons CaY+Mg^{2+}$$

置换出来的Mg^{2+}与EBT呈深红色。滴定时，EDTA先滴定溶液中的Ca^{2+}，当达到滴定终点后，EDTA再夺取Mg-EBT配合物中的Mg^{2+}，生成MgY配合物，指示剂游离出来，溶液变蓝即为终点。在此，加入的MgY与生成的MgY的量相等，因此加入的MgY不会影响滴定结果。

4.7.4 间接滴定法

对于不与EDTA反应或生成的配合物不稳定的非金属离子和金属离子，可采用间接滴定法。该方法是加入过量的、能与EDTA形成稳定配合物的金属离子作为沉淀剂，以沉淀待测离子，过量沉淀剂再用EDTA滴定。或者将沉淀分离、溶解后，再用EDTA滴定其中的金属离子。

例如，测定血清、红细胞和尿中的K^+，将K^+沉淀为$K_2NaCo(NO_2)_6 \cdot 6H_2O$，分离沉淀，溶解后，用EDTA滴定其中的$Co^{2+}$，间接可求得$K^+$含量。又如测定$PO_4^{3-}$含量时，可加入过量的$Bi(NO_3)_3$，使之生成$BiPO_4$沉淀，再用EDTA滴定剩余的$Bi^{3+}$；也可将$PO_4^{3-}$沉淀为$MgNH_4PO_4 \cdot 6H_2O$，沉淀过滤后，用HCl溶解，加入过量EDTA，并调节至pH≈10，用Mg^{2+}标准溶液返滴过量的EDTA，从而间接求得PO_4^{3-}的含量。对于SO_4^{2-}、CO_3^{2-}、S^{2-}、CrO_4^{2-}等也可采用类似方法测定。诸如葡萄糖酸钙、胃舒平（主要成分为氢氧化铝）、乳酸锌等含金属的药物以及咖啡因等能与金属离子反应的生物碱类药物等都可以用间接滴定法测定其含量。

间接滴定法操作较烦琐，引入的误差自然也就大，通常尽可能使用其他分析测定方法。

4.8　标准溶液的配制与标定

前已述及，EDTA在水中的溶解度较小，在滴定分析中常使用其二钠盐配制标准溶液，浓度一般配成0.01～0.05$mol\cdot L^{-1}$为宜。EDTA标准溶液通常采用间接法配制。

标定EDTA溶液的基准物很多，如金属锌、铜、铋、镍、铅、ZnO、$CaCO_3$、$MgSO_4\cdot 7H_2O$等。金属锌的纯度高，在空气中稳定，Zn^{2+}、ZnY均无色，既能在pH 5～6、以XO为指示剂标定，又可在pH 9～10的氨缓冲溶液中以EBT为指示剂标定，终点都很敏锐，因此，多采用金属锌作为基准物标定EDTA。在实际操作中，为使测定的准确度高，标定的条件要与测定的条件尽可能一致。通常选择与被测组分相同的物质作为基准物，这样可减少误差。

配位滴定中所用的水应符合要求，应不含Al^{3+}、Mg^{2+}、Ca^{2+}、Cu^{2+}、Fe^{3+}等杂质。若配制溶液的水中含有Al^{3+}、Cu^{2+}等，会封闭指示剂，使终点难以判断；若水中含有Mg^{2+}、Ca^{2+}、Pb^{2+}、Sn^{2+}等，则会消耗EDTA，在不同情况下会对结果产生不同的影响。例如试剂或水中含有少量Ca^{2+}、Pb^{2+}时，若在碱性条件下，两者均与EDTA配位；在弱酸性溶液中滴定，只有Pb^{2+}与EDTA配位；在强酸性溶液中滴定，则两者均不与EDTA配位。

4.9　配位滴定结果的计算

由于EDTA通常与大多数金属离子的配位比为1∶1，故定量关系简单。现举例如下。

例4-8　用配位滴定法测定氯化锌的含量。称取0.2500g试样，溶解后，稀释至250mL，吸取25.00mL，在pH＝5～6时，用二甲酚橙作为指示剂，用0.01024$mol\cdot L^{-1}$ EDTA标准溶液滴定，用去17.61mL。计算试样中$ZnCl_2$的质量分数。

解　根据EDTA与Zn^{2+}之间的1∶1的定量关系，试样中$ZnCl_2$的质量分数可表示为

$$w(ZnCl_2)=\frac{c(EDTA)V(EDTA)M(ZnCl_2)}{m_s}\times 100\%$$

$$=\frac{0.01024\times 17.61\times 10^{-3}\times 136.3}{0.2500\times \frac{25.00}{250.00}}\times 100\%=98.31\%$$

例4-9　称取含Bi^{3+}、Pb^{2+}、Cd^{2+}的试液25.00mL，以XO为指示剂，在pH＝1.0时用0.02015$mol\cdot L^{-1}$EDTA溶液滴定，用去20.28mL；调节pH至5.5，继续用EDTA溶液滴定，又消耗30.16mL；再加入邻二氮杂菲，用0.02002$mol\cdot L^{-1}$$Pb^{2+}$标准溶液滴定，用去10.15mL。计算溶液中$Bi^{3+}$、$Pb^{2+}$、$Cd^{2+}$的浓度。

解　pH＝1.0时，只有Bi^{3+}被滴定；pH＝5.5时，Pb^{2+}、Cd^{2+}均被滴定；加入邻二氮杂菲，置换出与Cd^{2+}等物质的量的Y。

$$c(Bi^{3+})=\frac{c(EDTA)V(EDTA)}{V_s}=\frac{0.02015\times 20.28}{25.00}=0.01635(mol\cdot L^{-1})$$

$$c(Cd^{2+})=\frac{c(Pb^{2+})V(Pb^{2+})}{V_s}=\frac{0.02002\times10.15}{25.00}=0.008128(mol\cdot L^{-1})$$

$$c(Pb^{2+})=\frac{c(EDTA)V(EDTA)-c(Pb^{2+})V(Pb^{2+})}{V_s}=\frac{0.02015\times30.16-0.02002\times10.15}{25.00}$$

$$=0.01618(mol\cdot L^{-1})$$

例 4-10 称取含硫样品 0.3000g，灼烧氧化处理使其转变为硫酸盐后，加入 20.00mL 0.05000mol·L^{-1} $BaCl_2$ 溶液使之生成 $BaSO_4$ 沉淀，多余的 Ba^{2+} 用 0.02500mol·L^{-1} EDTA 滴定，消耗 20.00mL，计算样品中硫的含量。

解 通过 Ba^{2+} 含量的测定间接求得硫的含量。

$$w(S)=\frac{[c(BaCl_2)V(BaCl_2)-c(EDTA)V(EDTA)]M(S)}{m_s}\times100\%$$

$$=\frac{(0.05000\times20.00-0.02500\times20.00)\times10^{-3}\times32.07}{0.3000}\times100\%$$

$$=5.34\%$$

本章要点

1. EDTA：乙二胺四乙酸，用 H_4Y 表示。在水中的溶解度较小，通常使用其二钠盐，采用间接法标定。EDTA 与许多金属离子生成具有若干个五元环的结构稳定的螯合物，配位比一般为 1∶1。金属离子与 EDTA 配合物的稳定性用稳定常数 K_{MY} 表示。

2. EDTA 的酸效应和酸效应系数 $\alpha_{Y(H)}$：由于 H^+ 的存在使 Y^{4-} 参加主反应的能力降低。

$$\alpha_{Y(H)}=\frac{[Y]'}{[Y]}=1+\sum_{i=1}^{6}\beta_i[H^+]^i$$

3. 共存离子效应和共存离子效应系数 $\alpha_{Y(N)}$：

$$\alpha_{Y(N)}=\frac{[Y]'}{[Y]}=\frac{[NY]+[Y]}{[Y]}=1+K_{NY}[N]$$

4. EDTA 的总副反应系数 α_Y：

$$\alpha_Y=\alpha_{Y(H)}+\alpha_{Y(N)}-1$$

5. 金属离子的配位效应与配位效应系数 $\alpha_{M(L)}$：

$$\alpha_{M(L)}=\frac{[M]'}{[M]}=1+\sum_{i=1}^{n}\beta_i[L]^i$$

6. 金属离子的羟基配位效应：也称为金属离子的水解效应，用 $\alpha_{M(OH)}$ 表示。

$$\alpha_{M(OH)}=\frac{[M]'}{[M]}=1+\sum_{i=1}^{n}\beta_i[OH^-]^i$$

7. 金属离子的总副反应系数

$$\alpha_M=\alpha_{M(L)}+\alpha_{M(OH)}-1$$

8. 条件稳定常数 K'_{MY}：考虑了 EDTA 的副反应和金属离子的副反应后的稳定常数。

$$\lg K'_{MY}=\lg K_{MY}-\lg\alpha_M-\lg\alpha_Y$$

若只考虑 EDTA 的酸效应：　$\lg K'_{MY}=\lg K_{MY}-\lg\alpha_{Y(H)}$

9. 金属指示剂：作用原理；常用指示剂的使用条件；指示剂的封闭与僵化。

10. 滴定曲线：表示滴定过程中溶液 pM 与配位剂加入量之间的关系曲线。利用条件稳定常数可以计算在一定 pH 下，被滴定金属离子的浓度，从而得到滴定曲线。

11. 单一离子体系准确滴定的条件：$\lg cK'_{MY} \geqslant 6$（相对误差为 0.1%）。

12. 配位滴定中适宜 pH 条件的控制：根据酸效应可以确定滴定时允许的最低 pH 值，根据 K_{sp} 可以估算出滴定时允许的最高 pH 值，从而得出滴定的适宜的 pH 范围。

13. 利用控制酸度的方法进行分别滴定的条件：

$$\Delta \lg K = 5 \qquad (c_M = c_N，相对误差 \leqslant \pm 0.5\%)$$

14. 利用掩蔽和解蔽的方法进行分别滴定：配位掩蔽、沉淀掩蔽、氧化还原掩蔽、其他配位剂。

15. 配位滴定法：直接滴定法、返滴定法、置换滴定法、间接滴定法。

思　考　题

1. 金属离子与 EDTA 形成的配合物有何特点？

2. 配合物的条件稳定常数是如何得到的？为什么要使用条件稳定常数？

3. 简述金属指示剂的作用原理。

4. 什么是金属指示剂的封闭和僵化？如何避免？

5. 用 EDTA 滴定 Ca^{2+} 和 Mg^{2+}，采用 EBT 为指示剂。此时若存在少量的 Fe^{3+} 和 Al^{3+}，对体系会有何影响？

6. 掩蔽的方法有哪些？举例说明如何通过掩蔽的方法防止干扰。

7. 配位滴定中控制溶液的 pH 值有什么重要意义？实际工作中应如何确定滴定的适宜 pH 范围？

8. 如何检验水中是否有少量金属离子？如何确定金属离子是 Ca^{2+}、Mg^{2+}、还是 Al^{3+}、Fe^{3+}、Cu^{2+}？

9. 配位滴定法中，在什么情况下不能采用直接滴定法？试举例说明。

10. 若溶液中存在两种金属离子，如何控制酸度进行分别滴定？

11. 若配制 EDTA 溶液的水中含有 Ca^{2+}，判断下列情况对测定结果的影响：

(1) 以 $CaCO_3$ 为基准物标定 EDTA，然后以 XO 为指示剂，用以滴定试液中 Zn^{2+} 的含量；

(2) 以金属锌为基准物，XO 为指示剂标定 EDTA，用以测定试液中 Ca^{2+} 的含量；

(3) 以金属锌为基准物，EBT 为指示剂标定 EDTA，用以测定试液中 Ca^{2+} 的含量。

12. 采用配位滴定法测定下列混合液中各组分的含量。试拟定分析方案，指出滴定剂、酸度、指示剂和所需其他试剂，并说明滴定方式：

(1) 含有 Fe^{3+} 的试液中测定 Bi^{3+}；

(2) 铜合金中 Pb^{2+} 和 Zn^{2+} 的测定；

(3) 水泥中 Fe^{3+}、Al^{3+}、Ca^{2+}、Mg^{2+} 的分别测定；

(4) Al^{3+}、Zn^{2+}、Mg^{2+} 混合液中 Zn^{2+} 的测定；

(5) Bi^{3+}、Al^{3+}、Pb^{2+} 混合液中三组分的测定。

13. Ca^{2+} 与 PAN 不显色，但在 pH 为 10～12 时，加入适量的 CuY，却可用 PAN 作为 EDTA 滴定 Ca^{2+} 的指示剂。试简述其原理。

习　　题

1. 计算 pH＝5.0 时 EDTA 的酸效应系数。若此时 EDTA 各种存在形式的总浓度为 $0.02000\text{mol}\cdot\text{L}^{-1}$，则 $[Y^{4-}]$ 为多少？

2. 在 pH＝6.0 的溶液中，含有浓度均为 $0.01000\text{mol}\cdot\text{L}^{-1}$ 的 EDTA，Zn^{2+} 和 Ca^{2+}。计算 $\alpha_{Y(Ca)}$ 和 α_Y 值。

3. pH＝5.0 时，锌和 EDTA 配合物的条件稳定常数是多少？假设 Zn^{2+} 和 EDTA 的浓度均为 $0.01000\text{mol}\cdot\text{L}^{-1}$（不考虑羟基配位等副反应）。pH＝5.0 时，能否用 EDTA 标准溶液滴定 Zn^{2+}？

4. 在 $0.0100\text{mol}\cdot\text{L}^{-1}$ 锌氨溶液中，若游离氨的浓度为 $0.10\text{mol}\cdot\text{L}^{-1}$（pH＝11）时，计算锌离子的总副

反应系数。若 pH=13 时，α_{Zn}应为多大？

5. 用 EDTA 溶液滴定 Ni^{2+}，计算下面两种情况下的 $\lg K'_{NiY}$：

(1) pH=9.0，$c(NH_3)=0.2mol·L^{-1}$；

(2) pH=9.0，$c(NH_3)=0.2mol·L^{-1}$，$[CN^-]=0.01mol·L^{-1}$。

6. 计算 $0.02000mol·L^{-1}$ EDTA 标准溶液滴定等浓度的 Mn^{2+} 溶液时的适宜的 pH 范围。

7. $0.0100mol·L^{-1}$ EDTA 标准溶液滴定等浓度 Ca^{2+}，若在 pH=5.0 时可否准确滴定？若能准确滴定，允许的最低 pH 值为多少？

8. 利用控制酸度的方法，用 $0.020mol·L^{-1}$ EDTA 溶液分别滴定相同浓度的 Th^{4+} 和 La^{3+} 溶液。计算滴定 Th^{4+} 的酸度范围。

9. Zn^{2+}、Ni^{2+}、Sr^{2+}（其浓度均为 $0.01mol·L^{-1}$）与 EDTA 形成配合物，在 pH=6.0 时，哪些离子能被 EDTA 准确滴定？哪些离子在和其他离子共存时可被准确滴定？

10. 称取含锌和铝的试样 0.1200g，溶解后调节 pH=3.5，加入 50.00mL $0.02500mol·L^{-1}$ EDTA 溶液，加热煮沸，冷却后，加醋酸缓冲溶液使 pH 为 5.5，以二甲酚橙为指示剂，用 $0.02000mol·L^{-1}$ 锌标准溶液滴定至红色，用去 5.08mL。加足量 NH_4F，煮沸，再用上述锌标准溶液滴定，用去 20.70mL。计算试液中锌和铝的质量分数。

11. 白云石中钙和镁含量的测定。称取样品 0.5349g，溶于酸后转移至 250mL 容量瓶中，稀释至刻度后移取 25.00mL。在 pH=10.0 条件下，以 EBT 为指示剂，用 $0.02058mol·L^{-1}$ EDTA 进行滴定，消耗 27.40mL。另取一份试样 25.00mL，掩蔽干扰离子后加入 NaOH 至 pH=12～14，用钙指示剂，以上述 EDTA 滴定至终点，消耗 14.40mL。计算样品中 CaO 和 MgO 的含量。

12. 测定铅锡合金中 Sn 和 Pb 的含量时，称取试样 0.2000g。用 HCl 溶解后，准确加入 50.00mL $0.03000mol·L^{-1}$ EDTA 和 50mL 水。加热煮沸，冷却后，用六亚甲基四胺调节溶液 pH=5.5，加入少量 1,10-邻二氮菲，以二甲酚橙作指示剂，用 $0.03000mol·L^{-1}$ Pb^{2+} 标准溶液回滴 EDTA 用去 3.00mL。然后加入足量 NH_4F，加热至 40℃，再用上述 Pb^{2+} 标准溶液滴定，用去 35.00mL。计算试样中 Sn 和 Pb 的百分含量。

13. 称取含 Fe_2O_3 和 Al_2O_3 试样 0.2015g，溶解后，在 pH=2.0 时以磺基水杨酸为指示剂，加热至 50℃左右，以 $0.02008mol·L^{-1}$ EDTA 滴定至红色消失，消耗 EDTA 15.20mL。然后加入上述 EDTA 标准溶液 25.00mL，加热煮沸，调节 pH=4.5，以 PAN 为指示剂，趁热用 $0.02112mol·L^{-1}$ Cu^{2+} 标准溶液返滴定，用去 8.16mL。计算试样中 Fe_2O_3 和 Al_2O_3 的质量分数。

14. 称取苯巴比妥钠（$C_{12}H_{11}N_2O_3Na$）试样 0.2014g，溶于稀碱溶液中并加热使之溶解，冷却后，加醋酸酸化并转移至 250mL 容量瓶中，加入 $0.03000mol·L^{-1}$ $Hg(ClO_4)_2$ 标准溶液 25.00mL，稀释至刻度，放置，发生下列反应：

$$Hg^{2+}+2C_{12}H_{11}N_2O_3^- \xlongequal{} Hg(C_{12}H_{11}N_2O_3)_2\downarrow$$

过滤弃去沉淀，滤液用干烧杯接收。吸取 25.00mL 滤液，加入 10mL $0.01mol·L^{-1}$ MgY 溶液，释放出的 Mg^{2+} 在 pH=10 时以铬黑 T 为指示剂，用 $0.0100mol·L^{-1}$ EDTA 滴定至终点，消耗 3.60mL。计算试样中苯巴比妥钠的质量分数。

15. 某退热止痛剂为咖啡因、盐酸喹啉和安替比林的混合物，为测定其中咖啡因的含量，称取试样 0.5000g，移入 50mL 容量瓶中，加入 30mL 水、10mL $0.35mol·L^{-1}$ 四碘合汞酸钾溶液和 1mL 浓盐酸，此时喹啉和安替比林与四碘合汞酸根生成沉淀，以水稀释至刻度。将试液过滤，移取 20.00mL 滤液于干燥的锥形瓶中，准确加入 5.00mL $0.3000mol·L^{-1}$ $KBiI_4$ 溶液，此时质子化的咖啡因与 BiI_4^- 反应：

$$(C_8H_{10}N_4O_2)H^+ + BiI_4^- \xlongequal{} (C_8H_{10}N_4O_2)HBiI_4$$

过滤，取 10.00mL 滤液，在 pH 3～4 时，以 $0.0500mol·L^{-1}$ EDTA 滴定至 BiI_4^- 的黄色消失为终点，用去 EDTA 6.00mL。计算试样中咖啡因（$C_8H_{10}N_4O_2$）的质量分数。

16. 丙烯腈是合成纤维的重要原料之一。称取 0.2010g 部分聚合的丙烯腈样品，溶解在浓度为 $0.05mol·L^{-1}$ $BF_3O(C_2H_5)_2$ 的甲醇溶液中，此甲醇溶液中已溶解有 0.1540g 无水乙酸汞（Ⅱ）。样品中未聚合的单体丙

烯腈与 $Hg(CH_3COO)_2$ 反应如下：

$$H_2C{=}CHCN + Hg(CH_3COO)_2 + CH_3OH = \underset{H_3CO}{H_2C}-\underset{Hg(CH_3COO)}{CHCN} + CH_3COOH$$

待反应完毕，加入 10mL NH_3-NH_4Cl 缓冲溶液，5mL $c(ZnY)=0.10mol \cdot L^{-1}$ Zn(Ⅱ)-EDTA 溶液，20mL 水和 EBT 指示剂。未反应的 Hg(Ⅱ) 与 Zn(Ⅱ)-EDTA 作用释放出来的 Zn^{2+}，用 $0.05010mol \cdot L^{-1}$ EDTA 溶液滴定，到达终点时用去 2.52mL。计算样品中未聚合的丙烯腈单体的质量分数。

第 5 章　氧化还原滴定法

氧化还原滴定法是滴定分析中应用最为广泛的方法之一。它是以氧化还原反应为基础的一类滴定分析方法。由于氧化还原反应的机理比较复杂，一般反应速率较慢，副反应较多，所以并不是所有的氧化还原反应都能用于滴定反应，应该符合滴定分析的一般要求，即反应定量完成、反应速率快、有合适的指示剂指示滴定终点、无副反应等。因此，在讨论氧化还原滴定法时，除从平衡观点判断反应的可行性外，还必须要根据具体情况，创造适宜的反应条件和滴定条件。

在氧化还原滴定中，氧化剂和还原剂均可作为滴定剂，一般根据滴定剂的名称来命名其滴定方法。常用的有高锰酸钾法、碘量法、重铬酸钾法、溴酸钾法和硫酸铈法等。

氧化还原滴定法主要用来测定一些具有还原性或氧化性的物质；也可以间接测定一些本身并没有氧化性或还原性，但能与氧化剂或还原剂定量反应的物质。所以该法应用范围较广。

关于氧化还原反应的基本原理，在无机化学课程中已经介绍。本章仅对氧化还原反应的基本原理作简单的总结和补充，将重点讨论氧化还原滴定法的基本原理和应用。

5.1　氧化还原平衡

5.1.1　概述

氧化还原电对可粗略地分为可逆和不可逆两大类。可逆电对在氧化还原反应的任一瞬间都能迅速地建立起平衡，其电极电势值基本符合能斯特方程式计算出的理论电极电势，如 Fe^{3+}/Fe^{2+}、I_2/I^- 等；不可逆电对则相反，它们不能在氧化还原反应的任一瞬间立即建立起平衡，实际电极电势与理论电极电势相差较大，根据能斯特方程式计算出的结果，仅能作粗略估计，如 MnO_4^-/Mn^{2+}、$Cr_2O_7^{2-}/Cr^{3+}$ 等。

在处理氧化还原平衡时，还应注意到电对有对称和不对称之分。对称电对是指电对中氧化型和还原型物种的系数相同，如 $Fe^{3+}+e^- \rightleftharpoons Fe^{2+}$、$MnO_4^-+5e^-+8H^+ \rightleftharpoons Mn^{2+}+4H_2O$ 等；在不对称电对中，氧化型和还原型物种的系数不同，如 $Cr_2O_7^{2-}+14H^++6e^- \rightleftharpoons 2Cr^{3+}+7H_2O$、$I_2+2e^- \rightleftharpoons 2I^-$ 等。当涉及有不对称电对的有关计算时，情况稍微复杂一些，计算时应注意。

5.1.2　条件电极电势

氧化剂和还原剂的相对强弱，一般可以用有关电对的标准电极电势来衡量。电对的标准电极电势越高，其电对中氧化型物质的氧化能力就越强，还原型物质的还原能力就越弱；反之，电对的标准电极电势越低，则其电对中还原型物质的还原能力就越强，氧化型物质的氧化能力就越弱。因此，作为一种氧化剂，它可以氧化电势值比它低的还原剂；同理，作为一种还原剂，可以还原电势值比它高的氧化剂。根据电对的标准电极电势，可以判断氧化还原反应进行的方向、次序和限度。

但是，标准电极电势（$\varphi^{\ominus}$）是在特定条件下测得的，其条件为：温度 298.15K，有关离子（包括电极反应中的 H^+ 或 OH^-）浓度（严格讲应该是活度）都是 $1mol \cdot L^{-1}$，若电对中有气体，则其分压为 100kPa。如果反应条件（主要是离子浓度）改变时，电对的电极电势就会发生相应的变化。对于任何一个可逆氧化还原电对：

$$Ox + ne^- \rightleftharpoons Red$$

其电极电势都可由能斯特方程式求得：

$$\varphi(Ox/Red) = \varphi^{\ominus}(Ox/Red) + \frac{0.0592}{n}\lg\frac{a_{Ox}}{a_{Red}} \quad (5\text{-}1)$$

由上式可见，电对的电极电势与氧化型物质、还原型物质的活度有关；$\varphi^{\ominus}(Ox/Red)$ 为标准电极电势。附表 9 列出了常见氧化还原电对的标准电极电势。a_{Ox} 和 a_{Red} 分别为电对中氧化型和还原型物质的活度。

在实际应用中，我们通常知道的是物质的浓度，而不是其活度。为简化起见，常常忽略溶液中离子强度的影响，用浓度值代替活度值进行计算。但是只有在浓度极稀时，这种处理方法才是正确的。当浓度较大，尤其是高氧化值离子参与电极反应时，或有其他强电解质存在下，计算结果就会与实际测定值发生较大偏差。因此，**若以浓度代替活度，必须考虑离子强度的影响，即应引入相应的活度系数 γ_{Ox} 和 γ_{Red}，即：**

$$a_{Ox} = \gamma_{Ox}[Ox] \qquad a_{Red} = \gamma_{Red}[Red]$$

此外，当溶液中的介质不同时，氧化型、还原型物质还会发生某些副反应。如酸效应、沉淀反应、配位效应等而影响其电极电势，所以必须还要考虑这些副反应的发生，**因此引入相应的副反应系数，即 $\boldsymbol{\alpha}_{Ox}$ 和 $\boldsymbol{\alpha}_{Red}$。**

则
$$a_{Ox} = \gamma_{Ox}[Ox] = \gamma_{Ox}\frac{c_{Ox}}{\alpha_{Ox}} \qquad a_{Red} = \gamma_{Red}[Red] = \gamma_{Red}\frac{c_{Red}}{\alpha_{Red}}$$

将上述关系代入式(5-1) 得

$$\varphi(Ox/Red) = \varphi^{\ominus}(Ox/Red) + \frac{0.0592}{n}\lg\frac{\gamma_{Ox}\alpha_{Red}c_{Ox}}{\gamma_{Red}\alpha_{Ox}c_{Red}} \quad (5\text{-}2)$$

从理论上考虑，只要知道有关组分的活度系数和副反应系数，就可以由电对的标准电极电势 $\varphi^{\ominus}$ 计算该电对的条件电极电势。实际上，当溶液中离子强度很大时，活度系数 γ 值不易求得；当副反应很多时，求副反应系数 α 值也很麻烦。因此用上式计算电对的电极电势，将是十分复杂的。在分析化学中，电对的氧化型和还原型物质的分析浓度是容易知道的，如果将其他不易求得的数据合并入常数中，计算就简化了。为此，式(5-2) 就可以改写为：

$$\varphi(Ox/Red) = \varphi^{\ominus}(Ox/Red) + \frac{0.0592}{n}\lg\frac{\gamma_{Ox}\alpha_{Red}}{\gamma_{Red}\alpha_{Ox}} + \frac{0.0592}{n}\lg\frac{c_{Ox}}{c_{Red}}$$

当 $c_{Ox} = c_{Red} = 1mol \cdot L^{-1}$ 时，可得：

$$\varphi = \varphi^{\ominus}(Ox/Red) + \frac{0.0592}{n}\lg\frac{\gamma_{Ox}\alpha_{Red}}{\gamma_{Red}\alpha_{Ox}} = \varphi^{\ominus\prime}(Ox/Red)$$

$\varphi^{\ominus\prime}(Ox/Red)$ **称为条件电极电势，它是在特定的条件下，氧化型和还原型物质的分析浓度均为 $1mol \cdot L^{-1}$ 或它们的浓度比为 1 时的实际电极电势。**在离子强度和副反应系数等条件不变的情况下为一常数。但应该指出，在许多情况下，这些条件不一定都能满足，故 $\varphi^{\ominus\prime}$

并不真正是一常数。$\varphi^{\ominus}$和$\varphi^{\ominus\prime}$的关系与配位反应中的稳定常数$K^{\ominus}$和条件稳定常数$K^{\ominus\prime}$之间的关系相似。**条件电极电势反映了离子强度和各种副反应影响的总结果，它的大小体现了氧化还原电对在一定条件下的实际氧化还原能力**。显然，在实际工作中用条件电极电势处理问题，既简便又比较符合实际情况。

各种条件下的$\varphi^{\ominus\prime}$值大多都是由实验测得的。附表10列出了部分氧化还原电对的条件电极电势。当进行有关氧化还原平衡计算或处理实际问题时，能采用条件电势的尽可能采用条件电极电势。可是，到目前为止，还有许多体系的条件电极电势没有测出来，在缺少相同条件下的$\varphi^{\ominus\prime}$（Ox/Red)数值时，可采用与给定介质条件相近的条件电极电势。例如，在查3mol·L^{-1}的H_2SO_4介质中$Cr_2O_7^{2-}/Cr^{3+}$电对的条件电极电势时，没有3mol·L^{-1}的H_2SO_4溶液中的数据，可用4mol·L^{-1}的H_2SO_4溶液中的条件电极电势（1.15V）代替。否则，若采用标准电极电势（1.36V)，误差更大。但对于没有条件电极电势数据的氧化还原电对，则采用标准电极电势或通过能斯特方程式对外界因素的影响做粗略的近似计算。

引入条件电极电势后，能斯特方程式可表示为：

$$\varphi(\mathrm{Ox/Red})=\varphi^{\ominus\prime}(\mathrm{Ox/Red})+\frac{0.0592}{n}\lg\frac{c_{\mathrm{Ox}}}{c_{\mathrm{Red}}} \tag{5-3}$$

在实际中，由于各种副反应对电极电势的影响远比离子强度的影响大，同时离子强度的影响又难以校正，因此一般都忽略离子强度的影响。关于一些副反应的影响，可以通过副反应系数和相关常数加以校正，同样可通过能斯特方程进行计算。

例 5-1 计算1.0mol·L^{-1} HCl溶液中，若$c(Ce^{4+})=0.01$mol·L^{-1}，$c(Ce^{3+})=0.001$mol·L^{-1}时，电对Ce^{4+}/Ce^{3+}的电极电势值。

解 查附表10，在1.0mol·L^{-1} HCl溶液中，$\varphi^{\ominus\prime}(Ce^{4+}/Ce^{3+})=1.28$V。即

$$\varphi(Ce^{4+}/Ce^{3+})=\varphi^{\ominus\prime}(Ce^{4+}/Ce^{3+})+0.0592\lg\frac{c(Ce^{4+})}{c(Ce^{3+})}$$

$$=1.28+0.0592\lg\frac{0.01}{0.001}=1.34(\mathrm{V})$$

若不考虑介质的影响，用标准电极电势$\varphi^{\ominus}(Ce^{4+}/Ce^{3+})=1.61$V计算，则

$$\varphi(Ce^{4+}/Ce^{3+})=1.67\mathrm{V}$$

由结果可以看出，差异是明显的。

例 5-2 已知$\varphi^{\ominus}(Ag^{+}/Ag)=0.80$V，AgCl的$K_{sp}^{\ominus}=1.8\times10^{-10}$，求$\varphi^{\ominus}(AgCl/Ag)$。

解 $\varphi(Ag^{+}/Ag)=\varphi^{\ominus}(Ag^{+}/Ag)+0.0592\lg c(Ag^{+})$

因为 $c(Ag^{+})c(Cl^{-})=K_{sp}^{\ominus}(AgCl)$，$c(Ag^{+})=K_{sp}^{\ominus}/c(Cl^{-})$

所以 $$\varphi(Ag^{+}/Ag)=\varphi^{\ominus}(Ag^{+}/Ag)+0.0592\lg\frac{K_{sp}^{\ominus}}{c(Cl^{-})}$$

当$c(Cl^{-})=1$mol·L^{-1}时

$$\varphi(Ag^{+}/Ag)=\varphi^{\ominus}(AgCl/Ag)=0.80+0.0592\times\lg(1.8\times10^{-10})=0.22(\mathrm{V})$$

例 5-3 用碘量法测定Cu^{2+}的含量时，如果试样中含有Fe^{3+}，它将与Cu^{2+}一起氧化I^{-}，从而干扰Cu^{2+}的测定。如果在试液中加入F^{-}，F^{-}与Fe^{3+}形成稳定的配合物，干扰就被消除了。溶液中$c(Fe^{3+})=0.1$mol·L^{-1}，$c(Fe^{2+})=1.0\times10^{-5}$mol·L^{-1}，游离的$F^{-}$浓度为1mol·L^{-1}时，计算$\varphi(Fe^{3+}/Fe^{2+})$。（忽略离子强度的影响）

解 查附表7得知铁氟配合物的逐级累积稳定常数分别为：$\beta_1=10^{5.2}$，$\beta_2=10^{9.2}$，$\beta_3=10^{11.9}$。

由于
$$\alpha_{Fe^{3+}(F)}=\frac{c(Fe^{3+})}{[Fe^{3+}]}=1+\beta_1[F]+\beta_2[F]^2+\beta_3[F]^3$$
$$\alpha_{Fe^{3+}(F)}=1+10^{5.2}\times1+10^{9.2}\times1^2+10^{11.9}\times1^3\approx10^{11.9}$$
所以
$$[Fe^{3+}]=\frac{0.1}{10^{11.9}}mol\cdot L^{-1}=10^{-12.9}mol\cdot L^{-1}$$
假设 Fe^{2+} 没有副反应，将上述数据代入能斯特方程式得
$$\varphi(Fe^{3+}/Fe^{2+})=\varphi^{\ominus}(Fe^{3+}/Fe^{2+})+0.0592\lg\frac{[Fe^{3+}]}{[Fe^{2+}]}$$
$$=\left(0.771+0.0592\times\lg\frac{10^{-12.9}}{1.0\times10^{-5}}\right)V=0.303V$$

计算结果说明，加入 F^- 后，Fe^{3+} 与 F^- 形成了稳定的配合物，导致 $\varphi(Fe^{3+}/Fe^{2+})$ 的电极电势值由标准态的 +0.771V 降到 +0.303V，小于 $\varphi^{\ominus\prime}(I_2/I^-)=+0.545V$。这样，$Fe^{3+}$ 就不能氧化 I^-，从而消除了 Fe^{3+} 的干扰。

许多有 H^+ 或 OH^- 参加的氧化还原反应，溶液的酸度变化将直接影响电对的电极电势。有时甚至影响到反应的方向。

例 5-4　判断下列反应处于标准态和其他离子浓度不变，$[H^+]=10^{-8}mol\cdot L^{-1}$ 时，反应分别向何方向进行。
$$H_3AsO_4+2I^-+2H^+\rightleftharpoons H_3AsO_3+H_2O+I_2$$

解　已知上述反应对应的两个半反应为
$$H_3AsO_4+2H^++2e^-\rightleftharpoons H_3AsO_3+H_2O\quad \varphi^{\ominus}=+0.56V$$
$$I_2+2e^-\rightleftharpoons 2I^-\quad \varphi^{\ominus}=+0.545V$$

从电极反应可知，电对 (I_2/I^-) 的电极电势与 pH 无关，而电对 (H_3AsO_4/H_3AsO_3) 的电极电势受酸度影响较大。即
$$\varphi(H_3AsO_4/H_3AsO_3)=\varphi^{\ominus}(H_3AsO_4/H_3AsO_3)+\frac{0.0592}{2}\lg\frac{[H_3AsO_4][H^+]^2}{[H_3AsO_3]}$$

当反应在标准态时，由于 $\varphi^{\ominus}(H_3AsO_4/H_3AsO_3)=+0.56V>\varphi^{\ominus}(I_2/I^-)=+0.545V$，所以反应从左向右进行。

当 $[H^+]=10^{-8}mol\cdot L^{-1}$，若不考虑酸度对 H_3AsO_4、H_3AsO_3 存在形式的影响，那么它们的平衡浓度即 $[H_3AsO_4]=[H_3AsO_3]=1mol\cdot L^{-1}$ 时，则电对的电极电势为：
$$\varphi(H_3AsO_4/H_3AsO_3)=\varphi^{\ominus}(H_3AsO_4/H_3AsO_3)+\frac{0.0592}{2}\lg[H^+]^2$$
即
$$\varphi(H_3AsO_4/H_3AsO_3)=0.56+0.0592\times\lg10^{-8}=+0.088(V)$$

实际上，当 $[H^+]=10^{-8}mol\cdot L^{-1}$，是它们的分析浓度 $c(H_3AsO_4)=c(H_3AsO_3)=1mol\cdot L^{-1}$，而不是平衡浓度。这是由于 H_3AsO_4 和 H_3AsO_3 都是弱酸，H_3AsO_4 的各级解离常数 $K_{a_i}^{\ominus}$ 分别为 6.3×10^{-3}、1.0×10^{-7}、3.2×10^{-12}；H_3AsO_3 的 $K_a^{\ominus}$ 为 6.0×10^{-10}；溶液酸度的变化，将会引起电对中氧化型和还原型主要存在型体浓度的变化。当 pH>2.0 时，必须考虑 H_3AsO_4 的解离，随着 pH 的增大，H_3AsO_4 的解离度逐渐增大，而其浓度逐渐降低。此时，As(Ⅴ) 的主要存在型体不是 H_3AsO_4，而是 $H_2AsO_4^-$、$HAsO_4^{2-}$ 等，不同 pH 时各型体的平衡浓度可通过分布系数或酸效应系数计算。

在 pH=8 时，H_3AsO_3 的主要存在型体是自身，即 $c(H_3AsO_3)=[H_3AsO_3]\approx1mol\cdot L^{-1}$。分布系数（或酸效应系数）均约为 1。

pH=8 时，H_3AsO_4 的分布系数为

$$\delta(H_3AsO_4)=\frac{[H^+]^3}{[H^+]^3+K_{a_1}^{\ominus}[H^+]^2+K_{a_1}^{\ominus}K_{a_2}^{\ominus}[H^+]+K_{a_1}^{\ominus}K_{a_2}^{\ominus}K_{a_3}^{\ominus}}$$

将数据代入计算得： $\delta(H_3AsO_4)\approx 1.0\times 10^{-7}$

所以 $[H_3AsO_4]=1.0\times 10^{-7}\times 1\approx 1.0\times 10^{-7}(\text{mol}\cdot\text{L}^{-1})$

则电对 H_3AsO_4/H_3AsO_3 的电极电势为

$$\begin{aligned}\varphi(H_3AsO_4/H_3AsO_3)&=\varphi^{\ominus}(H_3AsO_4/HAsO_2)+\frac{0.0592}{2}\lg\frac{[H_3AsO_4][H^+]^2}{[HAsO_2]}\\&=0.58+\frac{0.0592}{2}\lg\frac{1.0\times 10^{-7}\times(10^{-8})^2}{1.0}\\&=-0.12(V)\end{aligned}$$

而电对（I_2/I^-）不受 $c(H^+)$ 的影响。这时 $\varphi(I_2/I^-)=\varphi^{\ominus}(I_2/I^-)>\varphi(H_3AsO_4/H_3AsO_3)$，所以反应自发逆向进行，$I_2$ 能氧化 H_3AsO_3。

5.1.3 氧化还原反应平衡常数

氧化还原滴定要求氧化还原反应进行得越完全越好。反应进行的完全程度常用反应的平衡常数的大小来衡量。平衡常数可根据能斯特方程式，从有关电对的条件电极电势或标准电极电势求出。如一般对称电对的氧化还原反应：

$$n_2Ox_1+n_1Red_2 \xlongequal{\quad} n_2Red_1+n_1Ox_2 \tag{1}$$

两电对对应的电极电势分别为：

$$\varphi_1=\varphi_1^{\ominus\prime}+\frac{0.0592}{n_1}\lg\frac{c_{Ox_1}}{c_{Red_1}}\qquad \varphi_2=\varphi_2^{\ominus\prime}+\frac{0.0592}{n_2}\lg\frac{c_{Ox_2}}{c_{Red_2}}$$

式中，$\varphi_1^{\ominus\prime}$、$\varphi_2^{\ominus\prime}$分别为氧化剂和还原剂两电对的条件电极电势（或标准电极电势）。

当反应达到平衡时，两电对的电极电势相等（$\varphi_1=\varphi_2$），即

$$\varphi_1^{\ominus\prime}+\frac{0.0592}{n_1}\lg\frac{c_{Ox_1}}{c_{Red_1}}=\varphi_2^{\ominus\prime}+\frac{0.0592}{n_2}\lg\frac{c_{Ox_2}}{c_{Red_2}}$$

整理后得

$$\varphi_1^{\ominus\prime}-\varphi_2^{\ominus\prime}=\frac{0.0592}{n_1n_2}\lg\left(\frac{c_{Red_1}}{c_{Ox_1}}\right)^{n_2}\left(\frac{c_{Ox_2}}{c_{Red_2}}\right)^{n_1}=\frac{0.0592}{n_1n_2}\lg K^{\ominus\prime}$$

则
$$\lg K^{\ominus\prime}=\lg\left(\frac{c_{Red_1}}{c_{Ox_1}}\right)^{n_2}\left(\frac{c_{Ox_2}}{c_{Red_2}}\right)^{n_1}=\frac{n'(\varphi_1^{\ominus\prime}-\varphi_2^{\ominus\prime})}{0.0592} \tag{5-4}$$

注意：式中，n'为 n_1 和 n_2 的最小公倍数。从式(5-4）可以看出，氧化还原反应平衡常数 $K^{\ominus\prime}$的大小是直接由氧化剂和还原剂两电对的条件（或标准）电极电势决定的。一般来讲，两电对的条件电极电势相差越大，氧化还原反应的平衡常数 $K^{\ominus\prime}$值就越大，反应进行得也就越完全。

5.1.4 滴定分析对平衡常数的要求

当把氧化还原反应用于滴定分析时，由于滴定分析的允许误差≤0.1%，那么在化学计量点时，必须使反应进行的完全程度达到99.9%以上，才能满足定量分析的要求。因此在化学计量点时，要求反应产物的浓度必须大于或等于反应物原始浓度的99.9%，而剩余反

应物的浓度必须小于或等于反应物原始浓度的 0.1%。即对反应（1）可得：

$[Ox_2] \geqslant 99.9\% c_{Red_2}$，$[Red_1] \geqslant 99.9\% c_{Ox_1}$；

$[Ox_1] \leqslant 0.1\% c_{Ox_1}$，$[Red_2] \leqslant 0.1\% c_{Red_2}$。

由此可得：

$$\left(\frac{[Red_1]}{[Ox_1]}\right)^{n_2} \geqslant 10^{3n_2}, \left(\frac{[Ox_2]}{[Red_2]}\right)^{n_1} \geqslant 10^{3n_1}$$

当 $n_1 = n_2 = 1$ 时代入式(5-4)，得

$$\lg K^{\ominus\prime} = \lg \frac{[Red_1][Ox_2]}{[Ox_1][Red_2]} \geqslant \lg(10^3 \times 10^3) = 6 \tag{5-5}$$

将式(5-5) 的结果代入式(5-4)，得

$$\Delta\varphi^{\ominus\prime} = \varphi_1^{\ominus\prime} - \varphi_2^{\ominus\prime} \geqslant \frac{0.0592}{1} \times 6 \approx 0.36(\mathrm{V})$$

即当 $n_1 = n_2 = 1$ 时，两电对的条件电极电势之差一般要求大于 0.4V，反应才能定量地进行。

同理，$n_1 = n_2 = 2$ 时　$\Delta\varphi^{\ominus\prime} \geqslant \frac{0.0592}{2} \times 6 \approx 0.18(\mathrm{V})$

对于 $n_1 \neq n_2$ 时，$\lg K^{\ominus\prime} = \lg \frac{[Red_1]^{n_2}[Ox_2]^{n_1}}{[Ox_1]^{n_2}[Red_2]^{n_1}} \geqslant \lg(10^{3n_1} \times 10^{3n_2})$

则

$$\lg K^{\ominus\prime} \geqslant 3(n_1 + n_2) \tag{5-6}$$

根据式(5-4) 可得，最小条件电极电势差值应为：

$$\Delta\varphi^{\ominus\prime} = \frac{0.0592}{n_1 n_2} \lg K^{\ominus\prime} \geqslant \frac{0.0592}{n_1 n_2} \times 3(n_1 + n_2) \tag{5-7}$$

可见，当反应类型不同时，对平衡常数大小的要求也不同。

例 5-5　计算 $1\mathrm{mol \cdot L^{-1}}$ HCl 介质中，Fe^{3+} 与 Sn^{2+} 反应的平衡常数，并判断反应能否定量进行？

解　Fe^{3+} 与 Sn^{2+} 的反应为：

$$2Fe^{3+} + Sn^{2+} \longrightarrow Sn^{4+} + 2Fe^{2+}$$

查表可知，$1\mathrm{mol \cdot L^{-1}}$ 的 HCl 介质中，两电对的条件电极电势分别为：

$$\varphi^{\ominus\prime}(Fe^{3+}/Fe^{2+}) = 0.68\mathrm{V}, \varphi^{\ominus\prime}(Sn^{4+}/Sn^{2+}) = 0.14\mathrm{V}$$

由于 $n_1 \neq n_2$（$n_1 = 1$，$n_2 = 2$），根据式(5-6)

$$\lg K^{\ominus\prime} \geqslant 3(n_1 + n_2)$$

得

$$\lg K^{\ominus\prime} \geqslant 9$$

根据式(5-4) 计算 Fe^{3+} 与 Sn^{2+} 反应的平衡常数为：

$$\lg K^{\ominus\prime} = \frac{n'(\varphi_1^{\ominus\prime} - \varphi_2^{\ominus\prime})}{0.0592} = \frac{2 \times (0.68 - 0.14)}{0.0592} = 18.31 > 9$$

所以此反应能定量进行。

5.2　影响氧化还原反应速率的因素

从有关电对的条件电极电势或标准电极电势可以判断氧化还原反应进行的方向、次序和

完全程度，但这只是说明了反应进行的可能性，并不能说明反应速率的快慢。实际上，由于氧化还原反应机理比较复杂，不同反应的反应速率差别是非常大的。有的反应速率很快，有的则很慢；有的反应虽然从理论看是可以进行的，但实际上由于反应速率太慢而可以认为氧化剂和还原剂之间并没有反应发生。所以对于氧化还原反应，一般不能单从平衡角度来考虑反应进行的可能性，还应该从反应速率的快慢来考虑反应进行的现实性。在滴定分析中，总是希望滴定反应能快速进行，若反应速率慢，反应就不能直接用于滴定分析。

例如 Ce^{4+} 与 H_3AsO_3 的反应：

$$2Ce^{4+} + H_3AsO_3 + H_2O \xrightarrow{0.5mol \cdot L^{-1} H_2SO_4} 2Ce^{3+} + H_3AsO_4 + 2H^+$$

$$\varphi^{\ominus\prime}(Ce^{4+}/Ce^{3+}) = 1.44V, \varphi^{\ominus}(H_3AsO_4/H_3AsO_3) = 0.56V$$

计算该反应的平衡常数 $K^{\ominus\prime} \approx 10^{30}$。若仅从平衡考虑，平衡常数很大，可以认为反应进行得很完全。实际上此反应速率极慢，若不加催化剂，反应则无法实现。

又如，水溶液中溶解氧的半反应：

$$O_2 + 4H^+ + 4e^- \rightleftharpoons 2H_2O \qquad \varphi^{\ominus} = 1.23V$$

若从平衡考虑，强氧化剂在水溶液中会氧化 H_2O 而产生 O_2，而强还原剂在水溶液中则会被 O_2 所氧化。实际上大多强氧化剂如 Ce^{4+}、$K_2Cr_2O_7$ 等在溶液中相当稳定，而强还原剂 Sn^{2+} 等在水溶液中也能存在。在这里反应速率起了积极作用。因此，要考虑一个氧化还原反应能否实现，尤其是应用于滴定分析，反应的速率是很关键的问题。影响氧化还原反应速率的主要因素有以下几方面。

5.2.1　氧化剂与还原剂的性质

不同性质的氧化剂和还原剂，其反应速率相差极大，这与它们的原子结构、反应历程等诸多因素有关，情况较为复杂，这里不作讨论。

5.2.2　反应物浓度

一般来说，增加反应物的浓度能加快反应的速率。许多氧化还原反应是分步进行的，整个反应速率由最慢的一步决定。因此不能从总的氧化还原反应方程式来判断反应物浓度对反应速率的影响。

对于有 H^+ 参与的反应，反应速率也与溶液的酸度有关，甚至酸度的影响大于浓度本身的影响。例如 $Cr_2O_7^{2-}$ 与 I^- 的反应：

$$Cr_2O_7^{2-} + 6I^- + 14H^+ \longrightarrow 2Cr^{3+} + 3I_2 + 7H_2O \quad (慢)$$

此反应速率较慢，但增大 I^- 的浓度或提高溶液酸度可加速反应，并且可定量进行。不过用增加反应物浓度来加快反应速率的方法，只适用于滴定前一些预氧化或预还原处理的反应，在直接滴定时不能用此法来加快反应速率。

5.2.3　温度

对大多数反应来说，升高温度可以加快反应速率，例如，在酸性溶液中 MnO_4^- 和 $C_2O_4^{2-}$ 的反应，在室温下反应速率缓慢，如果将溶液加热至 75～85℃，反应速率就大大加快，滴定便可以顺利进行。但 $K_2Cr_2O_7$ 与 KI 的反应，就不能用加热的方法来加快反应速率，因为生成的 I_2 易挥发而引起损失，给结果造成一定的误差。又如，草酸溶液加热的温度过高，时间过长，草酸分解引起的误差也会增大。有些还原性物质如 Fe^{2+}、Sn^{2+} 等也会因加热而更容易被空气中的氧所氧化。因此，对那些加热容易引起挥发，或加热易被空气中氧氧化的反应均不能用提高温度来加速，只能寻求其他方法来提高反应速率。

5.2.4　催化剂和诱导反应

(1) 催化反应对反应速率的影响

催化剂的使用是提高反应速率的有效方法。催化反应的历程非常复杂，在催化反应中，由于催化剂的存在，可能新产生了一些不稳定的中间氧化值的离子、游离基或活泼的中间配合物等，从而改变了原来的氧化还原反应的历程，或者是降低了原反应进行时所需的活化能，使反应速率发生变化而加快。

例如，Ce^{4+} 氧化 As(Ⅲ) 的反应速率很慢，但如有微量 I^- 存在，反应便迅速进行。推测反应机理如下。

Ce^{4+} 氧化 As(Ⅲ) 的反应是分两步进行的：

$$\text{As(III)} \xrightarrow{Ce^{4+}(\text{慢})} \text{As(IV)} \xrightarrow{Ce^{4+}(\text{快})} \text{As(V)}$$

由于前一步的影响，使总的反应速率很慢，如果加入少量的 I^-，则发生如下反应：

$$Ce^{4+} + I^- \longrightarrow I + Ce^{3+}$$

$$2I \longrightarrow I_2$$

$$I_2 + H_2O \longrightarrow HIO + H^+ + I^-$$

$$H_3AsO_3 + HIO \longrightarrow H_3AsO_4 + H^+ + I^-$$

总反应：　$$2Ce^{4+} + H_3AsO_3 + H_2O \longrightarrow H_3AsO_4 + 2Ce^{3+} + 2H^+$$

由于所有涉及碘的反应都是快速的，少量的 I^- 起了催化剂的作用，加速了 Ce^{4+} 与 As(Ⅲ) 的反应。基于此，可用 As_2O_3 标定 Ce^{4+} 溶液的浓度。

又如，MnO_4^- 与 $C_2O_4^{2-}$ 之间的反应，此反应即使在强酸性溶液中，温度升高至 80℃，在滴定的最初阶段，反应速率仍相当慢。但若加入 Mn^{2+}，便能催化反应迅速进行。其反应机理可能为：在 $C_2O_4^{2-}$ 存在下，Mn^{2+} 被 MnO_4^- 氧化而生成 Mn(Ⅲ)。

$$\text{Mn(VII)} + \text{Mn(II)} \longrightarrow \text{Mn(VI)} + \text{Mn(III)}$$

$$\text{Mn(VI)} + \text{Mn(II)} \longrightarrow 2\text{Mn(IV)}$$

$$\text{Mn(IV)} + \text{Mn(II)} \longrightarrow 2\text{Mn(III)}$$

Mn(Ⅲ) 与 $C_2O_4^{2-}$ 反应生成一系列配合物，如 $[MnC_2O_4]^+$、$[Mn(C_2O_4)_2]^-$、$[Mn(C_2O_4)_3]^{3-}$ 等。随后，它们慢慢分解为 Mn(Ⅱ) 与 CO_2。其总反应为：

$$2MnO_4^- + 5C_2O_4^{2-} + 16H^+ \longrightarrow 2Mn^{2+} + 10CO_2\uparrow + 8H_2O$$

在此，Mn^{2+} 参加了反应的中间步骤，加速了整个反应的进行，但在最后又重新释放出来，起到了催化剂的作用。

如果在反应中不加入 Mn^{2+}，开始时反应进行得很缓慢，随着反应的进行，不断地产生 Mn^{2+}，反应将越来越快。这是由于 MnO_4^- 与 $C_2O_4^{2-}$ 发生作用后生成的微量 Mn^{2+} 作了催化剂，这种由于生成物本身引起催化作用的反应称为**自动催化反应**。

以上讨论都属于正催化剂的情况。在分析化学中也经常用到负催化剂，目的是为了减慢某些氧化还原反应的反应速率。如在配制 $SnCl_2$ 试剂时，加入甘油，以减慢 $SnCl_2$ 与空气中氧的作用；配制 Na_2SO_3 时，加入 Na_3AsO_3 也可以防止 Na_2SO_3 与空气中氧的作用。

(2) 诱导作用对反应速率的影响

在氧化还原反应中，有些反应在一般情况下进行得非常缓慢或实际上并不发生，可是当存在另一反应的情况下，此反应就会加速进行。这种因某一氧化还原反应的发生而促进另一氧化还原反应进行的现象，称为诱导作用，该反应称为诱导反应。例如，$KMnO_4$ 氧化 Cl^- 的反应速率极慢，对滴定几乎无影响。但如果溶液中同时存在 Fe^{2+} 时，MnO_4^- 与 Fe^{2+} 的反应可以加速 MnO_4^- 与 Cl^- 的反应，使测定的结果偏高。这种现象就是诱导作用，MnO_4^- 与 Fe^{2+} 的反应就是诱导反应或叫初级反应；而 $KMnO_4$ 与 Cl^- 的反应称为受诱反应。

$$MnO_4^- + 5Fe^{2+} + 8H^+ = Mn^{2+} + 5Fe^{3+} + 4H_2O\text{(诱导反应)}$$

$$2MnO_4^- + 10Cl^- + 16H^+ = 2Mn^{2+} + 5Cl_2 + 8H_2O\text{（受诱反应）}$$

其中 MnO_4^- 称为作用体，Fe^{2+} 称为诱导体，Cl^- 称为受诱体。

诱导反应和催化反应不同。在催化反应中，催化剂参加反应后又恢复其原来的状态；而在诱导反应中，诱导体参加反应后变成了其他物质。诱导反应增加了作用体的消耗量而使结果产生误差。

诱导反应的发生，据认为是反应过程中形成的不稳定中间产物具有更强的氧化能力所致。例如，MnO_4^- 氧化 Fe^{2+} 诱导了 Cl^- 的氧化，可能是由于 MnO_4^- 氧化 Fe^{2+} 的过程中形成了一系列的锰的中间产物 Mn(Ⅵ)、Mn(Ⅴ)、Mn(Ⅳ)、Mn(Ⅲ) 等，它们均能氧化 Cl^-，因而出现了诱导反应。

如果此时溶液中有大量的 Mn^{2+}，则 Mn^{2+} 可使 Mn(Ⅶ) 迅速转变为 Mn(Ⅲ)，由于此时溶液中有大量 Mn^{2+} 存在，若又有磷酸存在的情况下，磷酸可与 Mn(Ⅲ) 配位，故可降低 Mn(Ⅲ)/Mn(Ⅱ) 电对的电势，从而使 Mn(Ⅲ) 基本上只与 Fe^{2+} 起反应，而不与 Cl^- 起反应，这样就可以防止 Cl^- 对 MnO_4^- 的还原作用。因此在 HCl 介质中用 $KMnO_4$ 法测定 Fe^{2+}，常加入 $MnSO_4$-H_3PO_4-H_2SO_4 混合溶液。关于这一点在实际应用上是很重要的。

由于氧化还原反应机理较为复杂，究竟采用何种措施来加速滴定反应速率，需要综合考虑各种因素的影响。

5.3　氧化还原滴定曲线

氧化还原滴定和其他滴定方法类似，在滴定的过程中，随着滴定剂的不断加入，溶液中氧化剂和还原剂的浓度逐渐变化，电对的电势也随之不断改变，这种变化可用滴定曲线来描述。滴定曲线一般用实验方法测得。但对于可逆氧化还原体系，根据能斯特方程由理论计算描绘出的滴定曲线与实验测得的曲线比较吻合。

5.3.1　滴定过程中电极电势的计算

现以 $0.1000mol \cdot L^{-1}$ $Ce(SO_4)_2$ 标准溶液滴定 20.00mL $1mol \cdot L^{-1}$ H_2SO_4 溶液中的 $0.1000mol \cdot L^{-1}$ $FeSO_4$ 溶液为例，说明可逆、对称电对在滴定过程中电极电势的计算及滴定曲线。

滴定反应为：

$$Ce^{4+} + Fe^{2+} = Ce^{3+} + Fe^{3+}$$

$$\varphi^{\ominus\prime}(Fe^{3+}/Fe^{2+}) = 0.68V, \varphi^{\ominus\prime}(Ce^{4+}/Ce^{3+}) = 1.44V$$

滴定前，虽是 0.1000mol·L^{-1} Fe^{2+} 溶液，但是由于空气中氧的氧化作用，不可避免地会有少量 Fe^{3+} 的存在，可是 Fe^{3+} 的浓度无法知道，所以滴定前的电极电势也就无法计算。

滴定开始后，溶液中同时存在两个电对，在滴定过程中任何一点，达到平衡时，两电对的电极电势都相等，$\varphi(Fe^{3+}/Fe^{2+})=\varphi(Ce^{4+}/Ce^{3+})$，即：

$$\varphi^{\ominus\prime}(Fe^{3+}/Fe^{2+})+0.0592\lg\frac{c(Fe^{3+})}{c(Fe^{2+})}=\varphi^{\ominus\prime}(Ce^{4+}/Ce^{3+})+0.0592\lg\frac{c(Ce^{4+})}{c(Ce^{3+})}$$

因此，在滴定的不同阶段，各平衡点的电极电势可从两个电对中选用一个便于计算的电对，根据能斯特方程式进行计算。各滴定点电势的计算如下。

（1）化学计量点前

化学计量点前，因加入的 Ce^{4+} 几乎全部被 Fe^{2+} 还原为 Ce^{3+}，到达平衡时 Ce^{4+} 的浓度很小，不易直接求得。相反，溶液中存在过量的 Fe^{2+} 和生成的 Fe^{3+}，故此时可根据 Fe^{3+}/Fe^{2+} 电对计算电势 φ 值。**即化学计量点前按被滴定物的电对的电极电势进行计算**。

$$\varphi(Fe^{3+}/Fe^{2+})=\varphi^{\ominus\prime}(Fe^{3+}/Fe^{2+})+0.0592\lg\frac{c(Fe^{3+})}{c(Fe^{2+})}$$

为简便起见，可用滴定百分数代替浓度比进行计算。此时 $\varphi(Fe^{3+}/Fe^{2+})$ 值随溶液中 $c(Fe^{3+})/c(Fe^{2+})$ 或滴定百分数的改变而变化。当滴定了 99.9%的 Fe^{2+}（即加入 19.98mL Ce^{4+} 标准溶液）时，剩余的 Fe^{2+} 为 0.1%。此时 $c(Fe^{3+})/c(Fe^{2+})=99.9\%/0.1\%\approx10^3$，故

$$\varphi(Fe^{3+}/Fe^{2+})=\varphi^{\ominus\prime}(Fe^{3+}/Fe^{2+})+0.0592\lg\frac{c(Fe^{3+})}{c(Fe^{2+})}=0.68+0.0592\times\lg10^3=0.86(V)$$

（2）化学计量点

化学计量点时，Ce^{4+} 和 Fe^{2+} 分别定量地转变为 Ce^{3+} 和 Fe^{3+}，此时知道的是 $c(Ce^{3+})$ 和 $c(Fe^{3+})$，未反应的 $c(Ce^{4+})$ 和 $c(Fe^{2+})$ 很小，不能直接求得，故不能单独按某一电对来进行计算。但此时两电对的电势相等，故可由两电对的能斯特方程式联立求解。

令化学计量点的电势以 φ_{sp} 表示，则

$$\varphi_{sp}=\varphi(Fe^{3+}/Fe^{2+})=\varphi^{\ominus\prime}(Fe^{3+}/Fe^{2+})+0.0592\lg\frac{c(Fe^{3+})}{c(Fe^{2+})}$$

$$\varphi_{sp}=\varphi(Ce^{4+}/Ce^{3+})=\varphi^{\ominus\prime}(Ce^{4+}/Ce^{3+})+0.0592\lg\frac{c(Ce^{4+})}{c(Ce^{3+})}$$

将两式相加整理后得

$$2\varphi_{sp}=\varphi^{\ominus\prime}(Ce^{4+}/Ce^{3+})+\varphi^{\ominus\prime}(Fe^{3+}/Fe^{2+})+0.0592\lg\frac{c(Ce^{4+})c(Fe^{3+})}{c(Ce^{3+})c(Fe^{2+})}$$

由于此时 $c(Ce^{4+})=c(Fe^{2+})$，$c(Ce^{3+})=c(Fe^{3+})$，故

$$\varphi_{sp}=\frac{\varphi^{\ominus\prime}(Ce^{4+}/Ce^{3+})+\varphi^{\ominus\prime}(Fe^{3+}/Fe^{2+})}{2}$$

将数据代入，得

$$\varphi_{sp}=\frac{1.44+0.68}{2}=1.06(V)$$

（3）化学计量点后

化学计量点后，Fe^{2+} 几乎全部被 Ce^{4+} 氧化为 Fe^{3+}，$c(Fe^{2+})$ 很小，不易直接求得。但只要知道加入过量的 Ce^{4+} 的百分数，就可求得 $c(Ce^{4+})/c(Ce^{3+})$ 的值，此时可利用电对 Ce^{4+}/Ce^{3+} 按能斯特方程式计算电势值。即**化学计量点后按滴定剂电对的电极电势进行计算**。

$$\varphi=\varphi(Ce^{4+}/Ce^{3+})=\varphi^{\ominus\prime}(Ce^{4+}/Ce^{3+})+0.0592\lg\frac{c(Ce^{4+})}{c(Ce^{3+})}$$

$\varphi(Ce^{4+}/Ce^{3+})$ 值随溶液中 $c(Ce^{4+})/c(Ce^{3+})$ 或滴定百分数的改变而变化。

当滴定至 100.1%（即加入 20.02mL Ce^{4+} 标准溶液）时，则

$$\varphi=\varphi(Ce^{4+}/Ce^{3+})=1.44+0.0592\lg\frac{0.1\%}{100\%}=1.26(V)$$

不同滴定点所计算的（φ）值列于表 5-1。

表 5-1　0.1000mol·L^{-1} $Ce(SO_4)_2$ 滴定 20.00mL 1mol·L^{-1} H_2SO_4 溶液中的 0.1000mol·L^{-1} $FeSO_4$

加入 Ce^{4+} 溶液体积(V)/mL	Fe^{2+} 被滴定的百分率/%	电极电势(φ)/V
1.00	5.0	0.60
2.00	10.0	0.62
4.00	20.0	0.64
8.00	40.0	0.67
10.00	**50.0**	**0.68**
12.00	60.0	0.69
18.00	90.0	0.74
19.80	99.0	0.80
19.98	**99.9**	**0.86** 突跃范围
20.00	100.0	1.06
20.02	**100.1**	**1.26**
22.00	110.0	1.38
30.00	150.0	1.42
40.00	**200.0**	**1.44**

从表 5-1 可以看出，从化学计量点前由 Fe^{2+} 剩余 0.1%到化学计量点后 Ce^{4+} 过量 0.1%，电极电势从 0.86V 增加至 1.26V，有一个相当大的突跃范围。知道这个突跃范围，对有些氧化还原滴定选择指示剂提供了依据。同时还可以看出，用氧化剂滴定还原剂时，滴定百分数为 50%时的电极电势是还原剂电对的条件电极电势（$\varphi^{\ominus\prime}$），滴定百分数为 200%时的电极电势是氧化剂电对的 $\varphi^{\ominus\prime}$。

5.3.2 滴定曲线

以滴定剂加入的百分数为横坐标，电对的电极电势为纵坐标作图，可得到如图 5-1 所示的滴定曲线。

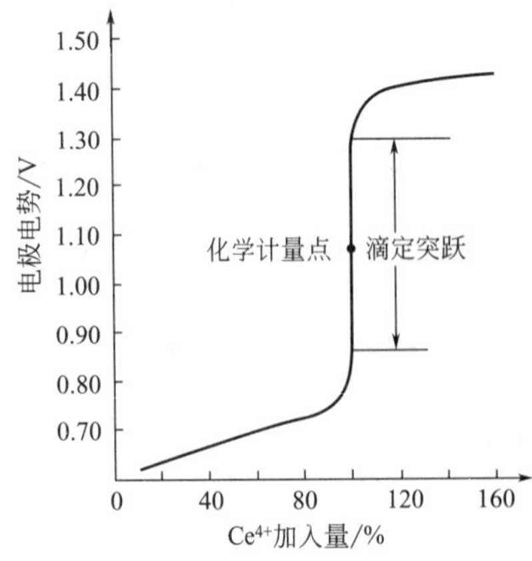

图 5-1　用 0.1000mol·L^{-1} Ce^{4+} 滴定 0.1000mol·L^{-1} Fe^{2+} 的滴定曲线（1.0mol·L^{-1} H_2SO_4）

由前面的计算和滴定曲线可以看出，化学计量点附近电势突跃的大小取决于两个电对的条件电极电势（或标准电极电势），二者相差越大，滴定突跃越长，也越容易准确滴定。一般来说，当 $n_1=n_2=1$ 时，两电对的条件电极电势（或标准电极电势）之差大于 0.2V 时，突跃范围才明显，才有可能进行滴定。差值在 0.2～0.4V 之间，只能采用电位法确定终点；差值大于 0.4V，可选用氧化还原指示剂指示终点。

上述 $Ce(SO_4)_2$ 滴定 $FeSO_4$ 的反应，两电对的电子转移数都是 1($n_1=n_2=1$)，因此化学计量点的电势（1.06）正好处于滴定突跃（0.86～1.26）的中间，化学计量点前后的曲线基本对称。

对于电子转移数不同（$n_1\neq n_2$）的对称电对的氧化还原反应：

$$n_2Ox_1+n_1Red_2 = n_1Ox_2+n_2Red_1$$

基于上述原理，其化学计量点的 φ_{sp} 和滴定突跃范围电极电势的计算通式如下。

两电对的电极反应及对应的电极电势：

$$Ox_1 + n_1 e^- \rightleftharpoons Red_1 \quad \varphi_1 = \varphi_1^{\ominus\prime} + \frac{0.0592}{n_1} \lg \frac{c_{Ox_1}}{c_{Red_1}}$$

$$Ox_2 + n_2 e^- \rightleftharpoons Red_2 \quad \varphi_2 = \varphi_2^{\ominus\prime} + \frac{0.0592}{n_2} \lg \frac{c_{Ox_2}}{c_{Red_2}}$$

由于化学计量点时，$\varphi_1 = \varphi_2 = \varphi_{sp}$，两式相加并整理得

$$(n_1 + n_2)\varphi_{sp} = n_1 \varphi_1^{\ominus\prime} + n_2 \varphi_2^{\ominus\prime} + 0.059 \lg \frac{c_{Ox_1} c_{Ox_2}}{c_{Red_1} c_{Red_2}}$$

φ_{sp} 的计算通式为

$$\varphi_{sp} = \frac{n_1 \varphi_1^{\ominus\prime} + n_2 \varphi_2^{\ominus\prime}}{n_1 + n_2} \tag{5-8}$$

式(5-8) 是 $n_1 \neq n_2$ 的对称电对的氧化还原滴定化学计量点时电极电势的计算公式。

若 $n_1 = n_2 = 1$，则

$$\varphi_{sp} = \frac{\varphi_1^{\ominus\prime} + \varphi_2^{\ominus\prime}}{2} \tag{5-9}$$

滴定的突跃范围为：滴定百分数由 99.9%～100.01% 而引起的电极电势的变化范围，即

$$\varphi_2^{\ominus\prime} + \frac{3 \times 0.0592}{n_2} \sim \varphi_1^{\ominus\prime} - \frac{3 \times 0.0592}{n_1}$$

当 $n_1 \neq n_2$ 时，滴定曲线在化学计量点前后是不对称的，化学计量点的电势不在滴定突跃的中心，而是偏向于电子转移数较多的电对一方，n_1 和 n_2 相差越大，化学计量点偏向得越多。**在选择指示剂时，应考虑化学计量点在滴定突跃的位置。**

例如，Fe^{3+} 滴定 Sn^{2+} 的反应：

$$2Fe^{3+} + Sn^{2+} \xrightarrow[1mol \cdot L^{-1}]{HCl介质} 2Fe^{2+} + Sn^{4+}$$

$$\varphi^{\ominus\prime}(Fe^{3+}/Fe^{2+}) = 0.68V \qquad \varphi^{\ominus\prime}(Sn^{4+}/Sn^{2+}) = 0.14V$$

由式(5-8) 计算得：

$$\varphi_{sp} = \frac{1 \times 0.68 + 2 \times 0.14}{1+2} = 0.32V$$

其滴定突跃范围为 0.23～0.50V，φ_{sp} 不在滴定突跃的中心而是偏向于电子转移数较多的电对一方。

还要指出的是：

① 氧化还原滴定曲线常因介质不同而改变曲线的位置和滴定突跃的长短。例如图 5-2 是用 $KMnO_4$ 在不同介质中滴定 Fe^{2+} 的滴定曲线。

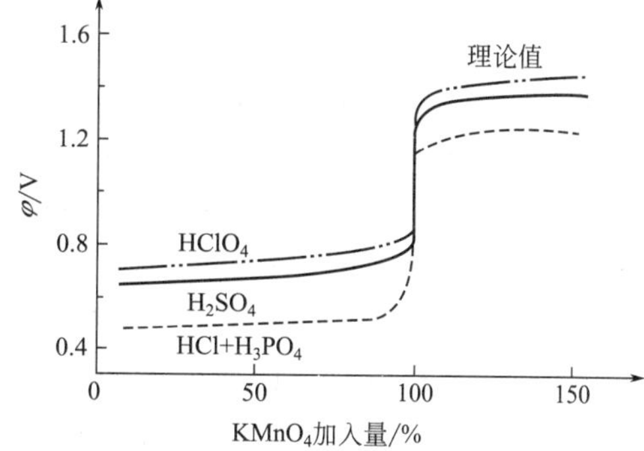

图 5-2　$KMnO_4$ 在不同介质中滴定 Fe^{2+} 的滴定曲线

② 对于不可逆电对（如 MnO_4^-/Mn^{2+}、$Cr_2O_7^{2-}/Cr^{3+}$、$S_4O_6^{2-}/S_2O_3^{2-}$），其电极电势计算不遵从能斯特方程式，滴定曲线由实验测得（本教材不作介绍，可参阅相关文献资料）。

5.4 氧化还原滴定指示剂

在氧化还原滴定过程中，除了用电位法确定终点外，也可以用指示剂直接指示滴定终点。氧化还原滴定中常用的指示剂有以下几种类型。

5.4.1 自身指示剂

有些标准溶液或被滴定物质本身有颜色，如果反应后变成无色或颜色很浅的物质，则滴定时就无需另加指示剂。这种物质本身颜色的变化起着指示剂的作用，所以叫做自身指示剂。例如，在高锰酸钾法中，MnO_4^- 本身呈紫红色，在滴定中，MnO_4^- 被还原为几乎无色的 Mn^{2+}，所以用 $KMnO_4$ 来滴定无色或浅色的还原性物质的溶液时，一般不必另加指示剂，在滴定到化学计量点时，只要 MnO_4^- 稍过量就可以使溶液显粉红色，以指示滴定终点的到达。实验证明，$KMnO_4$ 的浓度约为 $2\times10^{-6}mol\cdot L^{-1}$ 时，溶液就能呈现明显的粉红色，大约相当于 100mL 溶液中含 0.01mL 0.02$mol\cdot L^{-1}$ 的 $KMnO_4$ 溶液。

5.4.2 专属指示剂

有些物质本身并不具有氧化还原性，但能与滴定剂或被测物产生特殊的颜色以确定滴定的终点，称专属指示剂。例如，在碘量法中，用淀粉作指示剂。可溶性淀粉与碘（I_3^-）生成深蓝色的配合物，当 I_2 被还原为 I^- 时，蓝色消失；当 I^- 被氧化为 I_2 时，蓝色出现。借此蓝色的出现与消失可指示终点，该反应实际上可看作是专属反应，而且灵敏度很高，室温下，在没有其他颜色存在的情况下，可检出约 $5\times10^{-6}mol\cdot L^{-1}$ 的 I_2 溶液。温度升高，灵敏度降低。

5.4.3 氧化还原指示剂

这类指示剂本身是氧化剂或还原剂，它的氧化型和还原型具有不同的颜色。在滴定过程中，指示剂由氧化型转为还原型，或由还原型转为氧化型时，溶液颜色随之发生变化，从而指示滴定终点。例如，用 $K_2Cr_2O_7$ 滴定 Fe^{2+} 时，常用二苯胺磺酸钠作指示剂。二苯胺磺酸钠的还原型无色，当滴定至化学计量点时，稍过量的 $K_2Cr_2O_7$ 使二苯胺磺酸钠由还原型转变为氧化型，溶液显紫红色，因而指示滴定终点的到达。

若以 In(Ox) 和 In(Red) 分别表示指示剂的氧化型和还原型物种，并假定电极反应是可逆的，则指示剂的电极反应和能斯特方程式为：

$$\mathrm{In(Ox)}+ne^- \rightleftharpoons \mathrm{In(Red)}$$

$$\varphi[\mathrm{In(Ox)/In(Red)}]=\varphi^{\ominus}[\mathrm{In(Ox)/In(Red)}]+\frac{0.0592}{n}\lg\frac{[\mathrm{In(Ox)}]}{[\mathrm{In(Red)}]}$$

显然，随着滴定体系中电对电极电势的改变，指示剂的氧化型和还原型物种的浓度比[In(Ox)/In(Red)]随之改变，溶液的颜色也发生变化。其变色与酸碱指示剂的变色情况相似。

当[In(Ox)]/[In(Red)]≥10，溶液呈现氧化型物质的颜色，此时：

$$\varphi(\mathrm{In})\geqslant\varphi^{\ominus}(\mathrm{In})+\frac{0.0592}{n}\lg10=\varphi^{\ominus}(\mathrm{In})+\frac{0.0592}{n}$$

当[In(Ox)]/[In(Red)]$\leqslant\frac{1}{10}$，溶液呈现还原型物质的颜色，此时：

$$\varphi(\mathrm{In})\leqslant\varphi^{\ominus}(\mathrm{In})+\frac{0.0592}{n}\lg\frac{1}{10}=\varphi^{\ominus}(\mathrm{In})-\frac{0.0592}{n}$$

故指示剂变色的电极电势范围为：

$$\left[\varphi^{\ominus}(\mathrm{In})\pm\frac{0.0592}{n}\right]\mathrm{V}$$

在实际工作中，考虑到离子强度和副反应，采用条件电极电势比较合适，则：

$$\left[\varphi^{\ominus\prime}(\mathrm{In})\pm\frac{0.0592}{n}\right]\mathrm{V}$$

当被滴定溶液的电极电势恰好等于 $\varphi^{\ominus\prime}(\mathrm{In})$ 时，指示剂呈现中间色，称为指示剂的电极电势变色点。

由于指示剂变色的电极电势范围很小，一般就可用指示剂的条件电极电势来代替。

指示剂不同，$\varphi^{\ominus\prime}(\mathrm{In})$ 值不同。表 5-2 列出了一些常用的氧化还原指示剂。

表 5-2　常用的氧化还原指示剂

指示剂	$\varphi^{\ominus\prime}(\mathrm{In})/\mathrm{V}$,$[H^+]=1\mathrm{mol\cdot L^{-1}}$	颜色变化		配制方法
		氧化型	还原型	
亚甲基蓝	0.52	蓝	无	0.05%水溶液
二苯胺	0.76	紫	无	1.0g 指示剂溶于 100mL 2%的 H_2SO_4 溶液中
二苯胺磺酸钠	0.84	紫红	无	0.8g 指示剂，2g Na_2CO_3，加水稀释至 100mL
邻苯氨基苯甲酸	0.89	紫红	无	0.11g 指示剂溶于 20mL 5%的 Na_2CO_3 溶液中，用水稀释至 100mL
邻二氮菲-亚铁	1.06	浅蓝	红	1.485g 邻二氮菲，0.695g $FeSO_4\cdot7H_2O$，用水稀释至 100mL
硝基邻二氮菲-亚铁	1.25	浅蓝	紫红	1.608g 硝基邻二氮菲，0.695g $FeSO_4\cdot7H_2O$，用水稀释至 100mL

氧化还原指示剂不仅对某种离子有特效，而且对氧化还原反应普遍适用，因而是一种通用指示剂，应用范围比较广泛。选择氧化还原指示剂的原则：**指示剂变色点的电极电势应当处在滴定体系的电极电势突跃范围内，或应使指示剂的条件电极电势与反应的化学计量点电极电势基本一致，以减小终点误差**。例如，在 $1\mathrm{mol\cdot L^{-1}}$ H_2SO_4 溶液中，用 Ce^{4+} 滴定 Fe^{2+}，前面已经计算出滴定的电势突跃范围是 0.86～1.26V。显然，选择邻苯氨基苯甲酸和邻二氮菲-亚铁是合适的。若选二苯胺磺酸钠，终点会提前，终点误差将会大于允许误差。此时若在溶液中加入 H_3PO_4，由于 Fe^{3+} 与 PO_4^{3-} 形成稳定配离子，Fe^{3+}/Fe^{2+} 电对的条件电势降低，这样，二苯胺磺酸钠也就适用了。

应该指出，指示剂本身会消耗滴定剂。**在实际工作中，必要时，应做指示剂的空白校正。**

5.5　氧化还原滴定前的预处理

在利用氧化还原滴定法分析某些具体试样时，往往需要将欲测组分预先处理成特定的氧化值态，能与滴定剂快速、完全并按照一定的化学计量关系反应。例如，测定铁矿中总铁量时，将 Fe^{3+} 预先还原为 Fe^{2+}，然后用氧化剂 $K_2Cr_2O_7$ 滴定。测定锰和铬时，先将试样溶解，如果它们是以 Mn^{2+} 或 Cr^{3+} 形式存在，就很难找到合适的强氧化剂直接滴定。可先用 $(NH_4)_2S_2O_8$ 将它们氧化成 MnO_4^-、$Cr_2O_7^-$，再选用合适的还原剂（如 $FeSO_4$ 标准溶液）进行滴定；又如 Sn^{4+} 的测定，要找一个强还原剂来直接滴定它是不可能的，需将 Sn^{4+} 预先还原成 Sn^{2+}，然后选用合适的氧化剂（如碘标准溶液）来滴定。这种测定前的氧化或还原过程，称为氧化还原预处理。

5.5.1 预氧化剂或预还原剂的选择

预处理时所选用的氧化剂或还原剂必须满足如下条件：

① 必须能将欲测组分定量地氧化或还原；

② 反应速率要快；

③ 反应应具有一定的选择性；

④ 过量的预处理剂易于除去。

除去的方法有：

① 加热分解。例如，$(NH_4)_2S_2O_8$、H_2O_2、Cl_2 等易分解或易挥发的物质均可借加热煮沸分解除去。

② 过滤。如 $NaBiO_3$、Zn 等难溶于水的物质，可过滤除去。

③ 利用化学反应。如用 $HgCl_2$，可除去过量 $SnCl_2$。

$$2HgCl_2 + SnCl_2 \longrightarrow SnCl_4 + Hg_2Cl_2 \downarrow$$

Hg_2Cl_2 沉淀一般不被滴定剂氧化，不必过滤除去。

试样中若存在有机物，常常干扰氧化还原滴定，应在滴定前除去。常用的方法有干法灰化和湿法灰化等。干法灰化是在高温下使有机物被氧化而破坏。湿法灰化是加入氧化性酸如 HNO_3、浓 H_2SO_4 或 $HClO_4$ 等把有机物分解除去。

5.5.2 常用的预氧化剂与预还原剂

常用的预氧化剂与预还原剂如表 5-3 和表 5-4 所示。

表 5-3 常用的预氧化剂

氧化剂	反应条件	主要应用	除去方法
$NaBiO_3$ $\varphi^\ominus(NaBiO_3/Bi^{3+})=1.80V$	在 HNO_3 溶液中	$Mn^{2+} \longrightarrow MnO_4^-$ $Cr^{3+} \longrightarrow Cr_2O_7^{2-}$ $Ce^{3+} \longrightarrow Ce^{4+}$	$NaBiO_3$ 微溶于水，过量的 $NaBiO_3$ 可过滤除去
$(NH_4)_2S_2O_8$ $\varphi^\ominus(S_2O_8^{2-}/SO_4^{2-})=2.01V$	酸性(HNO_3 或 H_2SO_4)介质。Ag^+ 作催化剂	Ce(Ⅲ)⟶Ce(Ⅳ) $Mn^{2+} \longrightarrow MnO_4^-$ $Cr^{3+} \longrightarrow Cr_2O_7^{2-}$ $VO^{2+} \longrightarrow VO_3^-$	煮沸分解
H_2O_2 $\varphi^\ominus(H_2O_2/OH^-)=0.88V$	碱性介质 NaOH 介质	Mn(Ⅱ)⟶Mn(Ⅳ) $Cr^{3+} \longrightarrow CrO_4^{2-}$	煮沸分解，加少量 Ni^{2+} 或 I^- 作催化剂，加速 H_2O_2 分解
$KMnO_4$	酸性[焦磷酸盐和氟化物及 Cr(Ⅲ)存在]时	$VO^{2+} \longrightarrow VO_3^-$ Ce(Ⅲ)⟶Ce(Ⅳ)	加亚硝酸钠和尿素
$HClO_4$	热、浓 $HClO_4$	$Cr^{3+} \longrightarrow Cr_2O_7^{2-}$ $VO^{2+} \longrightarrow VO_3^-$	迅速冷却至室温并稀释即失去氧化性，煮沸除去所生成 Cl_2

表 5-4　常用的预还原剂

还原剂	反应条件	主要应用	除去方法
SO_2 $\varphi^{\ominus}(SO_4^{2-}/SO_2)=0.20V$	$1mol\cdot L^{-1}\ H_2SO_4$ 溶液，SCN^- 催化	Fe(Ⅲ)⟶Fe(Ⅱ) As(Ⅴ)⟶As(Ⅲ) Sb(Ⅴ)⟶Sb(Ⅲ) Cu(Ⅱ)⟶Cu(Ⅰ)	煮沸或通 CO_2
$SnCl_2$ $\varphi^{\ominus}(Sn^{4+}/Sn^{2+})=0.14V$	酸性，加热	Fe(Ⅲ)⟶Fe(Ⅱ) As(Ⅴ)⟶As(Ⅲ) Mo(Ⅵ)⟶Mo(Ⅴ)	加 $HgCl_2$ 氧化
$TiCl_3$(或 $SnCl_2$-$TiCl_3$)	酸性	$Fe^{3+}\longrightarrow Fe^{2+}$	水稀释，Cu^{2+} 催化空气氧化 $TiCl_3$
Zn、Al	酸性	$Fe^{3+}\longrightarrow Fe^{2+}$ Ti(Ⅳ)⟶Ti(Ⅲ)	过滤或加酸溶解
还原器(锌-汞齐)	H_2SO_4 介质	Fe(Ⅲ)⟶Fe(Ⅱ) Ti(Ⅳ)⟶Ti(Ⅲ) Cr(Ⅲ)⟶Cr(Ⅱ)	
汞阴极	恒定电极电势下	Fe(Ⅲ)⟶Fe(Ⅱ) Cr(Ⅲ)⟶Cr(Ⅱ)	

5.6　高锰酸钾法

5.6.1　方法概述

$KMnO_4$ 是一种强氧化剂，它的氧化能力和还原产物与溶液的酸度有关。

强酸性：$MnO_4^- + 8H^+ + 5e^- \rightleftharpoons Mn^{2+} + 4H_2O \qquad \varphi^{\ominus}=1.51V$

弱酸性、中性、弱碱性：$MnO_4^- + 2H_2O + 3e^- \rightleftharpoons MnO_2 + 4OH^- \qquad \varphi^{\ominus}=0.59V$

强碱性：$MnO_4^- + e^- \rightleftharpoons MnO_4^{2-} \qquad \varphi^{\ominus}=0.56V$

由此可见，高锰酸钾法既可在强酸性条件下使用，也可在中性或强碱性条件下使用。由于在强酸性溶液中，$KMnO_4$ 的氧化能力最强，因此一般都在强酸性条件下使用。酸化时常采用硫酸，而不使用盐酸和硝酸。这是由于盐酸具有还原性，能诱发一些副反应干扰滴定；硝酸由于含有氮氧化物，具有氧化性，容易产生副反应。中性条件下，由于反应产物为棕色的 MnO_2 沉淀，妨碍终点观察，所以很少使用。在强碱性条件下（NaOH 浓度大于 $2mol\cdot L^{-1}$），$KMnO_4$ 氧化有机物的反应速率比在酸性条件下更快，所以常用 $KMnO_4$ 在强碱性溶液中与有机物反应来测定其含量。

$KMnO_4$ 法的优点是氧化能力强，应用范围广，可直接或间接的测定多种无机物和有机物。一般可根据待测物质的性质采用不同的滴定方法。

① 直接滴定法　许多还原性物质如 Fe^{2+}、As(Ⅲ)、Sb(Ⅲ)、H_2O_2、$C_2O_4^{2-}$、NO_2^- 等，均可用 $KMnO_4$ 标准溶液直接滴定。

② 返滴定法　有些氧化性物质不能用 $KMnO_4$ 标准溶液直接滴定，可用返滴定法。例如，软锰矿中 MnO_2 的测定。

③ 间接滴定法　有些非氧化还原性物质，可以用间接滴定法进行测定。例如某些金属

离子能与 $C_2O_4^{2-}$ 生成难溶的草酸盐沉淀，将生成的草酸盐沉淀溶于酸中，然后用 $KMnO_4$ 标准溶液来滴定溶解出的 $C_2O_4^{2-}$，就可间接测定这些金属离子。钙离子的测定就是此法。

$KMnO_4$ 法还可借其 MnO_4^- 自身的颜色指示终点，不需另加指示剂。缺点是由于 $KMnO_4$ 氧化能力强，方法的选择性欠佳，而且反应历程比较复杂，易发生副反应；$KMnO_4$ 标准溶液不能直接配制，且标准溶液不够稳定，不能久置，需经常标定。

5.6.2 高锰酸钾标准溶液的配制和标定

纯的 $KMnO_4$ 是相当稳定的。但一般市售的 $KMnO_4$ 试剂中常含有少量的 MnO_2 及其他杂质，如硫酸盐、氯化物及硝酸盐等。而且使用的蒸馏水中也含有少量如尘埃、有机物等还原性物质，这些物质都能使 $KMnO_4$ 还原而析出 $MnO(OH)_2$ 沉淀。$KMnO_4$ 还能自行分解，如下式：

$$4KMnO_4 + 2H_2O \xlongequal{} 4MnO_2 \downarrow + 4KOH + 3O_2 \uparrow$$

分解的速率随溶液的 pH 值而改变，在中性溶液中，分解很慢。但 MnO_2 或 $MnO(OH)_2$ 的存在能加速其分解；热、光、酸、碱等外界条件也会促使其进一步分解，因此 $KMnO_4$ 标准溶液的浓度容易改变，不能直接配制。

为了配制较稳定的高锰酸钾溶液，常采用下列措施：

① 可称取稍多于理论量的高锰酸钾固体，溶于一定体积的蒸馏水中。

② 加热煮沸，并保持微沸约 1h，冷却后贮于棕色瓶中，于暗处放置 2～3 天，使溶液中可能存在的还原性物质完全氧化。

③ 用微孔玻璃砂芯漏斗过滤，除去析出的 MnO_2 沉淀，再进行标定。

标定 $KMnO_4$ 溶液的基准物很多，如 $Na_2C_2O_4$、$H_2C_2O_4 \cdot 2H_2O$、$(NH_4)_2Fe(SO_4)_2 \cdot 6H_2O$ 和纯铁丝等。其中常用的是 $Na_2C_2O_4$，因为它易提纯，且性质稳定，不含结晶水，在 105～110℃烘至恒重，即可使用。

在硫酸溶液中，MnO_4^- 与 $C_2O_4^{2-}$ 的反应为：

$$2MnO_4^- + 5C_2O_4^{2-} + 16H^+ \xlongequal{} 2Mn^{2+} + 10CO_2 \uparrow + 8H_2O$$

为了使此反应能定量、较迅速地进行，应注意下述滴定条件。

① 温度　在室温下此反应的速率缓慢，因此应将溶液加热至 75～85℃。但不能超过 90℃，否则 $H_2C_2O_4$ 分解，会导致标定结果偏高。

$$H_2C_2O_4 \xlongequal{} CO_2 \uparrow + CO \uparrow + H_2O$$

② 酸度　溶液应保持足够的酸度，一般在开始滴定时，溶液的酸度约为 $0.5 \sim 1mol \cdot L^{-1}$。如果酸度不够，易生成 MnO_2 沉淀；酸度过高又会促使 $H_2C_2O_4$ 分解。

③ 滴定速率　MnO_4^- 与 $C_2O_4^{2-}$ 的反应开始时速率很慢，当有 Mn^{2+} 生成之后，反应速率逐渐加快。因此，开始滴定时，应该等第一滴 $KMnO_4$ 溶液褪色后，再加第二滴。此后，随着反应生成的 Mn^{2+} 的自动催化作用，可加快滴定速率，但不能让 $KMnO_4$ 溶液像流水似的流下去，否则加入的 $KMnO_4$ 溶液会因来不及与 $C_2O_4^{2-}$ 反应，就在热的酸性溶液中按下式分解，导致标定结果偏低。

$$4MnO_4^- + 12H^+ \longrightarrow 4Mn^{2+} + 5O_2 \uparrow + 6H_2O$$

若滴定前在溶液中加入少量的 $MnSO_4$ 为催化剂，则在滴定的最初阶段就可以较快的速率进行滴定。

④ 滴定终点　$KMnO_4$ 法的滴定终点是不太稳定的，这是由于空气中的还原性气体及尘埃等杂质落入滴定的溶液中能使 $KMnO_4$ 缓慢分解，而使粉红色消失，所以滴定至溶液出现粉红色后，半分钟内不褪色即为终点。

根据 $KMnO_4$ 与 $Na_2C_2O_4$ 反应的计量关系，可求得 $KMnO_4$ 标准溶液的浓度。

$$n(KMnO_4)=\frac{2}{5}n(Na_2C_2O_4)$$

$$c(KMnO_4)=\frac{\frac{2}{5}\times m(Na_2C_2O_4)\times 1000}{V(KMnO_4)\times M(Na_2C_2O_4)}$$

标定好的 $KMnO_4$ 溶液在放置一段时间后，若发现有 $MnO(OH)_2$ 沉淀析出，应重新过滤并标定。

例 5-6　(1) 配制 1.0L $c(KMnO_4)=0.02mol\cdot L^{-1}$ 的 $KMnO_4$ 溶液，大约应称取 $KMnO_4$ 多少克？(2) 若用基准物 $Na_2C_2O_4$ 标定，应该如何称取，并称取多少克？(3) 若 $c(KMnO_4)=0.02000mol\cdot L^{-1}$，那 $KMnO_4$ 溶液对 Fe^{2+} 的滴定度为多少？

解　已知 $M(KMnO_4)=158g\cdot mol^{-1}$；$M(Fe)=55.85g\cdot mol^{-1}$。

(1) 因为　　$m(KMnO_4)=c(KMnO_4)V(KMnO_4)M(KMnO_4)$

所以　　$m(KMnO_4)=0.02\times 158\times 1.0\approx 3.2(g)$

故配制 1.0L $c(KMnO_4)=0.02mol\cdot L^{-1}$ 的 $KMnO_4$ 溶液，应称取 $KMnO_4$ 约 3.2g。

(2) 根据 $KMnO_4$ 与 $Na_2C_2O_4$ 反应的计量关系：

$$m(Na_2C_2O_4)=\frac{5}{2}c(KMnO_4)V(KMnO_4)M(Na_2C_2O_4)$$

可求得 $m(Na_2C_2O_4)$。

滴定时消耗 $KMnO_4$ 的体积控制在 20～30mL，将数据代入上式，即得 $m(Na_2C_2O_4)$ 的称取量应在 0.14～0.20g 之间。故应在分析天平上称取 $Na_2C_2O_4$ 0.14～0.20g。

(3) $KMnO_4$ 与 Fe^{2+} 的反应关系为：

$$MnO_4^- + 5Fe^{2+} + 8H^+ = Mn^{2+} + 5Fe^{3+} + 4H_2O$$

$$n(Fe^{2+})=5n(KMnO_4)$$

所以，$T(Fe^{2+}/KMnO_4)=5\times 0.02000\times 55.85/1000=0.005585(g\cdot mL^{-1})$

5.6.3　$KMnO_4$ 法应用实例

(1) 铁的测定

用 $KMnO_4$ 溶液滴定 Fe^{2+}，有较大实用价值的是测定矿石（例如褐铁矿等）、合金、金属盐类及硅酸盐等试样中的含铁量。

试样溶解后（通常使用盐酸作溶剂），溶液中生成的少量 Fe^{3+} 应先用还原剂还原为 Fe^{2+}，然后用 $KMnO_4$ 标准溶液滴定。常用的还原剂是 $SnCl_2$（亦有用 Zn、Al、H_2S、SO_2 及汞齐等作还原剂的），多余的 $SnCl_2$ 可以借加入 $HgCl_2$ 而除去：

$$SnCl_2 + 2HgCl_2 = SnCl_4 + Hg_2Cl_2\downarrow$$

但是 $HgCl_2$ 有毒！为了避免对环境的污染，近年来采用了各种不用汞盐的测定铁的方法。

在用 $KMnO_4$ 溶液滴定前还应加入硫酸锰、硫酸及磷酸的混合液，其作用是：

① 避免 Cl^- 存在发生受诱反应。

② 由于滴定过程中生成黄色的 Fe^{3+}，达到终点时，微过量的 $KMnO_4$ 所呈现的粉红色将不易分辨，以致影响终点的正确判断。在溶液中加入磷酸后，PO_4^{3-} 与 Fe^{3+} 生成无色的 $Fe(PO_4)_2^{3-}$ 配离子，即可使终点易于观察。

（2）过氧化氢的测定

商品双氧水中的过氧化氢，可用 $KMnO_4$ 标准溶液直接滴定，其反应为：

$$5H_2O_2+2MnO_4^-+6H^+ \rightleftharpoons 2Mn^{2+}+5O_2\uparrow+8H_2O$$

此滴定在室温时可在硫酸或盐酸介质中顺利进行。碱金属和碱土金属的过氧化物可采用同样的方法进行测定。

由于 H_2O_2 不稳定，在其工业品中一般加入某些有机物如乙酸苯胺等作稳定剂。这些有机物大多能与 MnO_4^- 作用而干扰 H_2O_2 的测定。此时宜采用碘量法或硫酸铈法测定。

（3）软锰矿中 MnO_2 的测定

该法是利用 MnO_2 与 $C_2O_4^{2-}$ 在酸性溶液中的反应，其反应为

$$MnO_2+C_2O_4^{2-}+4H^+ = Mn^{2+}+2CO_2\uparrow+2H_2O$$

测定时，先加入一定量过量的 $Na_2C_2O_4$ 标准溶液或固体于磨细的矿样中，加 H_2SO_4 并加热，当样品中 MnO_2 与 $C_2O_4^{2-}$ 反应完全后，用 $KMnO_4$ 标准溶液趁热返滴定剩余的 $C_2O_4^{2-}$。由 $Na_2C_2O_4$ 的加入量和 $KMnO_4$ 溶液消耗量之差可求出 MnO_2 的含量。其计算式为：

$$w(MnO_2)=\frac{\left[n(C_2O_4^{2-})-\frac{5}{2}n(MnO_4^-)\right]M(MnO_2)}{m(\text{试样})}\times100\%$$

（4）钙的测定

$KMnO_4$ 法测 Ca^{2+}，是先将 Ca^{2+} 与 $C_2O_4^{2-}$ 生成难溶的草酸钙沉淀，沉淀经过滤、洗涤后，溶于热的稀 H_2SO_4 中，然后再用 $KMnO_4$ 标准溶液来滴定 $C_2O_4^{2-}$，就可间接测得钙含量。

在沉淀 Ca^{2+} 时，为了获得颗粒较大的晶形沉淀，并保证 Ca^{2+} 与 $C_2O_4^{2-}$ 有 1∶1 的关系，必须选择适当的沉淀条件。通常是在 Ca^{2+} 的试液中先加盐酸酸化，再加入 $(NH_4)_2C_2O_4$。由于 $C_2O_4^{2-}$ 在酸性较强的溶液中大部分以 $HC_2O_4^-$ 存在，$C_2O_4^{2-}$ 的浓度很小，此时即使 Ca^{2+} 浓度很大，也不会生成 CaC_2O_4 沉淀。然后将上述溶液加热至 70～80℃，再慢慢滴加稀氨水中和，使 $C_2O_4^{2-}$ 缓缓释放，就可以生成粗颗粒结晶的 CaC_2O_4 沉淀。关于晶形沉淀的条件将在重量分析一章（第 7 章）介绍，在此不多赘述。

（5）水中化学耗氧量（COD_{Mn}）的测定

COD 是指 1L 水中的还原性物质，在一定条件下被氧化所消耗的氧化剂的量，换算成氧的质量浓度。通常用 COD_{Mn}（以 O，$mg\cdot L^{-1}$ 计）来表示。水中还原性物质包括有机物、亚硝酸盐、亚铁盐和硫化物等。水体受有机物污染的现象极为普遍，因此，化学耗氧量可作为有机物污染程度的指标，目前它已经成为环境监测分析的主要项目之一。

COD_{Mn} 的测定方法是：在酸性条件下，加入过量的 $KMnO_4$ 溶液，将水样中的某些有机物及还原性物质氧化，反应后在剩余有 $KMnO_4$ 的溶液中加入过量的 $Na_2C_2O_4$ 还原，再用 $KMnO_4$ 溶液回滴过量的 $Na_2C_2O_4$，从而计算出水样中所含还原性物质所消耗的 $KMnO_4$，再换算为 COD_{Mn}。测定过程所发生的有关反应如下：

$$4KMnO_4+5C+6H_2SO_4 \longrightarrow 2K_2SO_4+4MnSO_4+5CO_2\uparrow+6H_2O$$

$$2MnO_4^-+5C_2O_4^{2-}+16H^+ \longrightarrow 2Mn^{2+}+10CO_2\uparrow+8H_2O$$

$KMnO_4$ 法只适用于较为清洁水样的测定，如地表水、饮用水和生活污水。对于污染严重的生活污水和工业废水中 COD 的测定，要采用 $K_2Cr_2O_7$ 法。

(6) 粮食、油料中过氧化氢酶活动度的测定

测定方法和原理：在 pH 为 7.7 的条件下，从样品中提取过氧化氢酶，在提取液中加入一定量过量的过氧化氢，过氧化氢酶使过氧化氢分解，然后再用高锰酸钾标准溶液滴定剩余的过氧化氢。根据过氧化氢和高锰酸钾的用量可以计算出样品中过氧化氢酶的活动度（见 GB/T 5522—2008）。

(7) 一些有机物的测定

利用在强碱性溶液中 $KMnO_4$ 氧化有机物的反应比在酸性溶液中快的特点，可在强碱性条件下测定有机化合物。例如测定甘油时，加入一定量过量的 $KMnO_4$ 标准溶液到含有试样的 $2mol \cdot L^{-1}$ NaOH 溶液中，放置片刻，发生如下反应：

$$HOCH_2CH(OH)CH_2OH+14MnO_4^-+20OH^- \longrightarrow 3CO_3^{2-}+14MnO_4^{2-}+14H_2O$$

待反应完全后，将溶液酸化，此时 MnO_4^{2-} 歧化成 MnO_4^- 和 MnO_2，再加入过量的 $Na_2C_2O_4$ 标准溶液，还原所有高价锰为 Mn^{2+}。最后再以 $KMnO_4$ 标准溶液滴定剩余的 $Na_2C_2O_4$。由两次 $KMnO_4$ 的用量和 $Na_2C_2O_4$ 的用量，计算甘油的质量分数。

甲醛、甲酸、酒石酸、柠檬酸、苯酚、葡萄糖等都可用此法测定。

5.7 重铬酸钾法

5.7.1 方法概述

$K_2Cr_2O_7$ 是常用的氧化剂之一，它具有较强的氧化性，在酸性介质中 $Cr_2O_7^{2-}$ 被还原为 Cr^{3+}，其电极反应如下：

$$Cr_2O_7^{2-}+14H^++6e^- \rightleftharpoons 2Cr^{3+}+7H_2O \qquad \varphi^{\ominus}=1.33V$$

重铬酸钾的氧化能力不如高锰酸钾强，因此重铬酸钾法可以测定的物质不如高锰酸钾法广泛，但与高锰酸钾法相比，有其自身的优点。

① $K_2Cr_2O_7$ 易提纯，符合基准物质的条件，在 140～150℃ 干燥 2h 后，可直接称量配制标准溶液。$K_2Cr_2O_7$ 标准溶液相当稳定，保存在密闭容器中，浓度可长期保持不变。

② 室温下，当 HCl 溶液浓度低于 $3mol \cdot L^{-1}$ 时，$Cr_2O_7^{2-}$ 不会诱导氧化 Cl^-，因此 $K_2Cr_2O_7$ 法可在盐酸介质中进行滴定。

但是，$Cr_2O_7^{2-}$ 的还原产物是 Cr^{3+}，呈绿色，滴定时须用指示剂指示滴定终点。常用的指示剂为二苯胺磺酸钠。

5.7.2 重铬酸钾法应用实例

(1) 铁矿石中全铁量的测定

重铬酸钾法是测定矿石中全铁量的标准方法。根据预氧化还原方法的不同分为 $SnCl_2$-

$HgCl_2$ 法和 $SnCl_2$-$TiCl_3$（无汞测定法）法。

① $SnCl_2$-$HgCl_2$ 法　试样用热浓 HCl 溶解，用 $SnCl_2$ 趁热将 Fe^{3+} 还原为 Fe^{2+}。冷却后，再用水稀释，过量的 $SnCl_2$ 用 $HgCl_2$ 氧化。然后加入 H_2SO_4-H_3PO_4 混合酸和二苯胺磺酸钠指示剂，立即用 $K_2Cr_2O_7$ 标准溶液滴定至溶液由浅绿（Cr^{3+}）色变为紫红色，即为终点。滴定反应为：

$$Cr_2O_7^{2-}+6Fe^{2+}+14H^+ = 2Cr^{3+}+6Fe^{3+}+7H_2O$$

测定中加入 H_3PO_4 的目的有两个：一是为了降低 Fe^{3+}/Fe^{2+} 电对的电极电势，使滴定的突跃范围增大，使二苯胺磺酸钠变色点的电极电势落在滴定突跃范围之内；二是为使滴定反应的产物 Fe^{3+} 生成无色的 $[Fe(PO_4)_2]^{3-}$，消除 Fe^{3+} 黄色的干扰，以利于滴定终点的观察。

② 无汞测定法　样品用酸溶解后，以 $SnCl_2$ 趁热将大部分 Fe^{3+} 还原为 Fe^{2+}，再以钨酸钠为指示剂，用 $TiCl_3$ 还原剩余的 Fe^{3+}，反应为

$$Fe^{3+}+Ti^{3+} \longrightarrow Fe^{2+}+Ti^{4+}$$

当 Fe^{3+} 定量还原为 Fe^{2+} 之后，稍过量的 $TiCl_3$ 即可使溶液中作为指示剂的氧化值为 +6的 W(Ⅵ) 还原为蓝色的氧化值为 +5 的 W(Ⅴ) 的钨化合物（俗称“钨蓝”），“钨蓝”的出现表示 Fe^{3+} 已被完全还原。然后滴入 $K_2Cr_2O_7$ 溶液，使钨蓝刚好褪色。最后以二苯胺磺酸钠为指示剂，用 $K_2Cr_2O_7$ 标准溶液滴定溶液中的 Fe^{2+}，即可求出全铁含量。

(2) 测定污水的化学耗氧量（COD_{Cr}）

用 $K_2Cr_2O_7$ 法测定的化学耗氧量用 COD_{Cr} 表示。COD_{Cr} 是衡量污水被污染程度的重要指标，它是目前应用最为广泛的方法。其测定原理是：

水样中加入一定量的 $K_2Cr_2O_7$ 标准溶液，在强酸性（H_2SO_4）条件下，以 Ag_2SO_4 为催化剂，加热回流 2h，使 $K_2Cr_2O_7$ 与有机物和还原性物质充分作用。过量的 $K_2Cr_2O_7$ 用硫酸亚铁铵标准溶液返滴定，以 1,10-邻二氮菲-亚铁为指示剂。由所消耗的硫酸亚铁铵标准溶液的量及加入水样中的 $K_2Cr_2O_7$ 标准溶液的量，便可计算出水样中还原性物质消耗氧的量（见 GB 11914—1989）。

5.8 碘 量 法

5.8.1 方法概述

碘量法是利用 I_2 的氧化性和 I^- 的还原性来进行滴定的方法，其基本反应是：

$$I_2+2e^- \longrightarrow 2I^-$$

固体 I_2 在水中溶解度很小（298K 时为 $1.18\times10^{-3}mol\cdot L^{-1}$）且易于挥发，故通常将 I_2 溶解于 KI 溶液中，此时它以 I_3^- 形式存在，其半反应为（简便起见，一般以上述形式表示）：

$$I_3^-+2e^- \longrightarrow 3I^- \qquad \varphi^{\ominus}(I_2/I^-)=0.545V$$

从 $\varphi^{\ominus}$ 值可以看出，I_2 是较弱的氧化剂，能与较强的还原剂作用；I^- 是中等强度的还原剂，能与许多氧化剂作用，因此碘量法可以用直接或间接两种方式进行滴定。

碘量法既可测定氧化剂，又可测定还原剂。I_2/I^- 电对反应的可逆性好，副反应少，又

有很灵敏的淀粉指示剂指示终点，因此碘量法的应用范围很广。

5.8.1.1　直接碘量法

用 I_2 标准溶液直接滴定电极电势比 $\varphi^{\ominus}(I_2/I^-)$ 小的还原性较强的物质，如 S^{2-}、SO_3^{2-}、Sn^{2+}、$S_2O_3^{2-}$、As(Ⅲ) 和维生素 C 等，因此直接碘量法又叫碘滴定法。

由于 I_2 是较弱的氧化剂，能被 I_2 氧化的物质有限，而且直接碘量法又不能在碱性溶液中进行滴定，因为碘在碱性条件下发生歧化反应。所以，在实际工作中尤以间接碘量法应用更为广泛。

5.8.1.2　间接碘量法

电极电势比 $\varphi^{\ominus}(I_2/I^-)$ 高的氧化性物质，可在一定的条件下，用 I^- 还原，然后用 $Na_2S_2O_3$ 标准溶液滴定释放出的 I_2，这种方法称为间接碘量法，又称滴定碘法。间接碘量法的基本反应为：

$$2I^- - 2e^- \longrightarrow I_2$$

$$I_2 + 2S_2O_3^{2-} \longrightarrow S_4O_6^{2-} + 2I^-$$

利用这一方法可以测定很多氧化性物质，如 Cu^{2+}、$Cr_2O_7^{2-}$、IO_3^-、BrO_3^-、AsO_4^{3-}、ClO^-、NO_2^-、H_2O_2、MnO_4^- 和 Fe^{3+} 等。

在使用间接碘量法时必须注意以下两点。

(1) 溶液的 pH 值

滴定反应必须在**中性或弱酸性**溶液中进行。因为在碱性溶液中，I_2 与 $S_2O_3^{2-}$ 将发生如下反应：

$$S_2O_3^{2-} + 4I_2 + 10OH^- \longrightarrow 2SO_4^{2-} + 8I^- + 5H_2O$$

I_2 和 $S_2O_3^{2-}$ 的物质的量之比是 4∶1，这样势必造成误差。同时，I_2 在碱性溶液中还会发生歧化反应：

$$3I_2 + 6OH^- \longrightarrow IO_3^- + 5I^- + 3H_2O$$

如果在强酸性溶液中，$Na_2S_2O_3$ 溶液将发生歧化反应：

$$S_2O_3^{2-} + 2H^+ \longrightarrow SO_2 + S\downarrow + H_2O$$

$$SO_2 + 2H_2O + I_2 \longrightarrow SO_4^{2-} + 2I^- + 4H^+$$

总反应为：$$S_2O_3^{2-} + I_2 + H_2O \longrightarrow SO_4^{2-} + 2H^+ + 2I^- + S\downarrow$$

由总反应可知，I_2 和 $S_2O_3^{2-}$ 的物质的量之比是 1∶1，同样造成误差。不仅如此，I^- 在酸性溶液中易被空气中的 O_2 氧化。

$$4I^- + 4H^+ + O_2 \longrightarrow 2I_2 + 2H_2O$$

在实际滴定中，如果以 $S_2O_3^{2-}$ 滴定 I_2，由于 I_2 和 $S_2O_3^{2-}$ 的反应快，$Na_2S_2O_3$ 的歧化反应还来不及进行，$S_2O_3^{2-}$ 就已被 I_2 氧化。所以酸度较高时，如果在不断摇动下慢慢滴入 $Na_2S_2O_3$，不使 $Na_2S_2O_3$ 局部过浓，可以得到满意的结果。但如果**用 I_2 滴定 $S_2O_3^{2-}$，绝对不能在酸性溶液中进行**，因为在酸性溶液中，还没开始滴定 $S_2O_3^{2-}$ 就和 H^+ 结合而歧化了。

(2) 防止 I_2 的挥发和 I^- 被空气中的 O_2 氧化

碘量法的误差来源于两个方面：一是 I_2 易挥发；二是在酸性溶液中 I^- 易被空气中的 O_2 氧化。为了防止 I_2 挥发和空气中 O_2 氧化 I^-，测定时要加入过量的 KI，使 I_2 生成 I_3^-，并使用碘量瓶，滴定时不要剧烈摇动，以减少 I_2 的挥发。由于 I^- 被空气中 O_2 氧化的反应，随光照及酸度增高而加快。因此在进行前期反应时，应将碘量瓶置于暗处，滴定前调节好酸度，析出 I_2 后立即进行滴定。此外，Cu^{2+}、NO_2^- 等将催化空气对 I^- 的氧化，应设法消除干扰。

5.8.1.3 碘量法的终点指示

碘量法采用淀粉作指示剂。I_2 与淀粉呈现蓝色，其显色的灵敏度除与 I_2 的浓度有关以外，还与淀粉的性质、加入时间、温度及反应介质等条件有关。因此在使用淀粉指示剂指示终点时要注意以下几点：

① 所用的淀粉必须是可溶性淀粉。

② I_3^- 与淀粉的蓝色在热溶液中会消失，因此，不能在热溶液中进行滴定。

③ 要注意反应的介质条件。淀粉在弱酸性溶液中灵敏度很高，显蓝色；当 $pH<2$ 时，淀粉会水解成糊精，与 I_2 作用显红色；当 $pH>9$ 时，I_2 转变为 IO_3^-，与淀粉不显色。

④ 指示剂的加入时间。直接碘量法，淀粉指示剂应在滴定开始时加入，终点时，溶液由无色突变为蓝色；间接碘量法应等滴定至 I_2 的黄色很浅（即接近终点）时再加入淀粉指示剂（若过早加入淀粉，它与 I_2 形成的蓝色配合物会吸留部分 I_2，往往易使终点提前且不明显），终点时，溶液由蓝色变为无色。

⑤ 淀粉指示液的用量。一般为 2～5mL($5g\cdot L^{-1}$ 淀粉指示液)。淀粉溶液一般应现用现配，若放置过久，则与 I_2 形成的配合物不呈蓝色而呈紫红色。

5.8.2 碘量法标准溶液的配制

碘量法中需要配制和标定 I_2 和 $Na_2S_2O_3$ 两种标准溶液。

(1) $Na_2S_2O_3$ 标准溶液的配制和标定

市售硫代硫酸钠（$Na_2S_2O_3\cdot 5H_2O$）一般都含有少量杂质，如 S、Na_2SO_3、Na_2SO_4、Na_2CO_3 等，同时还容易风化，因此不能直接配制标准溶液。配制好的 $Na_2S_2O_3$ 溶液不稳定，容易分解，这是由于在水中的微生物、CO_2 及空气中 O_2 的作用下，发生下列反应：

$$Na_2S_2O_3 \xrightarrow{\text{微生物}} Na_2SO_3 + S\downarrow \text{（主要原因）}$$

$$Na_2S_2O_3 + CO_2 + H_2O \longrightarrow NaHSO_3 + NaHCO_3 + S\downarrow$$

$$2Na_2S_2O_3 + O_2 \longrightarrow 2Na_2SO_4 + 2S\downarrow$$

此外，水中微量的 Cu^{2+} 或 Fe^{3+} 等也能促进 $Na_2S_2O_3$ 溶液分解。因此配制 $Na_2S_2O_3$ 溶液时，应当用新煮沸并冷却的蒸馏水，其目的在于杀死细菌并去除水中的 CO_2 和 O_2。并加入少量 Na_2CO_3（浓度约为 0.02%），使溶液呈弱碱性，以抑制细菌生长。为避免光促使 $Na_2S_2O_3$ 分解，配制好的 $Na_2S_2O_3$ 溶液应贮于棕色瓶中，于暗处放置 1～2 周后，过滤弃去沉淀，然后再标定。标定好的 $Na_2S_2O_3$ 溶液放置一段时间后应重新标定，一般每隔 1～2 月标定一次。如果发现溶液变浑，应弃去重新配制和标定。

标定 $Na_2S_2O_3$ 溶液的基准物质有 $K_2Cr_2O_7$、KIO_3、$KBrO_3$ 及升华 I_2 等。除 I_2 外，其他基准物质都需在酸性溶液中与过量 KI 作用析出 I_2 后，再用待标定的 $Na_2S_2O_3$ 溶液滴定。该标定方法就是间接碘量法的应用。若以 $K_2Cr_2O_7$ 作基准物，则 $K_2Cr_2O_7$ 在酸性溶液中与 I^- 发生如下反应：

$$Cr_2O_7^{2-} + 6I^- + 14H^+ \longrightarrow 2Cr^{3+} + 3I_2 + 7H_2O$$

反应析出的 I_2 以淀粉为指示剂用待标定的 $Na_2S_2O_3$ 溶液滴定。

$$I_2 + 2S_2O_3^{2-} \longrightarrow 2I^- + S_4O_6^{2-}$$

用 $K_2Cr_2O_7$ 标定 $Na_2S_2O_3$ 溶液时应注意：

① $Cr_2O_7^{2-}$ 与 I^- 的反应速率较慢，为加速反应，须加入过量 KI 并提高酸度，不过酸度过高会加速空气中 O_2 氧化 I^-。因此，一般应控制酸度为 0.2～0.4mol·L^{-1}左右。

② 反应应在碘量瓶中进行，并在暗处放置 5～10min，以保证反应顺利完成。

③ 注意淀粉指示剂的加入时间。

根据称取 $K_2Cr_2O_7$ 的质量和滴定时消耗 $Na_2S_2O_3$ 标准溶液的体积，可计算出 $Na_2S_2O_3$ 标准溶液的浓度。计算公式如下：

$$c(Na_2S_2O_3)=6\times\frac{m(K_2Cr_2O_7)\times 1000}{M(K_2Cr_2O_7)V(K_2Cr_2O_7)}$$

若用 KIO_3 作基准物，由于 KIO_3 与 KI 的反应快，则不需要放置，也可不用碘量瓶。

(2) I_2 标准溶液的配制

① I_2 标准溶液的配制　用升华法制得的纯碘，可直接配制成标准溶液。但 I_2 易挥发，准确称量比较困难，一般仍用标定法配制。通常是用市售的碘先配成近似浓度的碘溶液，然后用基准试剂或已知准确浓度的 $Na_2S_2O_3$ 标准溶液来标定碘溶液的准确浓度。由于 I_2 难溶于水，易溶于 KI 溶液，故配制时应将 I_2、KI 与少量水一起研磨后再用水稀释，并保存在棕色试剂瓶中待标定。应避免 I_2 溶液与橡皮等有机物接触，也要防止其见光遇热，否则浓度将发生变化。

② I_2 标准溶液的标定　I_2 溶液可用 As_2O_3 基准物标定。As_2O_3 难溶于水，多用 NaOH 溶解，使之生成亚砷酸钠，再用待标定的 I_2 溶液滴定 AsO_3^{3-}。反应如下

$$As_2O_3+6NaOH\longrightarrow 2Na_3AsO_3+3H_2O$$

$$AsO_3^{3-}+I_2+H_2O\longrightarrow AsO_4^{3-}+2I^-+2H^+$$

此反应为可逆反应，为使反应快速定量地向右进行，可加 $NaHCO_3$，以保持溶液的 pH≈8 左右。当溶液中 H^+ 浓度在 4mol·L^{-1}以上时，上述反应将定量向左进行。

当 pH>11 时，I_2 将发生歧化反应。

根据 As_2O_3 与 I_2 反应的计量关系，从称取的 As_2O_3 质量和滴定时消耗 I_2 溶液的体积，可求得 I_2 标准溶液的浓度。其计量关系为

$$n(I_2)=2n(As_2O_3)$$

由于 As_2O_3 为剧毒物，一般常用已知准确浓度的 $Na_2S_2O_3$ 标准溶液标定 I_2 溶液。

5.8.3　碘量法应用实例

(1) 铜的测定

在弱酸性溶液中，Cu^{2+} 与过量 KI 作用，定量释出 I_2。释出的 I_2 用 $Na_2S_2O_3$ 标准溶液滴定之。反应如下：

$$2Cu^{2+}+4I^-=2CuI\downarrow+I_2$$

$$I_2+2S_2O_3^{2-}=2I^-+S_4O_6^{2-}$$

加入过量 KI，Cu^{2+} 的还原可趋于完全。由于 CuI 沉淀强烈地吸附 I_2，使测定结果偏低。故在滴定近终点时，应加入适量 KSCN，使 CuI（$K_{sp}=1.1\times10^{-12}$）转化为溶解度更小的CuSCN（$K_{sp}=4.8\times10^{-15}$）。

$$CuI+SCN^-\longrightarrow CuSCN\downarrow+I^-$$

转化过程中释放出 I_2，CuSCN 吸附 I_2 较少，因而可以提高测量的准确度。

测定过程中要注意以下几点。

① KSCN 只能在近终点时加入，否则会直接还原 Cu^{2+}，使结果偏低。

② 溶液的 pH 应控制在 3.5～4.0 范围。若 pH>4，则 Cu^{2+} 水解使反应不完全，结果偏低；酸度过高，则 I^- 被空气氧化为 I_2（Cu^{2+} 催化此反应），使结果偏高。

③ 如果测定铜矿或合金中的铜，试样用 HNO_3 溶解，试样中某些杂质也可以被氧化形成高氧化值的化合物而进入溶液，其中 Fe^{3+}、H_3AsO_4、H_3SbO_4 及过量 HNO_3 均可氧化 I^- 而干扰测定。因此，应加浓 H_2SO_4 并加热至冒白烟，以除去 HNO_3 及氮的氧化物。加入 NH_4HF_2，使 Fe^{3+} 生成稳定配合物消除干扰。这里 NH_4HF_2 又是缓冲剂，可使溶液的 pH 保持在 3.3～4.0。当 pH>3.5 时，H_3AsO_4 和 H_3SbO_4 均不氧化 I^-。因此用碘量法测定 Cu^{2+} 时，必须控制溶液的 pH 为 3.5～4.0。

用碘量法测定铜时，最好用纯铜标定 $Na_2S_2O_3$ 溶液，以抵消方法的系统误差。

碘量法测定 Cu^{2+} 的方法简便、准确，是生产上常用的方法。铜矿、铜合金、矿渣、电镀液以及胆矾（$CuSO_4 \cdot 5H_2O$）等试样中的铜常用此法测定。

(2) S^{2-} 或 H_2S 的测定

酸性溶液中 I_2 能氧化 H_2S：

$$H_2S + I_2 = S + 2I^- + 2H^+$$

因此，测定硫化物时，可用 I_2 标准溶液直接滴定。

注意：滴定不能在碱性溶液中进行，否则部分 S^{2-} 将被氧化为 SO_4^{2-}。

$$S^{2-} + 4I_2 + 8OH^- = SO_4^{2-} + 8I^- + 4H_2O$$

而且 I_2 也会发生歧化。

为防止 H_2S 挥发，可用返滴定法进行滴定。即在被测试液加入一定量并过量的酸性 I_2 标准溶液，再用 $Na_2S_2O_3$ 标准溶液回滴过量的 I_2。

能与酸作用生成 H_2S 的物质（如含硫的矿石、石油和废水中的硫化物、钢铁中的硫以及某些有机化合物中的硫），可用镉盐或锌盐的氨溶液吸收它们与酸反应生成的 H_2S，再用碘量法测定其中的含硫量。

(3) 漂白粉中有效氯的测定

漂白粉的主要组成是 $Ca(ClO)_2$ 与 $CaCl_2 \cdot Ca(OH)_2 \cdot H_2O$，漂白粉的质量以能释放出来的氯量作标准，工业上称为“有效氯”，以 Cl% 表示。它的含量常用碘量法测定。在酸性溶液中，漂白粉与过量 KI 反应：

$$ClO^- + 2I^- + 2H^+ = I_2 + Cl^- + H_2O$$

再用 $Na_2S_2O_3$ 标准溶液滴定析出的 I_2。

(4) 某些有机物的测定

如维生素 C 的测定，维生素 C 又称抗坏血酸（$C_6H_8O_6$）。由于维生素 C 分子中的烯二醇基具有还原性，所以它能被 I_2 定量地氧化成二酮基，其反应为：

$$C_6H_8O_6 + I_2 = C_6H_6O_6 + 2H^+ + 2I^-$$

维生素 C 的半反应式为：

$$C_6H_6O_6 + 2H^+ + 2e^- \rightleftharpoons C_6H_8O_6 \qquad \varphi^{\ominus} = +0.18V$$

由于维生素 C 的还原性很强，在空气中极易被氧化，尤其在碱性介质中更甚，测定时应加入 HAc 使溶液呈现弱酸性，以减少维生素 C 的副反应。

(5) 植物油脂中碘值、过氧化值的测定

由于植物油脂中的不饱和酸能与卤素起加成反应，油脂吸收卤素的程度常以碘值来表示。碘值的测定是用间接碘量法（见 GB/T 5532—2008）。

油脂在氧化酸败过程中产生的过氧化物与碘化钾作用能析出碘，析出的碘用 $Na_2S_2O_3$ 标准溶液滴定，根据析出碘量计算过氧化值。油脂过氧化值可以作为判断油脂酸败程度的参考指标（具体测定方法见 GB/T 5538—2005/ISO 3960 :2001）。

***(6) 卡尔·费休法测定微量水分**

卡尔·费休法测定微量水分的基本原理是利用 I_2 氧化 SO_2 时，需定量水参加反应：

$$SO_2 + I_2 + 2H_2O \longrightarrow H_2SO_4 + 2HI$$

利用此反应，可以测定很多有机物或无机物中的 H_2O。但上述反应是可逆的，要使反应向右进行，需要加入适当的碱性物质以中和反应后生成的酸。采用吡啶（C_5H_5N）作溶剂可满足此要求，其反应为

$$C_5H_5N \cdot I_2 + C_5H_5N \cdot SO_2 + C_5H_5N + H_2O \longrightarrow 2C_5H_5N\begin{matrix} ^{\diagup H} \\ _{\diagdown I} \end{matrix} + C_5H_5N\begin{matrix} ^{\diagup SO_2} \\ _{\diagdown O} \end{matrix}\Big|$$

但生成的 $C_5H_5N \cdot SO_3$（硫酸吡啶）不稳定，亦与水发生反应干扰测定，为此加入甲醇以避免此反应的发生。甲醇可与硫酸吡啶生成稳定的甲基硫酸氢吡啶：

$$C_5H_5N\begin{matrix} ^{\diagup SO_2} \\ _{\diagdown O} \end{matrix}\Big| + H_2O \longrightarrow C_5H_5N\begin{matrix} ^{\diagup H} \\ _{\diagdown SO_4H} \end{matrix}$$

$$C_5H_5N\begin{matrix} ^{\diagup SO_2} \\ _{\diagdown O} \end{matrix}\Big| + CH_3OH \longrightarrow C_5H_5N\begin{matrix} ^{\diagup H} \\ _{\diagdown SO_4 \cdot CH_3} \end{matrix}$$

由上述讨论可知，卡尔·费休法测定 H_2O 时的标准溶液是含有 I_2、SO_2、C_5H_5N 和 CH_3OH 的混合溶液。此溶液称为费休试剂。

费休试剂具有 I_2 的棕色，与 H_2O 反应时，棕色立即褪去，呈浅黄色。当溶液中出现棕色时，即到达滴定终点。

费休法不仅可用于水分的测定，而且还可根据反应中生成和消耗的水分量，间接测定某些有机官能团。如醇类、羧酸、羰基化合物（醛和酮）等。

费休法属于非水滴定法，所用容器都必须干燥。1L 费休试剂在配制和保存过程中，若混入 6mL 水，试剂就会失效。

费休法主要优点是应用范围广，测定速度快。其缺点是试剂不稳定。最近提出的改进试剂是在其他成分不变的情况下，用乙二醇单乙醚代替甲醇，这样不仅扩大了试剂的适用范围，也减少了有干扰的副反应（见 GB 606—1988）。

5.9 其他氧化还原滴定法

5.9.1 硫酸铈法

硫酸铈法是以 $Ce(SO_4)_2$ 作滴定剂。$Ce(SO_4)_2$ 是一种强氧化剂，在酸性溶液中，Ce^{4+}

与还原剂作用，被还原为Ce^{3+}，其半反应如下：

$$Ce^{4+}+e^{-}\rightleftharpoons Ce^{3+} \qquad \varphi^{\ominus}=1.61V$$

Ce^{4+}/Ce^{3+}的条件电极电势决定于酸的浓度和种类（见附表11）。酸的种类和浓度不同，其条件电极电势相差较大。原因是，在$HClO_4$中Ce^{4+}不形成配合物，在其他酸中Ce^{4+}都可能与相应的阴离子（如Cl^-和SO_4^{2-}等）形成配合物。在HCl介质中，Cl^-还可使Ce^{4+}缓慢地还原为Ce^{3+}。在分析上，采用$Ce(SO_4)_2$溶液作滴定剂。在H_2SO_4介质中，Ce^{4+}/Ce^{3+}的条件电极电势介于MnO_4^-/Mn^{2+}与$Cr_2O_7^{2-}/Cr^{3+}$之间，能用$KMnO_4$法测定的物质，一般也能用硫酸铈法测定。与$KMnO_4$法相比，硫酸铈法具有下列优点。

① $Ce(SO_4)_2$溶液稳定，放置较长时间或加热煮沸也不易分解。

② 可由容易提纯的$Ce(SO_4)_2\cdot(NH_4)_2SO_4\cdot 2H_2O$直接配制标准溶液。

③ 能在较高浓度的HCl介质中滴定还原剂Fe^{2+}；虽然Cl^-能还原Ce^{4+}，但滴定时Ce^{4+}首先与Fe^{2+}反应，达到化学计量点后，Ce^{4+}才缓慢地与Cl^-起反应，故不影响滴定。

④ Ce^{4+}还原为Ce^{3+}时，只有一个电子的转移，不生成中间价态的产物，反应简单，副反应少。如有多种有机物（如乙醇、甘油、糖等）存在时，用Ce^{4+}滴定Fe^{2+}仍可得到满意的结果。

⑤ $Ce(SO_4)_2$溶液呈橙黄色，Ce^{3+}无色，故用$Ce(SO_4)_2$滴定无色溶液时，可用其自身作指示剂，但灵敏度不高。在热溶液中滴定时，终点变色较明显。故一般仍采用邻二氮杂菲-亚铁作指示剂，终点时变色敏锐，效果更好。

注意：在酸度较低时（$1mol\cdot L^{-1}$），磷酸有干扰，可能生成磷酸高铈沉淀。Ce^{4+}易水解，生成碱式盐沉淀，所以Ce^{4+}不适用于碱性或中性溶液中滴定。

5.9.2 溴酸钾法

溴酸钾法是用$KBrO_3$作氧化剂的滴定方法。$KBrO_3$在酸性溶液中是一种强氧化剂，其电极反应为：

$$BrO_3^-+6e^-+6H^+\rightleftharpoons Br^-+3H_2O \qquad \varphi^{\ominus}=1.44V$$

$KBrO_3$容易提纯，在180℃烘干后，可以直接配制标准溶液。但由于$KBrO_3$和还原剂的反应进行得很慢，实际上是在配制$KBrO_3$标准溶液时加入过量KBr（或在滴定前加入KBr），当溶液酸化时，BrO_3^-即氧化Br^-而析出游离Br_2，反应为：

$$BrO_3^-+5Br^-+6H^+ = 3Br_2+3H_2O$$

实际上$KBrO_3$标准溶液相当于溴（Br_2）标准溶液，$\varphi^{\ominus}(Br_2/Br^-)=1.08V$。由于溴水不稳定，不适合配制标准溶液作滴定剂，而$KBrO_3$-KBr的溶液很稳定，只有在酸化时才发生上述反应。这就像即时配制的溴（Br_2）标准溶液一样。游离Br_2能氧化还原性物质。

$KBrO_3$-KBr标准溶液，也可用碘量法进行标定，其原理就是溴酸钾法与碘量法的配合使用。即在酸性溶液中，以淀粉作指示剂，一定量的$KBrO_3$与过量的KI作用析出I_2，其反应如下：

$$BrO_3^-+6I^-+6H^+ = Br^-+3I_2+3H_2O$$

也可表示为

$$BrO_3^-+5Br^-+6H^+ = 3Br_2+3H_2O$$

$$Br_2+2I^- = 2Br^-+I_2$$

析出的I_2，再用$Na_2S_2O_3$标准溶液滴定。

溴酸钾法分直接法和间接法。间接法就是溴酸钾法与碘量法的配合使用，即用过量的

$KBrO_3$ 标准溶液在酸性溶液中与待测物质作用，剩余的 $KBrO_3$ 与过量 KI 作用，析出游离 I_2，再用 $Na_2S_2O_3$ 标准溶液滴定。

溴酸钾法主要用于测定苯酚含量。通常在苯酚的酸性溶液中加入过量的 $KBrO_3$-KBr 标准溶液，生成的 Br_2 可取代苯酚中的氢：

$$C_6H_5OH + 3Br_2 \longrightarrow C_6H_2Br_3OH + 3Br^- + 3H^+$$

过量的 Br_2 用 KI 还原。析出游离 I_2，用 $Na_2S_2O_3$ 标准溶液滴定，以淀粉作指示剂。根据反应中的计量关系可求得苯酚的质量分数，即

$$w(C_6H_5OH)=\frac{\left[c(KBrO_3)V(KBrO_3)-\frac{1}{6}c(NaS_2O_3)V(NaS_2O_3)\right]M(C_6H_5OH)}{m_s(g)\times 1000}\times 100\%$$

$KBrO_3$ 法也可用来直接测定一些能与 $KBrO_3$ 迅速起反应的物质。例如，矿石中锑含量的测定。具体测定过程为：先将矿样溶解，再使 Sb(Ⅴ)$\longrightarrow$Sb(Ⅲ)，然后在 HCl 溶液中用 $KBrO_3$ 标准溶液滴定 Sb(Ⅲ)，甲基橙作指示剂，终点时过量一滴 $KBrO_3$ 可氧化指示剂，使甲基橙褪色，以指示终点的到达。

$$3Sb^{3+}+BrO_3^-+6H^+ = 3Sb^{5+}+Br^-+3H_2O$$

此法还可用来直接测定 As(Ⅲ)、Sn(Ⅱ)、Tl(Ⅰ) 等。

5.9.3　亚砷酸钠-亚硝酸钠法

亚砷酸钠-亚硝酸钠法是使用 Na_3AsO_3-$NaNO_2$ 混合溶液进行滴定，可用于普通钢和低合金钢中锰的测定。

试样用酸分解，锰转化为 Mn^{2+}，以 $AgNO_3$ 作催化剂，用 $(NH_4)_2S_2O_8$ 将 Mn^{2+} 氧化为 MnO_4^-，然后用 Na_3AsO_3-$NaNO_2$ 的混合溶液进行滴定，反应如下：

$$2MnO_4^-+5AsO_3^{3-}+6H^+ = 2Mn^{2+}+5AsO_4^{3-}+3H_2O$$

$$2MnO_4^-+5NO_2^-+6H^+ = 2Mn^{2+}+5NO_3^-+3H_2O$$

单独用 Na_3AsO_3 溶液滴定 MnO_4^-，在 H_2SO_4 介质中，Mn(Ⅶ) 只被还原为平均氧化值为 3.3 的锰。而单独用 $NaNO_2$ 溶液滴定 MnO_4^-，在酸性介质中，Mn(Ⅶ) 可定量地还原为 Mn(Ⅱ)，但 HNO_2 和 MnO_4^- 作用缓慢，而且 HNO_2 不稳定。为此，采用 Na_3AsO_3-$NaNO_2$ 的混合溶液来滴定 MnO_4^-。此时 NO_2^- 能使 MnO_4^- 定量还原为 Mn^{2+}，AsO_3^{3-} 能加速反应进行，测定结果也较准确。即使如此，仍不能按理论值计算，需要已知含锰量的标准试样来确定 Na_3AsO_3-$NaNO_2$ 混合溶液对锰的滴定度。

5.10　氧化还原滴定结果的计算

氧化还原滴定中涉及的化学反应比较复杂，在进行氧化还原滴定计算时，弄清楚滴定剂与待测物之间的计量关系是关键。现举例加以说明。

例 5-7 25.00mL $KMnO_4$ 溶液恰能氧化一定量的 $KHC_2O_4 \cdot H_2O$，而同量 $KHC_2O_4 \cdot H_2O$ 又恰能被 20.00mL 0.2000mol·L^{-1} KOH 溶液中和，求 $KMnO_4$ 溶液的浓度。

解 题意分析，20.00mL $KMnO_4$ 溶液恰能氧化一定量的 $KHC_2O_4 \cdot H_2O$，而同量 $KHC_2O_4 \cdot H_2O$ 又恰能被 20.00mL 0.2000mol·L^{-1} KOH 溶液中和，因此解题的关键就是要根据 $KHC_2O_4 \cdot H_2O$ 与 $KMnO_4$ 和 KOH 反应的计量关系，从而找到 $KMnO_4$ 和 KOH 之间的间接关系。

在酸碱反应中：$$n(KOH)=n(KHC_2O_4 \cdot H_2O)$$

从 $KMnO_4$ 与 $KHC_2O_4 \cdot H_2O$ 的反应可知：

$$2MnO_4^- + 5C_2O_4^{2-} + 16H^+ = 2Mn^{2+} + 10CO_2\uparrow + 8H_2O$$

$$n(KHC_2O_4 \cdot H_2O)=\frac{5}{2}n(KMnO_4)$$

所以 $$n(KOH)=\frac{5}{2}n(KMnO_4)$$

$$c(KMnO_4)=\frac{2}{5}\frac{c(KOH)V(KOH)}{V(KMnO_4)}$$

将数据带入得：$$c(KMnO_4)=0.08000\text{mol}\cdot\text{L}^{-1}$$

例 5-8 以 KIO_3 为基准物，用间接碘量法标定约为 0.1mol·L^{-1} $Na_2S_2O_3$ 溶液。滴定时，欲将消耗的 $Na_2S_2O_3$ 溶液控制在 25mL 左右，问应当称取 KIO_3 多少克？这样称取是否合适？

解 根据标定原理可知：

$$IO_3^- + 5I^- + 6H^+ = 3I_2 + 3H_2O$$

$$I_2 + 2S_2O_3^{2-} = 2I^- + S_4O_6^{2-}$$

$$1IO_3^- \backsim 3I_2 \backsim 6S_2O_3^{2-} \qquad n(KIO_3)=\frac{1}{6}n(Na_2S_2O_3)$$

所以 $$m(KIO_3)=\frac{1}{6}c(Na_2S_2O_3)V(Na_2S_2O_3)M(KIO_3)\times 10^{-3}$$

$M(KIO_3)=214.0$，将各数据代入得：$m(KIO_3)\approx 0.09$g。

由于称样量较少，称量误差超过允许范围，故应采取大样称取，进行标定。

例 5-9 0.1000g 工业甲醇，在 H_2SO_4 溶液中与 25.00mL 0.02000mol·L^{-1} $K_2Cr_2O_7$ 作用，反应完成后，以邻苯氨基苯甲酸作指示剂，用 0.1000mol·L^{-1} $(NH_4)_2Fe(SO_4)_2$ 滴定剩余的 $K_2Cr_2O_7$ 溶液，用去 12.00mL，求工业甲醇中甲醇的质量分数。

解 在硫酸介质中：

$$CH_3OH + Cr_2O_7^{2-} + 8H^+ \longrightarrow CO_2 + 2Cr^{3+} + 6H_2O$$

过量 $K_2Cr_2O_7$ 以 Fe^{2+} 标准溶液滴定：

$$Cr_2O_7^{2-} + 6Fe^{2+} + 14H^+ \longrightarrow 2Cr^{3+} + 6Fe^{3+} + 7H_2O$$

由以上反应关系可得 $1CH_3OH \backsim K_2Cr_2O_7 \backsim 6Fe^{2+}$

因此 $$n(CH_3OH)=n(K_2Cr_2O_7) \qquad n(K_2Cr_2O_7)=\frac{1}{6}n(Fe^{2+})$$

从题意可知，该测定方法是 $K_2Cr_2O_7$ 法中的返滴定法，与 CH_3OH 作用的 $K_2Cr_2O_7$ 的量应为加入的 $K_2Cr_2O_7$ 的总量减去剩余的与 Fe^{2+} 作用的量。

$$w(CH_3OH)=\frac{\left[c(K_2Cr_2O_7)V(K_2Cr_2O_7)-\frac{1}{6}c(Fe^{2+})V(Fe^{2+})\right]M(CH_3OH)}{m(\text{试样})\times 1000}\times 100\%$$

$M(CH_3OH)=32.04g\cdot mol^{-1}$，将数据代入得：

$$w(CH_3OH)=9.61\%$$

故工业甲醇中甲醇的质量分数为 9.61%。

例 5-10　已知 $K_2Cr_2O_7$ 标准溶液浓度为 $0.01500mol\cdot L^{-1}$，求 $T(Fe/K_2Cr_2O_7)$，$T(Fe_2O_3/K_2Cr_2O_7)$。称取含铁试样 0.2801g，溶解后将溶液中 $Fe^{3+}\longrightarrow Fe^{2+}$，然后用 $K_2Cr_2O_7$ 标准溶液滴定，用去 25.60mL，求试样中含铁量，分别以 Fe 和 Fe_2O_3 的质量分数表示。

解　由 $K_2Cr_2O_7$ 和 Fe^{2+} 的反应关系可知：

$$1Fe\backsim\frac{1}{6}Cr_2O_7^{2-}\qquad 2Fe\backsim Fe_2O_3\backsim\frac{1}{3}Cr_2O_7^{2-}$$

所以　$n(Fe)=6n(K_2Cr_2O_7)$　　$n(Fe_2O_3)=3n(K_2Cr_2O_7)$

$$\frac{m(Fe)}{M(Fe)}\times 1000=6c(K_2Cr_2O_7)V(K_2Cr_2O_7)$$

$$\frac{m(Fe_2O_3)}{M(Fe_2O_3)}\times 1000=3c(K_2Cr_2O_7)V(K_2Cr_2O_7)$$

根据滴定度的定义，当 $K_2Cr_2O_7$ 的体积为 1mL 时，上式中的 m 可用 T 表示。由此得：

$$T(Fe/K_2Cr_2O_7)=6\times 0.01500\times 55.84\times 10^{-3}=0.005026(g\cdot mL^{-1})$$

$$T(Fe_2O_3/K_2Cr_2O_7)=3\times 0.01500\times 159.69\times 10^{-3}=0.007186(g\cdot mL^{-1})$$

用 $K_2Cr_2O_7$ 对 Fe 的滴定度直接计算试样中铁含量更为方便，因此

$$w(Fe)=\frac{T(Fe/K_2Cr_2O_7)V(K_2Cr_2O_7)}{m(\text{试样})}\times 100\%=45.94\%$$

$$w(Fe_2O_3)=\frac{T(Fe_2O_3/K_2Cr_2O_7)V(K_2Cr_2O_7)}{m(\text{试样})}\times 100\%=63.85\%$$

故试样中以 Fe 表示的质量分数为 45.94%；以 Fe_2O_3%表示的质量分数为 63.85%。

例 5-11　称取软锰矿试样 0.2500g，在酸性溶液中将试样与 0.3350g 纯 $Na_2C_2O_4$ 充分反应，然后以 $0.01500mol\cdot L^{-1}KMnO_4$ 溶液滴定剩余的 $Na_2C_2O_4$，至终点时消耗 20.00mL。计算试样中 MnO_2 的质量分数。

解　试样分解反应为：

$$MnO_2+C_2O_4^{2-}+4H^+ = Mn^{2+}+2CO_2\uparrow+2H_2O$$

滴定反应：

$$2MnO_4^-+5C_2O_4^{2-}+16H^+ = 2Mn^{2+}+10CO_2\uparrow+8H_2O$$

从上述两反应可知：$1MnO_2\backsim 1C_2O_4^{2-}$　　$2MnO_4^-\backsim 5C_2O_4^{2-}$

所以　$n(MnO_2)=n(Na_2C_2O_4)$　　$n(Na_2C_2O_4)=\frac{5}{2}n(MnO_4^-)$

由此可得：$n(MnO_2)=n(Na_2C_2O_4)_{总}-n(Na_2C_2O_4)_{余}=n(Na_2C_2O_4)_{总}-\frac{5}{2}n(MnO_4^-)$

$$w(MnO_2)=\frac{\left[n(C_2O_4^{2-})_{总}-\frac{5}{2}n(MnO_4^-)\right]\times M(MnO_2)}{m(\text{试样})}\times 100\%$$

$$=\frac{\left(\frac{0.3350}{134.00}-\frac{5\times 0.01500\times 20.00\times 10^{-3}}{2}\right)\times 86.94}{0.25000}\times 100\%=60.86\%$$

故试样中 MnO_2 的质量分数为 60.86%。

例 5-12 称取 $Na_2SO_3\cdot 5H_2O$ 试样 0.3878g，将其溶解后，加入 50.00mL 0.04885mol·L^{-1} 的 I_2 标准溶液处理，剩余的 I_2 用 0.1008mol·L^{-1} $Na_2S_2O_3$ 标准溶液 25.40mL 滴定至终点。计算试样中 Na_2SO_3 的质量分数。

解 根据题意，有关反应式如下：

$$I_2+SO_3^{2-}+H_2O\longrightarrow 2H^++2I^-+SO_4^{2-}$$

$$2S_2O_3^{2-}+I_2\longrightarrow S_4O_6^{2-}+2I^-$$

$$1Na_2SO_3\backsim 1I_2\backsim 2S_2O_3^{2-}$$

所以

$$n(Na_2SO_3)=n(I_2)=\frac{1}{2}n(S_2O_3^{2-})$$

$$w(Na_2SO_3)=\frac{\left[c(I_2)V(I_2)-\frac{1}{2}c(Na_2S_2O_3)V(Na_2S_2O_3)\right]M(Na_2SO_3)}{m_s\times 1000}\times 100\%$$

$M(Na_2SO_3)=126.04g\cdot mol^{-1}$，将数据代入得：$w(Na_2SO_3)=37.78\%$

故样品中 Na_2SO_3 的含量为 37.78%。

例 5-13 $K_2Cr_2O_7$ 法测定水中化学耗氧量（COD）。今取废水样 100mL，用 H_2SO_4 酸化后，加 25.00mL 0.01667mol·L^{-1} 的 $K_2Cr_2O_7$ 标准溶液，以 Ag_2SO_4 为催化剂煮沸，待水样中还原性物质完全被氧化后，以邻二氮菲-亚铁为指示剂，用 0.1000mol·L^{-1} $FeSO_4$ 标准溶液滴定剩余的 $K_2Cr_2O_7$ 溶液，用去 15.00mL。计算水样中化学耗氧量。以 $\rho(O_2)$（单位 g·L^{-1}）表示。

解 测定反应为：$2Cr_2O_7^{2-}+3C+16H^+\longrightarrow 4Cr^{3+}+3CO_2+8H_2O$

$$6Fe^{2+}+Cr_2O_7^{2-}+14H^+\longrightarrow 6Fe^{3+}+2Cr^{3+}+7H_2O$$

由此可知

$$1K_2Cr_2O_7\backsim 6FeSO_4\quad 1C\backsim 1O_2\backsim\frac{2}{3}K_2Cr_2O_7$$

所以

$$n(K_2Cr_2O_7)=\frac{1}{6}n(FeSO_4)\qquad n(O_2)=\frac{3}{2}n(K_2Cr_2O_7)$$

根据题意得：$n(O_2)=\frac{3}{2}\left[n(K_2Cr_2O_7)-\frac{1}{6}n(FeSO_4)\right]$，故

$$\rho(O_2)=\frac{m(O_2)}{V(\text{水样})}=\frac{3}{2}\left[c(K_2Cr_2O_7)V(K_2Cr_2O_7)-\frac{1}{6}c(FeSO_4)V(FeSO_4)\right]\times\frac{M(O_2)}{V(\text{水样})}$$

将数据代入得：

$$\rho(O_2)=\frac{3}{2}\left(0.01667\times 25.00-\frac{1}{6}\times 0.1000\times 15.00\right)\times\frac{32.00}{100}=0.08004(g\cdot L^{-1})$$

故被测水样中的化学耗氧量为 0.08004g·L^{-1}。

例 5-14　用 $KBrO_3$ 法测定苯酚。取苯酚试液 10.00mL 于 250mL 容量瓶中，加水稀释至标线。摇匀后准确移取 25.00mL 试液，加入 $0.01837mol \cdot L^{-1}$ $KBrO_3$-KBr 标准溶液 35.00mL，再加 HCl 酸化，放置片刻后再加 KI 溶液，使未反应的 Br_2 还原并析出 I_2，然后用 $0.08730mol \cdot L^{-1}$ $Na_2S_2O_3$ 标准溶液滴定，用去 28.55mL。计算苯酚试液中苯酚的含量（以 $g \cdot L^{-1}$ 表示）。

解　根据以下测定反应：

$$KBrO_3 + 5KBr + 6HCl \longrightarrow 3Br_2 + 6KCl + 3H_2O$$

$$C_6H_5OH + 3Br_2 \longrightarrow C_6H_2Br_3OH + 3HBr$$

$$Br_2 + 2KI \longrightarrow KBr + I_2$$

$$I_2 + 2S_2O_3^{2-} \longrightarrow S_4O_6^{2-} + 2I^-$$

得　$1KBrO_3 \backsim 3Br_2 \backsim C_6H_5OH$　　$1KBrO_3 \backsim 3Br_2 \backsim 3I_2 \backsim 6Na_2S_2O_3$

所以　$n(C_6H_5OH) = n(KBrO_3)$，$n(KBrO_3) = \frac{1}{6}n(Na_2S_2O_3)$

由此可求得苯酚的含量：

$$\rho(C_6H_5OH) = \frac{\left[c(KBrO_3)V(KBrO_3) - \frac{1}{6}c(NaS_2O_3)V(NaS_2O_3)\right] \times M(C_6H_5OH)}{10.00 \times \frac{25.00}{250.0}}$$

$M(C_6H_5OH) = 94.11g \cdot mol^{-1}$，将数据代入得：

$$\rho\ (C_6H_5OH)\ = 21.40g \cdot L^{-1}。$$

本章要点

1. 标准电极电势和能斯特方程式：

$$\varphi(Ox/Red) = \varphi^{\ominus}(Ox/Red) + \frac{0.0592}{n}\lg\frac{a_{Ox}}{a_{Red}}$$

2. 条件电极电势 $[\varphi^{\ominus\prime}(Ox/Red)]$ 的意义和表示。

3. 引入条件电极电势后的能斯特方程：

$$\varphi(Ox/Red) = \varphi^{\ominus\prime}(Ox/Red) + \frac{0.0592}{n}\lg\frac{c_{Ox}}{c_{Red}}$$

4. 氧化还原反应平衡常数的通式：

$$\lg K^{\ominus\prime} = \frac{n'(\varphi_1^{\ominus\prime} - \varphi_2^{\ominus\prime})}{0.0592}$$

5. 滴定分析对平衡常数的要求：若滴定分析的允许误差 $\leqslant 0.1\%$

(1) $n_1 = n_2 = 1$ 时，$\lg K^{\ominus\prime} \geqslant 6$，$\Delta\varphi^{\ominus\prime} \geqslant \frac{0.0592}{1} \times 6 \approx 0.36(V)$；

(2) $n_1 = n_2 = 2$ 和 $n_1 \neq n_2$ 时（略）。

6. 影响氧化还原反应速率的因素：氧化剂与还原剂的性质；反应物浓度、温度、自动催化作用和诱导反应等。

7. 氧化还原滴定过程中电极电势的计算依据和具体计算。

8. 滴定曲线和滴定突跃。

(1)滴定的突跃范围为：$\varphi_2^{\ominus\prime}+\frac{3\times0.0592}{n_2}\sim\varphi_1^{\ominus\prime}-\frac{3\times0.0592}{n_1}$

(2) 影响滴定突跃的因素：两电对的条件电极电势 $\varphi^{\ominus\prime}$（或 $\varphi^{\ominus}$）之差，差值越大，突跃越大。化学计量点的位置与氧化剂和还原剂电子转移数的关系。

9. 氧化还原滴定指示剂有自身指示剂、专属指示剂和氧化还原指示剂；氧化还原指示剂的选择原则。

10. 氧化还原滴定前预处理的意义以及预氧化剂和预还原剂的选择。

11. 高锰酸钾法的方法原理和特点；配制高锰酸钾溶液常采用的措施；标定 $KMnO_4$ 溶液常用的基准物；用 $Na_2C_2O_4$ 作基准物标定的原理和滴定条件；高锰酸钾法的滴定方式和应用（直接滴定法、返滴定法、间接滴定法）。

12. 重铬酸钾法的方法特点和应用；铁矿石中全铁量的测定原理和测定中加入 H_2SO_4-H_3PO_4 混合酸的目的。

13. 碘量法：

(1) 直接碘量法的原理和应用。

(2) 间接碘量法的原理和滴定条件：滴定反应必须在中性或弱酸性溶液中进行；防止 I_2 挥发和 I^- 被氧化应采取的措施。

(3) 碘量法的终点指示，不同滴定方式指示剂的加入时间及指示剂的使用条件。

(4) $Na_2S_2O_3$ 和 I_2 标准溶液的配制；分别用 $K_2Cr_2O_7$、KIO_3、$KBrO_3$ 等标定 $Na_2S_2O_3$ 的原理和条件；用 As_2O_3 标定 I_2 标准溶液的原理。

(5) 碘量法应用实例：铜的测定的原理和条件。

14. 其他氧化还原滴定法

(1) 硫酸铈法的基本原理和特点。

(2) 溴酸钾法测定苯酚的原理、过程和结果计算。

(3) 亚砷酸钠-亚硝酸钠法的原理和应用。

15. 氧化还原滴定结果的计算依据和具体计算。

思 考 题

1. 处理氧化还原平衡时，为什么要引入条件电极电势？它与标准电极电势有何不同？

2. 如何判断一个氧化还原反应进行的完全程度？是否平衡常数大的氧化还原反应都能用于滴定分析中？为什么？

3. 氧化还原滴定法主要有几种方法？这些方法的基本反应是什么？

4. 影响氧化还原反应速率的主要因素有哪些？如何加速反应的进行？

5. 解释下列现象：

(1) 已知 $\varphi^{\ominus}(I_2/2I^-)>\varphi^{\ominus}(Cu^{2+}/Cu^+)$，从其标准电势的大小看，应该 I_2 氧化 Cu^+，但是 Cu^{2+} 却能将 I^- 氧化为 I_2。

(2) 用 $KMnO_4$ 标准溶液滴定 $C_2O_4^{2-}$ 时，滴入 $KMnO_4$ 溶液的红色褪去的速率由慢到快。

(3) Fe^{2+} 的存在加速 $KMnO_4$ 氧化 Cl^- 的反应。

6. 氧化还原滴定过程中电极电势的突跃范围和化学计量点的电极电势如何计算？影响突跃范围大小的因素是什么？化学计量点的位置与氧化剂和还原剂的电子转移数有什么关系？

7. 氧化还原滴定法常用指示剂的种类有哪几种？氧化还原指示剂的选择原则是什么？

8. 氧化还原滴定之前，为什么要进行预处理？对预处理所用的氧化剂或还原剂有哪些要求？

9. 某溶液含有 $FeCl_3$ 及 H_2O_2。写出用 $KMnO_4$ 法测定其中 H_2O_2 及 Fe^{3+} 的步骤，并说明测定中应注意哪些问题？

10. 高锰酸钾法测定被测物质的含量时，通常是 H_2SO_4 作介质，而不是 HCl、HNO_3 或 HAc 介质，为什么？

11. 为何 $KMnO_4$ 和 $Na_2S_2O_3$ 标准溶液不能直接配制？简述它们的配制和标定。

12. 用 $K_2Cr_2O_7$ 或 KIO_3 作基准物标定 $Na_2S_2O_3$ 溶液，是间接碘量法的应用，能否用 $K_2Cr_2O_7$ 或 KIO_3 直接滴定 $Na_2S_2O_3$？为什么？

13. 用 $K_2Cr_2O_7$ 法测定 Fe^{2+} 时，加入 H_2SO_4 和 H_3PO_4 混合酸的目的是什么？

14. 试比较 $KMnO_4$、$K_2Cr_2O_7$ 和 $Ce(SO_4)_2$ 溶液作滴定剂的优缺点。目前测定 Fe^{2+} 为什么大多选用 $Ce(SO_4)_2$ 为滴定剂而不用 $K_2Cr_2O_7$？

15. 指出下列各反应中被测物和滴定剂间的物质的量之比。

(1) 丙酮能与 I_2 定量反应，过量的 I_2 可用 $Na_2S_2O_3$ 溶液滴定。

$$CH_3COCH_3+3I_2+4NaOH \xlongequal{} CH_3COONa+CHI_3+3NaI+3H_2O$$

(2) 苯酚与 Br_2 发生溴代反应，过量的 Br_2 与 KI 反应，析出的 I_2 用 $Na_2S_2O_3$ 标准溶液滴定。

(3) $KMnO_4$ 法测定 H_2O_2 含量。

(4) I_2 标准溶液测定 As_2O_3 的含量。

(5) $KMnO_4$ 法间接测定 $CaCl_2$ 中钙含量。

16. 碘量法的主要误差来源有哪些？应采取哪些措施减免？为什么碘量法不适宜在高酸度或高碱度介质中进行？

17. 试比较酸碱滴定、配位滴定和氧化还原滴定的滴定曲线，说明它们的共性和不同。

18. 间接碘量法测定铜时，Fe^{3+} 和 AsO_4^{3-} 都能氧化 I^- 而干扰铜的测定。实验说明，加入 NH_4HF_2，以使溶液的 pH≈3.3，此时铁和砷的干扰都消除，为什么？

习　题

1. 计算在 KI 溶液中，Cu^{2+}/Cu^+ 电对的条件电极电势｛忽略离子强度的影响，假设 Cu^{2+} 未发生副反应，则 $[Cu^{2+}]=c(Cu^{2+})$，令平衡时，$[Cu^{2+}]=[I^-]=1mol\cdot L^{-1}$｝。

2. 用 KIO_3 作基准物标定 $Na_2S_2O_3$ 溶液。称取 0.1500g KIO_3 与过量的 KI 作用，析出的碘用 $Na_2S_2O_3$ 溶液滴定，用去 24.00mL。此 $Na_2S_2O_3$ 溶液的浓度为多少？

3. 计算在 $1mol\cdot L^{-1}$ 的 HCl 溶液中用 Fe^{3+} 标液滴定 Sn^{2+} 时化学计量点的电势，并计算滴定至 99.9% 和 100.1% 时的电势。说明为什么计量点前后同样变化 0.1%，但电势的变化却不相同。

4. 以 $K_2Cr_2O_7$ 标准溶液滴定 0.4000g 褐铁矿，若所用 $K_2Cr_2O_7$ 溶液的体积（以 mL 为单位）与试样中 Fe_2O_3 质量分数相等，求 $K_2Cr_2O_7$ 溶液对铁的滴定度？

5. 在酸性溶液中用高锰酸钾法测定 Fe^{2+} 时，$KMnO_4$ 溶液的浓度是 $0.02484mol\cdot L^{-1}$，求用 (1) Fe；(2) Fe_2O_3；(3) $FeSO_4\cdot 7H_2O$ 表示的滴定度。

6. 称取软锰矿 0.3216g，分析纯的 $Na_2C_2O_4$ 0.3685g，共置于同一烧杯中，加入 H_2SO_4，并加热。待反应完全后，用 $0.02400mol\cdot L^{-1}$ $KMnO_4$ 溶液滴定剩余的 $Na_2C_2O_4$，消耗 $KMnO_4$ 溶液 11.26mL。计算软锰矿中 MnO_2 的质量分数。

7. 用直接碘法测量钢中硫时，先使硫燃烧成 SO_2，被含有淀粉的水溶液吸收后用 I_2 标准溶液滴定。若称取含硫 0.051% 的标准样品和待测样品各 0.5000g，滴定前者用去 I_2 溶液 11.60mL，滴定后者则用去 7.00mL，试用滴定度来表示碘溶液的浓度，并计算待测样品中 S 的质量分数。滴定反应为：

$$I_2+SO_2+2H_2O \xlongequal{} 2I^-+SO_4^{2-}+4H^+$$

8. 称取含有 KI 的试样 0.5000g，溶于水后先用 Cl_2 水氧化 I^- 为 IO_3^-，煮沸除去过量 Cl_2；再加入过量KI试剂，滴定I_2时消耗了0.02082mol·L^{-1} $Na_2S_2O_3$标准溶液21.30mL。计算试样中KI的质量分数。

9. 某土壤样品1.000g，用重量法获得Al_2O_3和Fe_2O_3共0.1100g，将此混合氧化物用酸溶解并使铁还原后，以0.01000mol·L^{-1}的$KMnO_4$标准溶液进行滴定，用去8.00mL。试计算土壤样品中Al_2O_3和Fe_2O_3的质量分数。

10. 准确吸取25.00mL H_2O_2样品溶液，置于250mL容量瓶中，加水稀释至刻度，并摇匀。再准确吸取25.00mL，置于锥形瓶中，加H_2SO_4酸化，用0.02500mol·L^{-1}的$KMnO_4$标准溶液滴定，到达终点时，消耗27.68mL，试计算样品中H_2O_2的含量（g·L^{-1}）。

11. 称取含有As_2O_3与As_2O_5及少量惰性杂质的混合物试样1.500g，处理为含AsO_3^{3-}和AsO_4^{3-}的溶液。将溶液调节为弱碱性，以0.05000mol·L^{-1}碘标准溶液滴定至终点，消耗30.00mL。再将此溶液用盐酸调节至酸性并加入过量KI溶液，释放出的I_2再用0.3000mol·L^{-1} $Na_2S_2O_3$标准溶液滴定至终点，消耗30.00mL。计算试样中As_2O_3与As_2O_5的质量分数。

12. 今有不纯的KI试样0.3500g，在H_2SO_4溶液中加入纯K_2CrO_4 0.1940g处理，煮沸赶出生成的碘。然后，又加入过量的KI，使与剩余的K_2CrO_4作用，析出的I_2用0.1000mol·L^{-1}的$Na_2S_2O_3$标准溶液滴定，用去$Na_2S_2O_3$溶液10.00mL，计算试样中KI的质量分数。

13. 丁基过氧化氢（C_4H_9OOH）的摩尔质量90.08g·mol^{-1}，它的测定是在酸性条件下使它与过量KI反应，析出定量的I_2，再用$Na_2S_2O_3$标准溶液滴定。反应为：

$$C_4H_9OOH + 2I^- + 2H^+ = C_4H_9OH + I_2 + H_2O$$

$$I_2 + 2S_2O_3^{2-} = 2I^- + S_4O_6^{2-}$$

今称取含丁基过氧化氢的试样0.3150g，滴定析出的碘时用去0.1000mol·L^{-1} $Na_2S_2O_3$标准溶液18.20mL。试计算试样中丁基过氧化氢的质量分数。

14. 分析铜矿样0.6000g，用去$Na_2S_2O_3$标准溶液20.00mL。1mL $Na_2S_2O_3$相当于0.004175g $KBrO_3$。计算试样中Cu_2O的质量分数。

15. 今有一PbO-PbO_2混合物。现称取试样1.234g，加入20.00mL 0.2500mol·L^{-1}的草酸溶液将PbO_2还原为Pb^{2+}；然后用氨中和，这时Pb^{2+}以PbC_2O_4形式沉淀；过滤，滤液酸化后用$KMnO_4$滴定，消耗0.04000mol·L^{-1} $KMnO_4$溶液10.00mL；沉淀溶解于酸后，用同浓度的$KMnO_4$标准溶液滴定，用去30.00mL。计算试样中PbO和PbO_2的质量分数。

*16. 移取乙二醇试液25.00mL，加入0.02610mol·L^{-1} $KMnO_4$的碱性溶液30.00mL，其反应为：

$$HOCH_2CH_2OH + 10MnO_4^- + 14OH^- = 10MnO_4^{2-} + 2CO_3^{2-} + 10H_2O$$

反应完全后，酸化溶液，加入0.05421mol·L^{-1} $Na_2C_2O_4$溶液10.00mL，此时所有的高价锰均还原至Mn^{2+}，以0.02610mol·L^{-1} $KMnO_4$溶液滴定过量$Na_2C_2O_4$，消耗2.30mL。计算试液中乙二醇的浓度。

17. 漂白粉中的“有效氯”可用亚砷酸钠法测定：

$$Ca(OCl)Cl + Na_3AsO_3 = CaCl_2 + Na_3AsO_4$$

现有含“有效氯”（Cl_2）29.00%的试样0.3000g，用25.00mL Na_3AsO_3溶液恰能与之作用。每毫升Na_3AsO_3溶液含多少克的砷？又同样质量的试样用碘量法测定，需要$Na_2S_2O_3$标准溶液（1mL相当于0.01250g $CuSO_4·5H_2O$）多少毫升？

第 6 章　沉淀滴定法

6.1　沉淀滴定法概述

以沉淀反应为基础的一类滴定分析方法称为沉淀滴定法。沉淀反应虽然很多，但能用于沉淀滴定的反应必须满足下列条件：

① 生成沉淀的溶解度必须要小，并且反应能定量进行。

② 反应速率要快。

③ 能够用适当的指示剂或其他方法确定滴定的终点。

④ 沉淀的吸附现象应不妨碍化学计量点的确定。

由于上述条件的限制，所以能够用于沉淀滴定法的反应很少。目前应用较多的是生成难溶银盐的沉淀反应。例如：

$$Ag^+ + Cl^- \xlongequal{} AgCl\downarrow$$

$$Ag^+ + SCN^- \xlongequal{} AgSCN\downarrow$$

利用生成难溶银盐的沉淀滴定法，称为银量法。银量法主要用于测定 Cl^-、Br^-、I^-、Ag^+ 及 SCN^- 等。

在沉淀滴定法中，除了银量法外，还有利用其他沉淀反应的方法。例如，$K_4[Fe(CN)_6]$ 与 Zn^{2+}，四苯硼钠 $[NaB(C_6H_5)_4]$ 与 K^+ 等形成沉淀的反应，都可以用于沉淀滴定。

$$2K_4[Fe(CN)_6] + 3Zn^{2+} \xlongequal{} K_2Zn_3[Fe(CN)_6]_2\downarrow + 6K^+$$

$$NaB(C_6H_5)_4 + K^+ \xlongequal{} KB(C_6H_5)_4\downarrow + Na^+$$

本章着重讨论银量法。银量法可分为直接法和返滴定法。直接法是用 $AgNO_3$ 标准溶液直接滴定被沉淀的物质。返滴定法是于待测试液中先加入过量的 $AgNO_3$ 标准溶液，再用 NH_4SCN 标准溶液来滴定剩余的 $AgNO_3$ 溶液。

6.2　银量法确定终点的方法

沉淀滴定法可以用指示剂确定终点，根据确定终点所用指示剂的不同，银量法可分为莫尔法、佛尔哈德法和法扬司法。

6.2.1　莫尔法

用铬酸钾作指示剂的银量法称为莫尔法。

在含有 Cl^- 的中性溶液中，加入 K_2CrO_4 指示剂，用 $AgNO_3$ 标准溶液滴定。由于 AgCl 的

溶解度比 Ag_2CrO_4 小，根据分步沉淀原理，在用 $AgNO_3$ 滴定的过程中，溶液中首先析出 AgCl 沉淀。当 Cl^- 定量沉淀后，过量一滴的 $AgNO_3$ 与 CrO_4^{2-} 生成砖红色的 Ag_2CrO_4 沉淀，即为滴定终点。滴定反应和指示剂的反应分别为：

$$Ag^+ + Cl^- \rightleftharpoons AgCl\downarrow(\text{白色}) \qquad K_{sp}=1.8\times10^{-10}$$

$$2Ag^+ + CrO_4^{2-} \rightleftharpoons Ag_2CrO_4\downarrow(\text{砖红色}) \qquad K_{sp}=9.0\times10^{-12}$$

莫尔法中指示剂的用量和溶液的酸度是两个主要问题。

(1) 指示剂的用量

用 $AgNO_3$ 标准溶液滴定 Cl^- 时，在滴定终点时，应有：

$$[Ag^+][Cl^-]=1.8\times10^{-10}$$

$$[Ag^+]^2[CrO_4^{2-}]=9.0\times10^{-12}$$

$$[Cl^-]=\frac{1.8\times10^{-10}}{\sqrt{9.0\times10^{-12}}}\sqrt{[CrO_4^{2-}]}$$

可见，滴定至终点时，溶液中剩余的 Cl^- 浓度的大小与 CrO_4^{2-} 的浓度有关。若 CrO_4^{2-} 的浓度过大，则终点提前到达，溶液中剩余的 Cl^- 浓度就大，从而使测定结果产生较大的负误差。若 CrO_4^{2-} 的浓度过小，则终点推迟，消耗的 Ag^+ 又会增多，从而使测定结果产生较大的正误差。因此为了获得准确的测定结果，则必须严格控制 CrO_4^{2-} 的浓度。

反应到达化学计量点时：

$$[Ag^+]=[Cl^-]=\sqrt{K_{sp}^{\ominus}(AgCl)}=\sqrt{1.8\times10^{-10}}=1.3\times10^{-5}(mol\cdot L^{-1})$$

此时所需的 CrO_4^{2-} 浓度为：

$$[CrO_4^{2-}]=\frac{K_{sp}^{\ominus}(Ag_2CrO_4)}{[Ag^+]^2}=\frac{9.0\times10^{-12}}{(1.3\times10^{-5})^2}=5.3\times10^{-2}(mol\cdot L^{-1})$$

具体测定时，由于 K_2CrO_4 显黄色，当浓度较高时颜色较深会影响终点的观察，引入误差，因此指示剂的浓度略低一些为好。一般滴定溶液中 CrO_4^{2-} 浓度约为 $5.0\times10^{-3}mol\cdot L^{-1}$ 较合适。

(2) 溶液的酸度

滴定溶液应为中性或弱碱性 (pH=6.5～10.5)。

若溶液为酸性，则 CrO_4^{2-} 与 H^+ 发生反应：

$$2H^+ + 2CrO_4^{2-} \rightleftharpoons 2HCrO_4^- \rightleftharpoons Cr_2O_7^{2-} + H_2O$$

若溶液碱性太强，Ag^+ 与 OH^- 发生反应：

$$2Ag^+ + 2OH^- \rightleftharpoons 2AgOH \rightleftharpoons Ag_2O + H_2O$$

因此，莫尔法要求溶液的 pH 值范围为 6.5～10.5。当试液中有铵盐存在时，要求溶液的酸度范围更窄，pH 应为 6.5～7.2。因为当溶液的 pH 值更高时，便有相当数量的 NH_3 释出，形成 $[Ag(NH_3)_2]^+$，使 AgCl 及 Ag_2CrO_4 溶解度增大，影响定量滴定。

凡能与 Ag^+ 生成沉淀的阴离子如 PO_4^{3-}、AsO_4^{3-}、SO_3^{2-}、S^{2-}、CO_3^{2-}、$C_2O_4^{2-}$ 等，以及与 CrO_4^{2-} 生成沉淀的阳离子，如 Ba^{2+}、Pb^{2+} 等，还有在中性或弱碱性溶液中易发生水解反应的离子如 Fe^{3+}、Al^{3+}、Sn^{4+}、Bi^{3+} 等，均干扰测定，应预先将其分离。

由于生成的 AgCl 沉淀易吸附溶液中的 Cl^-，使溶液中的 Cl^- 浓度降低，以致终点提前而引入误差。因此，测定时必须剧烈摇动，使被吸附的 Cl^- 释出。测定 Br^- 时，AgBr 吸附 Br^- 比 AgCl 吸附 Cl^- 严重，测定时更要注意剧烈摇动，否则会引入较大的误差。

莫尔法不适宜测定 I^- 和 SCN^-，因为 AgI 和 AgSCN 沉淀会更强烈地吸附 I^- 和 SCN^-。此法也不能用于以 NaCl 标准溶液直接滴定 Ag^+。这是因为在 Ag^+ 试液中加入 K_2CrO_4 指示剂，将立即生成大量的 Ag_2CrO_4 沉淀，而且 Ag_2CrO_4 沉淀转变为 AgCl 沉淀的速率甚慢，使测定无法进行。

6.2.2　佛尔哈德法

佛尔哈德法是以铁铵矾 $[NH_4Fe(SO_4)_2 \cdot 12H_2O]$ 作指示剂的银量法，包括直接滴定法和返滴定法。

(1) 直接滴定法测定 Ag^+

在含有 Ag^+ 的酸性溶液中，以铁铵矾作指示剂，用 NH_4SCN(或 KSCN) 标准溶液滴定。溶液中首先析出 AgSCN 沉淀，当 Ag^+ 定量沉淀后，过量的 SCN^- 与 Fe^{3+} 生成红色配合物，即为终点。滴定反应和指示剂反应如下：

$$Ag^+ + SCN^- \rightleftharpoons AgSCN\downarrow \text{(白色)} \qquad K_{sp} = 1.0\times10^{-12}$$

$$Fe^{3+} + SCN^- \rightleftharpoons [Fe(SCN)]^{2+} \text{(红色)} \qquad K = 138$$

滴定时，**溶液的酸度一般控制在 $0.1 \sim 1mol \cdot L^{-1}$ 之间**。酸度过低，Fe^{3+} 易水解。Fe^{3+} 浓度过大，它的黄色干扰终点的观察。综合这两方面的因素，终点时 Fe^{3+} 浓度一般控制在 $0.015mol \cdot L^{-1}$。

在滴定过程中，不断有 AgSCN 沉淀生成，由于它有较强烈的吸附作用，所以有部分 Ag^+ 被吸附于其表面，因此往往产生终点出现过早的情况，使结果偏低。滴定时，必须充分摇动溶液，使被吸附的 Ag^+ 及时地释放出来。

(2) 返滴定法测定卤素离子

在含有卤素离子的试液中，首先加入一定量过量的 $AgNO_3$ 标准溶液，使之与卤素离子充分反应，然后以铁铵矾为指示剂，用 NH_4SCN 标准溶液返滴定过量的 $AgNO_3$。

用返滴定法测定 Cl^- 时，由于 AgCl 的溶解度比 AgSCN 大，故终点后，稍过量的 SCN^- 将与 AgCl 发生沉淀转化反应，使 AgCl 转化为溶解度更小的 AgSCN：

$$AgCl + SCN^- \rightleftharpoons AgSCN\downarrow + Cl^-$$

所以溶液中出现了红色之后，随着不断地摇动溶液，红色又逐渐消失，不仅多消耗一部分 NH_4SCN 标准溶液，同时也使终点不易判断。为了避免上述误差，通常采取下列措施：

① 将溶液煮沸，使 AgCl 沉淀凝聚，经过滤后用 NH_4SCN 标准溶液返滴定滤液中过量的 $AgNO_3$。

② 在 Cl^- 溶液中加入过量的 $AgNO_3$，充分反应后加入有机溶剂如硝基苯或 1,2-二氯乙烷 1～2mL，以包裹沉淀，可阻止转化反应发生。此法简便，但因硝基苯有毒性，操作时应多加小心。

用返滴定法测定 Br^-、I^- 时，由于 AgBr 及 AgI 的溶解度均比 AgSCN 小，不发生上述的转化反应。但在测定 I^- 时，指示剂必须在加入过量的 $AgNO_3$ 后加入，否则 Fe^{3+} 将氧化 I^- 为 I_2，影响分析结果的准确度。

佛尔哈德法的最大优点是滴定在酸性介质中进行，一般酸度大于 $0.3mol \cdot L^{-1}$。在此酸度下，许多酸根离子如 PO_4^{3-}、AsO_4^{3-}、$Cr_2O_7^{2-}$、$C_2O_4^{2-}$、CO_3^{2-} 等不干扰滴定；但一些强氧化剂、氮的低价氧化物以及铜盐、汞盐等能与 SCN^- 反应，干扰测定，必须预先除去。

6.2.3 法扬司法

用吸附指示剂确定终点的银量法，称为法扬司法。吸附指示剂是一类有色的有机化合物，当它被吸附在胶体微粒表面之后，可能是由于形成某种化合物而导致指示剂分子结构的变化，因而引起颜色的变化。

例如，荧光黄指示剂，它是一种有机弱酸，用 HFI 表示，在溶液中可解离为阴离子 FI^-，呈黄绿色。当用 $AgNO_3$ 标准溶液滴定 Cl^- 时，加入荧光黄指示剂，在化学计量点之前，溶液中 Cl^- 过量，AgCl 沉淀表面胶体微粒吸附 Cl^- 而带负电荷（$AgCl\cdot Cl^-$），不吸附指示剂阴离子 FI^-，溶液呈黄绿色。滴定到化学计量点之后，稍过量的 $AgNO_3$ 可使 AgCl 沉淀表面胶体微粒吸附 Ag^+ 而带正电荷（$AgCl\cdot Ag^+$）。这时，带正电荷的胶体微粒吸附 FI^-，形成表面化合物（$AgCl\cdot Ag^+\cdot FI^-$），使整个溶液由黄绿色变成淡红色，以指示终点的到达。

为使终点时指示剂颜色变化明显，使用吸附指示剂应注意以下几点。

① 控制适当的 pH。常用的吸附指示剂多数是有机弱酸，为使指示剂充分解离，必须控制适当的 pH。不同的指示剂，其 K_a 不同，为使溶液中有足够浓度的 In^-，应使溶液的 $pH>pK_a$，但过高的 pH 会使 Ag^+ 形成 Ag_2O 沉淀，因此须控制适当的 pH 范围。

② 增大沉淀的表面积。吸附指示剂的变色反应发生在沉淀表面，表面积越大，终点时颜色变化越明显，为此可加入糊精、淀粉等胶体保护剂，使沉淀保持胶体状态，以增大沉淀的表面积。

③ 应避免阳光直接照射，否则滴定过程中卤化银会分解。

④ 沉淀时胶体微粒对指示剂的吸附能力应稍低于对被测离子的吸附能力，否则化学计量点之前，指示剂离子就进入吸附层使终点提前。卤化银对几种常用吸附指示剂和卤素离子的吸附能力顺序为：

$$I^- > SCN^- > Br^- > \text{曙红} > Cl^- > \text{荧光黄}$$

常用吸附指示剂见表 6-1。

表 6-1 常用吸附指示剂

指示剂	被测定离子	滴定剂	滴定条件
荧光黄	Cl^-	Ag^+	pH 7～10
二氯荧光黄	Cl^-	Ag^+	pH 4～10
曙红	Br^-、I^-、SCN^-	Ag^+	pH 2～10
溴甲酚绿	SCN^-	Ag^+	pH 4～5
二甲基二碘荧光黄	I^-	Ag^+	中性溶液
甲基紫	Ag^+	Cl^-	酸性溶液
罗丹明 6G	Ag^+	Br^-	酸性溶液
钍试剂	SO_4^{2-}	Ba^{2+}	pH 1.5～3.5

6.3 沉淀滴定法的应用与计算示例

6.3.1 可溶性氯化物中氯的测定

测定可溶性氯化物中的氯，可采用莫尔法进行测定。如果试样中含有 PO_4^{3-}、AsO_4^{3-} 等离子，由于在 pH＝6.5～10.5 时，它们也能和 Ag^+ 生成沉淀，干扰测定。因此，在这种情况下只能采用佛尔哈德法进行测定，因为在酸性条件下，这些阴离子将不会与 Ag^+ 生成沉淀，从而避免干扰。

例 6-1　称取食盐 0.2000g，溶于水后，以 K_2CrO_4 作指示剂，用 $0.1500mol \cdot L^{-1}$ $AgNO_3$ 标准溶液滴定，用去 22.50mL，计算 NaCl 的质量分数。

解　已知 NaCl 的摩尔质量为 $58.44g \cdot mol^{-1}$。

$$w(NaCl)=\frac{0.1500 \times 22.50 \times 58.44 \times 10^{-3}}{0.2000} \times 100\%=98.62\%$$

6.3.2　银合金中银的测定

将银合金溶于浓 HNO_3 中，制成溶液：

$$Ag+NO_3^-+2H^+ = Ag^+ +NO_2+H_2O$$

在溶解试样时，须煮沸溶液以除去氮的低价氧化物，因为它们能与 SCN^- 作用生成红色化合物而影响终点的观察，

$$HNO_2+H^+ +SCN^- = NOSCN(红色)+H_2O$$

试样溶解后，加入铁铵矾指示剂，用 NH_4SCN 标准溶液滴定，根据试样的质量和滴定用去的 NH_4SCN 标准溶液的浓度和体积，计算银的质量分数。

$$w(Ag)=\frac{c(NH_4SCN)V(NH_4SCN)M(Ag)}{m} \times 100\%$$

6.3.3　混合离子的滴定

在沉淀滴定中，两种混合离子能否准确进行分别滴定，主要决定于两种沉淀的溶度积常数的相对大小。例如，用 $AgNO_3$ 滴定 I^- 和 Cl^- 的混合溶液时，首先达到 AgI 的溶度积（K_{sp}）而析出 AgI 沉淀。随着 AgI 沉淀的析出，溶液中 I^- 浓度不断减少，Ag^+ 浓度的不断增加，当达到 AgCl 的 K_{sp} 时而析出 AgCl 沉淀。此时 Ag^+ 浓度同时满足 AgI 和 AgCl 的 K_{sp}，即 Cl^- 开始沉淀时，I^- 和 Cl^- 浓度的比值为：

$$\frac{[I^-]}{[Cl^-]}=\frac{K_{sp}(AgI)}{K_{sp}(AgCl)} \approx 5.0 \times 10^{-7}$$

计算说明，当 I^- 浓度降低到 Cl^- 浓度的千万分之五时，开始析出 AgCl 沉淀，在这种情况下，理论上说可以准确地进行分别滴定，但因为 I^- 被 AgI 沉淀吸附，在实际工作中产生一定的误差。若用 $AgNO_3$ 滴定 Br^- 和 Cl^- 的混合溶液时，

$$\frac{[Br^-]}{[Cl^-]}=\frac{K_{sp}(AgBr)}{K_{sp}(AgCl)} \approx 3.0 \times 10^{-3}$$

即当 Br^- 浓度降低到 Cl^- 浓度的 0.3%时，同时析出两种沉淀。显然，无法进行分别滴定，只能滴定它们的总含量。

注意：当两种混合离子浓度不同时，还要考虑浓度的影响。

例 6-2　称取含 NaCl 和 NaBr 试样 0.3750g，溶解后，用 $0.1042mol \cdot L^{-1}$ $AgNO_3$ 标准溶液滴定，用去 21.11mL。另取同样质量的试样，溶解后，加过量的 $AgNO_3$ 溶液沉淀，经过滤、沉淀、烘干后，得沉淀 0.4020g。计算试样中 NaCl 和 NaBr 的质量分数。

解　设试样中 NaCl 物质的量为 x(mol)，NaBr 物质的量为 y(mol)，滴定时消耗 $AgNO_3$ 标

准溶液的物质的量应为 NaCl 和 NaBr 的物质的量之和，即：

$$x+y=21.11\times0.1042\times10^{-3}=2.200\times10^{-3}(\text{mol}) \quad (1)$$

沉淀中 AgCl 和 AgBr 的质量分别等于它们的摩尔质量与 NaCl 和 NaBr 的物质的量的乘积：

$$xM(\text{AgCl})+yM(\text{AgBr})=143.32x+187.78y=0.4020 \quad (2)$$

即

$$143.32x+187.78y=0.4020$$

由式(1) 和式(2) 求解得：

$$x=0.2510\times10^{-3}\,\text{mol},\ y=1.949\times10^{-3}\,\text{mol}$$

故

$$w(\text{NaCl})=\frac{0.2510\times10^{-3}\times M(\text{NaCl})}{0.3750}\times100\%$$

$$=\frac{0.2510\times10^{-3}\times58.44}{0.3750}\times100\%=3.91\%$$

$$w(\text{NaBr})=\frac{1.949\times10^{-3}\times M(\text{NaBr})}{0.3750}\times100\%$$

$$=\frac{1.949\times10^{-3}\times102.90}{0.3750}\times100\%=53.48\%$$

本章要点

1. 沉淀滴定对沉淀反应的要求。

2. 沉淀滴定法主要是利用银量法测定卤素离子和 Ag^+ 等。

3. 莫尔法是以铬酸钾作指示剂，pH 为 6.5～10.5 时，以 $AgNO_3$ 标准溶液直接测定 Cl^- 和 Br^-。

4. 佛尔哈德法是以铁铵矾[$NH_4Fe(SO_4)_2\cdot12H_2O$]作指示剂，有直接法和返滴定法。直接法是在酸性介质中用 NH_4SCN 标准溶液直接滴定 Ag^+；返滴定法是测定卤素离子和硫氰酸根离子。

5. 佛尔哈德法测定 Cl^- 应采取的措施。

6. 法扬司法是利用吸附指示剂确定终点的银量法。使用吸附指示剂应注意的几点。

7. 上述三种方法的滴定条件和优缺点。

思考题

1. 银量法根据确定终点所用指示剂的不同可分为哪几种方法？它们分别用的指示剂是什么？又是如何指示滴定终点的？

2. 试讨论莫尔法的局限性。

3. 用银量法测定下列试样中 Cl^- 含量时，选用哪种指示剂指示终点较为合适？

(1) $BaCl_2$　(2) $NaCl+Na_3PO_4$　(3) $FeCl_2$　(4) $NaCl+Na_2SO_4$

4. 下列各情况，分析结果是否准确、偏低还是偏高，为什么？

(1) pH=4 时用莫尔法滴定；

(2) 法扬司法滴定 Cl^- 时，用曙红作指示剂；

(3) 佛尔哈德法测定 Cl^- 时，溶液中未加硝基苯。

5. 说明用下列方法进行测定是否会引入误差，如有误差，指出偏低还是偏高？

(1) 吸取 $NaCl+H_2SO_4$ 试液后，立刻用莫尔法测 Cl^-；

(2) 中性溶液中用莫尔法测 Br^-；

(3) 用莫尔法测定 pH=8.0 的 KI 溶液中的 I^-；

(4) 用莫尔法测定 Cl^-，但配制的 K_2CrO_4 指示剂浓度过稀。

6. 为什么用佛尔哈德法测定 Cl^- 时，引入误差的概率比测定 Br^- 或 I^- 时大?

7. 在含有相等浓度的 Cl^- 和 I^- 的溶液中，加入 $AgNO_3$ 溶液，哪一种先沉淀? 第二种离子开始沉淀时，Cl^- 和 I^- 的浓度比是多少?

8. 为了使终点颜色变化明显，使用吸附指示剂时应注意哪些问题?

习　题

1. 称取 1.922g 的分析纯 KCl，加水溶解后，定容至 250mL 的容量瓶中。用移液管移取上述试液 25.00mL，用待标定的 $AgNO_3$ 溶液滴定，用去 22.89mL，求 $AgNO_3$ 溶液的浓度。

2. 称取一含银溶液 2.075g，加入适量 HNO_3，以铁铵矾为指示剂，消耗了 25.50mL 0.04634mol·L^{-1} 的 NH_4SCN 标准溶液，计算溶液中银的质量分数。

3. 有生理盐水 10.00mL，加入 K_2CrO_4 指示剂，以 0.1043mol·L^{-1} $AgNO_3$ 标准溶液滴定至出现砖红色，用去 $AgNO_3$ 标准溶液 14.58mL，计算生理盐水中 NaCl 的质量浓度。

4. 将 30.00mL $AgNO_3$ 溶液作用于 0.1357g NaCl，过量的银离子需用 2.50mL NH_4SCN 滴定至终点。预先知道滴定 20.00mL $AgNO_3$ 溶液需要 19.85mL NH_4SCN 溶液。试计算：(1) $AgNO_3$ 溶液的浓度；(2) NH_4SCN溶液的浓度。

5. 将 0.1159mol·L^{-1} $AgNO_3$ 溶液 30.00mL 加入含有氯化物试样 0.2255g 的溶液中，然后用 3.16mL 0.1033mol·L^{-1} NH_4SCN 溶液滴定过量的 $AgNO_3$。计算试样中氯的质量分数。

6. 仅含有纯 NaCl 及纯 KCl 的试样 0.1325g，用 0.1032mol·L^{-1} $AgNO_3$ 标准溶液滴定，用去 $AgNO_3$ 溶液 21.84mL。试求试样中 NaCl 及 KCl 的质量分数。

7. 称取一定量的约含 52% NaCl 和 44% KCl 的试样。将试样溶于水后，加入 0.1128mol·L^{-1} $AgNO_3$ 溶液 30.00mL。过量的 $AgNO_3$ 需用 10.00mL 标准 NH_4SCN 溶液滴定。已知 1.00mL NH_4SCN 标准溶液相当于 1.15mL $AgNO_3$。应称取试样多少克?

8. 0.2018g MCl_2 试样溶于水，以 28.78mL 0.1473mol·L^{-1} $AgNO_3$ 溶液滴定，试推断 M 为何种元素?

9. 某混合物仅含 NaCl 和 NaBr，称取该混合物 0.3177g，以 0.1085mol·L^{-1} $AgNO_3$ 液滴定，用去 38.76mL。求混合物的组成。

第 7 章　重量分析法

7.1　重量分析法概述

7.1.1　重量分析法的分类及特点

在重量分析中，一般是先用适当的方法将被测组分与试样中的其他组分分离后，转化为一定的称量形式，然后称重，由称得的物质的质量计算该组分的含量。

根据被测组分与其他组分分离方法的不同，重量分析法可分为沉淀法和气化法。

(1) 沉淀法

沉淀法是重量分析中的主要方法。这种方法是利用沉淀反应将被测组分以难溶化合物形式沉淀出来，再将沉淀过滤、洗涤、烘干或灼烧，最后称重并计算含量。

(2) 气化法

利用物质的挥发性质，通过加热或蒸馏的方法使试样中被测组分挥发逸出，然后根据试样质量的减少计算组分的含量；或选择一吸收剂将挥发组分吸收，然后根据吸收剂质量的增加计算组分的含量。例如，要测定粮食贮藏中吸湿水的量，可将一定量的粮食样品加热，使水分逸出，根据粮食样品质量的减轻算出试样中水分的含量。

重量分析法都是根据称得的质量来计算试样中待测组分的含量，所以重量分析的全部数据都是由分析天平称量得来的。在分析过程中一般不需要基准物质和由容量器皿引入的数据，因而准确度较高，相对误差一般为 0.1%～0.2%。但重量分析操作烦琐，耗时较长，且难以测定微量成分，目前已逐渐被其他分析方法所取代。但对高含量组分如 P、W、S 等的测定，仍采用重量分析法。在校对其他分析方法的准确度时，也常用重量分析的结果作为标准。

7.1.2　重量分析对沉淀形式和称量形式的要求

利用沉淀反应进行重量分析时，通过加入适当的沉淀剂，使被测组分以沉淀形式析出，然后过滤、洗涤，再将沉淀烘干或灼烧成“称量形式”称重。沉淀形式和称量形式可能相同，也可能不同。例如，用 $BaSO_4$ 重量法测定 Ba^{2+} 或 SO_4^{2-} 时，沉淀形式和称量形式都是 $BaSO_4$，两者相同；而用草酸钙重量法测定 Ca^{2+} 时，沉淀形式是 $CaC_2O_4 \cdot H_2O$，灼烧后转化为 CaO 形式称重，两者不同。

(1) 重量分析对沉淀形式的要求

① 沉淀的溶解度要小，这样才能保证被测组分沉淀完全。

② 沉淀应易于过滤和洗涤。颗粒较粗的晶形沉淀，例如 $MgNH_4PO_4 \cdot 6H_2O$，在过滤时

不会塞住滤纸的小孔，容易过滤，而且其表面积较小，吸附杂质的机会较少，沉淀纯度高，洗涤也比较容易。如果是无定形沉淀，应注意掌握好沉淀条件，改善沉淀的性质。

③ 沉淀纯度要高，尽量避免混进杂质。

④ 沉淀形式要易转化为称量形式。

(2) 重量分析对称量形式的要求

① 称量形式必须有确定的化学组成，这是计算分析结果的依据。

② 称量形式要稳定，不受空气中的水分、二氧化碳和氧气等因素的影响。

③ 称量形式的摩尔质量要尽可能大，则少量的待测组分可以得到较大量的称量物质，从而减少称量误差，提高分析结果的准确度。例如，重量法测定 Al^{3+} 时，可以用氨水沉淀为 $Al(OH)_3$ 后灼烧成 Al_2O_3 称量，也可用 8-羟基喹啉沉淀为 8-羟基喹啉铝 $Al(C_9H_6NO)_3$ 烘干后称量。按这两种称量形式计算，0.1000g Al 可获得 0.1888g Al_2O_3 或 1.704g $Al(C_9H_6NO)_3$。分析天平的称量误差一般为±0.1mg，显然，用 8-羟基喹啉重量法测定铝的灵敏度要比氨水法高。

7.2 沉淀的溶解度及其影响因素

利用沉淀反应进行重量分析时，要求沉淀反应进行完全，一般可根据沉淀溶解度的大小来衡量。通常，在重量分析中要求被测组分在溶液中的残留量在 0.0001g 以内，即小于分析天平的称量允许误差。但是，很多沉淀不能满足这个条件。例如，在 1L 水中，$BaSO_4$ 的溶解度为 0.0023g，故沉淀的溶解损失是重量分析法误差的重要来源之一。因此，在重量分析中，必须了解各种影响沉淀溶解度的因素。

7.2.1 溶度积

水中存在难溶化合物 MA 时，MA 溶解并达饱和状态后，有如下平衡

$$MA(s) \rightleftharpoons MA(aq) \rightleftharpoons M^+ + A^-$$

式中，MA(s) 表示固态的 MA；MA(aq) 表示水溶液中的 MA，在一定温度下它的活度积 K_{ap} 是一常数，即：

$$a(M^+)a(A^-) = K_{ap} \tag{7-1}$$

由于

$$a(M^+) = \gamma(M^+)[M^+]; a(A^-) = \gamma(A^-)[A^-] \tag{7-2}$$

故

$$K_{ap} = K_{sp}^{\ominus}\gamma(M^+)\gamma(A^-) \tag{7-3}$$

由于在纯水中 MA 的溶解度很小，则 $[M^+] = [A^-] = s_o$ (7-4)

$$[M^+][A^-] = s_o^2 = K_{sp} \tag{7-5}$$

式中，s_o 是在很稀的溶液内，没有其他离子存在时 MA 的溶解度，由 s_o 所得溶度积 K_{sp} 非常接近于活度积 K_{ap}。在分析化学中，由于难溶化合物的溶解度一般都很小，溶液中的离子强度不大，活度系数接近于 1，故通常不考虑离子强度的影响。附表 11 中列出了难溶化合物在 $I=0$ 的溶度积。但在溶液中有强电解质存在时，离子强度的影响不能忽略。

7.2.2 影响沉淀溶解度的因素

影响沉淀溶解度的因素很多，如同离子效应、盐效应、酸效应、配位效应等。此外，温

度、介质、晶体结构和颗粒大小也对溶解度有影响。现分别加以讨论。

(1) 同离子效应

为了减少沉淀的溶解损失，在进行沉淀时，常加入过量的沉淀剂，以减小沉淀的溶解度，这一现象称为同离子效应。

例如，25℃时，$BaSO_4$ 在纯水中的溶解度为

$$s=\sqrt{1.1\times10^{-10}}=1.0\times10^{-5}(mol\cdot L^{-1})$$

如果使溶液中的 $[SO_4^{2-}]$ 增至 $0.10mol\cdot L^{-1}$，此时 $BaSO_4$ 的溶解度为

$$s=[Ba^{2+}]=\frac{K_{sp}}{[SO_4^{2-}]}=\frac{1.1\times10^{-10}}{0.10}=1.1\times10^{-9}(mol\cdot L^{-1})$$

$BaSO_4$ 的溶解度减小了万分之一。

在实际工作中，通常利用同离子效应，即加大沉淀剂的用量，使被测组分沉淀完全。但沉淀剂加得太多，有时可能引起盐效应或配位效应，反而使沉淀的溶解度增大。沉淀剂过量的多少，应根据沉淀剂的性质来确定。若沉淀剂不易挥发，应过量少些，一般过量20%～50%；若沉淀剂易挥发除去，则可过量多些，甚至过量100%。

(2) 盐效应

在难溶电解质的饱和溶液中，加入其他强电解质，会使难溶电解质的溶解度比同温度时在纯水中的溶解度大，这种现象称为盐效应。例如，在强电解质 KNO_3 的溶液中，AgCl、$BaSO_4$ 的溶解度比在纯水中大，而且溶解度随 KNO_3 浓度的增大而增大，当溶液中 KNO_3 的浓度由 0 增到 $0.01mol\cdot L^{-1}$时，AgCl 的溶解度由 $1.28\times10^{-5}mol\cdot L^{-1}$增到 $1.43\times10^{-5}mol\cdot L^{-1}$。

发生盐效应的原因与溶液中的离子强度即活度系数有关，离子强度的大小取决于溶液中加入的强电解质的种类和浓度。当强电解质的浓度增大到一定程度时，离子强度增大而使离子活度系数明显减小。但在一定温度下，K_{ap} 是常数，离子活度系数的减小必然使 $[M^+][A^-]$ 增大，最终致使沉淀的溶解度增大。因此，在利用同离子效应降低沉淀溶解度的同时，应考虑到盐效应的影响，即沉淀剂不能过量太多，否则将使沉淀的溶解度增大，不能达到预期的效果。

应该指出，如果沉淀本身的溶解度很小，一般来讲，盐效应的影响可以不予考虑。只有当沉淀的溶解度比较大，而且溶液的离子强度很高时，才考虑盐效应的影响。

(3) 酸效应

溶液酸度对沉淀溶解度的影响，称为酸效应。酸效应主要是由于溶液中 H^+ 浓度对弱酸、多元酸或难溶酸等解离平衡的影响。若沉淀是强酸盐，如 AgCl、$BaSO_4$ 等，则其溶解度受酸度影响不大。若沉淀是弱酸盐、多元酸盐或氢氧化物，酸度增大时，组成的阴离子如 CO_3^{2-}、$C_2O_4^{2-}$、PO_4^{3-}、SiO_3^{2-} 和 OH^- 等与 H^+ 结合，降低了阴离子的浓度，使沉淀的溶解度增大。下面以计算草酸钙沉淀的溶解度为例，来说明酸度对溶解度的影响。

$$[Ca^{2+}][C_2O_4^{2-}]=K_{sp}(CaC_2O_4) \tag{7-6}$$

草酸是二元酸，在溶液中有下列平衡：

$$H_2C_2O_4 \underset{+H^+}{\overset{-H^+}{\rightleftharpoons}} HC_2O_4^- \underset{+H^+}{\overset{-H^+}{\rightleftharpoons}} C_2O_4^{2-}$$

在不同酸度下，溶液中存在的沉淀剂总浓度 $[C_2O_4^{2-}]_总$ 应为：

$$[C_2O_4^{2-}]_总=[C_2O_4^{2-}]+[HC_2O_4^-]+[H_2C_2O_4]$$

能与 Ca^{2+} 形成沉淀的是 $C_2O_4^{2-}$，即

$$\alpha_{C_2O_4^{2-}(H)}=\frac{[C_2O_4^{2-}]_{总}}{[C_2O_4^{2-}]} \tag{7-7}$$

式中，$\alpha_{C_2O_4^{2-}(H)}$是草酸的酸效应系数，其意义和 EDTA 的酸效应系数完全一样。将式(7-7)代入式(7-6) 即得：

$$[Ca^{2+}][C_2O_4^{2-}]=[Ca^{2+}]\times\frac{[C_2O_4^{2-}]_{总}}{\alpha_{C_2O_4^{2-}(H)}}=\frac{K'_{sp}}{\alpha_{C_2O_4^{2-}(H)}}=K_{sp} \tag{7-8}$$

式中，K'_{sp}是在一定条件下草酸钙的溶度积，称为条件溶度积。利用条件溶度积可以计算不同酸度下草酸钙的溶解度。

$$s(CaC_2O_4)=[Ca^{2+}]=[C_2O_4^{2-}]_{总}=\sqrt{K'_{sp}(CaC_2O_4)}=\sqrt{K_{sp}\alpha_{C_2O_4(H)}} \tag{7-9}$$

例 7-1　比较 CaF_2 在纯水和在 $0.01mol·L^{-1}$ HCl 溶液中的溶解度。

解　已知 $K_{sp}(CaF_2)=3.4\times10^{-11}$，$K_a(HF)=3.5\times10^{-4}$。

设 CaF_2 在纯水中的溶解度为 s_1，此时

$$[Ca^{2+}][F^-]^2=s_1(2s_1)^2=3.4\times10^{-11}$$

$$s_1=2.0\times10^{-4}mol·L^{-1}$$

设 CaF_2 在 $0.01mol·L^{-1}$ HCl 溶液中的溶解度为 s_2，考虑酸效应，此时

$$\delta_{F^-}=\frac{K_a(HF)}{K_a(HF)+[H^+]}=0.035$$

$$[Ca^{2+}][F^-]^2=s_2(2s_2\delta_{F^-})^2=3.4\times10^{-11}$$

$$s_2=1.9\times10^{-3}mol·L^{-1}$$

因 $\delta_{F^-}=\frac{1}{\alpha_{F(H)}}$，也可通过求 $\alpha_{F(H)}$进行计算。

$$\alpha_{F(H)}=1+\beta_1[H^+]=1+\frac{1}{K_a}[H^+]=28.6$$

$$[Ca^{2+}][F^-]^2=s_2[2s_2/\alpha_{F(H)}]^2=3.4\times10^{-11}$$

$$s_2=1.9\times10^{-3}mol·L^{-1}$$

由上述计算可知，CaF_2 在 $0.01mol·L^{-1}$ HCl 溶液中的溶解度比在纯水中的溶解度大 10 倍。

例 7-2　计算在 pH＝5.00，草酸总浓度为 $0.05mol·L^{-1}$ 的溶液中草酸钙的溶解度。

解　在这种情况下，需同时考虑酸效应和同离子效应的影响。

设草酸钙的溶解度为 s，则：

$$[Ca^{2+}]=s$$

$$[C_2O_4^{2-}]_{总}=0.05+s\approx0.05$$

通过计算求得 pH＝5.00 时，$\alpha_{C_2O_4^{2-}(H)}=1.16$

$$[Ca^{2+}][C_2O_4{}^{2-}]=[Ca^{2+}]\frac{[C_2O_4^{2-}]_{总}}{\alpha_{C_2O_4^{2-}(H)}}=K_{sp}(CaC_2O_4)$$

$$(s\times0.05)/1.16=1.8\times10^{-9}$$

$$s=4.2\times10^{-8}mol·L^{-1}$$

(4) 配位效应

若溶液中存在配位剂，则它能与生成沉淀的离子形成配合物，使沉淀溶解度增大，这种现象称为配位效应。例如，用 Cl^- 作沉淀剂沉淀 Ag^+ 时：

$$Ag^++Cl^-\rightleftharpoons AgCl$$

如果溶液中有氨水，则 NH_3 能与 Ag^+ 配位，形成 $[Ag(NH_3)_2]^+$ 配离子，AgCl 在

0.01mol·L^{-1}氨水中的溶解度比在纯水中的溶解度大 40 倍。如果氨水的浓度足够大，则不能生成 AgCl 沉淀。配位效应使沉淀溶解度增大的程度与沉淀的溶度积和形成配合物的稳定常数的相对大小有关。形成的配合物越稳定，配位效应越显著，沉淀的溶解度越大。

由于上述沉淀剂 Cl^- 本身又是配位剂，若在 Ag^+ 溶液中加入过量很多的 Cl^-，则 Cl^- 可与 AgCl 沉淀配位成 $AgCl_2^-$ 和 $AgCl_3^{2-}$ 等配离子，造成 AgCl 沉淀的溶解度增大，对于这种情况，既要考虑盐效应，又要考虑配位效应。

依据以上讨论的同离子效应、盐效应、酸效应和配位效应对沉淀溶解度的影响程度，在进行沉淀反应时，对无配位反应的强酸盐沉淀，应主要考虑同离子效应和盐效应；对弱酸盐或难溶酸盐，多数情况应主要考虑酸效应；在有配位反应，尤其在能形成较稳定的配合物，而沉淀的溶解度又不太小时，则应主要考虑配位效应。

(5) 其他影响因素

① 温度的影响　沉淀的溶解过程绝大部分是吸热的。因此，沉淀的溶解度一般随温度升高而增大。

② 溶剂的影响　大部分无机物沉淀是离子型晶体，它们在水中的溶解度一般比在有机溶剂中大一些。例如，$PbSO_4$ 沉淀在水中的溶解度为 4.5mg·$(100mL)^{-1}$，而在 30%的乙醇水溶液中，溶解度降低为 0.23mg·$(100mL)^{-1}$。在分析化学中，经常在水溶液中加入乙醇、丙酮等有机溶剂来降低沉淀的溶解度。

③ 沉淀颗粒大小和结构的影响　同一种沉淀质量相同时，晶体颗粒大，溶解度小；颗粒小，溶解度大。因为小晶体比大晶体有更多的角、边和表面，处于这些位置的离子，受晶体内离子的吸引力小，同时又受到溶剂分子的作用，容易进入溶液中，所以小颗粒沉淀的溶解度比大颗粒大。

④ 沉淀析出形态的影响　有许多沉淀初生成时为“亚稳态”，放置后逐渐转化为“稳定态”。例如初生的 CoS 沉淀为 α 型，其 K_{sp} 为 4.0×10^{-20}，经放置后，转化为 β 型，其 K_{sp} 为 7.9×10^{-24}。

7.3　沉淀的类型和沉淀的形成

7.3.1　沉淀的类型

沉淀按其物理性质的不同分为两类：一类是晶形沉淀；另一类是无定形沉淀。无定形沉淀又称为非晶形沉淀或胶状沉淀。$BaSO_4$ 是典型的晶形沉淀，$Fe_2O_3 \cdot H_2O$ 是典型的无定形沉淀。AgCl 是一种凝乳状沉淀，按其性质来说，介于两者之间。它们的最大差别是沉淀颗粒的大小不同。颗粒最大的是晶形沉淀，其直径为 0.1～1μm；无定形沉淀的颗粒很小，直径一般小于 0.02μm；凝乳状沉淀的颗粒大小介于两者之间。从整个沉淀外形看，由于晶形沉淀是由较大的沉淀颗粒组成的，内部排列较规则，结构紧密，所以整个沉淀所占的体积比较小，极易沉降于容器的底部。无定形沉淀是由许多疏松聚集在一起的微小沉淀颗粒组成的，沉淀颗粒的排列杂乱无章，其中又包含大量数目不定的水分子，所以是疏松的絮状沉淀，整个沉淀体积庞大，不像晶形沉淀那样很好地沉降在容器的底部。

在重量分析中，最好获得晶形沉淀。晶形沉淀有粗晶形沉淀和细晶形沉淀之分，如

$MgNH_4PO_4$ 是粗晶形沉淀，$BaSO_4$ 为细晶形沉淀。

7.3.2 沉淀的形成

沉淀的形成一般要经过晶核形成和晶核长大两个过程。将沉淀剂加入试液后，当形成沉淀的离子（构晶离子）浓度幂的乘积大于该条件下此沉淀的溶度积时，离子通过相互碰撞而聚集成微小的晶核，当晶核形成后，溶液中的构晶离子向晶核表面扩散，并沉积在晶核上，晶核就逐渐长大成沉淀微粒。这种由离子形成晶核，再进一步聚集成沉淀微粒的速率称为**聚集速率**。在聚集的同时，构晶离子在一定晶格中定向排列的速率称为**定向速率**。生成沉淀的类型是由聚集速率和定向速率的相对大小所决定的。如果聚集速率大，定向速率小，离子能很快地聚集生成沉淀微粒，但却来不及进行晶格排列，则得到无定形沉淀。反之，聚集速率小，定向速率大，离子较缓慢地聚集成沉淀，有足够时间进行晶格排列，则得到晶形沉淀。

聚集速率主要由沉淀时的条件所决定，其中最重要的条件是溶液中生成沉淀物质的相对过饱和度。槐氏（Von Weimarn）在深入研究影响沉淀微粒大小因素的基础上，提出晶体微粒形成速率与溶液相对过饱和度关系的经验公式：

$$v=K(Q-s)/s \tag{7-10}$$

式中，v 为形成沉淀的初始速率（聚集速率）；Q 为加入沉淀剂瞬间沉淀物质的浓度；s 为开始沉淀时沉淀物质的溶解度；$Q-s$ 为沉淀开始瞬间的过饱和度；$(Q-s)/s$ 为沉淀开始瞬间的相对过饱和度；K 为比例常数，它与沉淀的性质、温度、溶液中存在的其他物质等因素有关。

从式(7-10) 可清楚看出，溶液的相对过饱和度大，聚集速率大，易生成无定形沉淀。若要聚集速率小，必须使相对过饱和度小，那么就要求沉淀的溶解度 s 大，加入沉淀剂瞬间沉淀物质的浓度不太大，就可能获得晶形沉淀。反之，若沉淀的溶解度很小，瞬间生成沉淀物质的浓度又很大，则形成无定形沉淀。例如 $BaSO_4$ 通常情况下为晶形沉淀，但在浓溶液（如 0.75～3$mol \cdot L^{-1}$）中进行沉淀时，也会形成无定形沉淀。

定向速率主要决定于沉淀物质的本性。一般极性强的盐类，如 $MgNH_4PO_4 \cdot 6H_2O$、$BaSO_4$、CaC_2O_4 等，具有较大的定向速率，易形成晶形沉淀。而氢氧化物具有较小的定向速率，因此其沉淀一般为非晶形。特别是高价金属离子的氢氧化物，如 $Fe(OH)_3$、$Al(OH)_3$等，结合的 OH^- 愈多，定向排列愈困难，定向速率愈小。且这类沉淀的溶解度极小，聚集速率很大，加入沉淀剂瞬间形成大量晶核，使水合离子来不及脱水，便带着水分子进入晶核，晶核又进一步聚集起来，因而一般都形成质地疏松、体积庞大、含有大量水分的非晶形胶状沉淀。二价金属离子（如 Mg^{2+}、Zn^{2+}、Cd^{2+} 等离子）的氢氧化物，如果条件适当，可以形成晶形沉淀。金属的硫化物一般都比其氢氧化物溶解度小，是非晶形或胶状沉淀。

由此可见，沉淀的类型，不仅决定于沉淀的本性，也决定于沉淀进行时的条件，若改变沉淀条件，也可能改变沉淀的类型。

7.4 沉淀的纯度

7.4.1 影响沉淀纯度的主要因素

在重量分析中，要求获得的沉淀是纯净的。但是，沉淀是从溶液中析出的，总会或多或少地夹杂溶液中的其他组分。因此，必须了解沉淀生成过程中混入杂质的各种原因，找出减少杂质混入的方法，以获得符合重量分析要求的沉淀。

7.4.1.1 共沉淀现象

当一种沉淀从溶液中析出时，溶液中的某些可溶性杂质会被沉淀带下来而混杂于沉淀中，这种现象称为共沉淀。例如，用沉淀剂 $BaCl_2$ 沉淀 SO_4^{2-} 时，如试液中有 Fe^{3+}，则由于共沉淀，在得到的 $BaSO_4$ 中常含有 $Fe_2(SO_4)_3$，因此沉淀经过滤、洗涤、干燥、灼烧后不呈 $BaSO_4$ 的纯白色，而略带 Fe_2O_3 的棕黄色。**因共沉淀而使沉淀沾污是重量分析中最主要的误差来源之一**。产生共沉淀的原因有表面吸附、形成混晶、吸留和包藏等。其中主要的是表面吸附。

(1) 表面吸附

在沉淀中，构晶离子按一定的规律排列，在晶体内部处于电荷平衡状态。但在晶体表面，离子的电荷则不完全平衡，因而会导致沉淀表面吸附杂质。例如，在 AgCl 沉淀中，整个晶体内部处于静电平衡状态，但处在沉淀表面或边角上的 Ag^+（或 Cl^-），至少有一面未和带相反电荷的 Cl^-（或 Ag^+）连接，使之受到的静电引力不均衡，因此沉淀表面的离子就有吸附溶液中带相反电荷的能力。例如，加过量 $AgNO_3$ 到 NaCl 的溶液中，生成的 AgCl 沉淀表面首先吸附溶液中过量的构晶离子 Ag^+，形成第一吸附层，为了保持电中性，吸附层中 Ag^+ 又吸附溶液中带负电荷的 NO_3^- 等离子作为抗衡离子，形成第二吸附层（或称扩散层）。这些抗衡离子中，通常有少部分被 Ag^+ 较强烈吸引，也处于吸附层中。第一吸附层和第二吸附层共同组成沉淀表面的双电层，从而使电荷达到平衡。双电层能随沉淀一起沉降，从而沾污沉淀。这种由于沉淀的表面吸附所引起的杂质共沉淀现象叫表面吸附共沉淀。图 7-1 是 AgCl 沉淀表面吸附杂质的示意图。

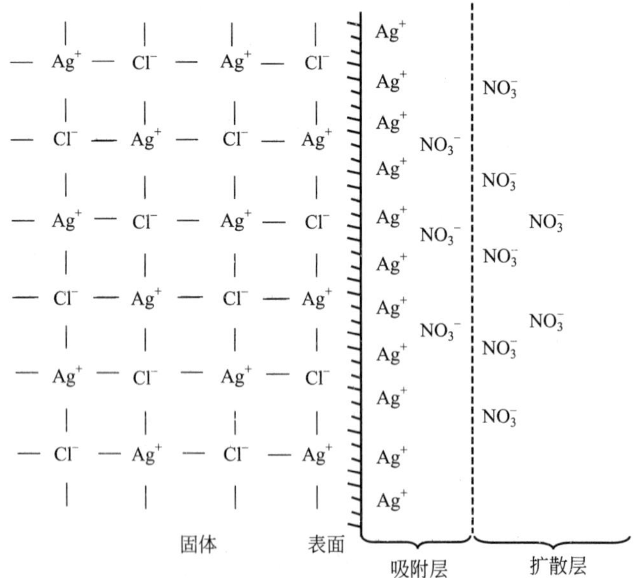

图 7-1 AgCl 沉淀表面吸附作用示意图

沉淀表面吸附离子具有选择性，一般情况下，由于沉淀剂过量，吸附层首先吸附的是构晶离子，例如，AgCl 沉淀首先吸附的是 Ag^+ 或 Cl^-。此外，与构晶离子大小相近、电荷相同的离子也容易被吸附，例如 $BaSO_4$ 沉淀的表面可以吸附溶液中的 Pb^{2+}。

对于抗衡离子，沉淀将优先吸附那些与构晶离子生成微溶或溶解度很小的化合物的离子。例如，溶液中 SO_4^{2-} 过量时，$BaSO_4$ 沉淀表面吸附 SO_4^{2-}，若溶液中存在 Ca^{2+} 及 Hg^{2+}，则扩散层的抗衡离子将主要是 Ca^{2+}，因为 $CaSO_4$ 的溶解度比 $HgSO_4$ 的小。如果 Ba^{2+} 过量，$BaSO_4$ 沉淀表面吸附 Ba^{2+}，若溶液中存在 Cl^- 及 NO_3^-，则扩散层中的抗衡离子将主要是 NO_3^-，因为 $Ba(NO_3)_2$ 的溶解度比 $BaCl_2$ 的小。

此外，沉淀表面吸附杂质的量还与下列因素有关。

① 沉淀的总表面积　同量的沉淀，颗粒愈小，表面积愈大，吸附的杂质量也就愈多。无定形沉淀的颗粒很小，比表面很大，所以表面吸附现象特别严重。

② 溶液中杂质的浓度　溶液中杂质离子浓度越大，被沉淀吸附的量越多。

③ 溶液的温度　因为吸附作用是一个放热的过程，因此，溶液温度升高时，吸附杂质的量将减少。

(2) 生成混晶

每种晶形沉淀，都有其一定的晶体结构。如果试液中杂质与沉淀具有相同的晶格，或杂质离子与构晶离子具有相同的电荷和相近的离子半径，杂质将进入晶格排列中形成混晶。例如，AgCl 和 AgBr，$BaSO_4$ 和 $PbSO_4$，$MgNH_4PO_4 \cdot 6H_2O$ 和 $MgNH_4AsO_4 \cdot 6H_2O$ 等。由于杂质是进入沉淀内部的，通常用洗涤或陈化的方法难以除去。为避免混晶的生成，最好事先将这类杂质分离除去。

(3) 吸留和包藏

在沉淀过程中，如果沉淀生成太快，则表面吸附的杂质离子来不及离开沉淀表面就被沉积上来的离子所覆盖，这样杂质就被包藏在沉淀内部，引起共沉淀，这种现象称为吸留。吸留引起共沉淀的程度，也符合吸附规律。有时母液也可能被包藏在沉淀之中，引起共沉淀。这类共沉淀不能用洗涤的方法将杂质除去，可以采用改变沉淀条件、陈化或重结晶的方法来避免。不过这种现象一般只在可溶性盐的结晶过程中比较严重，故在分析化学中不甚重要。从引入杂质方面来看，其沉淀现象对分析测试不利，但是，在分析化学中，可利用共沉淀原理富集分离溶液中的某些痕量组分（详见第 9 章的相关部分）。

7.4.1.2　*后沉淀*

当沉淀析出后，在放置过程中，溶液中某些原本难以析出沉淀的组分也会慢慢沉淀在原沉淀上面，这种现象称为后沉淀。这种情况大多发生在该组分形成的稳定的过饱和溶液中。例如，在 Mg^{2+} 存在下沉淀 CaC_2O_4 时，Mg^{2+} 由于形成稳定的草酸盐过饱和溶液而不会立即析出。如果把草酸钙沉淀立即过滤，则沉淀表面上只吸附有少量镁；若把含有 Mg^{2+} 的母液与草酸钙沉淀一起放置一段时间，则草酸镁的后沉淀量将会增加，这可能是由于草酸钙吸附草酸根，而导致草酸镁沉淀。

后沉淀所引入的杂质量比共沉淀要多，且随着沉淀放置时间的延长而增多。因此为防止后沉淀现象的发生，某些沉淀的陈化时间不宜过久。

7.4.2　提高沉淀纯度的措施

由于共沉淀及后沉淀现象，使沉淀被沾污而不纯净。为了提高沉淀的纯度，减小沾污，可采用下列措施：

① 选择适当的分析步骤　例如，测定试样中某少量组分的含量时，不要首先沉淀主要组分，否则由于大量沉淀的析出，使部分少量组分混入沉淀中，引起测定误差。

② 选择合适的沉淀剂　例如，选用有机沉淀剂，常可以减少共沉淀现象。

③ 降低易被吸附杂质离子的浓度　例如，沉淀 $BaSO_4$ 时，将 Fe^{3+} 还原为 Fe^{2+}，或者用 EDTA 将它配位，Fe^{3+} 的共沉淀现象就大为减少。

④ 选择适当的沉淀条件　针对不同类型的沉淀，选用适当的沉淀条件。

⑤ 再沉淀　将已得到的沉淀过滤后溶解，再进行第二次沉淀。第二次沉淀时，溶液中杂质的量大为降低，共沉淀或后沉淀现象自然减少。这种方法对于除去吸留和包藏的杂质效果很好。有时采用上述措施后，沉淀的纯度提高仍然不明显，则可对沉淀中的杂质进行测定，再对分析结果加以校正。

在重量分析中，共沉淀或后沉淀现象对分析结果的影响程度，随具体情况的不同而不同。例如，用 $BaSO_4$ 重量法测定 Ba^{2+} 时，如果沉淀吸附了 $Fe_2(SO_4)_3$ 等外来杂质，灼烧后不能除去，则引起正误差。如果沉淀中夹有 $BaCl_2$，最后按 $BaSO_4$ 计算，必然引起负误差。如果沉淀吸附的是挥发性的盐类，灼烧后能完全除去，则将不引起误差。

7.5　沉淀条件的选择

在重量分析中，为了获得准确的分析结果，要求沉淀完全、纯净、易于过滤和洗涤，并减少沉淀的溶解损失。为此，应根据沉淀类型，选择不同的沉淀条件，以获得符合重量分析要求的沉淀。

7.5.1　晶形沉淀的沉淀条件

(1) 沉淀反应应在稀溶液中进行

这样可使沉淀过程中溶液的相对过饱和度较小，易于获得大颗粒的晶形沉淀。同时，共沉淀现象减少，有利于得到纯净沉淀。当然，如果溶液的浓度太稀，则会由于沉淀溶解损失而超过允许的分析误差。

(2) 在不断搅拌下，慢慢地滴加沉淀剂

这样可避免当沉淀剂加入到试液中时，由于来不及扩散，导致局部相对过饱和度太大，获得颗粒较小、纯度差的沉淀。

(3) 沉淀反应应在热溶液中进行

在热溶液中，沉淀的溶解度增大，溶液的相对过饱和度降低，易获得大的晶粒；另一方面又能减少杂质的吸附，有利于得到纯净的沉淀。为了防止在热溶液中所造成的沉淀溶解损失，对溶解度较大的沉淀，沉淀完毕后必须冷却，再过滤洗涤。

(4) 陈化

陈化是在沉淀完全后，将沉淀和母液一起放置一段时间，这个过程称为“陈化”。当溶液中大小晶体同时存在时，由于微小晶体比大晶体溶解度大，溶液对大晶体已经达到饱和，而对微小晶体尚未达到饱和，因而微小晶体逐渐溶解。溶解到一定程度后，溶液对小晶体为饱和，对大晶体则为过饱和，于是溶液中的构晶离子就在大晶体上沉积。当溶液浓度降低到对大晶体是饱和溶液时，对小晶体已不饱和，小晶体又要继续溶解。这样如此继续下去，小晶体逐渐消失，大晶体不断长大，最后获得粗大的晶体。

在陈化过程中，还可以使不完整的晶粒转化为较完整的晶粒，亚稳态的沉淀转化为稳定

态的沉淀。根据具体情况，采取加热和搅拌的方法来缩短陈化时间。

陈化作用也能使沉淀变得更加纯净。这是因为大晶体的比表面较小，吸附杂质量小。同时，由于小晶体溶解，原来吸附、吸留或包藏的杂质，将重新溶入溶液中，因而提高了沉淀的纯度。但是，陈化对伴随有混晶共沉淀的沉淀反应来说，不一定能提高沉淀纯度，对伴随有后沉淀的沉淀反应，还会降低沉淀纯度。

7.5.2 无定形沉淀的沉淀条件

无定形沉淀的溶解度一般都很小，所以很难通过减小溶液的相对过饱和度来改变沉淀的物理性质。无定形沉淀的结构疏松，比表面积大，吸附杂质多，又容易胶溶，且含水量大，不易过滤和洗涤。对于无定形沉淀，主要是设法破坏胶体，防止胶溶、加速沉淀颗粒的凝聚，以便于过滤和减少杂质吸附。因此无定形沉淀的沉淀条件是：

① 沉淀反应在较浓的溶液中进行，加入沉淀剂的速度适当快些。因为溶液浓度大，离子的水合程度较小，得到的沉淀比较紧密。但此时吸附的杂质多，所以在沉淀完后，需立刻加入大量热水冲稀并搅拌，使被吸附的杂质转入溶液。

② 沉淀反应在热溶液中进行。这样可防止生成胶体，并减少杂质的吸附，还可使生成的沉淀结构紧密。

③ 溶液中加入适量的电解质，以防止胶体溶液的生成，但加入的物质应是可挥发性的盐类，如铵盐等。

④ 沉淀完毕后，应趁热过滤，不需陈化。否则，沉淀久置会失水而凝集得更紧密，使已吸附的杂质难以洗去。

此外，沉淀时不断搅拌，对无定形沉淀也是有利的。

7.5.3 均相沉淀法

在一般的沉淀方法中，沉淀剂是在不断搅拌下缓慢地加入，但沉淀剂的局部过浓现象仍很难避免。为此，可采用均相沉淀法。在这种方法中，沉淀剂不直接加入，而是通过加入到溶液中的试剂发生化学反应，逐步地、均匀地在溶液内部产生沉淀剂（构晶阳离子或阴离子），从而使沉淀在整个溶液中缓慢地、均匀地析出，避免了局部过浓现象。

例如，用均相沉淀法沉淀 Ca^{2+} 时，于含有 Ca^{2+} 的酸性溶液中加入 $H_2C_2O_4$，由于酸效应的影响，此时不能析出 CaC_2O_4 沉淀。向溶液中加入尿素，加热至 90℃左右时，尿素发生水解：

$$CO(NH_2)_2 + H_2O \longrightarrow CO_2\uparrow + 2NH_3$$

水解产生的 NH_3 均匀地分布在溶液的各个部分。随着 NH_3 的不断产生，溶液的酸度渐渐降低，$C_2O_4^{2-}$ 的浓度渐渐增大，最后均匀而缓慢地析出 CaC_2O_4 沉淀。在沉淀过程中，溶液的相对过饱和度始终是比较小的，所以得到的是粗大的晶形 CaC_2O_4 沉淀。

此外，也可以利用配合物的解离反应或氧化还原反应进行均匀沉淀。如利用配合物解离的方法沉淀 SO_4^{2-}，可先将 EDTA-Ba^{2+} 配合物加到含 SO_4^{2-} 的试液中，然后加入一试剂破坏 EDTA-Ba^{2+}，使配合物逐渐解离，Ba^{2+} 在溶液中均匀地释出，使 $BaSO_4$ 均匀沉淀。

利用氧化还原反应的均匀沉淀法，如：

$$2AsO_3^{3-} + 3ZrO^{2+} + 2NO_3^- \longrightarrow (ZrO)_3(AsO_4)_2\downarrow + 2NO_2^-$$

此法应用于测定 ZrO^{2+}，于 AsO_3^{3-} 的 H_2SO_4 溶液中，加入 NO_3^-，将 AsO_3^{3-} 氧化为

AsO_4^{3-}，使 $(ZrO)_3(AsO_4)_2$ 均匀沉淀。

7.6 有机沉淀剂的应用

有机沉淀剂与金属离子形成沉淀的选择性高，沉淀具有组成恒定、摩尔质量大、溶解度小、吸附无机杂质少等优点，虽然应用于重量分析中的有机沉淀剂并不多，但由于它克服了无机沉淀剂的某些不足之处，因而在分析化学中得到了广泛的应用。

有机沉淀剂与金属离子通常形成螯合物沉淀或缔合物沉淀。因此，有机沉淀剂也可分为生成螯合物的沉淀剂和生成缔合物的沉淀剂两类。

7.6.1 生成螯合物的沉淀剂

能形成螯合物沉淀的有机沉淀剂，至少有两个基团。一个是酸性基团，如—OH、—COOH、—SH、$—SO_3H$ 等；另一个是碱性基团，如$—NH_2$、—NH—、═N—、═C═O及═C═S 等。这些官能团具有未被共用的电子对，可以与金属离子以配位键结合形成配合物。例如，Mg^{2+} 和 8-羟基喹啉的反应为：

$$Mg(H_2O)_6^{2+} + 2\,(\text{8-羟基喹啉}) \rightleftharpoons Mg(C_9H_6NO)_2(H_2O)_2 + 2H^+ + 4H_2O$$

螯合物中虽然还有两个配位水分子，但因为整个螯合物不带电荷，其中又有相对摩尔质量较大的疏水基团——喹啉，所以生成微溶于水的螯合物沉淀。

7.6.2 生成缔合物的沉淀剂

某些相对分子质量较大的有机沉淀剂在水溶液中能解离出大体积的阳离子或阴离子，它们能与带相反电荷的离子结合成溶解度很小的离子缔合物沉淀。例如，四苯硼酸阴离子与 K^+ 反应后生成溶解度很小的 $KB(C_6H_5)_4$，该沉淀组成恒定，烘干后即可直接称量，因此 $NaB(C_6H_5)_4$ 常用作测定 K^+ 的沉淀剂。

7.7 重量分析的计算和应用示例

7.7.1 重量分析结果的计算

(1) 化学因数

在重量分析中，多数情况下称量形式与被测组分的形式不同，需要将称量形式的质量换算成被测组分的质量。被测组分的摩尔质量与称量形式的摩尔质量之比是一常数，这一常数通常称为化学因数或换算因数，用 F 表示。**书写化学因数时，必须使被测组分化学式与称**

量形式化学式中相应的原子数目相等。

例 7-3　在镁的测定中，先将 Mg^{2+} 沉淀为 $MgNH_4PO_4$，再灼烧成 $Mg_2P_2O_7$ 称量。若 $Mg_2P_2O_7$ 质量为 0.3515g，则镁的质量为多少？

解　每一个 $Mg_2P_2O_7$ 分子含有两个镁原子，故化学因数 $F=\frac{2M(Mg)}{M(Mg_2P_2O_7)}=0.2185$

$$m(Mg)=m(Mg_2P_2O_7)\times 0.2185=0.3515\times 0.2185=0.07680(g)$$

(2) 求质量分数

由称量形式的质量 $m_{称}$、化学因数 F 以及所称试样重 G，可求出被测组分的质量分数，

$$w=\frac{m_{称}F}{G}$$

例 7-4　测定某试样中铁的含量时，称取试样 0.2500g，经处理后其沉淀形式为 $Fe(OH)_3$，然后灼烧为 Fe_2O_3，称得其质量为 0.1245g，求此试样中铁的质量分数；若以 Fe_3O_4 表示结果，其质量分数又为多少？

解　以铁表示时：

$$w(Fe)=\frac{m(Fe_2O_3)\times\frac{2M(Fe)}{M(Fe_2O_3)}}{G}\times 100\%=\frac{0.1245\times 0.6994}{0.2500}\times 100\%=34.83\%$$

以 Fe_3O_4 表示时：

$$w(Fe_3O_4)=\frac{m(Fe_2O_3)\times\frac{2M(Fe_3O_4)}{3M(Fe_2O_3)}}{G}\times 100\%=\frac{0.1245\times 0.9664}{0.2500}\times 100\%=48.13\%$$

用不同形式表示分析结果时，由于化学因数不同，所得结果也不同。

7.7.2　应用实例

(1) 硫酸根的测定

用 $BaCl_2$ 将 SO_4^{2-} 沉淀成 $BaSO_4$，再灼烧、称量。由于 $BaSO_4$ 沉淀颗粒较细，浓溶液中沉淀时可能形成胶体。$BaSO_4$ 不易被一般溶剂溶解，不能进行二次沉淀，因此沉淀应在稀盐酸溶液中进行。溶液中不允许有酸不溶物和易被吸附的离子（如 Fe^{3+}、NO_3^- 等）存在。对于存在的 Fe^{3+}，常采用 EDTA 配位掩蔽。

(2) 硅酸盐中二氧化硅的测定

大多数硅酸盐不溶于酸，因此试样一般需用碱性溶剂熔融后，再加酸处理，此时金属元素成为离子溶于酸中，大部分硅酸根成胶状硅酸 $SiO_2\cdot xH_2O$ 析出，少部分需经脱水后沉淀。经典方法是用盐酸反复蒸干脱水，准确度虽高，但操作麻烦、费时。近年来，用长碳链季铵盐，如十六烷基三甲基溴化铵（简称 CTMAB）作沉淀剂，它在溶液中成带正电荷胶粒，可以不再加盐蒸干，而将硅酸定量沉淀，所得沉淀疏松而易洗涤。得到的硅酸沉淀，需经高温灼烧才能完全脱水和除去带入的沉淀剂。但即使经过灼烧，一般仍带有不挥发的杂质（如铁、铝等的化合物）。在要求较高的分析中，灼烧、称量后，加氢氟酸和 H_2SO_4 再加热灼烧，使 SiO_2 转换成 SiF_4 挥发逸去，再称量，从两次所得质量的差可计算出纯 SiO_2 的质量。

(3) 磷的测定

如测定磷酸二氢铵、磷酸氢二铵中的有效磷，采用磷钼酸喹啉重量法（GB 102070—

1988)。磷酸盐用酸分解后，可能生成偏磷酸 HPO_3 或次磷酸 H_3PO_2 等，故在沉淀前要用硝酸处理，使之全部转变为正磷酸 H_3PO_4。磷酸在酸性溶液中（7%～10% HNO_3）与钼酸钠和喹啉作用，形成磷钼酸喹啉沉淀：

$$H_3PO_4 + 3C_9H_7N + 12Na_2MoO_4 + 24HNO_3 \rightleftharpoons (C_9H_7N)_3H_3[PO_4 \cdot 12MoO_3] \cdot H_2O \downarrow + 11H_2O + 24NaNO_3$$

沉淀经过滤、烘干、除去水分后称量。

(4) 其他

如丁二酮肟与 Ni^{2+} 生成鲜红色沉淀，该沉淀组成恒定，经烘干后称量，可得到满意的测定结果。钢铁及合金中的镍即采用此法测定（参见 GB 223.25—1994）。

本章要点

1. 重量分析法的特点和分类。

2. 重量分析法对沉淀形式和称量形式的要求。

3. 条件溶度积和溶度积的关系以及溶解度的计算。

4. 影响沉淀溶解度的各因素以及影响结果，如何利用和消除。

5. 考虑同离子效应、酸效应和配位效应等条件下，沉淀溶解度的计算。

6. 沉淀的类型：沉淀的类型是由聚集速率和定向速率的相对大小所决定。聚集速率大，定向速率小，形成无定形沉淀；反之形成晶形沉淀。

聚集速率主要由沉淀时的条件所决定，定向速率主要决定于沉淀物质的本性。

7. 影响沉淀纯度的主要因素及减免措施。

8. 沉淀条件的选择。

(1) 晶形沉淀的沉淀条件：稀、热、慢、搅、陈化；

(2) 无定形沉淀的沉淀条件：浓、热、搅、不陈。

9. 均相沉淀法：通过化学反应，逐步而均匀地产生沉淀剂，使沉淀在整个溶液中缓慢地、均匀地析出。

10. 化学因数：被测组分的摩尔质量与称量形式的摩尔质量之比，被测组分化学式与称量形式化学式中相应的原子数目必须相等。

思 考 题

1. 沉淀形式和称量形式有何区别？试举例说明之。

2. Ni^{2+} 与丁二酮肟（DMG，分子式 $C_4H_8N_2O_2$）在一定条件下形成丁二酮肟镍［$Ni(DMG)_2$］沉淀，然后可以采用两种方法测定：一是将沉淀洗涤、烘干，以 $Ni(DMG)_2$ 形式称重；二是将沉淀再灼烧成 NiO 的形式称重，采用哪一种方法较好？为什么？

3. 为了使沉淀定量完成，必须加入过量沉淀剂，为什么又不能过量太多？

4. 共沉淀和后沉淀区别何在？对重量分析有什么不良影响？在分析化学中什么情况下需要利用共沉淀？

5. 沉淀是怎样形成的？形成沉淀的类型主要与哪些因素有关？其中哪个因素主要由沉淀本性决定？哪个因素与沉淀条件有关？

6. 什么是均相沉淀法？与一般沉淀法相比，有何优点？

7. 要获得纯净而易于分离和洗涤的晶形沉淀，需采取些什么措施？为什么？

8. 在测定 Ba^{2+} 时，如果 $BaSO_4$ 中有少量 $BaCl_2$ 共沉淀，测定结果将偏高还是偏低？如有 Na_2SO_4、

$Fe_2(SO_4)_3$、$BaCrO_4$ 共沉淀，它们对测定结果有何影响？如果测定 SO_4^{2-} 时，$BaSO_4$ 中带有少量沉淀 $BaCl_2$、Na_2SO_4、$BaCrO_4$、$Fe_2(SO_4)_3$，对测定结果又分别有何影响？

9. 某溶液中含 SO_4^{2-}、Mg^{2+} 两种离子，欲用重量法测定，试拟定简要方案。

10. 重量分析的一般误差来源是什么？怎样减少这些误差？

11. 什么是化学因数？运用化学因数时，应注意什么问题？

12. 试简要讨论重量分析和滴定分析两类分析方法的优缺点。

习　题

1. $BaSO_4$ 和 $Mg(OH)_2$ 的 K_{sp} 分别为 1.1×10^{-10} 和 1.8×10^{-11}，问两者在水中的溶解度哪一个大？

2. 求氟化钙的溶解度：

(1) 在纯水中（忽略水解）；

(2) 在 $0.01mol\cdot L^{-1}$ $CaCl_2$ 溶液中；

(3) 在 $0.001mol\cdot L^{-1}$ HCl 溶液中。

3. 计算 pH＝5.0，草酸总浓度为 $0.04mol\cdot L^{-1}$ 时，草酸钙的溶解度。如果溶液的体积为 300mL，将溶解多少克 CaC_2O_4？

4. 计算下列换算因数：

(1) 根据 $Mg_2P_2O_7$ 测定 $MgSO_4\cdot7H_2O$；

(2) 根据 $(NH_4)_3PO_4\cdot12MoO_3$ 测定 P 和 P_2O_5；

(3) 根据 $Cu(C_2H_3O_2)_2\cdot3Cu(AsO_2)_2$ 测定 As_2O_3 和 CuO；

(4) 根据丁二酮肟镍 $Ni(C_4H_8N_2O_2)_2$ 测定 Ni；

(5) 根据 8-羟基喹啉铝 $(C_9H_6NO)_3Al$ 测定 Al_2O_3。

5. 欲获得 0.30g $Mg_2P_2O_7$ 沉淀，应称取含镁 4.0%的合金试样多少克？

6. 测定磁铁矿（不纯的 Fe_3O_4）中的 Fe_3O_4 含量时，将试样溶解后，把 Fe^{3+} 沉淀为 $Fe(OH)_3$，然后灼烧为 Fe_2O_3，称得 Fe_2O_3 为 0.1501g，求 Fe_3O_4 的质量。

7. 取磷肥 2.500g，萃取其中有效 P_2O_5，制成 250mL 试液，吸取 10.00mL 试液，加入 HNO_3，加 H_2O 稀释至 100mL，加喹钼柠酮试剂，将其中 H_3PO_4 沉淀为磷钼酸喹啉。沉淀分离后洗涤至中性，然后加 25.00mL $0.2500mol\cdot L^{-1}$ NaOH 溶液，使沉淀完全溶解。过量的 NaOH 以酚酞作指示剂用 $0.2500mol\cdot L^{-1}$ HCl 溶液回滴，用去 3.25mL。计算磷肥中有效 P_2O_5 的质量分数。[提示：化学反应方程式为 $(C_9H_7N)_3H_3[PO_4\cdot12MoO_3]\cdot H_2O+26NaOH = Na_2HPO_4+12Na_2MoO_4+3C_9H_7N+15H_2O$]

8. 有纯的 CaO 和 BaO 的混合物 2.212g，转化为混合硫酸盐后重 5.023g，计算原混合物中 CaO 和 BaO 的质量分数。

9. 有纯的 AgCl 和 AgBr 混合试样质量为 0.8132g，在 Cl_2 气流中加热，使 AgBr 转化为 AgCl，则原试样的质量减轻了 0.1450g，计算原试样中氯的质量分数。

10. 称取 0.4817g 硅酸盐试样，将它作适当处理后，获得 0.2630g 不纯的 SiO_2（含有 Fe_2O_3、Al_2O_3 等杂质）。将不纯的 SiO_2 用 H_2SO_4-HF 处理，使 SiO_2 转化为 SiF_4 而除去。残渣经灼烧后，其质量为 0.0013g。计算试样中纯 SiO_2 的含量。若不经 H_2SO_4-HF 处理，杂质造成的误差有多大？

11. 称取含有 NaCl 和 NaBr 的试样 0.5776g，用重量法测定，得到二者的银盐沉淀为 0.4403g；另取同样质量的试样，用沉淀滴定法滴定，消耗 $0.1074mol\cdot L^{-1}$ $AgNO_3$ 25.25mL 溶液。求 NaCl 和 NaBr 的质量分数。

第 8 章　吸光光度法

8.1　方法概述

吸光光度法是基于物质对光的选择性吸收而建立起来的分析方法，包括比色法、可见及紫外吸光光度法等。本章重点讨论可见光区的吸光光度法。

8.1.1　比色和吸光光度法的特点

比色法是吸光光度法的一种，它是通过比较或测量有色物质溶液颜色深浅来确定待测组分含量的方法。有色物质溶液颜色的深浅与其浓度有关，浓度愈大，颜色愈深。早在公元初古希腊人就曾利用比色法用五倍子溶液测定醋中的铁，但比色法作为一种定量分析方法，始于 19 世纪 30～40 年代。随着近代测试仪器的发展，目前已普遍使用分光光度计测量物质的吸光程度。因此，**吸光光度法又称分光光度法，是测定试样中微量组分的一种常用分析方法**。

例如，有一生物样品含铁量为 0.001%，若用滴定法测定，即使称取 1g 试样，也仅含铁 0.01mg。试样经处理后，用 $1.8\times10^{-3}mol\cdot L^{-1}$ 的 $KMnO_4$ 标准溶液滴定，到达终点时，所需 $KMnO_4$ 溶液的体积仅为 0.02mL。通常滴定管的读数误差就有 0.02mL，显然不能用滴定法测定该试样中的含铁量。但是，在适当的反应条件下加入一种试剂，如 1,10-邻二氮菲，使它与 Fe^{2+} 生成橙红色配合物，即可用吸光光度法测定其含量。

比色法和吸光光度法具有以下特点：

① 灵敏度高。常可不经富集用于测定质量分数为 10^{-2}～10^{-5} 的微量组分，甚至可测定质量分数低至 10^{-6}～10^{-8} 的痕量组分。通常所测试的浓度下限达 10^{-5}～$10^{-6}mol\cdot L^{-1}$。

② 准确度高。一般目视比色法的相对误差为 5%～10%，分光光度法为 2%～5%。

③ 应用广泛。几乎所有的无机离子和许多有机化合物都可以直接或间接地用吸光光度法进行测定。不仅用于测定微量组分，也能用于配合物组成、化学平衡等的研究。

④ 仪器简单，操作方便，快速。近年来，由于新的、灵敏度高、选择性好的显色剂不断出现，以及化学计量学方法的应用，常常可以不经分离就能直接进行比色或分光光度测定。

8.1.2　光的基本性质

光是一种电磁波，把光按照波长或频率排列成谱称为电磁波谱或光谱。如以波长大小排列，可得到如表 8-1 所示的电磁波谱表。

理论上，将仅具有某一波长的光称为**单色光**，单色光由具有相同能量的光子所组成。由不同波长的光组合而成的光称为**复合光**。人眼能感觉到的光的波长大约在 400～750nm 之间，称为可见光，不同波长的光呈现不同的颜色，从 750nm 到 400nm 分别是红、橙、黄、绿、青、蓝、紫等光。这些色光按照一定的比例混合可得到白光，所以白光是一种复合光，如日光、白炽灯光等可见光都是复合光。

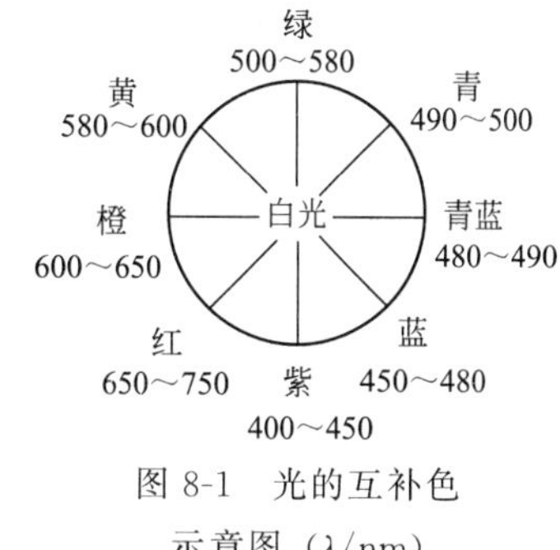

图 8-1　光的互补色示意图（λ/nm）

此外，如果把两种适当颜色的单色光按一定强度比例混合，也能得到白光。这两种单色光称为**互补色光**，其颜色称为互补色。各种颜色的互补关系可参考图 8-1。例如黄光和蓝光互补，绿光和紫光互补等。

表 8-1　电磁波谱表

光谱名称	波长范围	跃迁类型	辐射源	分析方法
γ 射线	0.005～0.14nm			
X 射线	10^{-1}～10nm	K 和 L 层电子	X 射线光谱法	X 射线光谱法
远紫外光	10～200nm	中层电子	氢、氘、氙灯	真空紫外光分光光度法
近紫外光	200～400nm	价电子	氢、氘、氙灯	紫外光分光光度法
可见光	400～750nm	价电子	钨灯	比色及可见光分光光度法
近红外光	0.75～2.5μm	分子振动	碳化硅热棒	近红外光分光光度法
中红外光	2.5～5.0μm	分子振动	碳化硅热棒	中红外光分光光度法
远红外光	5.0～1000μm	分子转动和振动	碳化硅热棒	远红外光分光光度法
微波	0.1～100cm	分子转动	电磁波发生器	微波光谱法
无线电波	1～100m			核磁共振光谱法

8.1.3　物质对光的选择性吸收

物质的颜色是因物质对不同波长的光具有选择性吸收而产生的。

对固体物质来说，当白光照射到物质上时，如果物质对各种波长的光完全吸收，则呈现黑色；如果完全反射，则呈现白色；如果对各种波长的光均匀吸收，则呈现灰色；如果选择性吸收某些波长的光，则呈现反射或透射光的颜色。对溶液来说，溶液呈现不同的颜色是由于溶液中的质点（离子或分子）对不同波长的光具有选择性吸收而引起的。

当白光通过某种溶液时，如果它选择性地吸收了白光中某种色光，则溶液呈现透射光的颜色，也就是说，溶液呈现的是它吸收光的互补色光的颜色。例如：$KMnO_4$ 溶液因选择性吸收了白光中的绿色光而呈现紫红色，物质呈现的颜色与吸收光之间的关系见表 8-2。

表 8-2　物质呈现的颜色与吸收光颜色和波长的关系

物质呈现的颜色	吸收光的颜色	吸收光的波长范围 λ/nm
黄绿	紫	400～450
黄	蓝	450～480
橙	绿蓝	480～490
红	蓝绿	490～500
紫红	绿	500～560
紫	黄绿	560～580
蓝	黄	580～600
绿蓝	橙	600～650
蓝绿	红	650～750

(1) 物质对光具有选择性吸收的原因

不同的物质粒子由于结构不同而具有不同的量子化能级，其能量差也不相同。所以，只有当照射光的光子能量 $h\nu$ 与被照射物质的分子、原子或离子由基态到激发态之间的能量之差相当时，这个波长的光才可能被吸收，所以物质对光的吸收具有选择性。

(2) 吸收光谱

如果将各种波长的单色光依次通过某一固定浓度的有色溶液，测定每一波长下有色溶液对光的吸收程度（即吸光度 A），然后以波长为横坐标，吸光度为纵坐标作图，所得到的曲线，称为该溶液的吸收曲线或吸收光谱。图 8-2 为四种不同浓度 $KMnO_4$ 溶液的光吸收曲线。由图可以看出：

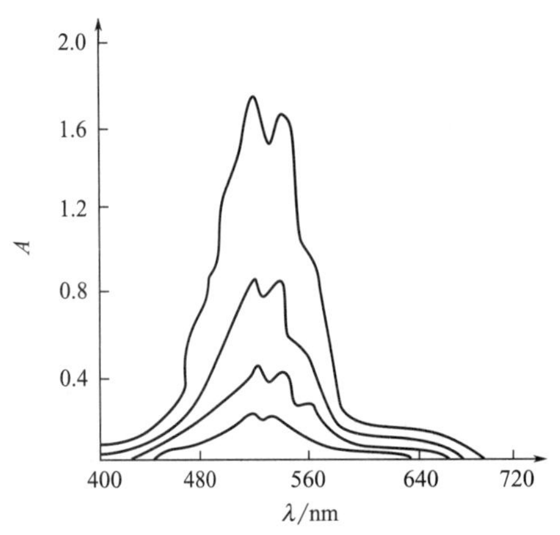

图 8-2 $KMnO_4$ 溶液的光吸收曲线

① $KMnO_4$溶液对不同波长的光吸收程度不同。对绿色光区中的 525nm 的光吸收最多，有一吸收高峰，相应的波长称最大吸收波长，用 λ_{max}表示。相反，对红色和紫色光则基本不吸收，所以 $KMnO_4$ 溶液呈现紫红色。这说明了物质呈现颜色的原因是对光的选择性吸收。

② 同一物质的吸收曲线形状是一定的。不同浓度 $KMnO_4$ 溶液的吸收曲线形状相似，λ_{max}不变。即吸收曲线的形状只受吸光物质的种类和溶剂性质影响，而与浓度无关。不同物质在同一溶剂中有不同的 λ_{max}和曲线形状，这些特性可作为物质定性分析的基础，但它们只能作为辅助定性手段，而不能作为唯一的定性依据。

③ 同一物质不同浓度的溶液，在一定波长处吸光度随浓度增加而增大，这个特性可作为物质定量分析的依据。若在最大吸收波长处测定吸光度，灵敏度最高。因此，**吸收曲线是吸光光度法定量分析时选择测定波长的重要依据**。

8.2 吸光光度法的基本原理

8.2.1 朗伯-比耳定律

朗伯-比耳定律（Lambert-Beer's law）是吸光光度法定量分析的理论基础。这个定律是由实验观察得到的，建立了物质对光的吸收程度与液层厚度及溶液浓度间的定量关系。

1760 年，朗伯（Lambert）提出，当用适当波长的单色光照射一固定浓度、均匀的溶液时，则光的吸收程度与液层厚度成正比，这种关系称为 Lambert 定律。表达式如下：

$$A=\lg\frac{I_0}{I}=-\lg T=K_1 b \tag{8-1a}$$

式中，I_0、I 分别表示入射光强度和透射光强度。透射光强度 I 与入射光强度 I_0 之比称为透光度或透光率，用 T 表示，即：

$$T=\frac{I}{I_0}$$

透光度常用 T 的百分数（$T\%$）表示。溶液的透光度愈大，说明对光的吸收愈少；反之，它对光的吸收愈多。

同时，式中 $\lg(I_0/I)$ 表明了溶液对光的吸收程度，定义为**吸光度**，并用符号 A 表示，K_1 为比例系数，b 为液层厚度（样品的光程长度）。朗伯定律适用于任何非散射的均匀介质。

1852 年比耳（Beer）研究了各种无机盐水溶液对红光的吸收后提出：当用适当波长的单色光照射一定厚度的、均匀的溶液时，则光的吸收程度与溶液浓度成正比，即为比耳定律。表达式如下：

$$A=\lg\frac{I_0}{I}=-\lg T=K_2c \tag{8-1b}$$

式中，K_2 为比例系数；c 为溶液浓度。

如果同时考虑溶液的浓度及液层的厚度对光吸收的影响，可将式(8-1a) 与式(8-1b) 合并，得到朗伯-比耳定律，即物质对光吸收的基本定律，用下式表示：

$$A=\lg\frac{I_0}{I}=-\lg T=Kbc \tag{8-2}$$

上式的物理意义为：**当一束平行的单色光通过单一均匀的、非散射的吸光物质溶液时，溶液的吸光度 A 与吸光物质的浓度和光通过的液层厚度的乘积成正比**。朗伯-比耳定律不仅适用于溶液，也适用于其他均匀的、非散射的吸光物质（包括气体和固体）。它不仅适用于可见光区，也适用于紫外光区和红外光区，是各类吸光光度法定量分析的依据。实际应用时，研究吸光度与物质浓度的关系更为重要，故习惯上将朗伯-比耳定律简称比耳定律。

式(8-2) 中 K 称为吸光系数，与吸光物质的性质、入射光波长、温度等因素有关。其数值及单位随 b、c 所取单位的不同而不同。当 b 的单位用 cm，c 的单位用 $\mathrm{g\cdot L^{-1}}$ 时，吸光系数的单位为 $\mathrm{L\cdot g^{-1}\cdot cm^{-1}}$，此时 K 用 a 表示，则式(8-2) 成为：

$$A=abc \tag{8-3}$$

如果溶液浓度 c 的单位用 $\mathrm{mol\cdot L^{-1}}$，b 的单位用 cm，则吸光系数就称为摩尔吸光系数，用符号 ε 表示，单位为 $\mathrm{L\cdot mol^{-1}\cdot cm^{-1}}$，此时式(8-2) 成为：

$$A=\varepsilon bc \tag{8-4}$$

在实际工作中 ε 用得较多，许多有色体系的 ε 已被测定，可从相关分析化学手册上查到。

ε 是吸光物质在一定波长和溶剂条件下的一个特征常数，它与入射光波长、溶剂的性质以及温度等因素有关，而与溶液的浓度及液层厚度无关。**ε 在数值上等于浓度为 $1\mathrm{mol\cdot L^{-1}}$ 吸光物质在 1cm 光程中的吸光度，是物质吸光能力的量度。它可以作为定性鉴定的参数，也可以估量定量方法的灵敏度。**同一物质与不同的显色剂反应生成不同的有色化合物时，具有不同的 ε 值。ε 值大，说明有色物质对入射光的吸收能力强，显色反应的灵敏度高。ε 值大多处在 $10^4\sim10^5$ 的数量级，根据 ε 值的大小可选择适宜的显色反应体系。

在分析实践中，显然不能直接采用 c 为 $1\mathrm{mol\cdot L^{-1}}$ 这样高的浓度来测定 ε，一般均在很稀浓度下实验，通过计算求得 ε 值。所得数据按式(8-4) 计算。

ε 与 a 的关系为

$$\varepsilon=Ma \tag{8-5}$$

式中，M 为所测物质的摩尔质量。

例 8-1　用1,10-邻二氮菲光度法测定 Fe^{2+}，已知 Fe^{2+} 的浓度为 $1.0\mu g \cdot mL^{-1}$，比色皿厚度为2.0cm，在波长510nm处测得吸光度 $A=0.380$，计算该显色反应的吸光系数 a 和摩尔吸光系数 ε。

解　已知 $b=2.0cm$、$A=0.380$，铁的摩尔质量 $M=55.85g \cdot mol^{-1}$

(1) Fe^{2+} 的浓度用 $g \cdot L^{-1}$ 表示时，$c=1.0\times10^{-3}g \cdot L^{-1}$

吸光系数　$$a=\frac{A}{bc}=\frac{0.380}{2.0\times1.0\times10^{-3}}=1.9\times10^{2}(L \cdot g^{-1} \cdot cm^{-1})$$

(2) Fe^{2+} 的浓度用 $mol \cdot L^{-1}$ 表示时，$c=\frac{1.0\times10^{-3}}{55.85}=1.8\times10^{-5}(mol \cdot L^{-1})$

摩尔吸光系数 $$\varepsilon=\frac{A}{bc}=\frac{0.380}{2.0\times1.8\times10^{-5}}=1.1\times10^{4}(L \cdot mol^{-1} \cdot cm^{-1})$$

也可采用公式(8-5) 计算：$$\varepsilon=Ma=55.85\times1.9\times10^{2}=1.1\times10^{4}(L \cdot mol^{-1} \cdot cm^{-1})$$

应当指出的是，上例求得的 ε 值是把待测组分看作完全转变为有色化合物计算的。实际上，溶液中的有色物质浓度常因副反应的发生并不完全符合这种化学计量关系，因此，求得的摩尔吸光系数称为表观摩尔吸光系数。

在多组分体系中，如果各种吸光物质之间没有相互作用，这时体系的总吸光度等于各组分吸光度之和，即**吸光度具有加和性**。由此可得：

$$A_{总}=A_1+A_2+\cdots+A_n=\varepsilon_1 bc_1+\varepsilon_2 bc_2+\cdots+\varepsilon_n bc_n \tag{8-6}$$

式中，下标指各吸收组分。

8.2.2　偏离比耳定律的原因

采用吸光光度法定量分析某组分时，通常先配制一系列标准溶液，按所需条件显色后，选择测定波长和固定的比色皿厚度，分别测定它们的吸光度 A。以 A 为纵坐标，浓度 c 为横坐标，绘制浓度与吸光度的关系曲线，称为**工作曲线**（或称标准曲线）。在相同条件下测得试液的吸光度，从工作曲线上查得试液的浓度，进而计算试样中待测组分的含量，这就是**标准曲线法**。根据朗伯-比耳定律：$A=\varepsilon bc$，该曲线为通过原点的一条直线。但在实际工作中，经常发现标准曲线不成直线的情况，特别是吸光物质浓度较高时，明显看到标准曲线向浓度轴弯曲（个别情况向吸光度轴弯曲），如图 8-3 所示，这种现象称为对比耳定律的偏离。

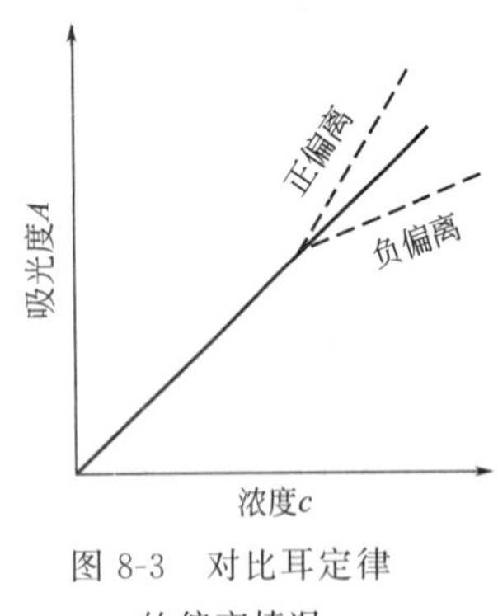

图 8-3　对比耳定律的偏离情况

在一般情况下，若偏离比耳定律的程度不严重，仍可用于定量分析。但若在标准曲线严重弯曲部分进行测定，将引入较大误差。为此，有必要了解偏离比耳定律的原因，以便在实际工作中正确控制和选择测量条件。

偏离比耳定律的原因有很多，概括起来主要有两方面，一个是物理因素，另一个是化学因素。

8.2.2.1　物理因素

(1) 非单色光的影响

为讨论方便起见，假设入射光仅由波长为 λ_1 和 λ_2 的两单色光组成，通过浓度为 c 的溶液，则：

对于 λ_1，$A_1=\lg\frac{I_{0_1}}{I_{t_1}}=\varepsilon_1 bc$

对于 λ_2，$A_2=\lg\frac{I_{0_2}}{I_{t_2}}=\varepsilon_2 bc$

$$I_{t_1}=I_{0_1}10^{-\varepsilon_1 bc}\text{；}I_{t_2}=I_{0_2}10^{-\varepsilon_2 bc}$$

式中，I_{0_1}、I_{0_2} 分别为 λ_1、λ_2 的入射光强度；I_{t_1}、I_{t_2} 分别为 λ_1、λ_2 的透射光强度；ε_1、ε_2 分别为 λ_1、λ_2 处的摩尔吸收系数。因实际上只能测总吸光度 $A_{总}$，故：

$$\begin{aligned}A_{总}&=\lg\frac{I_{0_{总}}}{I_{t_{总}}}\\&=\lg\frac{I_{0_1}+I_{0_2}}{I_{t_1}+I_{t_2}}\\&=\lg\frac{I_{0_1}+I_{0_2}}{I_{0_1}10^{-\varepsilon_1 bc}+I_{0_2}10^{-\varepsilon_2 bc}}\end{aligned}$$

令 $\varepsilon_1-\varepsilon_2=\Delta\varepsilon$；设 $I_{0_1}=I_{0_2}$，则：

$$\begin{aligned}A_{总}&=\lg\frac{2I_{0_1}}{I_{t_1}(1+10^{\Delta\varepsilon bc})}\\&=A_1+\lg\frac{2}{1+10^{\Delta\varepsilon bc}}\end{aligned}\tag{8-7}$$

上式中，当 $\Delta\varepsilon=0$ 时，即 $\varepsilon_1=\varepsilon_2=\varepsilon$，$A_{总}=\lg\frac{I_0}{I_t}=\varepsilon bc$ 成直线关系。如果 $\Delta\varepsilon\neq0$，当$\varepsilon_1>\varepsilon_2$，即 $\Delta\varepsilon>0$，则 $\lg\frac{2}{1+10^{\Delta\varepsilon bc}}<0$，可得 $A_{总}<A_1$，标准曲线向 c 轴弯曲，即负偏离，且浓度越大偏离越多；反之，则向 A 轴弯曲，引起正偏离。当 $|\Delta\varepsilon|$ 很小时，即$\varepsilon_1\approx\varepsilon_2$，可近似认为是单色光。

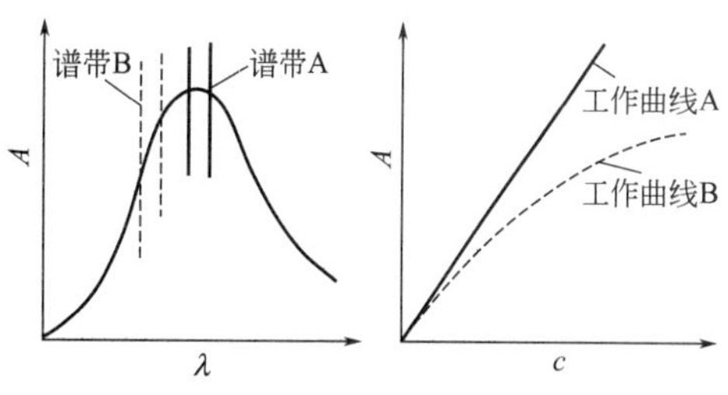

图8-4　复合光对比耳定律的影响

其他条件一定时，ε 随入射光波长而变化。但在最大吸收波长 λ_{max}附近，ε 变化不大。当选用 λ_{max}处的光作为入射光时，所引起的偏离就小，标准曲线基本上成直线。如用图 8-4 中左图的谱带 A 的复合光进行测量，得到图 8-4 中右图的工作曲线 A，吸光度 A 与 c 基本呈直线关系。反之选用谱带 B 的复合光进行测量，ε 的变化较大，则吸光度 A 随波长的变化较明显，得到的工作曲线明显偏离线性。

因此，**为克服非单色光引起的偏离，首先应选择比较好的单色器。此外，还应将入射光波长选定在待测物质的最大吸收波长 λ_{max} 处。**

(2) 溶液介质不均匀所引起的偏离

如果被测溶液是胶体溶液、乳浊液或悬浮液等不均匀溶液时，入射光通过溶液后，除一部分被试液吸收外，还有一部分因散射现象而损失，使透光度减少，而实测吸光度增加，使标准曲线偏离直线向吸光度轴弯曲。当悬浊液发生沉淀时，又会使透过光强度增大，吸光度减少。这些情况都会导致偏离朗伯-比耳定律，因此在光度法中应避免溶液产生胶体或浑浊。

8.2.2.2　化学因素

不同物质，甚至同一物质的不同存在形式对光的吸收程度可能不同。溶液中的吸光物质常因解离、缔合、互变异构或产生副反应而改变其浓度，导致对比耳定律的偏离。例如，重铬酸钾在水溶液中存在如下平衡，如果稀释溶液或增大溶液 pH，$Cr_2O_7^{2-}$ 就转变成 CrO_4^{2-}，吸光质点发生变化，从而偏离比耳定律。如果控制溶液均在高酸度时测定，由于六价铬均以重铬酸根形式存在，就不会引起偏离。所以，在光度分析中，要控制溶液条件，使被测组分以一种形式存在就可克服化学因素引起的对比耳定律的偏离。

$$Cr_2O_7^{2-} + H_2O \rightleftharpoons 2H^+ + 2CrO_4^{2-}$$

（橙色，$\lambda_{max}=350nm$） （黄色，$\lambda_{max}=375nm$）

8.3 分光光度计的基本构造

吸光度测定使用的分光光度计有紫外-可见分光光度计、可见分光光度计之分，种类和型号繁多。按光路结构来说，分光光度计可分为单波长、双光束和双波长等。

分光光度计通常由下列五个基本部件组成：

光源→单色器→样品池→检测器→信号显示系统

常见的国产 722N 型可见分光光度计采用光栅自准式色散系统和单光束结构光路，光路结构如图 8-5 所示。

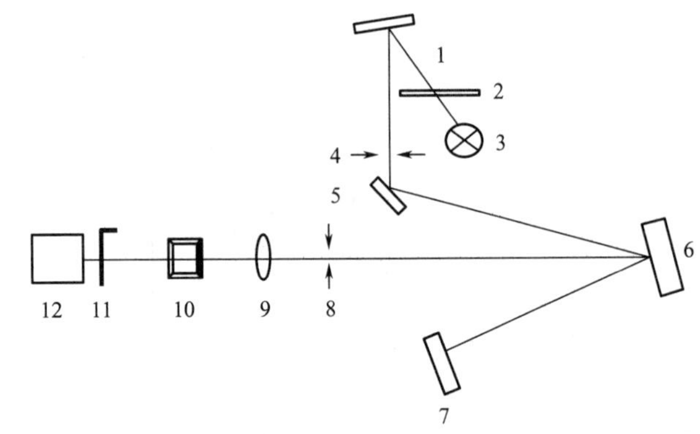

图 8-5 722N 型可见分光光度计结构示意

1—聚光镜；2—滤色片；3—钨卤素灯；4—进狭缝；5—反射镜；6—准直镜；7—光栅；8—出狭缝；9—聚光镜；10—样品架；11—光门；12—光电池

现将分光光度计各部件的作用及性能作简要介绍。

8.3.1 光源

光源的作用是发射出特定波长范围的连续光谱。**可见光区通常用 6～12V 的钨丝灯，在近紫外区，常采用氢灯或氘灯作为光源，其波长范围为 180～375nm**。光源应该稳定，即要求电源电压保持稳定。为此，通常要同时配置有电源稳压器。

8.3.2 单色器

单色器是将光源发出的连续光谱分解为单色光的装置，它是分光光度计的核心部件。单色器的色散能力越强，分辨率越高，所获得的单色光就越纯。单色器由色散元件及其附件组成。

常用的色散元件有棱镜和光栅。

棱镜一般是由玻璃或石英材料制成的，不同波长的光通过棱镜时，具有不同的折射率，进而将复合光按波长顺序分解为单色光。单色光的纯度决定于棱镜的色散率和出射狭缝的宽度，玻璃棱镜对400～1000nm波长的光色散较大，适用于可见分光光度计。石英棱镜则在紫外和可见光范围均可使用。

光栅较常用的有透射光栅和反射光栅，而反射光栅应用更为广泛。光栅根据光的衍射和干涉原理将复合光色散为不同波长的单色光，然后再将所需波长的光通过狭缝照射到吸收池上。光栅作为单色器的优点是适用波长范围宽、色散均匀、分辨本领高、便于保存；缺点是各级光谱会有重叠而相互干扰，需选适当的滤光片以除去其他级的光谱。

8.3.3 样品池

样品池又称样品室，放置各种类型的吸收池（也叫比色皿）和相应的池架附件。吸收池主要有石英池和玻璃池两种。**紫外区须采用石英池，可见区一般用玻璃池**。每台仪器通常配备有厚度为0.5cm、1.0cm、2.0cm、3.0cm等规格的吸收池以备选用。同一规格的吸收池彼此之间的透光率误差应小于0.5%，为了减少入射光的反射损失和造成光程差，应注意吸收池放置的位置，使其透光面垂直于光束方向。指纹、油腻或器皿上其他沉积物都会影响其透射特性。

8.3.4 检测器

检测器的作用是接受从比色皿发出的透射光并转换成电信号进行测量。测量吸光度时，是将光强度转换成电流来测量的，这种光电转换器称为光电检测器。一般的可见光分光光度计常使用硒光电池或光电管作检测器。另外，常用的检测器还有光电倍增管和光电二极管阵列检测器。

光电管是由一个阳极和一个光敏阴极组成的真空（或充少量惰性气体）二极管。阴极表面镀有碱金属或碱金属氧化物等光敏材料，当它被具有足够能量的光子照射时，能够发射电子。当两电极间有电位差时，发射出的电子就流向阴极而产生电流。电流的大小决定于照射光的强度，约为2～25μA。由于光电管有很高的内阻，故产生的电流很容易放大。目前国产的光电管有：紫敏光电管，为铯阴极，适用波长200～625nm；红敏光电管，为银氧化铯阴极，适用波长625～1000nm。

光电倍增管的原理和光电管相似，由光电管改进而成，管中有若干个（一般是9个）称为倍增极的附加电极。因此可使光激发的电流放大，一个光子约产生10^6～10^7个电子。适用波长范围为160～700nm。光电倍增管在现代的分光光度计中被广泛采用，它的灵敏度比光电管高200多倍。

近年来，光学多通道检测器如光电二极管阵列检测器已经装配到分光光度计中。光电二极管阵列是在晶体硅上紧密排列一系列光二极管，例如HP8452A型二极管阵列，在190～820nm范围内，由316个二极管组成。当光透过晶体硅时，二极管输出的电讯号强度与光强度成正比。每个二极管相当于一个单色仪的出口狭缝。两个二极管中心距离的波长单位称为采样间隔，因此在二极管阵列分光光度计中，二极管数目越多，分辨率越高。HP8452A型二极管阵列中，每一个二极管，可在0.1s内每隔2nm测定一次，并采用同时并行数据采集方法，可同时并行测得316个数据，在0.1s极短时间内，可获得全光光谱。而一般的分光光度计若每隔 2nm 测定一次，要获得 190～820nm 范围内的全光光谱，共需测定 316 次，若每测一次需要 1s，需 316s 才能获得全光光谱。所以，二极管阵列检测器的一个特点是能快速光谱采集。

8.3.5 信号显示系统

信号显示系统的作用是把放大的信号以吸光度 A 或透光度 T 的方式显示或记录下来。简易的分光光度计常用的显示装置是检流计、微安表、数字显示记录仪。现代的分光光度计检测装置，一般将光电倍增管输出的电流信号经 A/D 转换，由计算机采集数字信号进行处理，得到吸光度 A 或透光度 T，并在显示屏上显示结果。

8.4 显色反应及其显色条件的选择

在进行光度分析时，首先要利用显色反应把待测组分变成有色化合物，然后再进行比色或光度测定。将待测组分转变成有色化合物的反应叫显色反应。与待测组分形成有色化合物的试剂称为显色剂。在光度分析中选择合适的显色反应，并严格控制反应条件，是十分重要的。

8.4.1 吸光光度法对显色反应的要求

显色反应主要有配位反应和氧化还原反应两类，配位反应是最主要的显色反应。对于显色反应一般应满足下列要求：

(1) 灵敏度高

光度法一般用于微量组分的测定，因此，显色反应的灵敏度要高，而摩尔吸光系数 ε 的大小是显色反应灵敏度高低的重要标志，因此应选择有色化合物 ε 较大的显色反应，ε 一般应有 10^4～10^5 数量级。

(2) 选择性好

选择性好指显色剂仅与一个组分或少数几个组分发生显色反应。仅与某一种离子发生反应的称为特效（专属）显色剂，实际上这种特效显色剂为数极少，但针对具体的试样，在严格控制条件下，某些选择性反应可能成为特效反应。需要指出的是，在满足测定灵敏度的前提下，选择性的好坏常成为选择显色反应的重要依据。例如，Fe(Ⅱ) 与 1,10-邻二氮菲在 pH＝2～9 的水溶液中生成橙红色配合物的反应，虽然灵敏度不是特别高（$\varepsilon_{510}=1.1\times10^4$ L·mol^{-1}·cm^{-1}），但由于选择性好，在实际工作中仍经常被采用。

(3) 显色剂在测定波长处无明显吸收

对比度 $\Delta\lambda$（有色物质的最大吸收波长与显色剂本身的最大吸收波长的差值）一般要求在 60nm 以上。试剂的空白值小，可以提高测定准确度。

(4) 有色配合物的组成要恒定，化学性质稳定

这样可以保证至少在测定过程中吸光度基本不变，有较好的重现性，结果才准确。

(5) 显色反应的条件要容易控制

如果反应条件过于严格难于控制，则测定结果的精密度和准确度均较差。

因此，在选择显色反应时，应结合试样具体情况，综合考虑上述因素，选择适当的显色反应体系。

8.4.2　显色条件的选择

事实上能完全满足上述要求的显色反应是很少的，因此，当显色反应初步确定之后，要适当地选择显色条件，以满足光度分析的要求。影响显色反应的因素主要有以下几种。

8.4.2.1　溶液的酸度

酸度对显色反应的影响很大，主要表现为以下几点。

(1) 对显色剂颜色的影响

不少有机显色剂本身就是酸碱指示剂，在不同的酸度下具有不同的颜色，对光有不同的吸收。因此要选择合适的 pH 值以使显色剂不干扰测定。

(2) 对显色反应的影响

由于大多数有机显色剂是弱酸（或碱），具有酸碱的性质，显然，溶液酸度的变化，将影响显色剂的平衡浓度，并影响显色反应的完全程度。在水溶液中，除了显色反应外，还有副反应存在，其平衡关系表示如下：

$$HR \rightleftharpoons H^+ + \underset{\text{显色剂}}{R^-}$$

$$\begin{array}{ccc} M & + & nR \rightleftharpoons MR_n \\ \Updownarrow \text{OH} & & \Updownarrow \text{H} \\ M(OH) & & HR \\ M(OH)_2 & & H_2R \\ \vdots & & \vdots \end{array}$$

酸度改变，将引起平衡的移动，使配位基团（R^-）浓度变化，从而影响有色物质的浓度，甚至改变溶液的颜色。例如，Fe(Ⅲ）与磺基水杨酸（用 SS 表示）的反应，当 pH 为 1.8～2.5 时，可生成紫红色的 $[Fe(SS)]^+$；当 pH 为 4～8 时，生成橙红色的 $[Fe(SS)_2]^+$；当 pH 为 8～11.5 时，生成黄色的 $[Fe(SS)_3]^{3+}$；当 pH>12 时，将生成 $Fe(OH)_3$ 沉淀而影响有色配合物的生成。

(3) 对被测金属离子的存在状态的影响

大多数高氧化值金属离子如 Fe^{3+}、Al^{3+}、Th^{4+}、Bi^{3+} 等很容易水解。当溶液的酸度降低时，它们在水溶液中除了以简单的金属离子形式存在外，还可能形成一系列羟基或多核羟基配离子。酸度更低时，可能进一步水解生成碱式盐或氢氧化物沉淀，从而降低金属离子的浓度，影响测定。

显色反应的适宜酸度，通常通过实验来确定。具体方法是将待测组分的浓度及显色剂的浓度固定，仅改变溶液的 pH，分别测定溶液的吸光度 A。以 pH 为横坐标，吸光度 A 为纵坐标，得到 pH-A 关系曲线，称为酸度曲线。例如，在测定铟时，用 3,5-二溴水杨基荧光酮-铟-溴化三甲基十六烷基铵三元配合物显色体系，选用六亚甲基四胺-HCl 缓冲溶液控制 pH，使酸度稳定在合适范围，绘得如图 8-6 所示的酸度曲线。在曲线上选择较为平坦的区间，即选择 4.8～6.0 的 pH 为测定范围，一般选择中间部分 pH＝5.5 为宜。

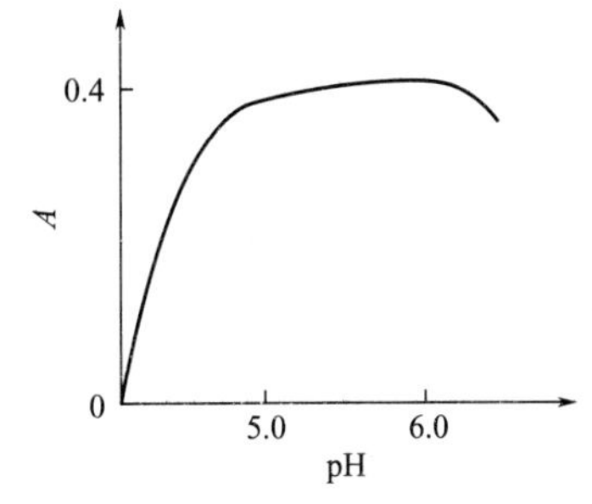

图 8-6　吸光度和溶液酸度的关系曲线

8.4.2.2　显色剂用量

显色反应一般可用下式表示：

$$M(被测组分)+R(显色剂)\rightleftharpoons MR(有色配合物)$$

根据溶液平衡原理，显色剂波度越大，则平衡向右移动，有利于被测组分形成有色化合物。但过量显色剂的加入，有时会引起副反应的发生，干扰测定。此外，不少显色剂本身带有颜色，显色剂浓度过高，使空白值增大。因此显色剂加入过多是不适宜的。在实际应用中，将待测组分的浓度及其他条件固定，然后加入不同量的显色剂，测定其吸光度，绘制吸光度与显色剂用量的关系曲线，根据实验结果来确定显色剂的用量。

显色剂用量对显色反应的影响是各种各样的，一般有三种可能出现的情况，如图 8-7 所示。其中（a）的曲线形状比较常见，当显色剂用量达到某一数值时，吸光度基本不变，出现 XY 平坦部分，这意味显色剂浓度已够，可在 XY 区间选择合适的显色剂用量。（b）与（a）不同之处是平坦较窄，在 $X'Y'$ 这一段范围内，吸光度有稳定值，但当显色剂浓度继续增大时，吸光度反而下降。例如，以 SCN^- 作显色剂测定钼时，生成红色的 $Mo(SCN)_5$ 配合物，当 SCN^- 浓度过高时，可生成浅红色的 $Mo(SCN)_6^-$ 配合物，反而使其吸光度降低。（c）曲线表明，随着显色剂用量的增加，吸光度不断增大。例如，以 SCN^- 作显色剂测定 Fe^{3+} 时，随 SCN^- 浓度增大，逐步生成颜色更深的不同配位数的配合物，使吸光度值增大。对上述（b）、（c）两种情况，就必须严格控制显色剂的用量，才能得到准确的结果。

$$\underset{(浅红)}{Mo(SCN)_3^{2+}} \rightleftharpoons \underset{(橙红)}{Mo(SCN)_5} \rightleftharpoons \underset{(浅红)}{Mo(SCN)_6^-}$$

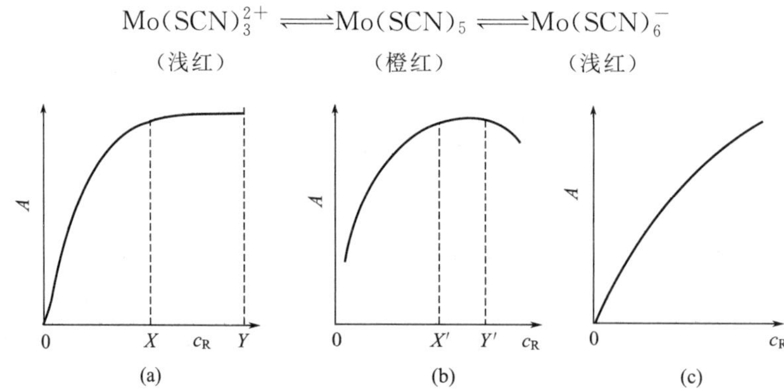

图 8-7 吸光度和显色剂浓度的关系曲线

8.4.2.3 显色温度

一般情况下，显色反应是在室温下进行的。但有些显色反应需要加热至一定的温度才能完成。例如，钢铁分析中用硅钼蓝法测定硅时，形成硅钼蓝的反应需 10min 以上，在沸水浴中只要 30s 即可完成。有些有色配合物在较高温度下容易分解，应当注意。因此，应根据不同的情况选择适当的温度进行显色。根据实验数据，绘制 A-T 曲线，进而选择适宜的温度。

8.4.2.4 显色时间

显色反应类型多样，有的瞬间完成，颜色很快达到稳定状态并在较长时间内保持不变；有的显色反应虽能迅速完成，但有色配合物的颜色很快开始褪色；有些显色反应进行缓慢，溶液颜色需经一段时间后才稳定。因此，必须经实验来确定最合适测定的时间区间。

测定方法是从向溶液中加入显色剂后开始计时，每隔一段时间测定一次溶液的吸光度，绘制 A-t 曲线，曲线上平坦部分所对应的时间，即为测定吸光度的合适显色时间。

8.4.2.5 溶剂和表面活性剂

有机溶剂可以降低有色化合物的解离度，从而提高测定的灵敏度；还可能提高显色反应的速率，影响有色配合物的溶解度和组成等。例如，三氯偶氮氯膦与 Bi^{3+} 在 H_2SO_4 介质（或 $HClO_4$ 介质）中显色时，ε 为 $9.0\times10^4 L\cdot mol^{-1}\cdot cm^{-1}$，加入乙醇则可使 ε 提高到 $1.1\times10^5 L\cdot mol^{-1}\cdot cm^{-1}$，灵敏度提高 22%。

表面活性剂通过形成胶束或者直接参与配合物的形成，可显著提高显色反应的灵敏度，增加有色化合物的溶解度和稳定性。例如在氯化十六烷基三甲基铵（CTMAC）存在下，以铬天青 S(CAS) 测定 Al^{3+} 时。显色反应由紫红色（$\lambda_{max}=550nm$）的 Al-CAS 二元配合物转变为蓝色（$\lambda_{max}=630nm$）的 Al-CAS-CTMAC 三元配合物，ε 由 $4\times10^4 L\cdot mol^{-1}\cdot cm^{-1}$ 增大到 $1\times10^5 L\cdot mol^{-1}\cdot cm^{-1}$，灵敏度提高 2.5 倍。有时利用表面活性剂胶束的增溶、增敏作用可使 $\varepsilon>10^6 L\cdot mol^{-1}\cdot cm^{-1}$。

8.4.2.6　溶液中共存离子的影响

被测试液中往往存在多种离子，共存离子的存在对光度测定的影响大致有三种情况。

① 共存离子本身有颜色，在被测物所选用的波长附近有明显的吸收。

② 共存离子能与显色剂生成有色化合物，使吸光度值增加，产生正干扰。

③ 共存离子与被测离子或显色剂形成更稳定的配合物，使显色反应不能进行完全，产生负干扰。

消除共存离子干扰的常用方法如下：

① 控制溶液的酸度。主要是根据配合物稳定性的不同，利用控制溶液酸度的方法提高反应的选择性。例如，用双硫腙法测定 Hg^{2+} 时，Cu^{2+}、Zn^{2+}、Pb^{2+}、Bi^{3+}、Co^{2+}、Ni^{2+} 等均可与双硫腙反应生成有色配合物，干扰 Hg^{2+} 的测定，但在稀酸（$0.5mol\cdot L^{-1} H_2SO_4$）介质中，上述干扰离子与双硫腙不能形成稳定的有色配合物，达到了消除干扰的目的。

② 加入适当的掩蔽剂，使干扰离子生成无色配合物或无色离子。如用 NH_4SCN 显色剂测定 Co^{2+} 时，Fe^{3+} 的干扰可通过加入 NH_4F 使之形成无色 $[FeF_6]^{3-}$ 而消除。

③ 利用氧化还原反应，改变干扰离子的氧化值。例如，测定 Mo(Ⅵ) 时，Fe^{3+} 有干扰，可加入 $SnCl_2$ 或抗坏血酸将 Fe^{3+} 还原为 Fe^{2+} 后，可消除干扰。

④ 利用生成惰性配合物。例如钢铁中微量钴的测定，常用钴试剂为显色剂。钴试剂不仅与 Co^{2+} 有灵敏的反应，而且与 Ni^{2+}、Zn^{2+}、Mn^{2+}、Fe^{2+} 等都有反应。钴试剂与 Co^{2+} 在弱酸性介质中一旦完成反应后，即使再用强酸酸化溶液，该配合物也不分解。而 Ni^{2+}、Zn^{2+}、Mn^{2+}、Fe^{2+} 等与钴试剂形成的配合物在强酸介质中很快分解，从而消除了上述离子的干扰，提高了反应的选择性。

⑤ 选择适当的光度测量条件。例如，在 $\lambda_{max}=525nm$ 处测 MnO_4^-，共存离子 $Cr_2O_7^{2-}$ 在此波长处有吸收，产生干扰；若改用 545nm 作为测量波长，虽然测定 MnO_4^- 的灵敏度有所下降，但在此波长下 $Cr_2O_7^{2-}$ 不产生吸收，干扰被消除。

⑥ 采用适当的分离方法消除干扰。在不能掩蔽的情况下，可采用沉淀、离子交换、蒸馏、萃取等分离方法除去干扰离子。

此外，也可以选择适当的参比溶液以消除干扰；还可以利用双波长法、导数光谱法等技术来消除干扰。

8.4.3　显色剂

显色剂主要有两类：无机显色剂和有机显色剂。无机显色剂与金属离子生成的配合物不够稳定，灵敏度和选择性也不高，在光度分析中应用不多。尚有实用价值的有：硫氰酸盐用于测定 Fe^{3+}、Mo(Ⅵ)、W(Ⅴ)、Nb^{5+} 等；钼酸铵用于测定 P、Si、W 等，H_2O_2 用于测定 Ti^{4+}、V^{5+} 等。

在吸光光度分析中应用较多的是有机显色剂。许多有机试剂在一定条件下，能与金属离子生成有色的金属螯合物，而且具有特征的颜色，因此，其显色反应的选择性和灵敏度都较无机显色反应高。另外，不少螯合物易溶于有机溶剂，可以进行萃取比色，这对进一步提高灵敏度和选择性很有利。

有机显色剂及其产物的颜色与它们的分子结构有密切的关系。在有机化合物分子中，凡是含有共轭双键的基团如 $>C=C<$ 、—N=N— 、—N=O 、$—NO_2$ 、对醌基、$>C=O$（羰基）、$>C=S$（硫羰基）等，一般都具有颜色，因此，称这些基团为生色团；另外一些含有未共用电子对的基团如 $—NH_2$、RNH—、R_2N—、—OH 以及—F、—Cl、—Br、—I 等，它们与生色基团上的不饱和键互相作用，促使试剂对光的最大吸收“红移”（向长波方向移动），使试剂颜色加深，这些基团称为助色团。

有机显色剂的种类极其繁多，主要分为三类：偶氮类，如偶氮胂Ⅲ、偶氮氯膦、PAR 等；三苯甲烷类，如铬天青 S、二甲酚橙、结晶紫等；其他型，如 OO、NN、含 S 型等。

现简单介绍几种如下。

(1) 偶氮胂Ⅲ（又称为铀试剂Ⅲ）

偶氮胂Ⅲ的结构式为：

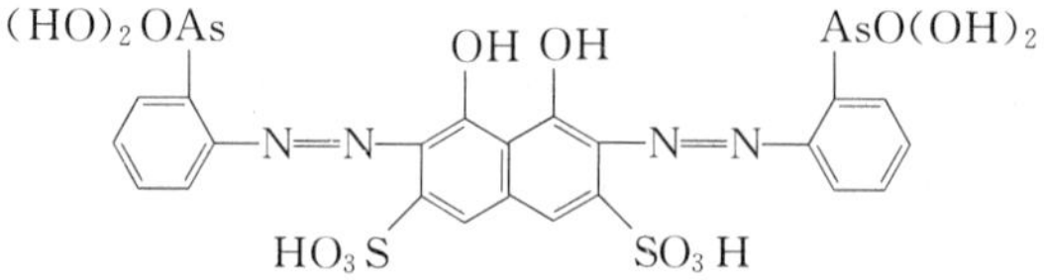

$(HO)_2OAs$　OH OH　$AsO(OH)_2$
—N=N—　—N=N—
HO_3S　SO_3H

在强酸性溶液中，与 Th(Ⅳ)、Zr(Ⅳ)、U(Ⅳ) 等生成特别稳定的有色配合物。在此酸度下金属离子的水解现象可不考虑，因而简化了操作手续，提高了测定结果的重现性和可靠性。目前偶氮胂Ⅲ已广泛用于矿石中铀、钍、锆以及钢铁和各种合金中稀土元素的测定。

(2) 二甲酚橙

二甲酚橙的结构式为：

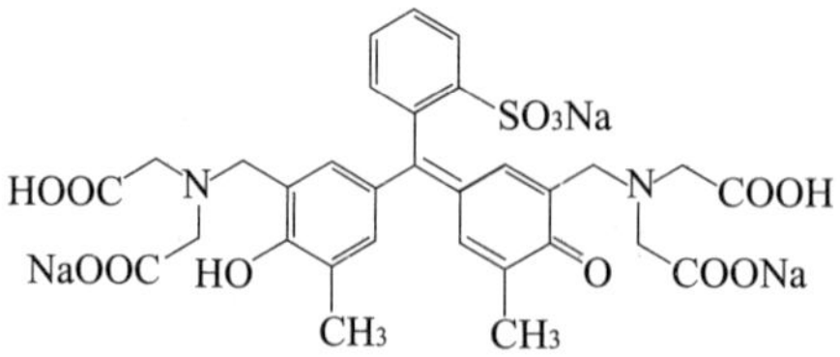

SO_3Na
HOOC　N　N　COOH
NaOOC　HO　O　COONa
CH_3　CH_3

它是配位滴定中常用的指示剂，也是光度分析中良好的显色剂。二甲酚橙是紫色结晶，易溶于水。它在 pH>6.3 时显红色，pH=6.3 时呈中间颜色。而二甲酚橙与金属离子的配合物则是红紫色的，故它只能在 pH<6.3 的酸性溶液中使用。如在盐酸性介质中，和铌形成橘红色配合物，最大吸收波长 λ_{max} 约为 520～530nm，而试剂本身最大吸收波长 λ_{max} = 434～460nm，用于测定矿样和钢中的微量铌。

(3) 1,10-邻二氮菲

1,10-邻二氮菲的结构式为：

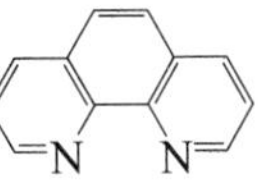

属于 NN 型螯合显色剂，又称邻菲啰啉，为白色粉末，易溶于水。它是目前测定 Fe^{2+} 较好的试剂。在 pH＝2～9 的水溶液中，Fe^{2+} 与它形成 1∶3 的橙红色水溶性配合物，显色反应速度快。许多还原剂，如盐酸羟胺或抗坏血酸，均可将 Fe^{3+} 还原成 Fe^{2+}，可用于测定 Fe^{2+}、Fe^{3+} 和总铁量。

8.4.4　多元配合物

多元配合物是由三种或三种以上的组分所形成的配合物。目前应用较多的是由一种金属离子与两种配位体所组成的三元配合物。三元配合物比二元配合物的选择性好，灵敏度高，稳定性强。多元配合物体系可提高分析测定的准确度和重现性。

(1) 混配化合物

由一种金属离子与两种不同配体通过共价键结合成的三元配合物，例如，V(Ⅴ)、H_2O_2 和吡啶偶氮间苯二酚（PAR）形成 1∶1∶1 的有色配合物，可用于钒的测定，灵敏度高，选择性好。

(2) 离子缔合物

金属离子首先与配位体形成配阳离子或配阴离子，然后再与带相反电荷的离子以静电引力相结合，形成离子缔合物。这类化合物多属于 M-B-R 型。M 为金属离子；B 为有机碱，如吡啶、喹啉、邻二氮菲及其衍生物、有机染料和二苯胍等阳离子；R 为电负性配位体，如 SCN^-、F^-、I^-、Cl^-、Br^-。水杨酸、邻苯二酚、无机杂多酸等。

用于分析的离子缔合物一般都有较深的颜色，含有疏水性较强的苯环、萘环等有机基团，表现出灵敏度高、可萃取性能好的分析特性。因此，离子缔合物型在金属离子萃取分离和萃取光度法中占有重要的地位，大大提高了测定的灵敏度和选择性。例如锡-硫氰酸根-结晶紫三元离子缔合物体系的摩尔吸光系数 ε 达到 $1.5\times10^5\,L\cdot mol^{-1}\cdot cm^{-1}$，能用于合金钢中微量锡的测定。

(3) 三元胶束配合物

在某些金属离子和显色剂形成的二元配合物中，加入含有长碳链的有机表面活性剂可形成三元胶束配合物。利用表面活性剂所形成的三元配合物，灵敏度可提高 1～2 倍，有时甚至提高 5 倍以上。目前，常用于这类反应的表面活性剂有溴化十六烷基吡啶（CPB）、氯化十四烷基三甲基苄铵（Zeph）、氯化十六烷基三甲基铵（CTMAC）、溴化十六烷基三甲基铵（CTMAB）、OP 乳化剂。例如，稀土元素、二甲酚橙及溴化十六烷基吡啶（CPB）反应，生成三元配合物，在 pH 为 8～9 时呈蓝紫色，用于痕量稀土元素总量的测定。

低浓度的表面活性剂在水溶液中以离子或分子状态溶解，当其浓度超过某临界值时（此值称为该表面活性剂的临界胶束浓度），表面活性剂的长碳链部分由于疏水性而互相聚集，而带有电荷或具有极性的另一端由于亲水性而朝向外端，形成多个分子的聚集体——“胶束”。由于胶束的存在，增加了配合物在水中的溶解度（称为胶束增溶现象），还可使配合物的最大吸收波长发生红移。因此，三元胶束配合物表现出水溶性好、灵敏度高的分析特性。有时由于胶束的存在，还能改善实验条件，拓宽反应的 pH 范围，提高配合物的稳定性等，从而提高了分析方法的重现性和准确度。这类方法称为胶束增溶分光光度法。例如 Al^{3+}-水杨基荧光酮在 HAc-NH_4Ac 缓冲体系，pH＝5.8～6.5 溶液中形成二元配合物，$\varepsilon=9.9\times10^3\,L\cdot mol^{-1}\cdot cm^{-1}$。若在此二元配合物中加入溴化十六烷基吡啶（简称 CPB）后则形成三元配合物，此时 $\varepsilon=1.4\times10^5\,L\cdot mol^{-1}\cdot cm^{-1}$，灵敏度增加 14 倍。

8.5 光度测量误差和测量条件的选择

8.5.1 光度测量误差

光度测量误差是指在测量吸光度或透光度时所产生的误差。任何光度计都有一定的测量误差，该误差来源于很多方面，如光源和检测器的不稳定性、吸收池位置的不确定性以及读数的不准确等。普通分光光度计主要的仪器测量误差是表头透光度(或吸光度)的读数误差。光度计中的读数标尺上透光度 T 的刻度是均匀的，而吸光度 A 的刻度是不均匀的（因 A 与 T 为负对数关系）。因此，对于同一台仪器，透光度读数误差 ΔT 与 T 本身的大小基本无关，可视 ΔT 为一常数，一般在 0.002～0.01 之间，它仅与仪器自身的精度有关。而对吸光度 A 来说，它的读数波动则不再为定值。在不同的透光度读数范围，同样大小的 ΔT 所引起的浓度误差 Δc 是不同的。推证如下。

设试样服从比耳定律，则

$$-\lg T=\varepsilon bc$$

将上式微分，得：

$$-\mathrm{d}\lg T=-0.434\mathrm{d}\ln T=\frac{-0.434}{T}\mathrm{d}T=\varepsilon b\mathrm{d}c$$

两式相除得：

$$\frac{\mathrm{d}c}{c}=\frac{0.434}{T\lg T}\mathrm{d}T$$

式中，在有限次测量时，可用 Δc 代替 dc，表示浓度的绝对误差；dT 用 ΔT 代替，表示透光度读数的绝对误差。则上式可改写为：

$$\frac{\Delta c}{c}=\frac{0.434}{T\lg T}\Delta T \tag{8-8}$$

设 $\Delta T=\pm0.005$，代入上式，算出不同透光度读数时浓度的相对误差，结果见表 8-3，作图得到浓度相对误差与透光度的关系图，如图 8-8 所示。

表 8-3 不同 T 时的 $\Delta c/c$（假定 $\Delta T=\pm0.005$）

T	$(\Delta c/c)\times100$	T	$(\Delta c/c)\times100$
0.95	10.2	0.40	1.363
0.90	5.30	0.368	1.359
0.85	3.62	0.350	1.360
0.80	2.80	0.30	1.38
0.75	2.32	0.25	1.44
0.70	2.00	0.20	1.55
0.65	1.78	0.15	1.76
0.60	1.63	0.10	2.17
0.55	1.52	0.05	3.34
0.50	1.44	0.02	6.4
0.45	1.39	0.01	10.9

从图中可以看出，当 T 大时，Δc 小，但此时浓度很低，$\Delta c/c$ 较大；当 T 小时，Δc 大，此时虽然 c 较大，但 $\Delta c/c$ 仍较大。只有透光度适中时，也就是测量浓度适中时，$\Delta c/c$ 才较小。可以证明，**当 T=36.8%（A=0.434）时，测定的相对误差最小**，约为 1.4%。从图中关系曲线可见，一个几乎固定的最小误差范围出现在 T=15%～65%（A=0.8～0.2）之间。测量的吸光度过高或者过低，误差都是比较大的，因而普通的分光光度法不适用于高含量或极低含量物质的测定。

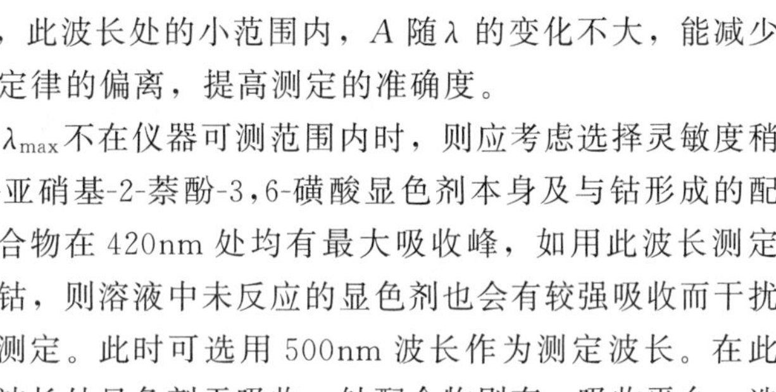

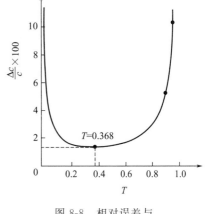

图 8-8　相对误差与透光度的关系图

8.5.2　测量条件的选择

在光度分析中，当显色反应和显色条件确定之后，为了保证测定的灵敏度和准确度，还需从仪器的角度出发，选择适当的测量条件。

(1) 入射光波长的选择

光度分析中，一般是根据吸光物质的吸收曲线选择 λ_{max} 为入射光波长。这是因为在此波长处 ε 值最大，测定灵敏度较高。同时，此波长处的小范围内，A 随 λ 的变化不大，能减少或消除由于单色光不纯而引起的对比耳定律的偏离，提高测定的准确度。

但如果 λ_{max} 处有共存组分干扰，或 λ_{max} 不在仪器可测范围内时，则应考虑选择灵敏度稍低但能避免干扰的入射光波长。例如 1-亚硝基-2-萘酚-3,6-磺酸显色剂本身及与钴形成的配合物在 420nm 处均有最大吸收峰，如用此波长测定钴，则溶液中未反应的显色剂也会有较强吸收而干扰测定。此时可选用 500nm 波长作为测定波长。在此波长处显色剂无吸收，钴配合物则有一吸收平台。选用此波长测定，灵敏度虽有下降，却消除了干扰，提高了测定的准确度和选择性。如图 8-9 所示。

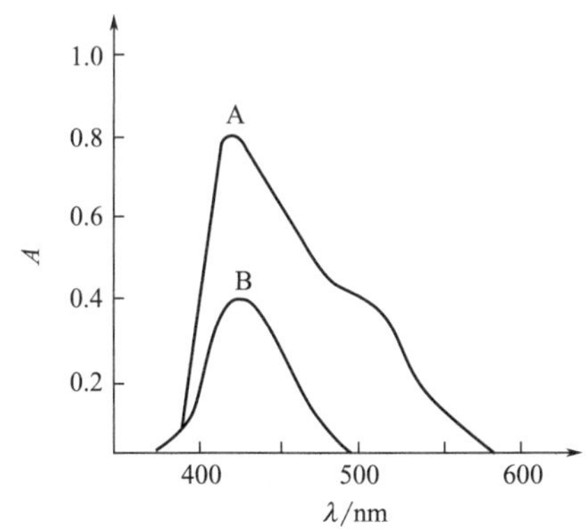

图 8-9　吸收曲线

A—钴配合物；B—显色剂 1-亚硝基-2-萘酚-3,6-磺酸

总之，**选择入射光波长的原则是“吸收最大，干扰最小”。一般选择 λ_{max} 为入射光波长。**

(2) 参比溶液的选择

在吸光度的测量中，必须将溶液装入由透明材料制成的比色皿中。由于反射，以及溶剂、试剂等对光的吸收会造成透射光强度的减弱，为了使光强度的减弱仅与溶液中待测物质的浓度有关，必须对上述影响进行校正。为此，应采用光学性质相同、厚度相同的比色皿盛装参比溶液来校正仪器，调节透过参比溶液的吸光度为零。然后让光束通过样品池，测得试液的吸光度为

$$A=\lg\frac{I_0}{I}\approx\lg\frac{I_{参比}}{I_{试液}} \tag{8-9}$$

也就是说，实际上是以通过参比皿的光强度作为样品池的入射光强度。这样测得的吸光度比较真实地反映了待测物质对光的吸收，也就能比较真实地反映待测物质的浓度。因此，**在光度分析中，参比溶液的选择是非常重要的。**

参比溶液的选择可以参考下列情况来选择：

① 当试液及显色剂均无色时，可用蒸馏水作参比溶液。

② 显色剂为无色，而被测试液中存在其他有色离子，可用不加显色剂的被测试液作参比溶液。

③ 显色剂有颜色，可选择不加试样溶液的试剂空白作参比溶液。

④ 显色剂和试液均有颜色，可将一份试液加入适当掩蔽剂，将被测组分掩蔽起来，使之不再与显色剂作用，而显色剂及其他试剂均按试液测定方法加入，以此作为参比溶液，这样就可以消除显色剂和一些共存组分的干扰。

⑤ 改变加入试剂的顺序，使被测组分不发生显色反应，可以此溶液作为参比溶液消除干扰。

(3) 吸光度读数范围的选择

根据仪器测量误差，为了使测量结果得到较高的准确度，**一般应控制标准溶液和被测液的吸光度在 0.2～0.8 之间，即溶液的透光度在 15%～65%之间，才能保证测量的相对误差较小。当吸光度 A=0.434 时，测量的相对误差最小。**

在实际工作中，为避免出现较大误差，可通过控制溶液的浓度或选择不同厚度的比色皿来达到目的。

8.6 吸光光度法的应用

8.6.1 试样中微量组分的测定

8.6.1.1 单组分的测定

对于单组分的测定可根据具体情况使用下述不同方法：

(1) 比较法

将浓度相近的标准溶液 c_s 和未知溶液 c_x 在相同的条件下显色、定容，然后在相同的测定条件下分别测定标准溶液的吸光度 A_s 和未知溶液的吸光度 A_x。因为是同种物质、用同台仪器在同一条件下测定，所以 ε 和 b 相同。根据朗伯-比耳定律，得：

$$A_s=\varepsilon bc_s$$

$$A_x=\varepsilon bc_x$$

$$\frac{A_s}{A_x}=\frac{c_s}{c_x}\quad c_x=\frac{A_x}{A_s}c_s \tag{8-10}$$

(2) 标准曲线法

通过测定一系列已知浓度的标准溶液的吸光度绘制标准曲线，然后通过测定未知组分的吸光度，从标准曲线上查得与之对应的被测物质的含量。需要注意的是，使用标准曲线法定量测定时，待测试液的浓度一定要在标准系列的浓度范围之内。只有在标准曲线的线性范围内定量测定，才能获得准确的分析结果。仪器不同或测定方法不同得到的标准曲线不同。因此在更换仪器，或采用不同的显色反应进行吸光度测定时，均需重新绘制标准曲线。

8.6.1.2 多组分的测定

根据吸光度的加和性，利用分光光度法可以在同一试样溶液中不经分离同时测定两个以上的组分。显然，要进行多组分的同时测定，其首要条件是混合物各组分之间不起化学反应。下面以两组分的同时测定为例加以说明。

(1) 两组分的吸收曲线互不重叠

如图 8-10(a) 所示，两组分的吸收曲线互不重叠，则可在各自最大吸收波长处分别进行测定，即在 λ_1 处测定组分 a 和在 λ_2 处测定组分 b 的浓度，这本质上与单组分测定没有区别。

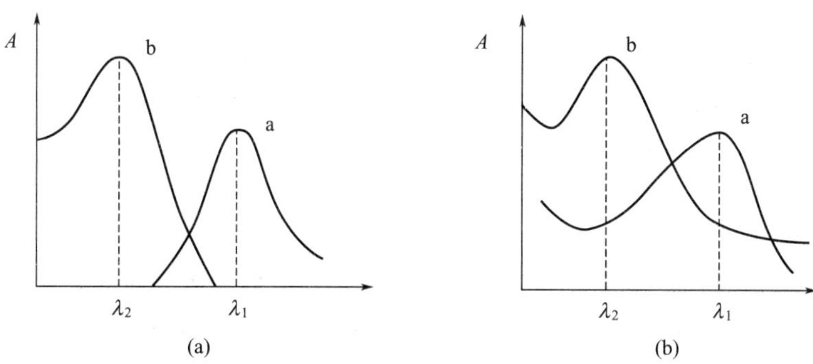

图 8-10　两种组分吸收光谱的两种情况示意图

(2) 两组分吸收光谱部分重叠

如果 a、b 两组分的吸收光谱有部分重叠，如图 8-10(b) 所示，a、b 两组分的吸收峰相互重叠，可分别在两组分各自的最大吸收波长处测出 a、b 两组分的总吸光度 A_1 和 A_2，然后根据吸光度的加和性列联立方程组，即

在 λ_{max}^{a} 处：　　$A_1=\varepsilon_1^a bc_a+\varepsilon_1^b bc_b$

在 λ_{max}^{b} 处：　　$A_2=\varepsilon_2^a bc_a+\varepsilon_2^b bc_b$

式中，ε_1^a、ε_1^b 分别为 a 和 b 在波长 λ_{max}^{a} 处的摩尔吸光系数；ε_2^a、ε_2^b 分别为 a 和 b 在波长 λ_{max}^{b} 处的摩尔吸光系数。各 ε 可预先用 a 和 b 的标准溶液在两波长处求得。

解联立方程，可求得 c_a 和 c_b 的值。

$$\left.\begin{aligned} c_a&=\frac{A_1\varepsilon_2^b-A_2\varepsilon_1^b}{(\varepsilon_1^a\varepsilon_2^b-\varepsilon_2^a\varepsilon_1^b)b} \\ c_b&=\frac{A_2\varepsilon_1^a-A_1\varepsilon_2^a}{(\varepsilon_1^a\varepsilon_2^b-\varepsilon_2^a\varepsilon_1^b)b} \end{aligned}\right\} \tag{8-11}$$

原则上对于任何数目的组分都可以用此方法建立方程式求解，但在实际应用中通常仅限于两个或者三个组分的体系。因为，三组分以上的体系，如果各组分的吸收光谱差别不大会带来很大的计算误差。解决这个问题需建立测定波长数比组分多的矛盾方程组，并运用最小二乘法通过计算机求解。

8.6.2　高含量组分的测定——示差法

普通吸光光度法一般只适于测定微量组分，当用于高含量组分的测定时，吸光度超出了准确测量的读数范围，将产生较大的误差。采用示差光度法就可克服这一缺点。

示差光度法与普通光度法的主要区别在于它所使用的参比溶液不同。示差光度法采用浓度稍低于试液浓度的标准溶液作为参比溶液。

假设待测溶液浓度为 c_x，标准溶液浓度为 c_s，且 $c_s<c_x$。测定时，首先使用标准溶液作

参比调节仪器透光度读数为100%（即 $A=0$），然后测定试液的吸光度。此时，测得的吸光度相当于普通法中待测溶液与标准溶液的吸光度之差 ΔA（也称相对吸光度 A_r），相应的透光度称为相对透光度 T_r，即 ΔT。

若分别都用普通光度法以纯溶剂或空白作为参比溶液，测得以上待测溶液 c_x 及标准液 c_s 的吸光度分别为 A_x 和 A_s，对应的透光度分别为 T_x 和 T_s，根据朗伯-比耳定律得到：

$$A_x=\varepsilon bc_x \qquad A_s=\varepsilon bc_s$$

$$A_r=\Delta A=A_x-A_s=\varepsilon b(c_x-c_s)=\varepsilon b\Delta c \tag{8-12}$$

此式表明，在符合比耳定律的范围内，当 b 一定时，所测得的吸光度 A_r 与两种溶液的浓度差 Δc 呈直线关系。以浓度为 c_s 的标准溶液为参比，测定一系列已知浓度的标准溶液的相对吸光度 A_r，作 Δc-A_r 图，此直线即为示差分光光度法的工作曲线。再由测得的 $A_{r,x}$ 在标准曲线上查得相应的 Δc 值，则根据 $c_x=c_s+\Delta c$ 可计算出待测溶液浓度 c_x。这就是示差法定量测定的基本原理。

用示差吸光光度法测定浓度过高或过低的试液，其准确度比一般吸光光度法高。这可从图8-11看出。设按一般吸光光度法用试剂空白作参比溶液，测得浓度为 c_x 的试液的透光度为 $T_x=5\%$，浓度为 c_s 的标准试液的透光度为 $T_s=10\%$，如图8-11上部普通光度法的情形。显然，这时测量的读数误差是很大的。采用示差吸光光度法时，是以一般吸光光度法测得的 $T_{s_1}=10\%$ 的标准溶液作参比溶液，即使其透光度从标尺上 $T_{s_1}=10\%$ 处调至 $T_{s_2}=100\%$ 处，相当于把检流计上的标尺扩展到原来的十倍（$T_{s_2}/T_{s_1}=100\%/10\%=10$）。这样待测试液透光度原来为5%，读数落在光度计标尺刻度很密、测量误差很大的区域，改用示差法测定时，透光度则是50%，读数落在测量误差较小的区域，从而提高了测定的准确度。

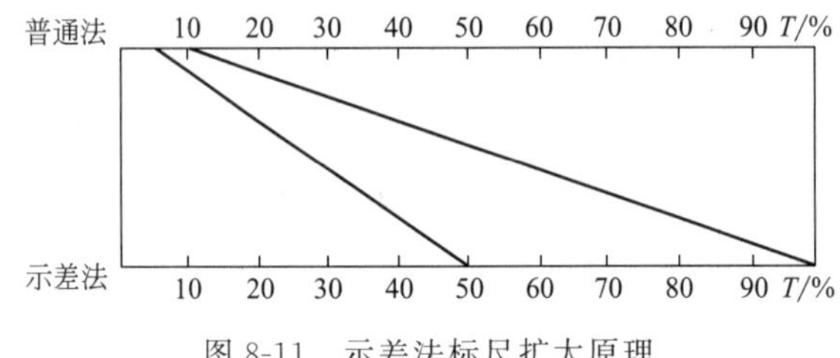

图8-11　示差法标尺扩大原理

示差法的浓度相对误差，可由下面公式求得：

$$\frac{\Delta c_x}{c_x}=\frac{0.434}{T_r\lg(T_rT_s)}\Delta T_r \tag{8-13}$$

应用示差法时，要求仪器光源有足够的发射强度或能增大光电流放大倍数，以便能调节参比溶液的透光度为100%。这就要求仪器单色器质量高，电子学系统稳定性好。

8.6.3 光度滴定法

光度滴定法是根据滴定过程中溶液的吸光度变化来确定滴定终点的分析方法。它适用于滴定有色的或浑浊的溶液，或滴定微量物质，可提高测定的灵敏度和准确度。

在滴定过程中，随着滴定剂的加入，溶液中吸光物质（待测物质或反应产物）的浓度不断发生变化，溶液的吸光度也随之变化。以吸光度 A 对加入滴定剂体积 V 作图，就得到光度滴定曲线。这是一条折线，两线段的交点或延长线的交点所对应的体积即为化学计量点时滴定剂的体积 V_{sp}。图8-12是用光度法确定EDTA溶液滴定 Bi^{3+} 和 Cu^{2+} 的例子。在入射光波长为745nm处，

Bi^{3+} 和 EDTA 都无吸收，用 $0.1mol \cdot L^{-1}$ EDTA 滴定 100mL 含 Bi^{3+} 和 Cu^{2+} 的待测溶液（pH=2.0）时，滴入的 EDTA 首先与 Bi^{3+} 生成无色配合物，吸光度在这一段不发生变化。当 Bi^{3+} 滴定完全后，Cu^{2+} 开始与 EDTA 形成蓝色配合物，溶液吸光度随 EDTA 的量的增加而迅速增大，至 Cu^{2+} 滴定完全后，溶液吸光度又保持恒定。曲线前后两个转折点分别为 Bi^{3+} 和 Cu^{2+} 的滴定终点。

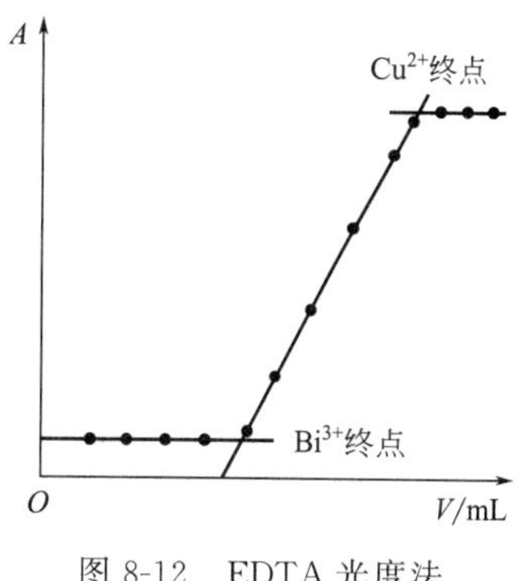

图 8-12　EDTA 光度法滴定 Bi^{3+}、Cu^{2+}

用吸光光度法确定终点既灵敏，又可克服目视滴定法中的干扰，且实验数据是在远离化学计量点的区域测得的，终点由直线外推法得到，所以平衡常数小的滴定反应，也可用光度法进行滴定。

8.6.4　酸碱解离常数的测定

指示剂或显色剂大多是有机弱酸或有机弱碱，其解离常数测定方法主要有电位法和吸光光度法。利用共轭酸碱对的不同吸收特性，可以方便地将吸光光度法应用于弱酸、弱碱解离常数的测定。由于吸光光度法的灵敏度高，特别适用于测定那些溶解度较小的有色弱酸或弱碱的解离常数。以一元弱酸的解离常数测定为例。

设一元弱酸 HL，其分析浓度 c_{HL}，在溶液中有下述解离平衡：

$$HL \rightleftharpoons H^+ + L^-$$

$$K_a = \frac{[H^+][L^-]}{[HL]}$$

$$pK_a = pH + \lg \frac{[HL]}{[L^-]}$$

$$c_{HL} = [HL] + [L^-]$$

首先配制 n 个分析浓度 c_{HL} 相等而 pH 不同的溶液，在一确定的波长下，用 1cm 比色皿测定各溶液的吸光度，并用酸度计测量各溶液 pH。根据吸光度的加和性，有

$$A = A_{HL} + A_{L^-} = \varepsilon_{HL}[HL] + \varepsilon_{L^-}[L^-]$$

$$A = \varepsilon_{HL}\frac{[H^+]c_{HL}}{K_a + [H^+]} + \varepsilon_{L^-}\frac{K_a c_{HL}}{K_a + [H^+]} \qquad (8\text{-}14)$$

在高酸度时，可以认为溶液中该酸全部以酸式形式 HL 存在，即

$$A_{HL} = \varepsilon_{HL} c_{HL}$$

在低酸度时，弱酸全部以碱式形式 L^- 存在，即

$$A_{L^-} = \varepsilon_{L^-} c_{HL}$$

带入式(8-14) 则得

$$A = \frac{A_{HL}[H^+]}{K_a + [H^+]} + \frac{K_a A_{L^-}}{K_a + [H^+]}$$

$$K_a = \frac{A_{HL} - A}{A - A_{L^-}}[H^+]$$

两边同时取负对数，即可得到下式：

$$pK_a = pH + \lg \frac{A - A_{L^-}}{A_{HL} - A} \qquad (8\text{-}15)$$

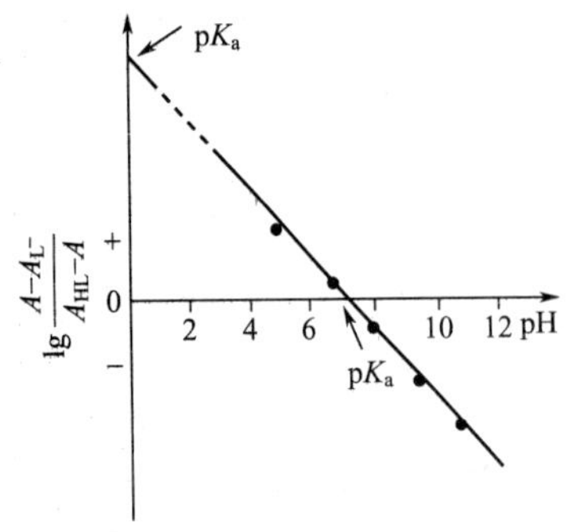

图 8-13　作图法测定 pK_a

从式(8-15) 可知，只要测出 A_{HL}、A_{L^-}、pH 和对应的 A 就可以计算出 K_a。这是用吸光光度法测定一元弱酸解离常数的基本公式。解离常数也可以由图解法求出。如图 8-13所示，将 $\lg\frac{A-A_{L^-}}{A_{HL}-A}$ 对 pH 作图，得到一条直线，其截距等于 pK_a。

8.6.5　配合物组成及其稳定常数的测定

分光光度法是研究配合物组成和测定其稳定常数的很有用的方法。最常用的有两种方法。

(1) 摩尔比法

摩尔比法又称饱和法，假设金属离子 M 和显色剂 L 的反应为

$$M+nL \Longrightarrow ML_n$$

若 M 与 L 均不干扰 ML_n 的吸收，且其分析浓度分别是 c_M、c_L。固定金属离子 M 的浓度 c_M，改变显色剂 L 的浓度 c_L，得一系列 c_L/c_M 比值不同的溶液，并配制相应的试剂空白作参比溶液，分别测定其吸光度。以吸光度 A 为纵坐标，c_L/c_M 为横坐标作图，可得如图 8-14 所示的摩尔比图。

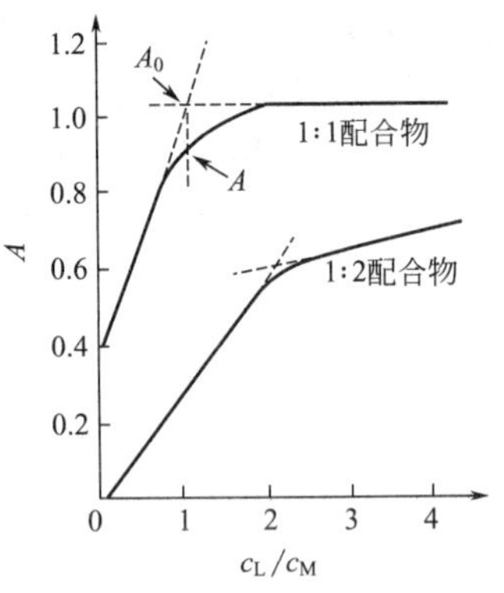

图 8-14　摩尔比图

当 $c_L/c_M<n$ 时，金属离子没有完全反应，随着显色剂量的增加，生成的配合物增加，吸光度不断增加。当显色剂增加到一定浓度时，即 $c_L/c_M>n$ 时，金属离子几乎全部生成配合物 ML_n，吸光度不再改变。两条直线的延长线相交于一点，从交点向横坐标作垂线，对应的 [L]/[M] 比值就是配合物的配位比 n。图中曲线转折点不明显，是由于配合物解离造成的。配合物愈稳定，转折点愈明显，所以本法适用于离解度小、配位比高的配合物组成测定。

此法亦可用于测定配合物的稳定常数 $K_{稳}$。例如 M 与 L 生成 1∶1 的配合物，根据物料平衡，有

$$c_M=[M]+[ML]$$
$$c_L=[L]+[ML]$$

如金属离子 M 和显色剂 L 在测定波长处均无吸收，则

$$A=\varepsilon_{ML}[ML]\quad (b=1\text{cm})$$

摩尔吸光系数 ε_{ML} 可由 [L]/[M] 比值比较高时恒定的吸光度 A_0 得到，因此时全部金属离子都已反应 $c_M=[ML]$，故 $\varepsilon_{ML}=A_0/c_M$。

由于 ε_{ML} 已知，以上三个式子中包含两个未知数，因此用反应不太完全区域的吸光度和 c_M、c_L 数据可计算 [L] 和 [M]，代入下式可计算配合物稳定常数 $K_{稳}$：

$$K_{稳}=\frac{[ML]}{[M][L]}\tag{8-16}$$

(2) 等物质的量连续变化法

此法又称 Job 法，是在保持参与配位反应的两组分总浓度（$c_L+c_M=c$）不变的前提下，

改变 c_L 和 c_M 的相对量，配制一系列溶液，在有色配合物的 λ_{max} 处测量这一系列溶液的吸光度。当溶液中配合物 ML_n 浓度最大时，c_L/c_M 比值为 n。若以测得的吸光度 A 为纵坐标，$f=c_L/c$ 为横坐标作图，即可求得有关配合物组成的连续变化法曲线（图 8-15）。

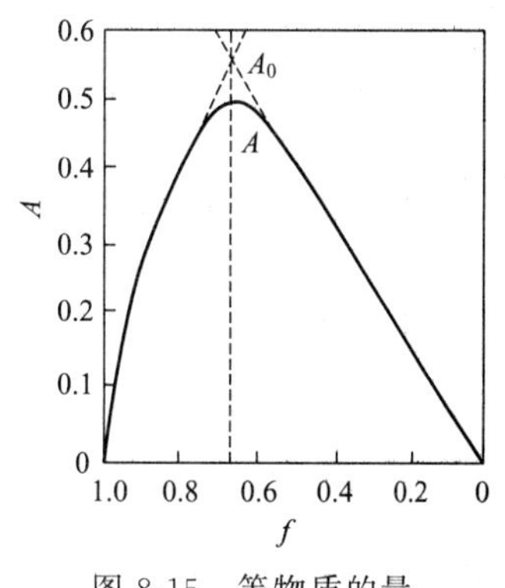

图 8-15　等物质的量连续变化法

由两曲线外推的交点所对应的 f 值可得到配合物的配位比 n，如图 8-15 中两边的直线部分延长，相交于 A_0 点，A_0 点的 f 值为 0.66。由此可计算得 c_M/c_L 为 1∶2。同理可知，当 $f=0.5$ 时配位比为 1∶1；$f=0.75$ 时配位比为1∶3。由图还可看出，形成 2∶1 配合物时，若完全以 ML_2 形式存在，则对应的吸光度为 A_0，实际上仅具有 A 点对应的吸光度。其原因是配合物有部分离解。

根据图 8-15 中 A_0 与 A 的差值，还可求得配合物的解离度和条件稳定常数。

其中配合物的解离度 α 为：

$$\alpha=\frac{A_0-A}{A} \tag{8-17}$$

本法适用于溶液中只形成一种离解度小、配位比低的配合物组成的测定。若用于研究配位比高且解离度较大的配合物就得不到准确的结果。

*8.6.6　双波长吸光光度法

在单波长光度分析中，常遇到如下问题难于解决。首先是共存的其他成分与被测成分吸收谱带重叠，干扰测定。其次是在测定的波长范围内，辐射光受到溶剂、胶体、悬浮体等散射或吸收，产生背景干扰。利用双波长吸光光度法，可有效地消除上述各种干扰，求得待测组分的含量，使吸光光度法的应用范围大为扩展。

(1) 双波长吸光光度法的原理

使两束不同波长的单色光以一定的时间间隔交替地照射同一吸收池，测量并记录两者吸光度的差值。这样就可以从分析波长的信号中扣除来自参比波长的信号，进而消除各种干扰。

图 8-16 所示为双波长吸光光度法的原理图。从光源发出的光线分成两束，分别经过两个单色器，得到波长不同的单色光。借助切光器，使这两道光束以一定的频率交替照到装有试液的吸收池，最后由检测器显示出试液对波长为 λ_1 和 λ_2 的光的吸光度差值 ΔA。

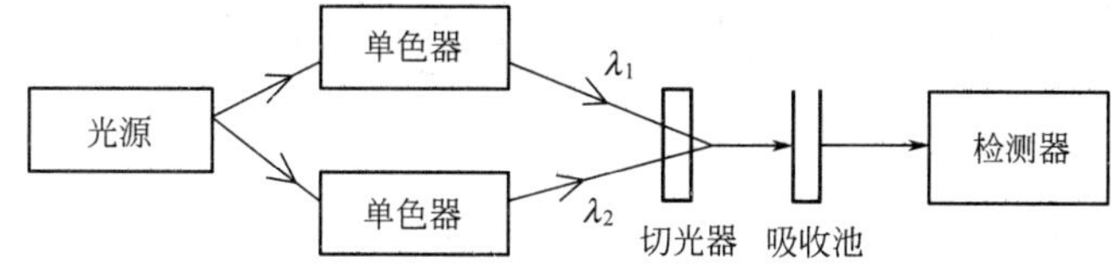

图 8-16　双波长吸光光度法原理示意图

设波长为 λ_1 和 λ_2 的两束单色光的强度相等，则有：

$$A_{\lambda_1}=\varepsilon_{\lambda_1}bc\quad A_{\lambda_2}=\varepsilon_{\lambda_2}bc$$

所以

$$\Delta A=A_{\lambda_1}-A_{\lambda_2}=(\varepsilon_{\lambda_1}-\varepsilon_{\lambda_2})bc \tag{8-18}$$

由此可见，ΔA 与吸光物质浓度成正比。这是用双波长吸光光度法定量分析的理论依据。可以看出，只要 λ_1 和 λ_2 选择适当，就能将干扰组分的吸收消除掉，不必预先分离或采用掩蔽手段，就可对化合物分别进行定量测定。同时，由于只用一个吸收池，且以试液本身对某一波长的光的吸光度为参比，消除了因试液与参比试液及两个吸收池之间的差异引起的测量误差，提高了测量的准确度。

(2) 双波长吸光光度法的应用

① 在进行单组分测定时，通常以配合物吸收峰作测量波长，参比波长的选择有：以等吸收点为参比波长；以有色配合物吸收曲线下端的某一波长作为参比波长；以显色剂的吸收峰为参比波长等。

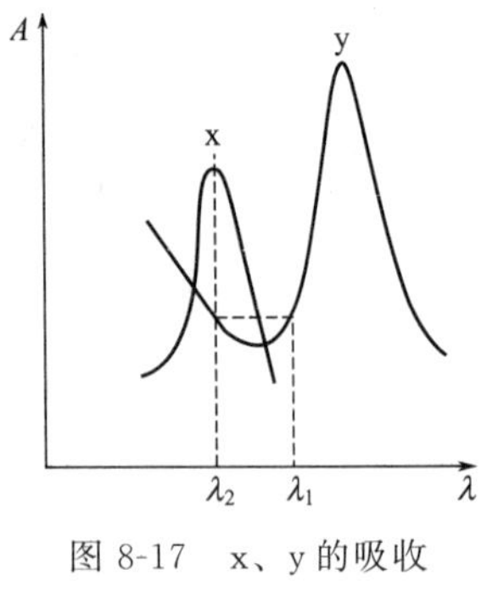

图 8-17 x、y 的吸收光谱曲线

② 两组分共存时的分别测定。当两种组分的吸收光谱有重叠时，要测定其中一个组分就必须消除另一组分的光吸收。

图 8-17 所示为 x、y 两共存组分的吸收光谱曲线。测得试液中 c_x 时，选 λ_2 和 λ_1 作测定波长和参比波长。y 在 λ_2、λ_1 波长处的摩尔吸光系数相等，即 $\varepsilon_{\lambda_2}^{y}=\varepsilon_{\lambda_1}^{y}$，吸光度相等，称为等吸收点。而组分 x 在 λ_2 处有最大吸收。根据吸光度的加和性，则：

对于 λ_2 $$A_{\lambda_2}=\varepsilon_{\lambda_2}^{x}bc_x+\varepsilon_{\lambda_2}^{y}bc_y$$

对于 λ_1 $$A_{\lambda_1}=\varepsilon_{\lambda_1}^{x}bc_x+\varepsilon_{\lambda_1}^{y}bc_y$$

故由双波长光度计测得

$$\Delta A=A_{\lambda_2}-A_{\lambda_1}=(\varepsilon_{\lambda_2}^{x}-\varepsilon_{\lambda_1}^{x})bc_x \tag{8-19}$$

可见，ΔA 与 c_x 成正比而与 c_y 无关，从而消除了 y 的干扰。

被测组分 x 在两波长处的 ΔA 越大，越有利于测定。同样方法可以在组分 x 的干扰下测定组分 y 的含量。

需要指出的是，选择波长的原则，必须符合两个基本条件：一是干扰组分 y 在这两个波长（测定波长和参比波长）处应具有相同的吸光度，二是待测组分在这两个波长处的吸光度差值应足够大。因此，此时的双波长法又称为等吸收波长法。

另外，应用双波长法时，干扰组分的吸收光谱中至少需要有一个吸收峰或谷，这样才能在两个不同波长处存在等吸光度值。

③ 浑浊样品的测定：浑浊样品由于散射的原因造成背景吸收较大。但背景吸收随波长变化较小，因而相近波长下的背景吸光度差值近似为零，故选择合适的双波长就能消除背景吸收。

*8.7 紫外吸收光谱法简介

紫外吸收光谱法的基础是物质对紫外光的选择性吸收，与可见分光光度法的原理一样，也是基于分子中价电子在能级之间的跃迁所产生的吸收。两者定量分析的依据都是朗伯-比耳定律，仪器的组成和原理相类似，不同的是紫外分光光度计采用氢灯或氘灯作光源，吸收池用石英比色皿，检测器对紫外光要有灵敏的响应。紫外光的波长为 10～400nm，分为远紫外光（10～200nm）和近紫外光（200～400nm）。远紫外光可被大气中的水汽、氮、氧和二氧化碳等所吸收，只能在真空中研究，故又称真空紫外光。本节仅讨论近紫外光谱。

8.7.1　有机化合物的紫外吸收光谱

8.7.1.1　电子跃迁类型

根据分子轨道理论，分子轨道类型有 σ 成键轨道、σ^* 反键轨道、π 成键轨道、π^* 反键轨道和未成键轨道（或称非键轨道）。各种分子轨道能量高低的顺序为：$\sigma<\pi<n<\pi^*<\sigma^*$。

在基态分子中，成键电子占据成键轨道，未成键的孤对电子占据非键轨道。分子吸收紫外或可见辐射后，电子就由基态的成键轨道或非键轨道跃迁至激发态的反键轨道。常见的跃迁有 $\sigma\rightarrow\sigma^*$、$n\rightarrow\sigma^*$、$n\rightarrow\pi^*$ 和 $\pi\rightarrow\pi^*$ 四种类型，如图 8-18 所示。

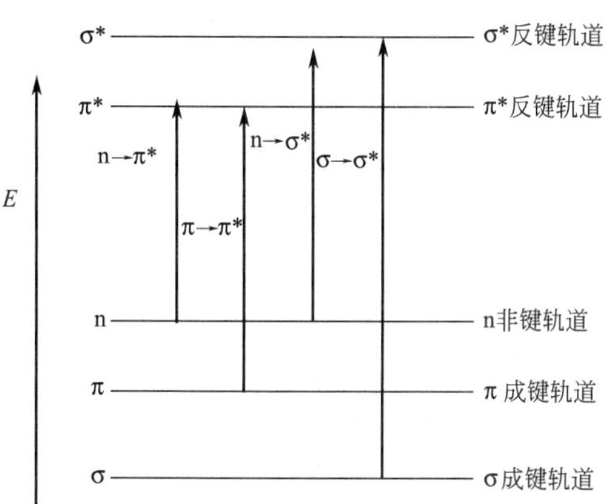

图 8-18　分子的电子能级和跃迁

(1) $\sigma\rightarrow\sigma^*$ 和 $n\rightarrow\sigma^*$ 跃迁

分子中形成单键的电子为 σ 电子，要使其由 σ 成键轨道跃迁到相应的 σ^* 反键轨道上，所需能量很大，此能量相当于真空紫外区的辐射能。饱和烃只能发生 $\sigma\rightarrow\sigma^*$ 跃迁，因而吸收光谱都在真空紫外区。例如，甲烷 $\lambda_{max}=125nm$，乙烷为 135nm。

含有未共用电子对（即 n 电子）原子的饱和化合物都可发生 $n\rightarrow\sigma^*$ 跃迁。$n\rightarrow\sigma^*$ 跃迁所需能量小于 $\sigma\rightarrow\sigma^*$ 跃迁，一般相当于 150～250nm 区域的辐射能。其中大多数吸收峰出现在低于 200nm 的真空紫外区。

(2) $\pi\rightarrow\pi^*$ 和 $n\rightarrow\pi^*$ 跃迁

在含有不饱和键如 $\rangle C=C\langle$ 、—N=N— 、$\rangle C=O$ 等的有机化合物分子中含有 π 电子，可以发生 $\pi\rightarrow\pi^*$ 跃迁。若形成不饱和键的原子含有非键电子，则也能发生 $n\rightarrow\pi^*$ 跃迁。

π 电子和 n 电子比较容易激发，π^* 轨道的能量又比较低，所以由这两类跃迁所产生的吸收峰波长一般都大于 200nm。有机化合物的紫外-可见吸收光谱法就是以这两类跃迁为基础。这两类跃迁都要求化合物中含有不饱和官能团以提供 π 轨道。因此，把含有 π 键的不饱和基团称为生色团，$n\rightarrow\pi^*$ 跃迁比 $\pi\rightarrow\pi^*$ 跃迁所需能量小，吸收波长要更长一些。但由于 n 轨道与 π^* 轨道的重叠很少，跃迁概率很小，摩尔吸光系数仅在 $10\sim100L\cdot mol^{-1}\cdot cm^{-1}$ 范围内。$\pi\rightarrow\pi^*$ 跃迁的摩尔吸光系数则很大，具有单个非饱和键的化合物的摩尔吸光系数在 $10^4L\cdot mol^{-1}\cdot cm^{-1}$ 左右。

8.7.1.2　生色团的共轭作用

如果一种化合物分子中含有两个或两个以上的生色团，但两个生色团处于非共轭状态，那么各个生色团将独立地产生吸收，总的吸收是各个生色团吸收的加和。若两个生色团发生共轭作用，则原来生色团吸收峰消失，在长波方向产生新的吸收峰，吸收强度也会显著增加。按照分子轨道理论，在共轭体系中，π 电子具有更大的离域性，这一离域效应使得 π^* 轨道能量下降，从而导致吸收峰红移。

对于多烯化合物，非共轭体系的最大吸收波长与含一个烯键的化合物基本相同，但摩尔吸光系数则与烯键数目同步增大。例如，1-己烯的最大吸光波长在 177nm，摩尔吸光系数为 11800 $L\cdot mol^{-1}\cdot cm^{-1}$；1,5-己二烯的最大吸收波长在 178nm，摩尔吸光系数为 $26000L\cdot mol^{-1}\cdot cm^{-1}$。共轭多烯化合物随着共轭体系的增大其吸收峰红移，摩尔吸光系数也会随共轭体系增大而发生显著变化。醛、酮和羧酸中碳氧双键同烯键之间的共轭作用也会降低 π^* 轨道能量，从而使 $\pi \rightarrow \pi^*$ 跃迁和 $n \rightarrow \pi^*$ 跃迁的吸收峰都发生红移。例如，巴豆醛（$CH_3CH=CHCHO$）乙醇溶液的吸收光谱在 220nm 处有一个由 $\pi \rightarrow \pi^*$ 跃迁产生的摩尔吸光系数为 $15000L \cdot mol^{-1} \cdot cm^{-1}$ 的吸收峰和在 322nm 处有一个由 $n \rightarrow \pi^*$ 跃迁产生的摩尔吸光系数为 $28L \cdot mol^{-1} \cdot cm^{-1}$ 的吸收峰。单独烯键的 $\pi \rightarrow \pi^*$ 跃迁吸收峰在 170nm 附近，单独羰基的 $\pi \rightarrow \pi^*$ 跃迁吸收峰在 166nm 处，$n \rightarrow \pi^*$ 跃迁吸收峰在 280nm 处，显然，共轭作用使得 $\pi \rightarrow \pi^*$ 跃迁和 $n \rightarrow \pi^*$ 跃迁吸收峰都发生了明显的红移。

芳香族化合物的紫外光谱具有由 $n \rightarrow \pi^*$ 跃迁产生的三个特征吸收谱带。例如，苯在 184nm 处有一强吸收带（$\varepsilon_{max}=50000L \cdot mol^{-1} \cdot cm^{-1}$），在 204nm 处有一较强吸收带（$\varepsilon_{max}=7400L \cdot mol^{-1} \cdot cm^{-1}$），在 254nm 处有一弱吸收带（B 带，$\varepsilon_{max}=200L \cdot mol^{-1} \cdot cm^{-1}$）。B 吸收带是由 $\pi \rightarrow \pi^*$ 跃迁和苯环的振动能级跃迁叠加而产生，具有很好的振动精细结构，经常用于芳香族化合物的辨认。苯的这三个特征吸收带受苯环上取代基的强烈影响，当苯环上有—OH、$—NH_2$ 等取代基时，吸收峰红移，吸收强度增大。其原因在于这些基团中的电子能够同苯环上的 π 电子发生共轭作用，从而使 $n \rightarrow \pi^*$ 轨道的能量降低。像这样一些本身在紫外和可见光区无吸收，但能使生色团吸收峰红移、吸收强度增大的基团称为助色团。主要的助色团有羟基、烷氧基、氨基等。

助色团至少要有一对非键 n 电子，这样才能与苯环上的 π 电子相作用，产生助色作用。例如，苯胺中的氨基含有一对非键 n 电子，具有助色作用，当形成苯胺正离子时，非键 n 电子消失了，助色作用也随之消失。酚盐负离子中的氧原子比酚羟基中的氧原子多了一对非键 n 电子，其助色效果也就更显著。

8.7.1.3 溶剂对吸收光谱的影响

在有机化合物的分析中，溶剂的选择是十分重要的。选择溶剂时，既要使溶剂本身在测定波长范围内无吸收，又要考虑它对被测物质的吸收光谱可能产生的影响。溶剂对物质吸收光谱的影响主要包括以下两个方面。

(1) 对最大吸收波长的影响

溶剂极性的改变会使由 $\pi \rightarrow \pi^*$ 跃迁和 $n \rightarrow \pi^*$ 跃迁产生的两种吸收峰的最大吸收波长向不同方向移动。一般来说，随着溶剂极性增大，$\pi \rightarrow \pi^*$ 跃迁吸收峰向长波长方向移动，即发生红移，而 $n \rightarrow \pi^*$ 跃迁吸收峰向短波长方向移动，即发生蓝移（或称紫移）。因此可利用溶剂效应来区分这两种跃迁所产生的吸收光谱。

大多数能发生 $\pi \rightarrow \pi^*$ 跃迁的基团，其激发态的极性总是比基态强，因而溶剂极性增大后，溶剂化作用使激发态能量降低的程度大，从而使基态和激发态的能量差减小，吸收峰红移。能发生 $n \rightarrow \pi^*$ 跃迁的基团，基态时 n 电子会与极性溶剂（如水和乙醇）形成氢键，使 n 轨道的能量降低大约一个氢键的能量，相比之下激发态能量降低较小，因而随溶剂极性增大，n、π^* 轨道间能量差增大，吸收峰蓝移。

在极性溶剂中，由于 $\pi \rightarrow \pi^*$ 跃迁吸收峰红移和 $n \rightarrow \pi^*$ 跃迁吸收峰蓝移而最终可能导致较弱的 $n \rightarrow \pi^*$ 跃迁吸收峰被较强的 $\pi \rightarrow \pi^*$ 跃迁吸收峰所掩盖。

(2) 对光谱精细结构和吸收强度的影响

当物质处于气态时，分子间的作用极弱，其振动光谱和转动光谱也能表现出来，因而具有非常清晰的精细结构，如图 8-19 所示。当它溶于非极性溶剂时，由于溶剂化作用，限制了分子的自由转动，转动光谱就不能表现出来；随着溶剂极性的增大，分子振动也受到限制，精细结构就会逐渐消失，合并为一条宽而低的吸收带。图 8-20 示出了溶剂极性对苯酚 B 吸收带的影响。

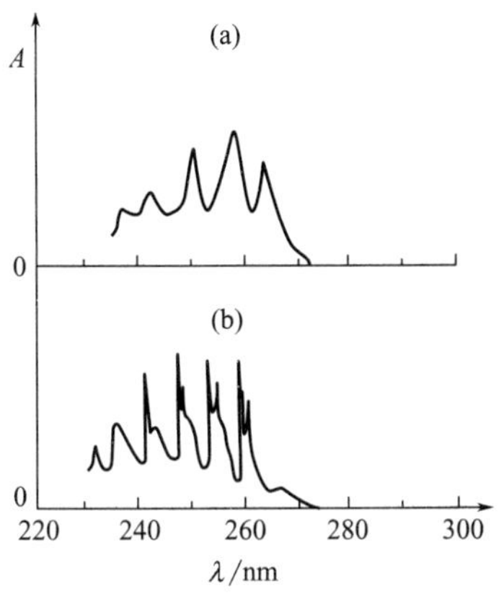

图 8-19 苯的 B 吸收带

(a) 乙烷溶液；(b) 苯蒸气

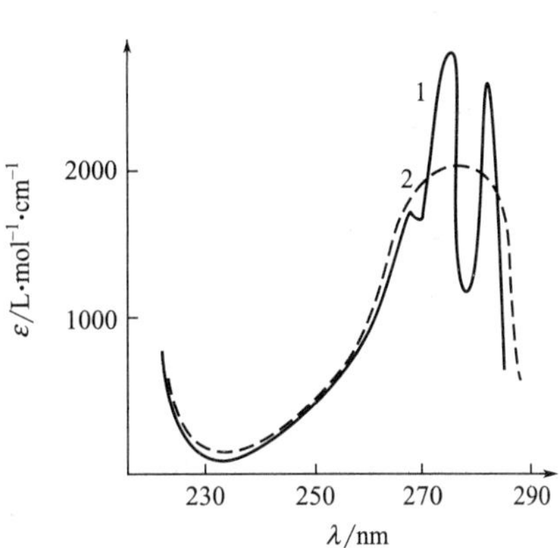

图 8-20 苯酚的 B 吸收带

1—庚烷溶液；2—乙醇溶液

根据以上讨论，在绘制有机化合物的吸收光谱时，应依照以下原则选择溶剂。

① 比较未知物质与已知物质的吸收光谱时，必须采用相同的溶剂。

② 应尽可能地使用非极性溶剂，以便获得物质吸收光谱的特征精细结构。

③ 所选溶剂在需要测定的波长范围内无吸收或吸收很小。

常用溶剂使用的波长范围见表 8-4。

表 8-4 紫外区常用溶剂使用的波长范围

溶剂	使用波长范围/nm	溶剂	使用波长范围/nm
水	>210	甘油	>230
乙醇	>210	氯仿	>245
甲醇	>210	四氯化碳	>265
异丙醇	>210	乙酸甲酯	>260
正丁醇	>210	乙酸乙酯	>260
96%硫酸	>210	乙酸正丁酯	>260
乙醚	>220	苯	>280
二噁烷	>230	甲苯	>285
二氯甲烷	>235	吡啶	>303
己烷	>200	丙酮	>330
环己烷	>200	二硫化碳	>375

8.7.2 紫外吸收光谱法的应用

紫外吸收光谱法除了可进行定量分析及测定物质的物理化学常数之外，还可对物质进行定性分析和结构分析。

(1) 定性分析

用紫外吸收光谱对物质进行定性分析时，一般采用光谱比较法。即将未知纯化合物的吸收光谱特征，如吸收峰的数目、位置、相对强度以及吸收峰的形状（极大、极小和拐点），与已知纯化合物的吸收光谱进行比较。若未知化合物和纯已知化合物的吸收光谱非常一致，则可认为这两种化合物具有相同的生色团，以此推断未知化合物的骨架，或认为就是同一化合物。但是，由于大多数有机化合物的紫外-可见光谱比较简单，谱带宽且缺乏精细结构，特征性不明显，而且很多生色团的吸收峰几乎不受分子中其他非吸收基团的影响，因此，仅依据紫外光谱数据来鉴定未知化合物具有较大局限性，必须与其他方法如红外光谱法、核磁共振波谱法和质谱法等相配合，才能对未知化合物进行准确的鉴定。

（2）结构分析

紫外吸收光谱虽然不能对一种化合物作出准确鉴定，但对化合物中官能团和共轭体系的推测与确定却是非常有效的。一般有以下规律：

① 在 220～280nm 范围内无吸收，可推断化合物不含苯环、共轭双键、醛基、酮基、溴和碘（饱和脂肪族溴化物在 200～210nm 有吸收）。

② 在 210～250nm 有强吸收，表示含有共轭双键，如在 260nm、300nm、330nm 左右有高强度吸收峰，则化合物含有 3～5 个共轭 π 键。

③ 在 270～300nm 区域内存在一个随溶剂极性增大而向短波方向移动的弱吸收带，表明有羰基存在。

④ 在约 260nm 处具有振动精细结构的弱吸收带则说明有苯环存在。

⑤ 如化合物有许多吸收峰，甚至延伸到可见光区，则可能为多环芳烃。

另外，紫外-可见吸收光谱也可以用来作同分异构体的判别。

本章要点

1. 光的基本概念

（1）光的基本概念：单色光、复合光、互补光、可见光。

（2）物质对光的选择性吸收：不同物质的分子因其组成和结构不同而对不同波长光的吸收具有选择性，从而具有各自特征的吸收光谱（A-λ 曲线），据此可以进行物质的定性分析；同一物质因其含量不同而对同一波长的光吸收程度不同（A-c 曲线），据此可以进行物质的定量分析。

2. 朗伯-比耳定律

（1）吸光光度法定量分析的理论基础是朗伯-比耳定律

$$A=\lg(I_0/I)=-\lg T=\varepsilon bc$$

其物理意义为：当一束平行的单色光通过单一均匀的、非散射的吸光物质溶液时，溶液的吸光度 A 与吸光物质的浓度和光通过的液层厚度的乘积成正比。

光度分析的灵敏度可以用吸光系数 a、摩尔吸光系数 ε 来表征。其中 $\varepsilon=Ma$；ε 越大，表明测定方法的灵敏度越高。

吸光度具有加和性：$A_{总}=A_1+A_2+\cdots+A_n=\varepsilon_1bc_1+\varepsilon_2bc_2+\cdots+\varepsilon_nbc_n$

（2）根据朗伯-比耳定律，A-c 曲线应为一条通过原点的直线，据此可进行定量分析。但工作曲线常偏离朗伯-比耳定律，原因有物理因素和化学因素。

3. 分光光度计的基本部件：光源、单色器、吸收池、检测系统、信号显示系统。

4. 吸光光度法分析条件的选择

（1）显色反应条件的选择：酸度；显色剂用量；显色时间和温度；溶剂和表面活性剂；干扰的消除。

（2）测量条件的选择

① 测量波长的选择："最大吸收"或"吸收最大，干扰最小"原则。

② 参比溶液的选择。使测得的吸光度能比较真实地反映待测物质对光的吸收，能真实

反映待测物质的浓度。

③ 吸光度范围的选择：应控制在使浓度测量的相对误差较小的范围，即 A 在 0.2～0.8 范围内。当吸光度 $A=0.434$ 时，测量的相对误差最小。

5. 光度法的应用

(1) 微量成分的测定

① 单组分的测定：比较法和标准曲线法。

② 多组分的测定：根据吸光度的加和性解联立方程求解，或采用双波长法。

(2) 高含量组分的测定——示差法。示差法与普通吸光光度法的主要区别在于它所采用的参比溶液不同。示差法需要较大的入射光强度，采用浓度稍低于待测溶液浓度的标准溶液作参比溶液。

$$A_r=\Delta A=A_x-A_s=\varepsilon b(c_x-c_s)=\varepsilon b\Delta c$$

(3) 酸碱解离常数的测定

$$pK_a=pH+\lg\frac{A-A_{L^-}}{A_{HL}-A}$$

(4) 配合物组成及 $K_{稳}$ 的测定：摩尔比法、等物质的量连续变化法。

(5) 双波长光度法的测定原理及应用：

$$\Delta A=A_{\lambda_1}-A_{\lambda_2}=(\varepsilon_{\lambda_1}-\varepsilon_{\lambda_2})bc$$

思　考　题

1. 与化学分析法相比，吸光光度法的主要特点是什么？

2. 何谓单色光、复合光、互补光、可见光？

3. 朗伯-比耳定律的物理意义是什么？什么是透光度？什么是吸光度？二者之间的关系是什么？

4. 摩尔吸光系数的物理意义是什么？其大小和哪些因素有关？

5. 什么是吸收曲线？什么是标准曲线？它们有何实际意义？利用标准曲线进行定量分析时可否使用透光度 T 和浓度 c 为坐标？

6. 在吸光光度法中，影响显色反应的因素有哪些？

7. 分光光度计有哪些主要部件？它们各起什么作用？

8. 吸光度的测量条件如何选择？为什么？

9. 简述示差法光度法、双波长光度法的原理。这些方法分别有什么优点？

习　　题

1. 浓度为 25.5μg/50mL 的 Cu^{2+} 溶液，用环己酮草酰二腙显色后测定，在 $\lambda=600nm$ 处用 2cm 比色皿测得 $A=0.300$，求透光度 T、吸光系数 a 和摩尔吸光系数 ε。

2. 用双硫腙法测定 Pb^{2+}，已知 Pb^{2+} 的浓度为 0.10mg/50mL，用 2cm 的比色皿在波长 520nm 处测得透光度为 47.9%，求摩尔吸收光数 ε。

3. 已知 $KMnO_4$ 的 $\varepsilon_{545nm}=2.2\times10^3 L\cdot mol^{-1}\cdot cm^{-1}$，计算：(1) 此波长下 $2.0\times10^{-4} mol\cdot L^{-1}$ 的 $KMnO_4$ 溶液在 3.0cm 吸收池中的吸光度；(2) 若将溶液稀释一倍，其吸光度又是多少？

4. 称取 0.432g 铁铵钒 [$NH_4Fe(SO_4)_2\cdot12H_2O$] 溶解后，定容 500.0mL 配制成标准溶液，取下列不同量的标准溶液于 50.00mL 容量瓶中，加显色剂及其他试剂后定容，分别测定其吸光度，数据如下：

标准 Fe^{3+} 溶液/mL	1.00	2.00	3.00	4.00	5.00	6.00
吸光度 A	0.097	0.200	0.304	0.408	0.510	0.618

取含铁试液 5.00mL 稀释至 250.0mL，再取稀释后溶液 2.00mL 于 50.00mL 容量瓶中，与标准溶液相同条件下显色后，测得其吸光度 $A=0.450$，绘制标准曲线并求试样中 Fe^{3+} 的含量（以 $g \cdot L^{-1}$ 表示）。

5. 有两份不同浓度的某一有色配合物，当液层厚度均为 1.0cm 时，对某一波长的透光度分别为（a）65.0%；（b）41.8%。求：

（1）该两份溶液的吸光度 A_1、A_2；

（2）如果溶液（a）的浓度为 $6.5 \times 10^{-5} mol \cdot L^{-1}$，求溶液（b）的浓度；

（3）计算在该波长下有色配合物的摩尔吸光系数（设待测物质的摩尔质量为 $47.9 g \cdot mol^{-1}$）。

6. 苯胺（$C_6H_5NH_2$）与苦味酸（三硝基苯酚）能生成 1∶1 的盐——苦味酸苯胺，其 $\lambda_{max}=359nm$，$\varepsilon_{359nm}=1.25 \times 10^4 L \cdot mol^{-1} \cdot cm^{-1}$，若将 0.200g 苯胺试样溶解后定容为 500mL。取 25mL 该溶液，与足量苦味酸反应后，转入 250mL 容量瓶，并稀释至刻度，再取此反应液 10.0mL 稀释到 100mL，后用 1.00cm 比色皿在 359nm 处测得吸光度 $A=0.425$，求此苯胺试样的纯度。

7. NO_2^- 在 355nm 处 $\varepsilon_{355nm}=23.3\ L \cdot mol^{-1} \cdot cm^{-1}$，$\varepsilon_{355nm}/\varepsilon_{302nm}=2.50$；$NO_3^-$ 在 355nm 吸收可以忽略，在波长 302nm 处 $\varepsilon_{302nm}=7.24\ L \cdot mol^{-1} \cdot cm^{-1}$，今有一含 NO_2^- 和 NO_3^- 的试液，用 1cm 的比色皿测得 $A_{302}=1.000$，$A_{355}=0.720$，计算试液中 NO_2^- 和 NO_3^- 的浓度。

8. 吸光光度法定量测定浓度为 c 的溶液，如吸光度为 0.434，假定透光度的测量误差为 0.05%，由仪器测定产生的相对误差为多少？

9. 用普通光度法测量 $0.0010 mol \cdot L^{-1}$ 铜标准溶液和含铜的试液，分别测得 $A=0.700$ 和 $A=1.000$，两种溶液的透光度相差多少？如用 $0.0010 mol \cdot L^{-1}$ 标准溶液作参比溶液，试液的吸光度是多少？与示差吸光光度法相比较，读数标尺扩大了多少倍？

10. 用硅钼蓝示差光度法测定矿石中硅的含量，称取试样 0.2000g，经处理制成 100mL 溶液，吸取此溶液 25.00mL 于 50.00mL 容量瓶中，显色后加水至刻度。吸取含 SiO_2 $0.5000 mg \cdot mL^{-1}$ 的标准溶液 3.00mL 和 5.00mL 两份分别置于 50.00mL 容量瓶中，在与未知液相同条件下显色并加水至刻度，用 1.0cm 比色皿，在 600nm 处进行测定，用第一份标准溶液作参比，调整到透光度为 $T=100\%$，此时测得第二份溶液的吸光度为 0.528，计算试样中的 SiO_2 质量分数。

11. 测定纯金属钴中微量锰时，在酸性溶液中用 KIO_4 将锰氧化为 MnO_4^- 后进行光度测定。若用标准锰溶液配制标准系列，在绘制标准曲线及测定试样时，应该用什么参比溶液？

12. 某含铁约 0.05% 的试样，用邻二氮菲光度法测定 $\varepsilon_{510nm}=1.1 \times 10^4 L \cdot mol^{-1} \cdot cm^{-1}$。试样溶解后稀释至 100mL，用 2.00cm 吸收池，在 510nm 处测定其吸光度。

（1）为使测量时引起的浓度的相对误差最小，应称取试样约多少克？

（2）若使用的光度计透光度最适宜的读数范围为 20%～65%，测定溶液应控制的含铁的浓度范围是多少？

13. 在下列不同 pH 的缓冲溶液中，甲基橙的浓度均为 $2.0 \times 10^{-4} mol \cdot L^{-1}$。用 1.00cm 的比色皿，在 520nm 处测得下列数据：

pH	0.88	1.17	2.99	3.41	3.95	4.89	5.50
A	0.890	0.890	0.692	0.552	0.385	0.260	0.260

试用代数法和图解法求甲基橙的 pK_a。

14. 某金属离子 M^{2+} 能与过量的配体 L^- 生成配离子 ML_3^-，并在 350nm 处有最大吸收。今有两份含 M^{2+} 和 L^- 的溶液，M^{2+} 的总浓度均为 $5.0 \times 10^{-4} mol \cdot L^{-1}$，而 L^- 的总浓度分别为 $0.20 mol \cdot L^{-1}$ 及 $2.5 \times 10^{-3} mol \cdot L^{-1}$，用 1.0cm 比色皿在 350nm 分别测得吸光度为 0.80 和 0.64。假设在第一种情况下，M^{2+} 能完全反应生成配合物，求 ML_3^- 总稳定常数。

第 9 章　分析化学中的分离与富集方法

9.1 概　　述

在定量分析中，由于实际样品的复杂性，当测定某一组分时，不可避免存在一些干扰物质，通过适当控制实验条件或采用掩蔽法可以消除某些干扰，而分离是消除干扰最根本最彻底的方法。对于微量组分的测定，当方法灵敏度受到限制时，在分离的同时还应增大微量待测组分的浓度（富集）以提高测定的准确性。分离在定量分析中的作用体现在以下几点：①将被测组分从复杂体系中分离出来后测定；②把对测定有干扰的组分分离除去；③将性质相近的组分相互分开；④把微量或痕量的待测组分通过分离达到富集的目的。

定量分析对分离的要求是待测组分 A 在分离过程中的损失要小，即回收完全；干扰组分 B 的残留量小至不再干扰。一般用两个量化参数评价分离效果，即回收率（回收因子）和分离率（分离因子）。对待测组分 A 来说：

$$\text{回收率}=\frac{\text{分离后 A 的量}}{\text{分离前 A 的量}}\times 100\% \tag{9-1}$$

分离率用来表达 A 与 B 的分离程度：

$$\text{分离率}=\frac{\text{B 的回收率}}{\text{A 的回收率}}\times 100\% \tag{9-2}$$

分离率越低或干扰组分 B 的回收率越低，A 和 B 之间的分离越完全，干扰组分越容易消除。常量分析中，要求分离率小于 10^{-3}；痕量分析要求小于 10^{-6}。回收率越高越好，但是在分离过程中，被测组分难免有所损失。

在实际工作中，常用加入法来测回收率。对回收率的要求随被测组分的含量的不同而不同。在一般情况下，对质量分数大于 1% 的组分，回收率应大于 99.9%；对质量分数为 0.01%～1% 的组分，回收率应大于 99%；质量分数低于 0.01% 的痕量组分，回收率为 90%～95%，有时更低一些也允许。

在分析化学中，常用的分离和富集方法有沉淀分离法、液-液萃取分离法、离子交换分离法、色谱分离法等，它们的共同点是都使待分离组分分别处于不同的两相中，然后用物理方法分离两相，从而将待分离物分离。如沉淀分离法涉及液相和固相；液-液萃取分离法涉及水相和有机相；离子交换分离法涉及液相（洗脱剂）和固相（树脂）；色谱分离法涉及流动相和固定相两相。近年来，还出现了一些新型的分离和富集技术如固相微萃取、液相微萃取、超临界流体萃取和液膜萃取分离法等。

9.2 沉淀分离法

沉淀分离是一种经典的分离方法，它是根据溶度积原理，利用沉淀反应进行分离的方法。对沉淀反应的要求：所生成的沉淀溶解度小、纯度高、稳定。对于常量组分的分离，较常用的是氢氧化物沉淀分离法、硫化物沉淀分离法、硫酸盐沉淀分离法等。对痕量组分的分离富集，可采用无机沉淀剂，也可采用有机沉淀剂。

9.2.1 无机沉淀剂沉淀分离法

9.2.1.1 氢氧化物沉淀分离法

大多数金属离子都能生成氢氧化物沉淀，由于各种氢氧化物沉淀的溶度积有很大差别，因此可以通过控制溶液酸度使某些金属离子相互分离。同一浓度的不同金属离子氢氧化物开始沉淀和沉淀完全的 pH 不同（表 9-1）。

表 9-1 各种金属离子氢氧化物开始沉淀和沉淀完全时的 pH 值

氢氧化物	溶度积 K_{sp}	pH_1	pH_2
$Sn(OH)_4$	1.0×10^{-56}	0.5	1.5
$TiO(OH)_2$	1.0×10^{-29}	0.5	2.5
$Sn(OH)_2$	1.4×10^{-28}	1.0	3.1
$Fe(OH)_3$	4.0×10^{-38}	2.2	3.5
$Al(OH)_3$	2.0×10^{-32}	4.1	5.4
$Cr(OH)_3$	6.0×10^{-31}	4.6	5.9
$Zn(OH)_2$	1.2×10^{-17}	6.5	8.5
$Fe(OH)_2$	8.0×10^{-16}	7.5	9.5
$Ni(OH)_2$	2.0×10^{-15}	7.7	9.7
$Mn(OH)_2$	1.9×10^{-13}	8.6	10.6
$Mg(OH)_2$	1.8×10^{-11}	9.6	11.6

注：pH_1 为开始沉淀时的 pH 值（$[M]=0.01mol\cdot L^{-1}$）；pH_2 为沉淀完全时的 pH 值（$[M]=10^{-6}mol\cdot L^{-1}$）。

常用的沉淀剂介绍如下。

(1) 氢氧化钠

NaOH 是强碱，采用其作沉淀剂可使两性元素与非两性元素分离，两性元素以含氧酸根的阴离子形态留在溶液中，非两性元素则生成氢氧化物沉淀。一般得到的氢氧化物沉淀为胶体沉淀，共沉淀严重，所以分离效果不理想。

NaOH 作为沉淀剂可定量沉淀的离子有：Mg^{2+}、Cu^{2+}、Ag^{+}、Au^{+}、Cd^{2+}、Hg^{2+}、Ti(Ⅳ)、Zr(Ⅳ)、Hf(Ⅳ)、Tb(Ⅳ)、Bi^{3+}、Fe^{3+}、Co^{2+}、Ni^{2+}、Mn^{2+}。

部分沉淀的离子：Ca^{2+}、Sr^{2+}、Ba^{2+}、Nb(Ⅴ)、Ta(Ⅴ)。

溶液中存在的离子：AlO_2^-、CrO_2^-、ZnO_2^{2-}、PbO_2^{2-}、SnO_3^{2-}、GeO_3^{2-}、BeO_2^{2-}、SiO_3^{2-}、WO_4^{2-}、MoO_4^{2-}、VO_3^-。

(2) 氨缓冲溶液

在铵盐存在下，加入氨水调节和控制溶液的 pH 为 8～9，可使高氧化值的金属离子（如 Fe^{3+}、Al^{3+} 等）与大部分低氧化值的金属离子分离。氨缓冲溶液沉淀分离法中常加入 NH_4Cl 等铵盐，其作用是：①控制溶液的 pH 为 8～9，防止 $Mg(OH)_2$ 沉淀和减少

$Al(OH)_3$的溶解；②用 NH_4^+ 作为抗衡离子，减少了氢氧化物对其他金属离子的吸附；③大量存在的电解质促进了胶体沉淀的凝聚。

定量沉淀的离子：Hg^{2+}、Be^{2+}、Fe^{3+}、Al^{3+}、Cr^{3+}、Bi^{3+}、Sb(Ⅲ)、Sn(Ⅳ)、Mn^{2+}、Ti(Ⅳ)、Zr(Ⅳ)、Hf(Ⅳ)、Tb(Ⅳ)、Nb(Ⅴ)、Ta(Ⅴ)、U(Ⅵ)。

部分沉淀的离子：Mn^{2+}、Fe^{2+}（有氧化剂存在时可以定量沉淀）、Pb^{2+}（有 Fe^{3+}、Al^{3+}共存时将被共沉淀）。

溶液中存留的离子：$[Ag(NH_3)_2]^+$、$[Cu(NH_3)_4]^{2+}$、$[Cd(NH_3)_4]^{2+}$、$[Co(NH_3)_6]^{2+}$、$[Ni(NH_3)_4]^{2+}$、$[Zn(NH_3)_4]^{2+}$、Ca^{2+}、Sr^{2+}、Ba^{2+}、Mg^{2+}。

9.2.1.2　*硫化物沉淀分离法*

硫化物沉淀分离是根据各种硫化物的溶度积相差比较大的特点，通过控制溶液的酸度来控制硫离子浓度，而使金属离子相互分离。约 40 余种金属离子可生成难溶硫化物沉淀，硫化氢是常用的沉淀剂，根据 H_2S 的弱酸性，溶液中 S^{2-} 的浓度与 pH 有关，控制溶液 pH 可控制分步沉淀。在进行分离时大多用缓冲溶液控制酸度，例如，往一氯乙酸缓冲溶液（pH≈2）中通入 H_2S，可使 Zn^{2+} 沉淀为 ZnS，而与 Mn^{2+}、Ni^{2+}、Fe^{2+} 分离；往六亚甲基四胺缓冲溶液（pH 5～6）通入 H_2S，则 ZnS、CoS、NiS、FeS 等会定量沉淀而与 Mn^{2+} 分离。硫化物沉淀分离的选择性不高，沉淀大多是胶体，共沉淀现象比较严重，而且还存在后沉淀现象，故分离效果不理想。但利用其分离某些重金属离子还是有效的。

9.2.2　有机沉淀剂沉淀分离法

与无机沉淀剂相比，有机沉淀剂的选择性和灵敏度都较高，生成的沉淀纯净，溶解度小，易于过滤洗涤，故有机沉淀剂在沉淀分离法中的应用日益广泛，有机沉淀剂的研究和应用是沉淀分离法的发展方向。有机沉淀剂按其作用原理分为：螯合物沉淀剂、离子缔合物沉淀剂和三元配合物沉淀剂。其中，三元配合物沉淀反应相对而言，选择性和灵敏度更高，而且生成的沉淀组成稳定、相对分子质量大，作为重量分析的称量形式也更合适，近年来应用较广。

9.2.3　共沉淀分离和富集痕量组分

在重量分析中，共沉淀现象是一种消极因素，而在分离方法中，却能利用共沉淀现象来分离和富集微量组分。共沉淀分离法是在试液中加入一种试剂，使其产生一种共沉淀剂（作为载体），使被测定的组分因共沉淀作用而与共沉淀剂一同析出，以达到分离与富集的目的。

9.2.3.1　*无机共沉淀剂*

无机共沉淀剂的作用主要是通过对痕量组分的表面吸附、吸留或与痕量组分形成混晶，而把痕量组分载带下来。

(1) 利用表面吸附进行共沉淀

在这种方法中，常用的共沉淀剂为氢氧化物和硫化物等胶体沉淀。由于胶体沉淀的比表面大，吸附能力强，故有利于痕量组分的共沉淀。但这种共沉淀方法的选择性不高，需选择适宜的共沉淀剂和沉淀条件才能得到较好的分离效果。

例如，欲从金属铜中分离出微量铝，将试样溶解后，加入过量氨水，Cu^{2+} 则形成 $[Cu(NH_3)_4]^{2+}$ 留在溶液中，Al^{3+} 难以形成 $Al(OH)_3$ 沉淀或沉淀不完全；如果在溶解好的试

样中加入 Fe^{3+}，则 $Cu(NH_3)_4^{2+}$ 留在溶液中，形成的 $Fe(OH)_3$ 沉淀表面吸附了一层 OH^-，进一步吸附 Al^{3+}，使微量 Al^{3+} 全部共沉淀出来而便于后面测定。利用 $Fe(OH)_3$ 沉淀还可共沉淀 Sn^{4+}、Bi^{3+}、Ga^{3+}、In^{3+}、Tl^{3+}、Be^{2+} 等。

(2) 利用生成混晶体进行共沉淀

该方法的选择性比吸附共沉淀法高，分离效果好。常见的混晶体有：$BaSO_4$-$RaSO_4$，$BaSO_4$-$PbSO_4$，$MgNH_4PO_4$-$MgNH_4AsO_4$ 等。

9.2.3.2 有机共沉淀剂

有机共沉淀剂应用较多，相对于无机共沉淀剂，它具有以下特点：有机共沉淀剂可经灼烧而除去，被测组分则被留在残渣中，用适当的溶剂溶解后即可测定；有机共沉淀剂的相对分子质量较大，体积也大，有利于微量组分的共沉淀；与金属离子生成的难溶性化合物表面吸附少，沉淀完全，沉淀较纯净，选择性高，分离效果好。有机共沉淀一般以下列三种方式进行共沉淀分离。

(1) 利用胶体的凝聚作用进行共沉淀

钨、铌、钽和硅等的含氧酸常沉淀不完全，有少量的含氧酸以带负电荷的胶体微粒留于溶液中，形成胶体溶液，可用辛可宁、单宁、动物胶等将它们共沉淀下来。例如，在钨酸的胶体溶液中，可加入生物碱辛可宁，辛可宁在酸性溶液中，其氨基被质子化而形成带正电的胶粒，能与带负电荷的钨酸胶体凝聚而共沉淀下来。

(2) 利用形成离子缔合物进行共沉淀

一些分子质量较大的有机化合物，如甲基紫、孔雀绿、品红及亚甲基蓝等，在酸性溶液中带正电荷，当它们遇到以配阴离子形式存在的金属配离子时，能生成微溶性的离子缔合物而被共沉淀出来。

在这种共沉淀体系中，作为金属配阴子的配位体的有 Cl^-、Br^-、I^-、SCN^- 等；被共沉淀的金属离子有 Zn^{2+}、In(Ⅲ)、Cd^{2+}、Hg^{2+}、Bi^{3+}、Au(Ⅲ)、Sb(Ⅲ) 等。例如，在含有大量 SCN^- 的 $[Zn(SCN)_4]^{2-}$ 的微酸性溶液中加入甲基紫，则甲基紫与 $[Zn(SCN)_4]^{2-}$ 生成离子缔合物被共沉淀下来。

(3) 利用惰性共沉淀剂

Ni^{2+} 与丁二酮肟生成螯合物沉淀，但当 Ni^{2+} 含量很低时，丁二酮肟不能将其沉淀出来，若再加入丁二酮肟二烷酯的乙醇溶液，因丁二酮肟二烷酯难溶于水，则在水溶液中析出并将 Ni^{2+} 与丁二酮肟的螯合物共沉淀下来。丁二酮肟二烷酯与 Ni^{2+} 及其螯合物都不发生反应，故称这类载体为“惰性共沉淀剂”。常用的还有酚酞、α-萘酚等。对于惰性共沉淀剂的作用，可理解为利用“固体萃取剂”进行沉淀。即先将无机离子转化为疏水性化合物，再根据相似相溶的原则使其进入结构相似的载体，将疏水化合物载带下来，进而达到分离的目的。

9.3 液-液萃取分离法

液-液萃取，又称溶剂萃取，它是利用物质对水的亲疏性的不同而进行分离的一种方法。它既可用于常量组分的分离，又适用于微量组分的分离与富集，也适用于实验室少量试样的分离和工业上大量物质的分离纯化；该法应用于萃取光度法，选择性和灵敏度较高。萃取分离法操作简便，快速，特别是分离效果好，故应用广泛。但缺点是使用的萃取溶剂易燃、易挥发、有毒且价格较高，同时该法费时，工作量大。

9.3.1　萃取分离法的基本原理

9.3.1.1　萃取过程的本质

物质具有易溶于水而难溶于有机溶剂的性质称为亲水性，离子都具有亲水性。物质具有难溶于水而易溶于有机溶剂的性质称为疏水性或亲油性，有机化合物如酚酞、PAN 指示剂及常用的有机溶剂都具有疏水性。**萃取分离**就是利用物质溶解性质的上述差异，用与水不相混溶的有机溶剂，从水溶液中把被分离组分萃取到有机相中，以实现分离的目的。萃取过程的本质就是将物质由亲水性转化为疏水性的过程。

例如，Ni^{2+} 在水中以水合离子形式存在，是亲水的。要使其转化为疏水性，并溶于有机溶剂，就要中和它的电荷，并用疏水基团取代水分子。为此在 pH 8～9 的氨性溶液中，加入丁二酮肟，使其与 Ni^{2+} 形成螯合物。此螯合物不带电荷，而且 Ni^{2+} 被疏水基团包围，因而具有疏水性，可被氯仿萃取。

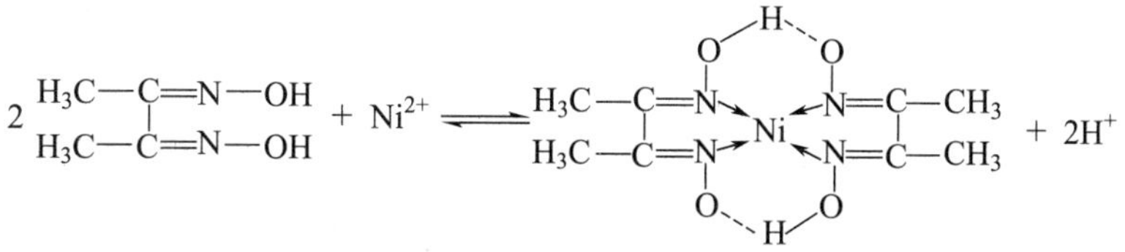

$$2\begin{matrix}H_3C-C{=}N-OH\\ |\\ H_3C-C{=}N-OH\end{matrix} + Ni^{2+} \rightleftharpoons \text{Ni(丁二酮肟)}_2 + 2H^+$$

丁二酮肟　　亲水　　鲜红色螯合物，疏水

物质含有亲水基团和疏水基团的相对量决定物质亲疏水能力的高低。物质含亲水基团越多，其亲水性越强，常见的亲水基团有—OH、—COOH、$—SO_3H$、$—NH_2$ 等。物质含疏水基团越多，相对分子量越大，其疏水性越强，常见的疏水基团有烷基如$—CH_3$、$—C_2H_5$、卤代烷基等，芳香基如苯基、萘基等。

有时需要将组分从有机相萃取到水相中，这个过程称为反萃取。例如丁二酮肟镍螯合物，被氯仿萃取后，若在有机相中加入盐酸，当酸的浓度达到 $0.5\sim1mol\cdot L^{-1}$时，螯合物被破坏，Ni^{2+} 重新回到水相。萃取和反萃取配合使用，能提高萃取分离的选择性。

9.3.1.2　分配系数和分配比

物质在水相和有机相中都有一定的溶解度，亲水性强的物质在水相中的溶解度较大，在有机相中的溶解度较小；疏水性强的物质则与此相反。在萃取分离中，达到平衡状态时，被萃取物质在有机相和水相中都有一定浓度。

(1) 分配系数

当溶质 HA 在互不混溶的水相和有机相中进行萃取分离并达到平衡时，溶质 HA 在有机相和水相中的浓度比（严格来说为活度比）称为**分配系数**，用 K_D 表示。在给定的温度下，K_D 是一常数。

$$HA(w) \rightleftharpoons HA(o)$$

$$K_D=\frac{[HA]_o}{[HA]_w} \tag{9-3}$$

分配系数大的物质，绝大部分进入有机相，分配系数小的物质，仍留在水相中，据此可将物质彼此分离。上式称为**分配定律**，它是溶剂萃取的基本原理，由 Nernst 在 1891 年发现，但它只适合于浓度较低的稀溶液，而且溶质在两相中均以单一的相同形式存在。

例 9-1　含有 0.120g 碘的碘化钾溶液 100mL，25℃时用 25.0mL 四氯化碳与之一起振摇，假设碘在四氯化碳和在碘化钾溶液之间的分配达到平衡后，在水中测得有 0.00539g 碘，试计算碘的分配系数。

解 0.00539g 碘存在水中，则有 0.120－0.00539＝0.115g 碘进入四氯化碳中

$$K_D=\frac{[I_2]_o}{[I_2]_w}=\frac{\dfrac{0.115}{25}}{\dfrac{0.00539}{100}}=85$$

故碘的分配系数为 85。

(2) 分配比

若萃取物 HA 在两相中并不仅以某一形式存在，如发生了解离、缔合等副反应，导致 HA 在两相中以多种形式存在，则用分配比来表示两相中的分配情况。

当萃取达到平衡时，溶质在有机相中的各种存在形式的总浓度与其在水相中的各种存在形式的总浓度之比，称为**分配比**，用 D 表示。

$$\begin{array}{ccc} HA(w) & \rightleftharpoons & HA(o) \\ K_a \downarrow & & \text{缔合}\downarrow \\ A & & (HA)_i \\ \alpha_{HA,w} & & \alpha_{HA,o} \end{array}$$

$$D=\frac{c_{HA,o}}{c_{HA,w}}=\frac{[HA]_o\alpha_{HA,o}}{[HA]_w\alpha_{HA,w}}=K_D\frac{\alpha_{HA,o}}{\alpha_{HA,w}} \tag{9-4}$$

D 越大，被萃物进入有机相的浓度越大，一般要求 D 在 10 以上，而且越大越好。若两相体积相等，$D>1$，则 A 进入有机相的多；若 $D<1$，则 A 进入水相的多。

分配比也可称为条件分配系数，当溶质在两相中均以单一的相同形式存在，且溶液较稀时，$\alpha=1$，$K_D=D$。在复杂体系中 K_D 和 D 不相等。分配比除与一些常数有关外，还与酸度、溶质的浓度等因素有关，它并不是一个常数。

9.3.1.3 萃取百分率和分离系数

常用**萃取百分率**（E）表示萃取的完全程度，E 是物质被萃取到有机相中的比率。

$$E=\frac{\text{A 在有机相中的总量}}{\text{A 在两相中的总量}}\times 100\% \tag{9-5}$$

$$E=\frac{c_oV_o}{c_oV_o+c_wV_w}\times 100\% \tag{9-6}$$

式中，c_o、c_w 分别表示 A 在有机相、水相中的总浓度；V_o、V_w 分别表示有机相、水相的体积。分子分母同时除以 c_wV_o，则：

$$E=\frac{c_o/c_w}{c_o/c_w+V_w/V_o}\times 100\%$$

E 和 D 的关系：

$$E=\frac{D}{D+V_w/V_o}\times 100\% \tag{9-7}$$

式中，V_w/V_o 称为相比。

由式(9-7)，相比和分配比是影响 E 的两个因素。由表 9-2 可知，增加有机溶剂量，能提高萃取效率，但效果不理想，且不利于后处理（稀释、排放污染等）。

当用等体积的溶剂（$V_o=V_w$）进行萃取，即相比为 1 时，则

$$E=\frac{D}{D+1}\times 100\% \tag{9-8}$$

此时，E 完全取决于 D。当 $D=1000$ 时，$E=99.9\%$（表 9-2），可认为一次萃取即可完全；当 $D=100$ 时，$E=99\%$，一次萃取不能达到分离的要求，需萃取二次（痕量分析一次可以）；当 $D=10$，$E=91\%$，需连续萃取数次才能完全；当 $D=1$，$E=50\%$，萃取完全比较困难；当 $D<1$，需进行反萃取。

表 9-2　D 和 V_w/V_o 对 E 的影响

$V_w/V_o(D=10)$	5	1	0.5	0.1
$E/\%$	63	91	99	99.9
D(等体积)	1	10	100	1000
$E/\%$	50	91	99	99.9

若连续萃取，E 可推导如下。

设用 V_o(mL) 有机溶剂萃取 V_w(mL) 中含量为 m_0 的 A 物质，一次萃取后剩余的 A 物质的量为 m_1(g)。

据分配比定义：

$$D=\frac{c_o}{c_w}=\frac{(m_0-m_1)/V_o}{m_1/V_w}$$

整理，得

$$m_1=m_0\frac{V_w}{DV_o+V_w} \tag{9-9}$$

等量连续萃取 n 次，同理可得

$$m_n=m_0\left(\frac{V_w}{DV_o+V_w}\right)^n \tag{9-10}$$

n 次萃取的萃取率

$$E=\frac{m_0-m_n}{m_0}\times 100\% \tag{9-11}$$

例 9-2　可用乙醚萃取肉制品中的脂，若在 40mL 水中分散有含脂 100mg 的 1.0g 肉试样，用 80mL 乙醚分别按照下列情况进行萃取：(1) 全量一次萃取；(2) 分四次萃取。求萃取率各为多少？($D=5$)

解　全量一次萃取：$m_1=m_0\dfrac{V_w}{DV_o+V_w}=100\times\dfrac{40}{5\times 80+40}=9.09(\text{mg})$

$$E=\frac{m_0-m_1}{m_0}\times 100\%=\frac{100-9.09}{100}\times 100\%=90.91\%$$

分四次萃取：$m_1=m_0\left(\dfrac{V_w}{DV_o+V_w}\right)^4=100\times\left(\dfrac{40}{5\times 20+40}\right)^4=0.67(\text{mg})$

$$E=\frac{m_0-m_1}{m_0}\times 100\%=\frac{100-0.67}{100}\times 100\%=99.33\%$$

由上可知，用同样量的萃取溶剂，分多次萃取比一次萃取的效率高。**少量多次是提高萃取率的最好方法**，但萃取次数不能太多，在遵循少量多次的萃取原则基础上，还需考虑工作量及分析时间。

为了达到分离目的，不但萃取效率要高，而且还要考虑共存组分间的分离效果，一般用分离系数来定量描述 A、B 两组分之间的分离效果。若 A、B 的分配比分别为 D_A 和 D_B，则两种物质的分配比的比值称为**分离系数**，用$\beta_{A/B}$表示。

$$\beta_{A/B}=\frac{D_A}{D_B} \tag{9-12}$$

$\beta_{A/B}$越大，即D_A与D_B相差越大，A与B分离就越完全，即萃取的选择性越高；若D_A与D_B很接近，即$\beta_{A/B}$接近于1，则两种物质难于分离。

一般来说，要使共存于同一体系的A和B分离，A的萃取率E应在99%以上，而B的萃取率E应小于1%，此时：

$$\beta_{A/B}=\frac{D_A}{D_B}=\frac{\dfrac{E_A}{1-E_A}}{\dfrac{E_B}{1-E_B}}\approx\frac{100}{0.01}=10^4$$

即$\beta_{A/B}\geqslant 10^4$，可使A和B彼此分离。故**常将$\boldsymbol{\beta_{A/B}\geqslant 10^4}$作为两组分相互分离的判据**。

9.3.2 重要的萃取体系

萃取要解决的问题是设法将欲分离物质由亲水性转化为疏水性。对无机离子，因本身易溶，需将其形成不溶于水的化合物。对于有机物，主要考虑荷电有机物，设法中和其电荷；而中性有机物，其本身往往具有疏水性。

萃取中所用的试剂分为两类，将被萃取物质的亲水性转换为疏水性的试剂称为萃取剂；用于萃取的有机溶剂称为萃取溶剂。根据萃取剂性质的不同，萃取体系可分为螯合物萃取、离子缔合物萃取和协同萃取等几种类型。

9.3.2.1 螯合物萃取体系

螯合物萃取是分析化学中应用最广泛的萃取体系。所用萃取剂为含较多疏水基团的螯合剂（HR），能与待萃取的金属离子形成五元或六元环状的电中性螯合物（MR），易被有机溶剂萃取。由于螯合物萃取灵敏度高，因而可用于萃取浓度很低的金属离子，在分离的同时达到富集的效果。常用的螯合剂有8-羟基喹啉、双硫腙、铜铁试剂（*N*-亚硝基-*β*-苯胲胺，又称铜铁灵）、乙酰基丙酮、二乙基胺二硫代甲酸钠（又称铜试剂）。

萃取效率E与螯合物的稳定性、螯合物在有机相中的分配系数等有关。萃取剂越容易离解，它与金属离子形成的螯合物越稳定，萃取效率越高；螯合物在有机相的分配系数越大，而萃取剂的分配系数越小，则萃取效率越高。

螯合物萃取平衡方程式为：

$$M_w^{n+}+nHR_o \rightleftharpoons MR_{n(o)}+nH_w^+$$

螯合萃取过程可分为四个步骤：萃取剂在水相和有机相中的分配平衡；萃取剂在水相中的电离平衡；被萃取离子和萃取剂的配位平衡；生成的螯合物在水相和有机相中的分配平衡。

$$\begin{array}{ccc}
HR & & MR_n \\
\uparrow\downarrow\ K_D(HR) & \text{有机相} / \text{水相} & K_D(MR_n)\ \uparrow\downarrow \\
HR \underset{K_a(HR)}{\rightleftharpoons} H^+ + R^- & & nR^- + M^{n+} \underset{\beta_n}{\rightleftharpoons} MR_n
\end{array}$$

萃取平衡常数 K_{ex} 为：

$$K_{ex}=\frac{[MR_n]_o[H^+]_w^n}{[M^{n+}]_w[HR]_o^n}$$

$$K_{ex}=\frac{K_D(MR_n)\beta_n}{[K_D(HR)K^H(HR)]^n}$$

因为 $[M^{n+}]_w+[MR_n]_w\approx[M^{n+}]_w$，故

$$D=\frac{c_{M(o)}}{c_{M(w)}}\approx\frac{[MR_n]_o}{[M^{n+}]_w}=\frac{K_{ex}[HR]_o^n}{[H^+]_w^n} \tag{9-13}$$

由上式可知，金属离子的分配比取决于萃取平衡常数、萃取剂浓度和水溶液酸度。所以，需根据螯合物的稳定性及其在两相中的分配系数，选择合适的萃取条件，以分离不同的金属离子。

9.3.2.2　离子缔合物萃取体系

阳离子和阴离子通过静电吸引力结合形成的电中性化合物，称为离子缔合物。缔合物具有疏水性，能被有机溶剂萃取。离子的体积越大，电荷越少，越容易形成疏水性的离子缔合物。

(1) 金属配阴离子的离子缔合物

许多金属离子能形成配阴离子，然后与大体积的有机阳离子缔合，形成疏水性的离子缔合物。例如，Sb(Ⅴ) 在浓 HCl 中生成 $SbCl_6^-$，可与结晶紫阳离子生成缔合物，而被甲苯萃取，该体系能用于萃取光度法测微量 Sb。又如，BF_4^- 配阴离子与亚甲基蓝阳离子生成可被苯萃取的离子缔合物，可用于 B 的测定。

[(CH₃)₂N-C₆H₄-C(=C₆H₄=N(CH₃)₂)-C₆H₄-N(CH₃)₂]⁺ $SbCl_6^-$　　[(CH₃)₂N-亚甲基蓝骨架(S, N)=N(CH₃)₂]⁺ BF_4^-

(2) 生成鉾盐的缔合物

含氧的有机溶剂如醚类、醇类和酮类等的氧原子具有孤对电子，因而能够与 H^+ 或其他阳离子结合而形成鉾离子。它可以与金属配阴离子结合形成易溶于有机溶剂的鉾盐而被萃取。在此种萃取体系中，溶剂分子也参与萃取，因此它既是萃取剂又是萃取溶剂。

例如在 HCl 介质中，用乙醚萃取 Fe^{3+}：Fe^{3+} 与 Cl^- 配位形成配阴离子 $FeCl_4^-$，而溶剂乙醚则质子化而生成阳离子 $[(CH_3CH_2)_2OH]^+$（鉾盐），两异电荷离子缔合而形成中性分子，从而被溶剂乙醚所萃取：

$$[(CH_3CH_2)_2OH]^+ + FeCl_4^- = [(CH_3CH_2)_2OH]\cdot[FeCl_4]$$

离子和鉾盐的形成均须在较高的酸度下进行，常用不含氧的强酸（如盐酸）来调节酸度。含氧有机溶剂形成鉾离子的能力顺序为：$R_2O < ROH < ROH < RCOOH < RCOOR < RCOR$。

(3) 溶剂化合物萃取体系

某些溶剂分子通过其配位原子与无机化合物中的金属离子相键合，形成溶剂化合物，从而溶于该有机溶剂中，以这种形式进行萃取的体系，称为溶剂化合物萃取体系。例如用磷酸

三丁酯萃取 $FeCl_3$ 或 $HFeCl_4$ 杂多酸的萃取体系就属于溶剂化合物萃取体系。

9.3.2.3 简单分子萃取体系

一些无机化合物，如 I_2、Cl_2、Br_2 等稳定的共价化合物，它们在水溶液中主要是以分子形式存在，不带电荷。利用 CCl_4、$CHCl_3$ 和苯等惰性溶剂，可将它们萃取出来。

9.3.3 萃取条件的选择

下面以螯合物萃取体系为例，讨论选择萃取条件的原则。从螯合物的萃取平衡可以看出，影响金属螯合物萃取的因素很多。

(1) 螯合剂的选择

螯合剂与金属离子生成的螯合物越稳定，萃取效率就越高。螯合剂含疏水基团越多，亲水基团越少，萃取效率也越高。

(2) 溶液的酸度

由式(9-13) 可知，溶液的酸度越低，则 D 值越大，越利于萃取。但是当溶液的酸度太低时，金属离子可能发生水解，引起其他干扰反应，对萃取反而不利。因此，必须正确控制萃取时的酸度。控制适当的酸度，有时可选择性地萃取一种离子，或连续不断地萃取几种离子，使其与干扰离子分离。

例如，用双硫腙作螯合剂，用 CCl_4 萃取 Zn^{2+} 时，pH 值必须大于 6.5，才能完全萃取，但是当 pH 值大于 10 以上，萃取效率反而降低，这是因为生成难配位的 ZnO_2^{2-} 所致，所以萃取 Zn^{2+} 适宜的 pH 范围为 6.5～10 之间。

(3) 萃取溶剂的选择

金属螯合物在萃取溶剂中应有较大的溶解度，而干扰物在萃取溶剂中的溶解度应小。萃取溶剂的选择一般根据“相似相溶”原则，即：极性物质易溶于极性溶剂中，非极性物质易溶于非极性溶剂中，碱性物质易溶于酸性溶剂中，酸性物质易溶于碱性溶剂中。一些常用溶剂按极性大小可排列如下：饱和烃类＜全卤代烃类＜不饱和烃类＜醚类＜未全卤代烃类＜脂类＜芳胺类＜酚类＜酮类＜醇类。

另外，萃取溶剂的密度与水溶液的密度差别要大，黏度要小，萃取溶剂最好无毒，无特殊气味，不易燃，挥发性小。

9.3.4 萃取分离技术和应用

9.3.4.1 萃取方式

常用的萃取方式有三种：间歇萃取法、连续萃取法和多级萃取法。分配比 D 足够大时，可采用间歇萃取法。在分离分析工作中，萃取操作一般用间歇法，间歇法萃取是在分液漏斗中进行的，一般在几分钟内可达平衡；对 D 较小的体系，则可在连续萃取器中进行连续萃取，此萃取方式中，萃取溶剂能被循环使用；多级萃取是将水相固定，多次用新鲜的有机相进行萃取，从而提高分离效果。

9.3.4.2 萃取操作方法

(1) 振荡

加入适当的萃取剂，调节至应控制的酸度，然后移入分液漏斗中，加入一定体积的溶剂，充分振荡至达到平衡为止。

(2) 分层

静置待两相分层后，轻轻转动分液漏斗的活塞，使水溶液层或有机溶剂层流入另一容器中，使两相彼此分离。分开两相时，不应使被测组分损失，也不要混入其他杂质或干扰组分。在两相的交界处，有时会出现一层乳浊液，其产生的原因可能是：因振荡过于激烈，使一相在另一相中高度分散，形成乳浊液；或反应中形成某种微溶化合物，既不溶于水，也不溶于有机相，以致在界面上出现沉淀，形成乳浊液。一般通过采用增大萃取剂用量，加入电解质，改变溶液酸度，振荡不过于激烈等措施，使相应的乳浊液消失。

(3) 洗涤

在萃取分离时，当被测组分进入有机相时，其他干扰组分也可进入有机相中。杂质被萃取的程度决定于其分配比。若杂质的分配比很小，可用洗涤的方法除去。洗涤液的基本组成与试液相同，但不含试样。将分出的有机相与洗涤液一起振荡，由于杂质的分配比小，容易转入水相，因被洗去。但此时待测组分也会损失一些，在待测物质的分配比较大的前提下，一般洗涤 1～2 次不至于影响分析结果的准确度。

(4) 反萃取

若进行萃取比色测定，则可将有机相直接进行光度测定。若萃取是用于分离，则通常将有机相用解脱液振荡使被萃物再转入水相，然后再用其他的方法测定。反萃取技术通常通过调节水相的酸度和配位剂、还原剂等组成，降低被萃取物的稳定性，破坏被萃取物的疏水性。

9.3.4.3　应用

溶剂萃取分离方法自其出现以来，现已广泛用于分析化学、无机化学、放射化学、湿法冶金以及化工制备等领域。

(1) 焦油废水中油分和酚的分离测定

油易溶于非极性的有机溶剂中，而酚在 pH 值较高时以离子状态存在于水相，在 pH 值较低时则以分子形式存在而易溶于有机溶剂。

分离流程如下：

调节废水的 pH 为 12 →用 CCl_4 萃取油分→调节萃余液的 pH 为 5 →CCl_4 萃取酚

(2) 天然水中痕量铅的富集分离与测定

Pb^{2+}(痕量)在 pH 为 9 时与双硫腙生成稳定的螯合物（红色），在氯仿-水体系中分配比很大，故可用氯仿萃取富集，然后用萃取分光光度法测定铅的含量。

其他的二价金属离子也可与双硫腙反应生成螯合物干扰测定，可通过加入氰化物和亚硫酸作掩蔽剂减少干扰。

9.4　离子交换分离法

离子交换分离法是通过带电的溶质分子与离子交换剂中可交换的离子进行交换而达到分离纯化的方法。该方法主要依赖电荷间的相互作用，利用带电分子中电荷的微小差异而进行分离。该方法的分离效率高，既能用于带相反电荷的离子之间的分离，还可用于带相同电荷或性质相近的离子之间的分离；富集比例高，既可用于富集微量组分，又可用于提取生化纯物质；成本低，大多数离子交换剂能再生反复使用。它已成为蛋白质、多肽、核酸及大部分发酵产物分离纯化的一种重要方法，在生化分离中约有 75%的工艺采用离子交换法。但该方法操作较麻烦，周期长。

9.4.1 离子交换剂的种类和性质

离子交换剂的种类很多，由于无机离子交换剂的交换能力低、化学稳定性和机械强度差，目前应用较多的是有机离子交换剂，即离子交换树脂。离子交换树脂为具有网状结构的高聚物，在水、酸和碱中难溶，对有机溶剂、氧化剂、还原剂和其他化学试剂具有一定的稳定性。

9.4.1.1 离子交换树脂的结构

离子交换树脂的结构由三部分组成：①不溶性的三维空间网状结构构成的树脂骨架，使树脂具有化学稳定性；②与骨架相连的功能基团，不发生离子的交换，称为固定基团；③与功能基团所带电荷相反的可移动的离子，称为活性离子，由于它在树脂骨架中的进出，就发生离子交换现象。发生交换的离子，也称为平衡离子。活性离子和固定基团组成活性基团。例如常用的磺酸型阳离子交换树脂，是由苯乙烯与二乙烯苯的共聚物经磺化后制得的（图9-1）。在树脂庞大的结构中，碳链和苯环形成树脂的骨架，它具有可伸缩性的网状结构，骨架上的磺酸基（$—SO_3H$）是活性基团。当这种树脂浸泡在水中时，$—SO_3H$ 中的 H^+ 与溶液中的阳离子进行交换。通常用 R 表示树脂的骨架，这类树脂的交换反应为：

$$RSO_3H + M^+ \rightleftharpoons RSO_3M + H^+$$

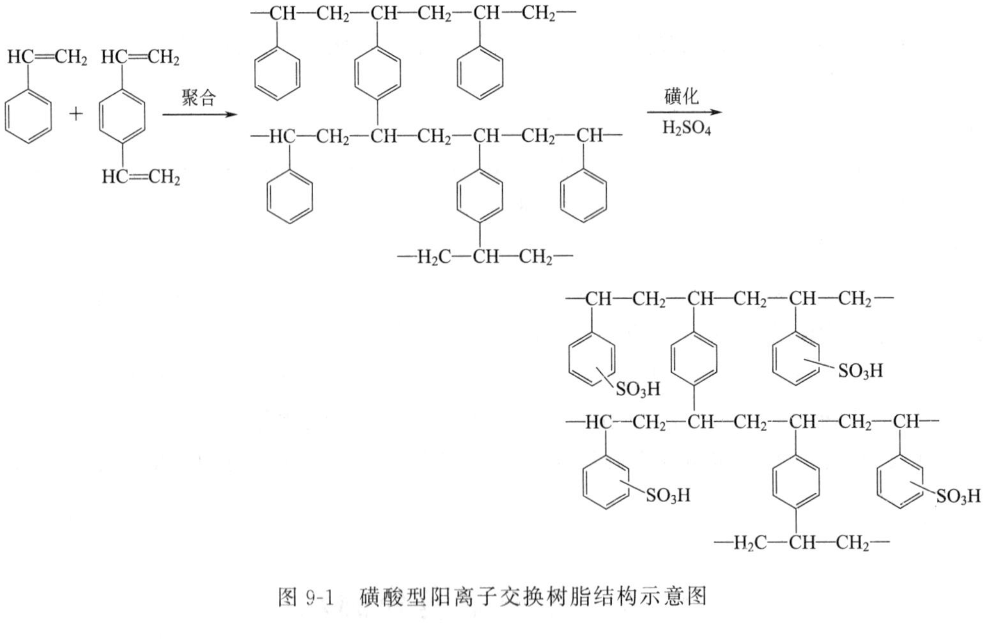

HC=CH₂ HC=CH₂ + HC=CH₂ 聚合 —CH—CH₂—CH—CH₂—CH—CH₂— —HC—CH₂—CH—CH₂—CH—CH₂—CH— —H₂C—CH—CH₂— 磺化 H_2SO_4 SO₃H

图 9-1 磺酸型阳离子交换树脂结构示意图

9.4.1.2 离子交换树脂的种类

离子交换树脂按物理结构可分为凝胶型（孔径为 5nm）和大孔型（孔径为 20～100nm）两类。按合成的树脂所用原料单体可分为苯乙烯系、酚醛系、丙烯酸系、环氧系和乙烯吡啶系五类。最常用的分类是依据与溶液中的离子起交换作用的活性基团的性能分，主要可分为以下几种。

（1）阳离子交换树脂

能交换阳离子的树脂，称为阳离子交换树脂，这类树脂的活性交换基团为酸性。根据活性基团的强弱，可分为强酸型和弱酸型两类。

强酸型阳离子交换树脂含有磺酸基（$—SO_3H$），由于是强酸性基团，其解离程度不随外界溶液的 pH 而变化，所以使用时的 pH 一般没有限制。应用较广，在酸性、中性和碱性溶液中都能使用。

弱酸型树脂含有羧基（—COOH）或酚羟基（—OH）。这类树脂的解离程度小，其交换性能和溶液的 pH 有很大关系。在酸性溶液中，这类树脂几乎不能发生交换反应，交换能力随溶液的 pH 增加而提高。对于羧基树脂，应该在 pH>7 的溶液中操作，而对于酚羟基树脂，溶液的 pH 应>9。这类树脂容易用酸洗脱，选择性高，故常用于分离不同强度的有机碱。

(2) 阴离子交换树脂

这类树脂的活性交换基团为碱性，它的阴离子可被溶液中的其他阴离子交换。根据活性基团的强弱，可分为强碱型和弱碱型两类。

强碱型阴离子交换树脂含季铵基［$N(CH_3)_3Cl$］，有两种强碱性阴离子交换树脂，一种含三甲氨基称为强碱Ⅰ型，另一种含二甲基-β-羟基乙基氨基基团，称为强碱Ⅱ型。

Ⅰ型的碱性比Ⅱ型强，但再生较困难，Ⅱ型树脂的稳定性较差。和强酸性树脂一样，强碱性树脂使用的 pH 范围没有限制，应用较广，其典型的交换反应如下：

$$RN(CH_3)_3OH + Cl^- \rightleftharpoons RN(CH_3)_3Cl + OH^-$$
$$RN(CH_3)_3Cl + OH^- \rightleftharpoons RN(CH_3)_3OH + Cl^-$$

弱碱型阴离子交换树脂含有伯胺基（$—NH_2$）、仲胺基（—NH—）、叔胺基（$—N\lt$）或吡啶基，此类树脂对 OH^- 的亲和力大，在碱性溶液中不宜使用，和弱酸性树脂一样，其交换能力随 pH 变化而变化，pH 越低，交换能力越大，生成的盐 RNH_3Cl 很易水解。这类树脂和 OH^- 结合能力较强，故再生成—OH 型较容易，耗碱量少。

各种离子交换树脂性能比较如表 9-3 所示。

表 9-3　离子交换树脂性能比较

性能	阳离子交换树脂		阴离子交换树脂	
	强酸性	弱酸性	强碱性	弱碱性
活性基团	磺酸	羧酸	季铵	胺
pH 对交换能力的影响	无	在酸性溶液中交换能力很小	无	在碱性溶液中交换能力很小
盐的稳定性	稳定	洗涤时要水解	稳定	洗涤时要水解
再生	需过量的强酸	很容易	需要过量的强碱	再生容易，可用碳酸钠或氨
交换速度	快	慢(除非离子化后)	快	慢(除非离子化后)

(3) 特殊树脂

① 螯合树脂　树脂上含有具有螯合能力的特殊活性基团，既可以形成离子键，又可以形成配位键；可以选择性地与某些金属离子进行交换，主要用于去除金属离子。利用这种原理，可以制备含有某些金属离子的树脂来分离含有特殊官能团的有机化合物，如含汞的树脂可分离含有巯基的化合物（如胱氨酸等），这类树脂的特点是选择性高，缺点是制备难度大，成本高，交换量低。

② 大孔树脂　大孔离子交换树脂具有和大孔吸附剂相同的骨架结构，在大孔吸附剂合成过程中，加入致孔剂，再引入化学功能基团，便可得到大孔离子交换树脂。它比一般树脂

有更多、更大的孔道，因此表面积大，离子容易迁移扩散，富集速度快。

③ 多糖基离子交换树脂　树脂骨架为纤维素，对天然纤维素上的—OH进行化学修饰，可得到带不同活性基团的树脂。常用的离子交换纤维素有：甲基磺酸纤维素、羧甲基纤维素、二乙基氨基乙基纤维素。此类树脂骨架松散、亲水性强、表面积大、交换容量大、吸附力弱、交换和洗脱条件温和，主要用于提纯分离蛋白质、氨基酸、酶等，也用于分离富集无机离子。

9.4.1.3 交联度和交换容量

(1) 交联度

在合成离子交换树脂的过程中，将链状分子相互联结而形成网状结构的过程称为交联。由磺酸型阳离子交换树脂的合成反应可以看出，由于二乙烯苯的加入，致使长链的聚苯乙烯构成了立体网状结构。因此，把二乙烯苯称为交联剂，**交联剂在树脂单体总量中所占质量分数称为交联度。交联度是离子交换树脂的重要性质之一。**

交联度影响网状结构的紧密度、孔径大小、交换速度和选择性。树脂的交联度小，水的溶胀性好，网眼大，交换反应速度快；但是各种体积大小的离子都容易进入树脂内部，所以交换的选择性差，而且树脂的机械强度也差。相反，树脂的交联度大，网眼小，交换的选择性高，机械强度高，但对水的溶胀性能差，且交换反应速度慢。树脂的交联度一般以4%～14%为宜，分析化学上常用的树脂交联度为8%左右。

(2) 交换容量

离子交换树脂在交换反应中可交换离子的数目用交换容量表示，它是指**每克干树脂能交换的离子的物质的量**(mmol)，交换容量的大小取决于树脂网状结构上活性基团的数目。交换容量分为全交换容量和工作交换容量。全交换容量是指树脂所含可交换离子全部发生交换，它是树脂的特征常数。工作交换容量指在一定操作条件下，实际测得的交换容量。交换容量可以通过酸碱滴定法加以测定。一般离子交换树脂的交换容量约为3～6mmol·g^{-1}。

以H型阳离子交换树脂为例，测定过程可表示如下：

$$\text{R—SO}_3\text{H}\xrightarrow[c_{\text{NaOH}}V_{\text{NaOH}}]{\text{NaOH(过量、定量)}}\text{充分振荡}\longrightarrow\text{放置约 24h}\longrightarrow\begin{cases}\text{RSO}_3\text{—Na}\\ \text{H}_2\text{O}\\ \text{NaOH(剩余)}\end{cases}$$

$$\longrightarrow\text{吸取清液 }V(\text{mL})\xrightarrow[c_{\text{HCl}}V_{\text{HCl}}]{\text{HCl 滴定}}$$

$$\text{交换容量}(\text{mmol·g}^{-1})=\frac{c_{\text{NaOH}}V_{\text{NaOH}}-c_{\text{HCl}}V_{\text{HCl}}\times\dfrac{V_{\text{NaOH}}}{V}}{\text{干树脂质量(g)}}$$

例 9-3　准确称取干燥的氢型阳离子交换树脂1.000g，置入250mL干燥的锥形瓶中，加入0.1242mol·L^{-1} NaOH标准溶液200.00mL，密闭，静置24h后，移取上清液25.00mL于锥形瓶中，加2～3滴酚酞指示剂，用0.1010mol·L^{-1}的HCl标准溶液滴定至酚酞变色，用去HCl溶液24.00mL，计算该树脂的交换容量。

解　$$\text{交换容量}(\text{mmol·g}^{-1})=\frac{c_{\text{NaOH}}V_{\text{NaOH}}-c_{\text{HCl}}V_{\text{HCl}}\times\dfrac{V_{\text{NaOH}}}{V}}{\text{干树脂质量(g)}}$$

$$=\frac{0.1242\times200.00-0.1010\times24.00\times\dfrac{200}{25}}{1.000}=5.45(\text{mmol·g}^{-1})$$

9.4.2　离子交换树脂的亲和力

离子在离子交换树脂上的交换能力称为这种离子交换树脂对该离子的亲和力。树脂吸附离子，主要靠静电力。将含阳离子 A^+ 的交换树脂 RA^+ 浸入到含阳离子 B^+ 的溶液中，交换反应为：

$$R—A^+ + B^+ \rightleftharpoons R—B^+ + A^+$$

离子交换平衡常数为：

$$K_{B/A}=\frac{[B^+]_R[A^+]}{[A^+]_R[B^+]}$$

当 $K_{B/A}>1$ 时，树脂对 B^+ 的亲和力大于 A；当 $K_{B/A}<1$ 时，树脂对 B^+ 的亲和力小于 A。同一类树脂，对不同离子的 K 不同，即亲和力不同。正是因为**树脂对不同离子的亲和力大小的不同，在进行离子交换时，树脂具有一定的选择性**，故 $K_{B/A}$ 又叫树脂的选择性系数。由于带相同电荷离子的亲和力存在差异，因而可以进行离子交换分离。

(1) 影响亲和力的因素

离子交换树脂对不同离子亲和力的大小与离子所带电荷、离子的极化程度及它的水合离子半径有关。一般为：水合离子的半径越小，电荷越高，离子的极化程度越大，其亲和力也越大。

(2) 亲和力顺序

① 强酸型阳离子交换树脂　不同价态离子，电荷越高，亲和力越大。例如：$Na^+<Ca^{2+}<Al^{3+}<Th(IV)$。当离子价态相同时，水合离子半径越小（对阳离子而言，原子序数越大），树脂对它们的亲和力就越大。如

一价离子：$Li^+<H^+<Na^+<NH_4^+<K^+<Rb^+<Cs^+<Ag^+<Tl^+$

二价离子：$UO_2^{2+}<Mg^{2+}<Zn^{2+}<Co^{2+}<Cu^{2+}<Cd^{2+}<Ni^{2+}<Ca^{2+}<Sr^{2+}<Pb^{2+}<Ba^{2+}$

② 弱酸型阳离子交换树脂　H^+ 的亲和力比其他阳离子都大，其他阳离子的亲和力顺序同强酸型。

③ 强碱型阴离子交换树脂　常见阴离子的亲和力大小顺序为：

$F^-<OH^-<CH_3COO^-<HCOO^-<Cl^-<NO_2^-<CN^-<Br^-<C_2O_4^{2-}<NO_3^-<HSO_4^-<I^-<CrO_4^{2-}<SO_4^{2-}<$柠檬酸根离子

④ 弱碱型阴离子交换树脂　常见阴离子的亲和力大小顺序为：

$F^-<Cl^-<Br^-<I^-<CH_3COO^-<MoO_5^{2-}<PO_4^{3-}<AsO_4^{3-}<NO_3^-<$酒石酸根离子$<CrO_4^{2-}<SO_4^{2-}<OH^-$

9.4.3　离子交换分离操作

(1) 树脂的选择和处理

根据分离对象的要求，选择适当类型和粒度的树脂。当需要测定某种阴离子，而受到共存的阳离子干扰时，应选用强酸性阳离子交换树脂，交换除去干扰的阳离子，阴离子仍留在溶液中可供测定。如果需要测定某种阳离子，而受到共存的其他阳离子的干扰，则可先将阳离子转化为配阴离子，然后再用离子交换法分离。

例如：测定 Ca^{2+}、Mg^{2+} 时，PO_4^{3-} 有干扰，则通过 Cl^- 型强碱性阴离子交换树脂，交

换除去PO_4^{3-}，则Ca^{2+}、Mg^{2+}就能顺利地测定。又如分离Fe^{3+}和Al^{3+}时，可在9mol·L^{-1} HCl溶液中进行交换，这时，铝成Al^{3+}存在，而铁则成为$FeCl_4^-$配阴离子，采用阴离子交换树脂进行分离，则$FeCl_4^-$交换留在柱上，Al^{3+}进入流出液中，从而将Fe^{3+}和Al^{3+}分开。

在分析中还必须根据需要选择一定粒度的树脂，一般为80～120目。如用离子交换法分离常量元素，粒度一般为100～200目，分离微量元素，粒度一般为200～400目。

处理过程包括研磨、过筛和浸泡、净化等。装柱前树脂需经净化处理和浸泡溶胀，否则干燥的树脂将在交换柱中吸收水分而溶胀，使交换柱堵塞。对强酸型阳离子交换树脂，其处理过程为：用4mol·L^{-1}的HCl浸泡1～2天，酸滤掉，用蒸馏水洗净，使之转化为RSO_3H（H^+型）。而强碱型阴离子交换树脂的处理过程为：用NaOH浸泡1～2天，碱滤掉，用蒸馏水洗净，使之转化为$RN^+(CH_3)_3OH^-$（OH^-型）。

（2）装柱

在装柱和整个交换洗脱过程中，要注意使树脂层全部浸在液面下，切勿让上层树脂暴露在空气中，否则在这部分树脂间隙中会混入空气泡。当树脂间隙中夹杂气泡时，溶液将不是均匀地流过树脂层，而是顺着气泡流下，不能流经某些部位的树脂，即发生了“沟流”现象，使交换、洗脱不完全，影响分离效果。装填时，树脂层上下端应衬垫玻璃纤维，装填树脂量一般为90%。

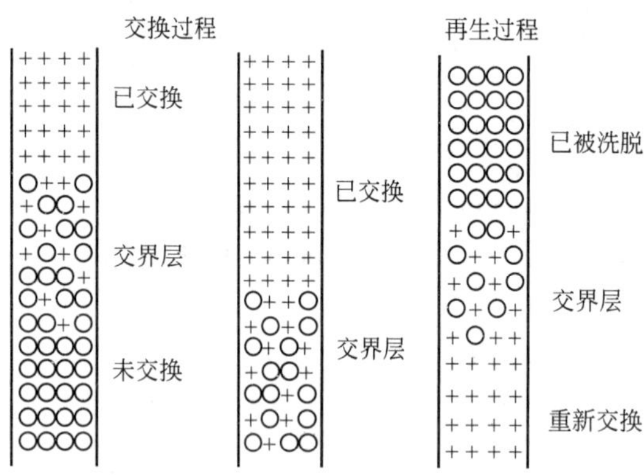

图9-2 离子交换、洗脱和再生过程示意图

（3）交换

将欲分离的试液缓慢注入交换柱，并以一定的流速流经柱进行交换，此时，上层树脂被交换，下层树脂未被交换，中层树脂则被部分交换，此树脂层称为交界层（图9-2）。在流出液中开始出现未被交换的离子的这一点，称为“始漏点”或“流穿点”。到达始漏点为止，交换柱的交换容量称为“始漏量”或“工作交换容量”，其值永远小于交换容量。

（4）洗脱

洗脱是指用洗脱剂（或淋洗剂）将交换到树脂上的离子置换下来的过程，洗脱过程是交换过程的逆过程。通常阳离子交换树脂，用HCl洗脱，洗脱后树脂转为H^+型，阴离子交换树脂，用NaOH（或NaCl）洗脱，洗脱后树脂转为OH^-或Cl^-型。以流出液中被交换离子浓度为纵坐标，洗脱液体积为横坐标作图，可得到洗脱曲线。几种离子同时被交换在柱上，洗脱过程也就是分离过程。当溶液中离子浓度相同时，亲和力大的优先被交换，而亲和力小的优先被洗脱。如分离K^+、Na^+混合物，亲和力$K^+ > Na^+$，K^+先被交换到树脂上，用HCl洗脱时，Na^+先被洗脱，K^+后被洗脱。

（5）树脂再生

将树脂恢复到交换前的形式，这个过程称为树脂再生。阳离子交换树脂可用3mol·L^{-1} HCl处理，将其转化为H^+型；阴离子交换树脂，则用1mol·L^{-1} NaOH处理，转化为OH^-型。

9.4.4　离子交换分离法的应用

(1) 制备去离子水

自来水中常含有一些无机离子，在生产和科研中普遍采用离子交换分离法进行纯化，这样制得的纯水又叫去离子水，纯度可以符合一般分析工作的要求。一般情下，常采用串联的阳离子交换柱和阴离子交换柱（称为复柱法），分别除去各种阳离子和阴离子。若要求水的纯度更高，可再串联一个混合柱，它相当于将阳、阴离子交换树脂多级串联起来使用，又称为混合柱法。

如，要除去水中的 $CaCl_2$，则对应的离子交换反应为：

$$Ca^{2+}+2RSO_3H \rightleftharpoons (RSO_3)_2Ca+2H^+$$

$$Cl^-+RN(CH_3)_3OH \rightleftharpoons RN(CH_3)_3Cl+OH^-$$

$$H^++OH^- \rightleftharpoons H_2O$$

(2) 微量组分富集

离子交换分离法是富集微量组分的有效方法。例如，测定天然水中微量的 K^+、Na^+、Ca^{2+}、Mg^{2+}、SO_4^{2-}、Cl^- 等组分。可取数升水样，将之流过阳离子交换柱，再流过阴离子交换柱。然后用数十毫升至 100mL 的稀盐酸溶液把交换在柱上的阳离子洗脱，另用数十毫升至 100mL 的稀氨液慢慢地洗脱各种阴离子。经过交换、洗脱处理，组分的浓度增加数十倍至 100 倍，在流出液中测定这些离子就比较方便了。另外，蔗糖中金属离子的测定、饮用水中碘的测定、牛奶中锶的测定，都可利用离子交换法预先进行富集。

(3) 干扰离子的分离

离子交换分离法很容易分离阴、阳离子，故常用来进行干扰离子的分离。例如，用重量法以 $BaSO_4$ 沉淀形式准确测定 SO_4^{2-} 时，Fe^{3+}、Ca^{2+} 等阳离子存在时常常发生共沉淀现象而产生误差。为此，在 $BaSO_4$ 沉淀前，先把试液通过阳离子交换树脂，将其中的 Fe^{3+}、Ca^{2+} 交换除去，然后以 $BaCl_2$ 溶液为沉淀剂，用重量法测定流出液中的 SO_4^{2-}。

又如，欲分离 Li^+、Na^+、K^+ 三种离子，把此溶液通过 H^+ 型阳离子交换柱，三种离子均被交换在树脂上，然后用 $1mol \cdot L^{-1}$ 稀 HCl 淋洗，三种离子都被洗脱。当它们向下流动时，遇到新鲜的树脂层，又被交换上去，接着又被 HCl 洗脱。如此反复地吸附、洗脱。由于树脂对 Li^+、Na^+、K^+ 的亲和力是 $K^+>Na^+>Li^+$，因此 Li^+ 先被洗脱，然后是 Na^+，最后是 K^+。将洗脱下来的 Li^+、Na^+、K^+ 分别用容器接收后进行测定。

9.5　色谱分离法

色谱分离法又称层析法或色层分析法，是一种物理化学分离方法。其分离原理是混合物中各组分在两相之间溶解能力、吸附能力或其他亲和作用的差别，使其在两相中分配系数不同，当两相做相对运动时，组分在两相间进行连续多次分配，使得各组分被固定相保留的时间不同，从而按一定顺序由固定相中流出，实现混合物中各组分的分离。其中的一相固定不动，称为**固定相**；另一相是携带试样混合物流过此固定相的流体（气体或液体），称为**流动相**。

两相及两相的相对运动构成了色谱法的基础，色谱分析过程中总是由一种流动相带着被分离的物质流经固定相，从而使试样中的各种组分分离。按照流动相聚集态不同，色谱法可分为气相色谱和液相色谱；按固定相的外形和操作方式，可分为纸色谱、薄层色谱和柱色谱；按照被分离物质在固定相中的作用原理不同，又可分为吸附色谱、分配色谱、离子交换色谱和凝胶色谱。本节主要介绍纸色谱法和薄层色谱法。

9.5.1 纸色谱

9.5.1.1 分离原理

纸色谱法是以色谱用滤纸为载体的液相色谱法。分离原理一般认为是分配色谱。滤纸被看作是一种惰性载体，滤纸纤维素中吸附着的水为固定相，流动相又叫展开剂，既可用与水不相混溶的溶剂，也可用丙醇、乙醇、丙酮等与水混溶的溶剂，因为滤纸纤维素中所吸附的20%～26%水分中有6%左右通过氢键与纤维素上的羧基结合成复合物，故这部分水与和水相混溶的溶剂仍能形成类似不相混溶的两相。

将试样点在滤纸的一端，并将该端浸在展开剂中（图 9-3），由于毛细作用，流动相自下而上不断上升，经过试样点时，带动试样向上运动，被分离的各组分将在固定相（水相）和流动相（有机相）之间不断进行分配和再分配，分配比大的组分上升得快（图 9-4，B 组分），分配比小的组分上升得慢（图 9-4，A 组分），从而不同组分将会得到分离。如果这些组分显色，将会在滤纸上显现出若干个分开的色斑。

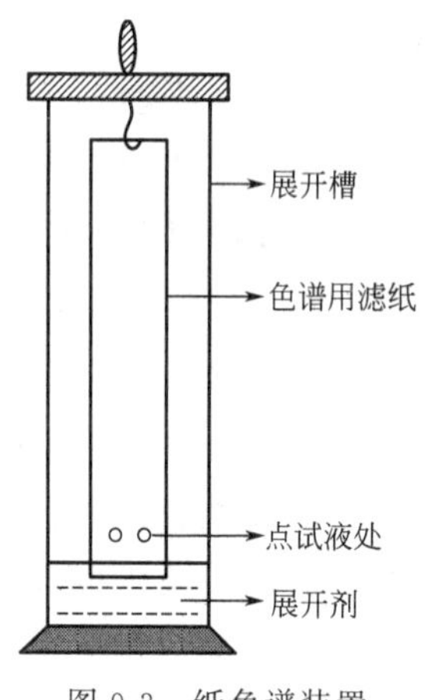

图 9-3 纸色谱装置

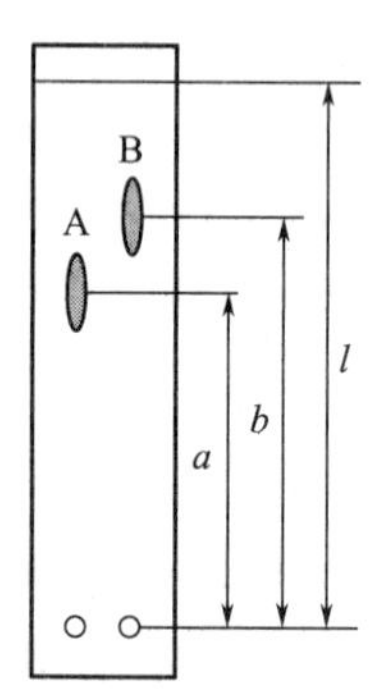

图 9-4 比移值的计算

9.5.1.2 比移值

在纸色谱分离法中，通常用比移值（R_f）来衡量各组分分离情况。R_f 的定义为：**组分的迁移距离与展开剂的迁移距离之比称为比移值**（图 9-4）。

$$R_f=\frac{\text{原点至斑点中心的距离}}{\text{原点至展开剂前沿的距离}} \tag{9-14}$$

如图 9-4 所示，对于 A 组分，其 $R_f=\frac{a}{l}$；对于 B 组分，其 $R_f=\frac{b}{l}$。

由于组分被保留在滤纸上，它的移动距离总是小于展开剂的移动距离，因此，R_f 总是小于 1；如果 $R_f=0$，则该组分不溶于展开剂，留在原点不动，分配比小；$R_f=1$，该组分不溶于固定相（水），不被固定相保留，随溶剂前沿一起移动，分配比大。

比移值是纸色谱的基本定性参数，它说明组分在色谱系统中的保留行为。R_f 大小与组分性质、流动相及溶解度有关。极性组分易保留在固定相中，其 R_f 小，随流动相极性的增强，R_f 增大；非极性组分易流出，其 R_f 大，随流动相极性增强，R_f 减小。由于影响 R_f 的因素很多，要想得到重复的 R_f，就必须严格控制色谱条件的一致性。

根据比移值的差别的大小还可以进行分离可能性的判断，两组分的 R_f 值差别越大，分离效果越好，**一般认为两组分的 $\Delta R_f>0.02$，两组分即可得到完全分离**。

9.5.1.3 操作方法

（1）滤纸的选择要求

用于色谱分离的滤纸必须具备下述条件：①质地和厚薄必须均匀，边缘整齐，平整无折痕，无污渍，不与试样组分和吸附剂发生化学反应；②纸纤维疏松度适当，过于疏松易使斑点扩散，过于紧密则流速太慢；③有一定的强度，不易断裂；④纯度高，不含填充剂，灰分在 0.01%以下，否则金属离子杂质会与某些组分结合，影响分离效果。

（2）点样

溶解样品的溶剂、点样量和正确的点样方法对获得好的分离非常重要。溶解样品的溶剂最好用与展开剂极性类似的溶剂，尽量使点样后溶剂能迅速挥发，以减小色斑的扩散。适当的点样量，可使斑点集中，点样量过大，易拖尾或扩散，点样量过少，不易检出。点样时可用管口平整的玻璃毛细管或微量注射器，一张滤纸条可并排点上数点试液，两点试液间应相距一定距离，原点愈小愈好，一般直径以 2～3mm 为宜。

（3）展开剂的选择

展开剂的选择主要根据被分离物质的极性。一般先选择单一溶剂，但对难分离组分，则需使用二元或三元溶剂（有机溶剂、酸和水），通过改变溶剂比例调节展开剂的极性，改善分离效果。展开剂各组分间以及它们与分离的物质间都不应发生反应；选择的展开剂应使待测组分在两相间迅速达到分配平衡。

（4）展开方法

一般用普通的竖式展开槽采用上行法展开，用培养皿可作径向展开，还可采用下行展开法和二向展开法等。展开时，应将展开槽密封，防止溶剂挥发。

（5）显色

对于有色物质，展开后即可直接观察到各个色斑。对于无色物质，应用各种物理的和化学的方法使之显色。由于很多有机化合物在紫外光照射下，显现其特有的荧光，故可在紫外光照射下，用铅笔画出荧光斑点，或用化学显色法喷以适当的显色剂如茚三酮正丁醇溶液、$FeCl_3$ 水溶液等，也可以用碘蒸气熏。注意的是，显色之后应立即用铅笔画出各色斑点的位置，以免褪色或变色后不易寻找。

9.5.1.4 应用

纸色谱法试样用量少，操作简便，分离效果好，常应用于有机物的分离。例如：葡萄糖、麦芽糖和木糖混合糖类的分离，可采用正丁醇∶冰醋酸∶水=4∶1∶5(体积比）为展开剂，用硝酸银氨溶液喷洒，即出现 Ag 的褐色斑点。其中，葡萄糖的 R_f 为 0.16，麦芽糖的 R_f 为 0.11，木糖的 R_f 是 0.28，由 R_f 值可判断是哪种糖。又如甘氨酸、丙氨酸和谷氨酸混合氨基酸的分离，采用的展开剂为：正丁醇∶冰醋酸∶水=4∶1∶2(体积比)，用茚三酮显色。

9.5.2 薄层色谱分离法

9.5.2.1 薄层色谱法的特点

薄层色谱分离法是将固定相吸附剂均匀地涂在玻璃上制成薄层板，试样中的各组分在固定相和作为展开剂的流动相之间不断地发生溶解、吸附、再溶解、再吸附的分配过程。不同物质上升的距离不一样而形成相互分开的斑点从而达到分离。

相对于纸色谱，薄层色谱具有以下特点：①快速，展开的时间短。一般纸色谱需要几小时至几十小时，薄层色谱一般只需十几分钟或几十分钟。②使用无机吸附剂如硅胶做固定相，可以采用腐蚀性的显色剂，如浓硫酸、浓盐酸和浓磷酸。③薄层色谱法扩散作用较小，斑点比较密集，检测灵敏度较高。④薄层色谱法适于分析小量样品（一般几微克到几十微克)，也适于大量样品的分离（可以分离出几毫克甚至几十毫克组分)。

9.5.2.2 固定相和展开剂的选择

薄层色谱中，固定相的选择十分重要。常用的固定相吸附剂如下：

(1) 硅胶

薄层用的硅胶粒度为10～40μm。不含黏合剂的硅胶称硅胶H；硅胶中加入10%～15%煅石膏作黏合剂称硅胶G。若在硅胶G中加入荧光物质称硅胶GF_{254}或硅胶$GF_{254+365}$，表示在254nm或365nm紫外光下呈强烈黄绿色背景，适用于本身不发光又无合适显色剂显色的物质；最常用的是硅胶GF_{254}。硅胶是一种微酸性极性固定相，适用于酸性、中性物质分离；在展开剂中加入少量酸或碱，可改变硅胶的酸碱性质，适合各种物质的分离。

(2) 氧化铝

氧化铝与硅胶类似，有氧化铝H、氧化铝G、氧化铝HF_{254}。氧化铝是一种碱性极性固定相，适用于碱性、中性物质分离，也可以制备成中性或酸性氧化铝，扩大使用范围。

(3) 聚酰胺

含有酰氨基极性固定相，适用于酚类、醇类化合物的分离。

(4) 纤维素

含有羟基的极性固定相，适用于分离亲水性物质。

在薄层色谱法中，展开剂的选择主要根据被分离物质的极性、吸附剂的活性以及展开剂本身的极性来决定。**一般根据“相似相溶”原则来选择展开剂**，因此，分离极性大的物质应选择极性大的溶剂作展开剂，分离极性小的物质应选择极性小的溶剂作展开剂。

例如，某一物质在用正己烷作展开剂时，其R_f值很小甚或留在原点，说明组分被固定相吸附太强，选择的展开剂极性小，解吸能力弱，此时可在展开剂中加入一定量的极性溶剂如丙酮、乙醇等；如R_f值很大甚或与溶剂前沿一起移动，则需降低展开剂的极性。

常用的展开剂极性顺序依次为：石油醚＜环己烷＜四氯化碳＜苯＜甲苯＜乙醚＜氯仿＜乙酸乙酯＜正丁醇＜丙酮＜乙醇＜甲醇＜水。

吸附剂和展开剂的一般选择原则是：非极性组分的分离选用活性强的吸附剂，用非极性展开剂；极性组分的分离，选用活性弱的吸附剂，用极性展开剂。实际工作中要经过多次实验来确定。

9.5.2.3　操作方法

薄层色谱操作包括薄层板的制备、点样、展开、显色，后三步操作类似于纸色谱，在此只对薄层板的制备进行简述。

薄层色谱中多用玻璃板作为载板，要求表面光滑、平整清洁，玻璃板的大小一般有4cm×20cm、10cm×20cm、2.5cm×7.5cm 等不同规格。可直接将吸附剂置于玻璃板上，涂铺成均匀薄层，但薄层易被吹散；现一般是将吸附剂与适量水研磨成稀糊状，用玻璃棒涂布成一均匀薄层。薄层的厚度一般以 250μm 为宜，若要分离制备少量的纯物质，薄层厚度应稍大些。铺好的硅胶板在自然晾干后，需在 105～110℃ 温度下活化 0.5～1h，然后再用。

9.5.2.4　应用

薄层色谱分离效果好、灵敏度高、分离快速、显色方便，应用范围非常广泛。例如，在酸性条件下，食品中的糖精钠转化为糖精并被乙醚提取，再经薄层分离、显色后与标准比较，进行定性和定量分析。所用的色谱条件：展开剂为正丁醇：氨水：无水乙醇＝7：1：2(体积比)；固定相为硅胶 G，涂成 0.25～0.30mm 厚的 10cm×20cm 的薄层板；显色剂为溴甲酚紫的乙醇溶液（pH＝8)。又如，用硅胶 G 薄层，以丙酮：氯仿＝6：94(体积比）为展开剂，可分离和测定食品中黄曲霉毒素 B_1 等致癌物质。

9.6　其他新型分离技术

9.6.1　固相微萃取

9.6.1.1　基本原理及分析过程

固相微萃取分离法采用熔融石英光导纤维或其他材料为支持物，在其表面涂渍聚丙烯酸酯等固相涂层材料，将该纤维浸于样品中或放置于样品的顶空时，样品中的有机物通过扩散原理被吸附在固相微萃取纤维头上。当吸附达到平衡后，通过加热或用溶剂洗脱将吸附在纤维头上的被测组分解吸，再进行测定。其装置如图 9-5 所示。

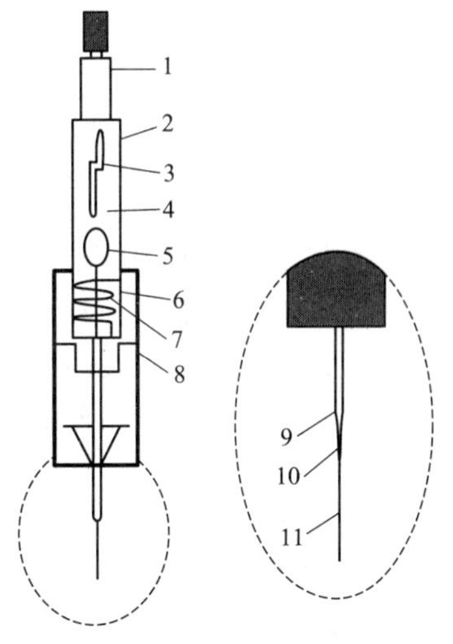

图 9-5　固相微萃取装置示意图
1—压杆；2—筒体；3—压杆卡持螺钉；4—Z 形槽；5—筒体视窗；6—调节针头长度的定位器；7—拉伸弹簧；8—密封隔膜；9—注射针管；10—纤维联结管；11—熔融石英纤维

9.6.1.2　影响因素

(1) 液膜厚度和液膜性质

石英纤维表面的固相液膜厚度对于分析物的固相吸附量和平衡时间都有影响。液膜越厚，固相吸附量越大，有利于提高方法灵敏度；但由于被分离的物质进入固相液膜是扩散过程，液膜越厚，所需达到平衡的时间越长。

固相涂层的性质对分析灵敏度影响很大。根据相似相溶原理，非极性固相涂层（如聚二甲基硅氧烷）有利于对非极性或极性小的有机物的分离；极性固相涂层（如聚丙烯酸酯）对极性有机物分离效果较好。

（2）搅拌速度

搅拌速度是影响萃取速度的重要因素。在理想搅拌状态下，平衡时间主要由分析物在固相中的扩散速度决定。在不搅拌或搅拌不足的情况下，被分离物质在液相扩散速度较慢，更主要是固相表面附有一层静止水膜，难以破坏，被分离物质通过该水膜进入固相的速度很慢，使得萃取时间很长。

（3）温度

温度升高，被分析物扩散系数增大，扩散速度随之增大，同时升温加强了对流过程，因此升温有利于缩短平衡时间，加快分析速度。但是升温会使被分离物质的分配系数减小，在固相的吸附量减小。因此在使用此方法时应该寻找最佳的工作温度。

（4）离子强度和 pH

由于被分离物质在固相和液相之间的分配系数受基体性质的影响，当基体变化时分配系数也会改变。在水溶液中加入 NaCl、Na_2SO_4 等可增强水溶液的离子强度，减少被分离有机物的溶解度，使分配系数增大提高分析灵敏度。控制溶液的酸度也可改变被分离物在水中的溶解度。

9.6.1.3 应用

固相微萃取分离法可用于环境污染物、农药、食品饮料及生物物质的分离与富集。例如，有机污染物苯及其同系物、多环芳烃、硝基苯、氯代烷烃、多氯联苯、有机磷和有机氯农药的分离。饮用水中挥发性有机物，食品中的香料、添加剂和填充剂等的分离。生物体内的有机汞、空气中昆虫信息素、植物体内的单萜以及生物聚合体的分离和富集等。

9.6.2 液相微萃取

9.6.2.1 基本原理

液相微萃取，或溶剂微萃取，是在液-液萃取的基础上发展起来的一种新型的样品前处理技术，与液-液萃取相比，液相微萃取所需要的有机溶剂非常少（几微升至几十微升），是一种环境友好的样品前处理新技术，该技术集采样、萃取和浓缩于一体，灵敏度高，操作简单。液相微萃取主要有两种萃取方式：一是萃取溶剂以液滴的形式悬挂在色谱进样器针头，二是萃取溶剂被保护在多孔的中空纤维膜中，将进样器针头或中空纤维膜置于样品溶液，水样中的目标物通过扩散作用分配到萃取溶剂中进行萃取（图 9-6）。

9.6.2.2 影响因素

（1）萃取溶剂

萃取溶剂是影响液相微萃取效率的最主要因素。选择萃取溶剂的基本原则是“相似相溶原理”，以保证萃取溶剂对分析物有较强的萃取富集能力。另外，选择的萃取溶剂还需具有较高的沸点和较低的蒸气压，以减少在萃取过程中的溶剂挥发。

（2）萃取时间

液相微萃取过程是一个基于分析物在样品与有机溶剂之间分配平衡的过程，所以分析物在平衡时的萃取量将达到最大。对于分配系数较小的分析物，一般需要较长的时间才能达到平衡。另外，萃取时间也影响萃取溶剂液滴的大小，通常萃取溶剂液滴会随萃取时间的延长而减小。

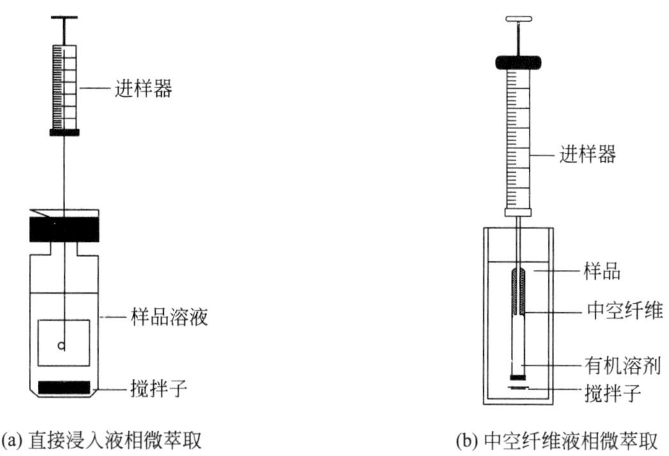

图 9-6　液相微萃取装置示意图

(3) 萃取温度

升高温度，分析物向有机相的扩散系数增大，扩散速度随之增大，同时加强了对流过程，升温有利于缩短达平衡的时间；但是，升温会使分析物的分配系数减小，导致其在溶剂中的萃取量减少。所以应兼顾萃取时间和萃取效果，寻找最佳的工作温度。

(4) 搅拌速度

通过快速搅拌可增加扩散系数，提高分析物向溶剂的扩散速率，缩短达到平衡的时间，使萃取效率提高；但搅拌速度也不能太高，否则会破坏萃取溶剂液滴，易产生气泡，并会促进溶剂的挥发，降低萃取效率。

9.6.2.3　应用

液相微萃取方法现已广泛应用于水和食品中有机污染物如氯苯、多环芳烃、酞酸酯、芳香胺、酚类化合物、有机氯农药、杀虫剂、三嗪类除草剂等的分离富集，也被应用于血浆、尿液等生物样品中各种药物如安非他明、米氮平以及类固醇等的分离富集。

9.6.3　超临界流体萃取

9.6.3.1　基本原理

超临界流体萃取分离法是利用超临界流体作萃取剂的一种萃取方法。超临界流体是介于气液之间的一种物态，它只能在物质的温度和压力超过临界点时才能存在。超临界流体的密度大，与液体相仿，所以它与溶质分子的作用力很强，很容易溶解其他物质。另一方面，它的黏度较小，接近气体，传质速率很高；加上表面张力小，容易渗透固体颗粒，保持较大的流速，使萃取过程在高效、快速、经济的条件下完成。其流程如图 9-7 所示。

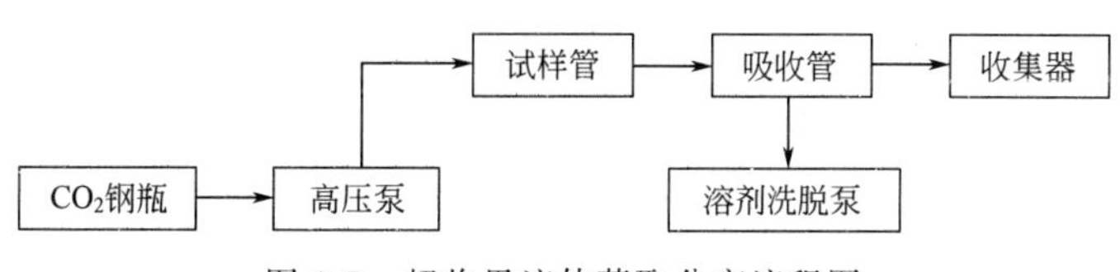

图 9-7　超临界流体萃取分离流程图

超临界流体萃取中萃取剂的选择随萃取对象的不同而改变。通常用二氧化碳作萃取剂分离萃取低极性和非极性的化合物，用氨或氧化亚氮作萃取剂分离萃取极性较大的化合物。

9.6.3.2 影响因素

(1) 压力

压力的改变会使超临界流体对物质的溶解能力发生很大的改变。利用这种特性，只需改变萃取剂流体的压力，就可把试样中的不同组分按它们在流体中溶解度的大小的不同萃取分离出来。在低压下溶解度大的物质先被萃取，随着压力的增加，难溶物质也逐渐与基体分离。

(2) 萃取温度

萃取温度的变化也会改变超临界流体萃取的能力，它体现在影响萃取剂的密度和溶质的蒸气压两个方面。

(3) 萃取时间

萃取时间取决于两个因素：被萃取物在流体中的溶解度，溶解度越大，萃取效率越高，速度也越快；被萃取物在基体中的传质速率，速率越快，萃取越完全，效率也越高。

(4) 其他溶剂的影响

在超临界流体中加入少量其他溶剂可改变它对溶质的溶解能力。通常加入量不超过10%，而且以极性溶剂如甲醇、异丙醇等居多。

9.6.3.3 应用

超临界萃取分离法具有高效、快速、后处理简单等特点，它特别适合于处理烃类及非极性脂溶化合物，如醚、酯、酮等，既有从原料中提取和纯化少量有效成分的功能，又能从粗制品中除去少量杂质，达到深度纯化的效果。

9.6.4 液膜萃取分离法

(1) 基本原理

液膜萃取分离法吸取了液-液萃取的特点，又结合了透析过程中可以有效去除基体干扰的长处，具有高效、快速、简便、易于自动化等优点。液膜萃取分离法的基本原理是由渗透了与水互不相溶的有机溶剂的多孔聚四氟乙烯膜把水溶液分隔成两相：萃取相与被萃取相。试样水溶液的离子流入被萃取相与其中加入的某些试剂形成中性分子（处于活化态）。这种中性分子通过扩散溶入吸附在多孔聚四氟乙烯上的有机液膜中，再进一步扩散进入萃取相，一旦进入萃取相，中性分子受萃取相中化学条件的影响又分解为离子（处于非活化态）而无法再返回液膜中去。其结果使被萃取相中的物质通过液膜进入萃取相中。

(2) 影响因素

在液膜萃取分离中，被分离的物质在水溶液中只有转化为活化态（即中性分子）才进入有机液膜，因此提高液膜萃取分离技术的选择性主要取决于如何提高被分离物由非活化态转化为活化态的能力，而不使干扰物质或其他不需要的物质变为活化态。为此，可采取以下两种方法。

① 改变被萃相与萃取相的化学环境，如调节溶液的 pH 值就可以把各种不同 pK_a 的物

质有选择地萃取出来。

② 改变聚四氟乙烯隔膜中有机液体极性的大小，从而提高对不同极性物质的萃取效率。

(3) 应用

液膜萃取分离法广泛应用于环境试样的分离与富集。例如大气中微量胺的分离；水中铜和钴离子的分离；水体中酸性农药的分离测定等。

本章要点

1. 分离效果评价参数——回收率和分离率。

2. 常用的无机沉淀剂：NaOH、氨水、H_2S（控制溶液的酸度使金属离子相互分离）。有机沉淀剂分为螯合物沉淀剂、离子缔合物沉淀剂和三元配合物三种。

3. 萃取分离原理：利用物质溶解性质的差异，用与水不相混溶的有机溶剂，从水相中把被萃取组分萃取到有机相中。其本质就是将物质由亲水性转化为疏水性的过程。

4. 相关物理量：

分配系数 K_D——溶质在有机相和水相中的浓度之比（严格说是活度比）。适合于浓度较低的稀溶液。

分配比 D——溶质在有机相和水相中的总浓度之比。

萃取率 E：$E=\dfrac{\text{A 在有机相中的总量}}{\text{A 在两相中的总量}}\times 100\%=\dfrac{D}{D+V_w/V_o}\times 100\%$

等量连续萃取 n 次的萃取率：$E=\dfrac{m_0-m_n}{m_0}\times 100\%$，少量多次是提高萃取率的最好方法。

分离系数 $\beta_{A/B}$：$\beta_{A/B}$越大，两物质越容易定量分离。

5. 离子交换树脂组成——树脂骨架和活性基团。

阳离子交换树脂：强酸型（$-SO_3H$），弱酸型（—COOH、—OH，pH 越高，交换能力越大）。

阴离子交换树脂：强碱型（季铵基）、弱碱型（伯胺基等，pH 越低，交换能力越大）。

交联度：交联剂在树脂单体总量中所占质量分数。

交换容量：每克干树脂能交换离子的物质的量（$mmol\cdot g^{-1}$）。

6. 离子亲和力：离子在离子交换树脂上的交换能力。水合离子的半径越小，电荷越高，离子的极化程度越大，其亲和力也越大。

7. 色谱分离法：物理化学分离方法，其原理是基于各组分在两相之间溶解或吸附能力的差别，使其在两相中分配系数不同，当两相做相对运动时，组分在两相间进行连续多次分配实现混合物中各组分的分离。包括纸色谱法和薄层色谱法。

8. 比移值 R_f：纸色谱和薄层色谱的基本定性参数。

$$R_f=\frac{\text{原点至斑点中心的距离}}{\text{原点至展开剂前沿的距离}}$$

思 考 题

1. 分析化学中，为何要进行分离富集？如何评价分离效果？

2. 某水样溶液中含有 Fe^{3+}、Al^{3+}、Ca^{2+}、Mn^{2+}、Mg^{2+}、Cr^{3+}、Zn^{2+} 和 Cu^{2+} 等离子，加入 NH_4Cl 和氨水后，哪些离子以什么形式存在于沉淀中？哪些离子以什么形式存在于溶液中？如果加入 NaOH 溶液呢？

3. 相对于无机共沉淀剂，有机共沉淀剂有何优点？其进行共沉淀分离有哪些方式？

4. 试说明分配系数和分配比的物理意义，两者有何关系？分配比与萃取率有何联系？如何提高萃取率？

5. 用离子交换法分离两种酸（pK_a 分别为 3 和 4）的混合试样，问：应选用何种类型的离子交换树脂？哪一种酸先被洗脱？

6. 对强酸型阳离子交换树脂交换柱，请预测下列离子用 H^+ 洗脱的顺序。①Th^{4+}，Na^+，Ca^{2+}，Al^{3+}；②Li^+，Na^+，K^+，Cs^+。

7. 离子交换树脂按活性功能基团分类有哪些类型？其交换能力与溶液 pH 有何关系？什么是离子交换树脂的交联度和交换容量？

8. 样品在薄层色谱中展开，5cm 处有一斑点，则 10cm 处的斑点是哪一个？

① R_f 加倍；②R_f 不变；③样品移行距离加倍；④样品移行距离增加，但小于 2 倍；⑤样品移行距离增加，但大于 2 倍。

9. 已知某混合试样 A、B、C 三组分的分配系数分别为 400、450、500，则三组分在薄层色谱上的 R_f 值的大小顺序如何？

习 题

1. 在 HCl 介质中，用乙醚萃取 Ga^{3+} 时，分配比 $D=18$，若萃取 Ga^{3+} 时 $V_w=V_o$，则 Ga^{3+} 的萃取率 E 为多少？

2. 有 100mL 含有 I_2 10mg 的水溶液，用 90mL CCl_4 分别按照下列情况进行萃取：(1) 全量一次萃取；(2) 分三次萃取。求萃取率各为多少？结果说明了什么？($D=85$)

3. 含有 OsO_4 的 50.0mL 水溶液，欲用 $CHCl_3$ 进行萃取，要求萃取率达到 99.8%以上。若每次使用的 $CHCl_3$ 的体积为 10.0mL，则至少需要萃取多少次？($D=19.1$)

4. 计算相比为 0.75、1.5 和 4 时，分配比 D 分别等于 0.1、1.0、10 和 50 时的萃取率，并以 E 为纵坐标，$\lg D$ 为横坐标，根据此图，归纳出相比和分配比对溶质萃取率的影响规律。

5. 从水溶液中萃取铜离子和钴离子，假定相比为 1∶3，单次萃取后，实测两相中金属离子浓度为 $[Cu]_o=32.4g\cdot L^{-1}$，$[Cu]_w=0.21g\cdot L^{-1}$，$[Co]_o=0.075g\cdot L^{-1}$，$[Co]_w=0.47g\cdot L^{-1}$，试分别计算这两种金属离子的分配比、萃取率和分离系数，并判断此两种金属离子是否被定量分离？

6. 称取某 $R_4N^+OH^-$ 型阴离子交换树脂 2.00g，置于锥形瓶中，加入 $0.2000mol\cdot L^{-1}$ HCl100mL 浸泡一昼夜。用移液管吸取 25.00mL，以甲基红为指示剂，用 $0.1000mol\cdot L^{-1}$ NaOH 溶液滴定，消耗 20.00mL。计算此阴离子交换树脂的交换容量。

7. 用 8-羟基喹啉氯仿溶液于 pH=7.0 时，从水溶液中萃取 La^{3+}。已知它在两相中的分配比 $D=43$，今取含 La^{3+} 的水溶液（$1mg\cdot mL^{-1}$）20.0mL，计算用萃取液 10.0mL 一次萃取和用同量萃取液分两次萃取的萃取率。

8. 某一弱酸的 HA 的 $K_a=2\times10^{-5}$，它在某种有机溶剂中的分配系数为 30.0，当水溶液的 (1) pH=1；(2) pH=6 时，分配比各为多少？用等体积的有机溶剂萃取，萃取效率各为多少？

9. 今有两种性质相似的组分 A 和 B。用纸色谱分离时，它们的比移值分别为 0.50 和 0.68。欲使分离后两斑点中心间的距离为 2cm，滤纸条应取用多长？

10. 称取 0.5000g 氢型阳离子交换树脂，装入交换柱中，用 NaCl 溶液冲洗，至流出液使甲基橙呈橙色为止。收集全部洗出液，用甲基橙作指示剂，以 $0.1000mol \cdot L^{-1}$ NaOH 标准溶液滴定，用去 24.51mL，计算树脂的交换容量。

附　　录

附表 1　常用基准物质的干燥条件和应用

基准物质		干燥后的组成	干燥条件和温度/℃	标定对象
名称	分子式			
碳酸氢钠	$NaHCO_3$	Na_2CO_3	270～300	酸
十水合碳酸钠	$Na_2CO_3 \cdot 10H_2O$	Na_2CO_3	270～300	酸
硼砂	$Na_2B_4O_7 \cdot 10H_2O$	$Na_2B_4O_7 \cdot 10H_2O$	放在装有 NaCl 和蔗糖饱和溶液的密闭器皿中	酸
碳酸氢钾	$KHCO_3$	K_2CO_3	270～300	酸
二水合草酸	$H_2C_2O_4 \cdot 2H_2O$	$H_2C_2O_4 \cdot 2H_2O$	室温空气干燥	碱或 $KMnO_4$
邻苯二甲酸氢钾	$KHC_8H_4O_4$	$KHC_8H_4O_4$	110～120	碱
重铬酸钾	$K_2Cr_2O_7$	$K_2Cr_2O_7$	140～150	还原剂
溴酸钾	$KBrO_3$	$KBrO_3$	130	还原剂
碘酸钾	KIO_3	KIO_3	130	还原剂
铜	Cu	Cu	室温干燥器中保存	还原剂
三氧化二砷	As_2O_3	As_2O_3	室温干燥器中保存	氧化剂
草酸钠	$Na_2C_2O_4$	$Na_2C_2O_4$	130	氧化剂
碳酸钙	$CaCO_3$	$CaCO_3$	110	EDTA
锌	Zn	Zn	室温干燥器中保存	EDTA
氧化锌	ZnO	ZnO	900～1000	EDTA
氯化钠	NaCl	NaCl	500～600	$AgNO_3$
氯化钾	KCl	KCl	500～600	$AgNO_3$
硝酸银	$AgNO_3$	$AgNO_3$	220～250	氯化物

附表 2　弱酸及其共轭碱在水中的解离常数（25℃，$I=0$）

弱酸	分子式	K_a	pK_a	共轭碱	
				pK_b	K_b
砷酸	H_3AsO_4	$6.3\times10^{-3}(K_{a_1})$	2.20	11.80	$1.6\times10^{-12}(K_{b_3})$
		$1.0\times10^{-7}(K_{a_2})$	7.00	7.00	$1\times10^{-7}(K_{b_2})$
		$3.2\times10^{-12}(K_{a_3})$	11.50	2.50	$3.1\times10^{-3}(K_{b_1})$
亚砷酸	$HAsO_2$	6.0×10^{-10}	9.22	4.78	1.7×10^{-5}
硼酸	H_3BO_3	5.8×10^{-10}	9.24	4.76	1.7×10^{-5}
焦硼酸	$H_2B_4O_7$	$1\times10^{-4}(K_{a_1})$	4	10	$1\times10^{-10}(K_{b_2})$
		$1\times10^{-9}(K_{a_2})$	9	5	$1\times10^{-5}(K_{b_1})$
碳酸	H_2CO_3	$4.5\times10^{-7}(K_{a_1})$	6.38	7.62	$2.4\times10^{-8}(K_{b_2})$
	(CO_2+H_2O)	$4.7\times10^{-11}(K_{a_2})$	10.25	3.75	$1.8\times10^{-4}(K_{b_1})$

续表

弱酸	分子式	K_a	pK_a	共轭碱	
				pK_b	K_b
氢氰酸	HCN	6.2×10^{-10}	9.21	4.79	1.6×10^{-5}
铬酸	H_2CrO_4	$1.8\times10^{-1}(K_{a_1})$ $3.2\times10^{-7}(K_{a_2})$	0.74 6.50	13.26 7.50	$5.6\times10^{-14}(K_{b_2})$ $3.1\times10^{-8}(K_{b_1})$
氢氟酸	HF	3.4×10^{-4}	3.46	10.82	1.5×10^{-11}
亚硝酸	HNO_2	5.1×10^{-4}	3.29	10.71	1.2×10^{-11}
过氧化氢	H_2O_2	1.8×10^{-12}	11.75	2.25	5.6×10^{-3}
磷酸	H_3PO_4	$7.6\times10^{-3}(K_{a_1})$ $6.3\times10^{-8}(K_{a_2})$ $4.4\times10^{-13}(K_{a_3})$	2.12 7.20 12.36	11.88 6.80 1.64	$1.3\times10^{-12}(K_{b_3})$ $1.6\times10^{-7}(K_{b_2})$ $2.3\times10^{-2}(K_{b_1})$
焦磷酸	$H_4P_2O_7$	$3.0\times10^{-2}(K_{a_1})$ $4.4\times10^{-3}(K_{a_2})$ $2.5\times10^{-7}(K_{a_3})$ $5.6\times10^{-10}(K_{a_4})$	1.52 2.36 6.60 9.25	12.48 11.64 7.40 4.75	$3.3\times10^{-13}(K_{b_4})$ $2.3\times10^{-12}(K_{b_3})$ $4.0\times10^{-8}(K_{b_2})$ $1.8\times10^{-5}(K_{b_1})$
亚磷酸	H_3PO_3	$5.0\times10^{-2}(K_{a_1})$ $2.5\times10^{-7}(K_{a_2})$	1.30 6.60	12.70 7.40	$2.0\times10^{-13}(K_{b_2})$ $4.0\times10^{-8}(K_{b_1})$
氢硫酸	H_2S	$1.3\times10^{-7}(K_{a_1})$ $1.1\times10^{-13}(K_{a_2})$	6.88	7.12	$7.7\times10^{-8}(K_{b_2})$
硫酸	HSO_4^-	$1.0\times10^{-2}(K_{a_2})$	1.99	12.01	$1.0\times10^{-12}(K_{b_1})$
亚硫酸	H_2SO_3 (SO_2+H_2O)	$1.3\times10^{-2}(K_{a_1})$ $6.3\times10^{-8}(K_{a_2})$	1.90 7.20	12.10 6.80	$7.7\times10^{-13}(K_{b_2})$ $1.6\times10^{-7}(K_{b_1})$
偏硅酸	H_2SiO_3	$1.7\times10^{-10}(K_{a_1})$ $1.6\times10^{-12}(K_{a_2})$	9.77 11.8	4.23 2.20	$5.9\times10^{-5}(K_{b_2})$ $6.2\times10^{-3}(K_{b_1})$
甲酸	$HCOOH$	1.8×10^{-4}	3.74	10.26	5.5×10^{-11}
乙酸	CH_3COOH	1.8×10^{-5}	4.74	9.26	5.5×10^{-10}
一氯乙酸	$CH_2ClCOOH$	1.4×10^{-3}	2.86	11.14	6.9×10^{-12}
二氯乙酸	$CHCl_2COOH$	5.0×10^{-2}	1.30	12.70	2.0×10^{-13}
三氯乙酸	CCl_3COOH	0.23	0.64	13.36	4.3×10^{-14}
氨基乙酸盐	$^+NH_3CH_2COOH$ $^+NH_3CH_2COO^-$	$4.5\times10^{-3}(K_{a_1})$ $2.5\times10^{-10}(K_{a_2})$	2.35 9.60	11.65 4.40	$2.2\times10^{-12}(K_{b_1})$ $4.0\times10^{-5}(K_{b_1})$
乳酸	$CH_3CHOHCOOH$	1.4×10^{-4}	3.86	10.14	7.2×10^{-11}
苯甲酸	C_6H_5COOH	6.2×10^{-5}	4.21	9.79	1.6×10^{-10}
草酸	$H_2C_2O_4$	$5.9\times10^{-2}(K_{a_1})$ $6.4\times10^{-5}(K_{a_2})$	1.22 4.19	12.87 9.81	$1.7\times10^{-13}(K_{b_2})$ $1.6\times10^{-10}(K_{b_1})$
d-酒石酸	CH(OH)COOH | CH(OH)COOH	$9.1\times10^{-4}(K_{a_1})$ $4.3\times10^{-5}(K_{a_2})$	3.04 4.37	10.96 9.63	$1.1\times10^{-11}(K_{b_2})$ $2.3\times10^{-10}(K_{b_1})$
邻苯二甲酸	$C_6H_4(COOH)_2$ (苯环邻位—COOH，—COOH)	$1.1\times10^{-3}(K_{a_1})$ $3.9\times10^{-6}(K_{a_2})$	2.95 5.41	11.05 8.59	$9.1\times10^{-12}(K_{b_2})$ $2.6\times10^{-9}(K_{b_1})$
柠檬酸	CH_2COOH | C(OH)COOH | CH_2COOH	$7.4\times10^{-4}(K_{a_1})$ $1.7\times10^{-5}(K_{a_2})$ $4.0\times10^{-7}(K_{a_3})$	3.13 4.76 6.40	10.87 9.26 7.60	$1.4\times10^{-11}(K_{b_3})$ $5.9\times10^{-10}(K_{b_2})$ $2.5\times10^{-8}(K_{b_1})$

续表

弱酸	分子式	K_a	pK_a	共轭碱	
				pK_b	K_b
苯酚	C_6H_5OH	1.1×10^{-10}	9.95	4.05	9.1×10^{-5}
乙二胺四乙酸	H_6Y^{2+}	$0.13(K_{a_1})$	0.9	13.1	$7.7\times10^{-14}(K_{b_6})$
	H_5Y^+	$3\times10^{-2}(K_{a_2})$	1.6	12.4	$3.3\times10^{-13}(K_{b_5})$
	H_4Y	$1\times10^{-2}(K_{a_3})$	2.0	12.0	$1\times10^{-12}(K_{b_4})$
	H_3Y^-	$2.1\times10^{-3}(K_{a_4})$	2.67	11.33	$4.8\times10^{-12}(K_{b_3})$
	H_2Y^{2-}	$6.9\times10^{-7}(K_{a_5})$	6.16	7.84	$1.4\times10^{-8}(K_{b_2})$
	HY^{3-}	$5.5\times10^{-11}(K_{a_6})$	10.26	3.74	$1.8\times10^{-4}(K_{b_1})$
氨离子	NH_4^+	5.5×10^{-10}	9.26	4.74	1.8×10^{-5}
联氨离子	$^+H_3NNH_3^+$	3.3×10^{-9}	8.48	5.52	3.0×10^{-6}
羟氨离子	NH_3^+OH	1.1×10^{-6}	5.96	8.04	9.1×10^{-9}
甲胺离子	$CH_3NH_3^+$	2.4×10^{-11}	10.62	3.38	4.2×10^{-4}
乙胺离子	$C_2H_5NH_3^+$	1.8×10^{-11}	10.75	3.25	5.6×10^{-4}
二甲胺离子	$(CH_3)_2NH_2^+$	8.5×10^{-11}	10.07	3.93	1.2×10^{-4}
二乙胺离子	$(C_2H_5)_2NH_2^+$	7.8×10^{-12}	11.11	2.89	1.3×10^{-3}
乙醇胺离子	$HOCH_2CH_2NH_3^+$	3.2×10^{-10}	9.50	4.50	3.2×10^{-5}
三乙醇胺离子	$(HOCH_2CH_2)_3NH^+$	1.7×10^{-8}	7.76	6.24	5.8×10^{-7}
六亚甲基四胺离子	$(CH_2)_6N_4H^+$	7.1×10^{-6}	5.15	8.85	1.4×10^{-9}
乙二胺离子	$^+H_3NCH_2CH_2NH_3^+$	1.4×10^{-7}	6.85	7.15	$7.1\times10^{-8}(K_{b_2})$
	$H_2NCH_2CH_2NH_3^+$	1.2×10^{-10}	6.93	4.07	$8.5\times10^{-5}(K_{b_1})$
吡啶离子	$C_5H_5NH^+$ (吡啶环结构式)	5.9×10^{-6}	5.23	8.77	1.7×10^{-9}

注：如果不计水合 CO_2，H_2CO_3 的 $pK_{a_1}=3.76$。

附表 3 常用缓冲溶液

缓冲溶液	酸	共轭碱	pK_a
氨基乙酸-HCl	$^+NH_3CH_2COOH$	$^+NH_3CH_2COO^-$	$2.35(pK_{a_1})$
一氯乙酸-NaOH	$CH_2ClCOOH$	CH_2ClCOO^-	2.86
邻苯二甲酸氢钾-HCl	$C_6H_4(COOH)_2$ (邻苯二甲酸结构式)	$C_6H_4(COO^-)(COOH)$ (结构式)	$2.95(pK_{a_1})$
甲酸-NaOH	$HCOOH$	$HCOO^-$	3.76
HAc-NaAc	HAc	Ac^-	4.74
六亚甲基四胺-HCl	$(CH_2)_6N_4H^+$	$(CH_2)_6N_4$	5.15
NaH_2PO_4-Na_2HPO_4	$H_2PO_4^-$	HPO_4^{2-}	$7.20(pK_{a_2})$
三乙醇胺-HCl	$^+HN(CH_2CH_2OH)_3$	$N(CH_2CH_2OH)_3$	7.76
Tris①-HCl	$^+NH_3C(CH_2OH)_3$	$NH_2C(CH_2OH)_3$	8.21
$Na_2B_4O_7$-HCl	H_3BO_3	$H_2BO_3^-$	$9.24(pK_{a_1})$
$Na_2B_4O_7$-NaOH	H_3BO_3	$H_2BO_3^-$	$9.24(pK_{a_1})$
NH_3-NH_4Cl	NH_4^+	NH_3	9.26
乙醇胺-HCl	$^+NH_3CH_2CH_2OH$	$NH_2CH_2CH_2OH$	9.50
氨基乙酸-NaOH	$^+NH_3CH_2COO^-$	$NH_2CH_2COO^-$	$9.60(pK_{a_2})$
$NaHCO_3$-Na_2CO_3	HCO_3^-	CO_3^{2-}	$10.25(pK_{a_2})$

① Tris—三羟甲基氨基甲烷。

附表 4　酸碱指示剂

指示剂	变色范围 pH	颜色		pK_{HIn}	浓　　度
		酸色	碱色		
百里酚蓝(第一次变色)	1.2～2.8	红	黄	1.6	0.1%(20%乙醇溶液)
甲基黄	2.9～4.0	红	黄	3.3	0.1%(90%乙醇溶液)
甲基橙	3.1～4.4	红	黄	3.4	0.05%水溶液
溴酚蓝	3.1～4.6	黄	紫	4.1	0.1%(20%乙醇溶液),或指示剂钠盐的水溶液
溴甲酚绿	3.8～5.4	黄	蓝	4.9	0.1%水溶液,每100mg指示剂加 $0.05mol \cdot L^{-1}$ NaOH 2.9mL
甲基红	4.4～6.2	红	黄	5.2	0.1%(60%乙醇溶液),或指示剂钠盐的水溶液
溴百里酚蓝	6.0～7.6	黄	蓝	7.3	0.1%(20%乙醇溶液),或指示剂钠盐的水溶液
中性红	6.8～8.0	红	黄橙	7.4	0.1%(60%乙醇溶液)
酚红	6.7～8.4	黄	红	8.0	0.1%(60%乙醇溶液),或指示剂钠盐的水溶液
酚酞	8.0～9.6	无	红	9.1	0.1%(90%乙醇溶液)
百里酚蓝(第二次变色)	8.0～9.6	黄	蓝	8.9	0.1%(20%乙醇溶液)
百里酚酞	9.4～10.6	无	蓝	10.0	0.1%(90%乙醇溶液)

附表 5　混合酸碱指示剂

指示剂溶液的组成	变色点 pH	颜色		备　　注
		酸色	碱色	
一份0.1%甲基黄乙醇溶液 一份0.1%亚甲基蓝乙醇溶液	3.25	蓝紫	绿	pH 3.4 绿色,3.2 蓝紫色
一份0.1%甲基橙水溶液 一份0.25%靛蓝二磺酸钠水溶液	4.1	紫	黄绿	
三份0.1%溴甲酚绿乙醇溶液 一份0.2%甲基红乙醇溶液	5.1	酒红	绿	
一份0.1%溴甲酚绿钠盐水溶液 一份0.1%氯酚红钠盐水溶液	6.1	黄绿	蓝紫	pH 5.4 蓝紫色,5.8 蓝色,6.0 蓝带紫,6.2 蓝紫
一份0.1%中性红乙醇溶液 一份0.1%亚甲基蓝乙醇溶液	7.0	蓝紫	绿	pH 7.0 紫蓝
一份0.1%甲酚红钠盐水溶液 三份0.1%百里酚蓝钠盐水溶液	8.3	黄	紫	pH 8.2 玫瑰色,8.4 清晰的紫色
一份0.1%百里酚蓝50%乙醇溶液 三份0.1%酚酞50%乙醇溶液	9.0	黄	紫	从黄到绿再到紫
两份0.1%百里酚酞乙醇溶液 一份0.1%茜素黄乙醇溶液	10.2	黄	紫	

附表 6　氨羧配位剂类配合物的稳定常数（18～25℃，$I=0.1\text{mol}\cdot\text{L}^{-1}$）

金属离子	lg*K*						
	EDTA	DCyTA	DTPA	EGTA	HEDTA	NTA	
						$\lg\beta_1$	$\lg\beta_2$
Ag^+	7.32			6.88	6.71	5.16	
Al^{3+}	16.3	19.5	18.6	13.9	14.3	11.4	
Ba^{2+}	7.86	8.69	8.87	8.41	6.3	4.82	
Be^{2+}	9.2	11.51				7.11	
Bi^{3+}	27.94	32.3	35.6		22.3	17.5	
Ca^{2+}	10.69	13.20	10.83	10.97	8.3	6.41	
Cd^{2+}	16.46	19.93	19.2	16.7	13.3	9.83	14.61
Co^{2+}	16.31	19.62	19.27	12.39	14.6	10.38	14.39
Co^{3+}	36				37.4	6.84	
Cr^{3+}	23.4					6.23	
Cu^{2+}	18.80	22.00	21.55		17.6	12.96	
Fe^{2+}	14.32	19.0	16.5	17.71	12.3	8.33	
Fe^{3+}	25.1	30.1	28.0	11.87	19.8	15.9	
Ga^{3+}	20.3	23.2	25.54	20.5	16.9	13.6	
Hg^{2+}	21.8	25.00	26.70		20.30	14.6	
In^{3+}	25.0	28.8	29.0	23.2	20.2	16.9	
Li^+	2.79					2.51	
Mg^{2+}	8.7	11.02	9.30	5.21	7.0	5.41	
Mn^{2+}	13.87	17.48	15.60	12.28	10.9	7.44	
Mo(Ⅴ)	约 28						
Na^+	1.66						1.22
Ni^{2+}	18.62	20.3	20.32	13.55	17.3	11.53	16.42
Pb^{2+}	18.04	20.38	18.80	14.71	15.7	11.39	
Pd^{3+}	18.5						
Sc^{3+}	23.1	26.1	24.5	18.2			24.1
Sn^{2+}	22.11						
Sr^{2+}	8.73	10.59	9.77	8.50	6.9	4.98	
Th^{4+}	23.2	25.6	28.78				
TiO^{2+}	17.3						
Tl^{3+}	37.8	38.3				20.9	32.5
U^{4+}	25.8	27.6	7.69				
VO^{2+}	18.8	20.1					
Y^{3+}	18.09	19.85	22.13	17.16	14.78	11.41	20.43
Zn^{2+}	16.50	19.37	18.40	12.7	14.7	10.67	14.29
Zr^{4+}	29.5		35.8			20.8	
La^{3+}	15.50		19				

注：DCyTA—1,2-二氨基环己烷四乙酸；DTPA—二乙基三胺五乙酸；EGTA—正二醇二乙醚二胺四乙酸；HEDTA—*N*-*β*-羟基乙基乙二胺三乙酸；NTA—氨三乙酸。

附表 7　配合物的稳定常数（18～25℃）

金属离子	$I/\text{mol}\cdot\text{L}^{-1}$	*n*	$\lg\beta_n$
氨配合物			
Ag^+	0.5	1,2	3.24,7.05
Cd^{2+}	2	1,…,6	2.65,4.75,6.19,7.12,6.80,5.14
Co^{2+}	2	1,…,6	2.11,3.74,4.79,5.55,5.73,5.11

续表

金属离子	I/mol·L^{-1}	n	$\lg\beta_n$
氨配合物			
Co^{3+}	2	1,…,6	6.7,14.0,20.1;25.7,30.8,35.2
Cu^{+}	2	1,2	5.93,10.86
Cu^{2+}	2	1,…,5	4.31,7.98,11.02,13.32,12.86
Ni^{2+}	2	1,…,6	2.75,4.95,6.64,7.79,8.71,8.50
Zn^{2+}	2	1,…,4	2.37,4.81,7.31,9.46
溴配合物			
Ag^{+}	0	1,…,4	4.38,7.33,8.00,8.73
Bi^{3+}	2.3	1,…,6	4.30,5.55,5.89,7.82,—,9.70
Cd^{2+}	3	1,…,4	1.75,2.34,3.32,3.70
Cu^{+}	0	2	5.89
Hg^{2+}	0.5	1,…,4	9.05,17.32,19.74,21.00
氯配合物			
Ag^{+}	0	1,…,4	3.04,5.04,5.04;5.30
Hg^{2+}	0.5	1,…,4	6.74,13.22,14.07,15.07
Sn^{2+}	0	1,…,4	1.51,2.24,2.03,1.48
Sb^{3+}	4	1,…,6	2.26,3.49,4.18,4.72,4.72,4.11
氰配合物			
Ag^{+}	0	1,…,4	—,21.1,21.7,20.6
Cd^{2+}	3	1,…,4	5.48,10.60,15.23,18.78
Co^{2+}		6	19.09
Cu^{+}	0	1,…,4	—,24.0,28.59,30.3
Fe^{2+}	0	6	35
Fe^{3+}	0	6	42
Hg^{2+}	0	4	41.4
Ni^{2+}	0.1	4	31.3
Zn^{2+}	0.1	4	16.7
氟配合物			
Al^{3+}	0.5	1,…,6	6.13,11.15,15.00,17.75,19.37,19.84
Fe^{3+}	0.5	1,…,6	5.20,9.20,11.90
Th^{4+}	0.5	1,…,3	7.65,13.46,17.97
TiO_2^{2+}	3	1,…,4	5.4,9.8,13.7,18.0
ZrO_2^{2+}	2	1,…,3	8.80,16.12,21.94
碘配合物			
Ag^{+}	0	1,…,3	6.58,11.74,13.68
Bi^{3+}	2	1,…,6	3.63,—,—,14.95,16.80,18.80
Cd^{2+}	0	1,…,4	2.10,3.43,4.49,5.41
Pb^{2+}	0	1,…,4	2.00,3.15,3.92,4.47
Hg^{2+}	0.5	1,…,4	12.87,23.82,27.60,29.83
磷酸配合物			
Ca^{2+}	0.2	CaHL	1.7
Mg^{2+}	0.2	MgHL	1.9
Mn^{2+}	0.2	MnHL	2.6
Fe^{3+}	0.66	FeL	9.35
硫氰酸配合物			
Ag^{+}	2.2	1,…,4	—,7.57,9.08,10.08
Au^{+}	0	1,…,4	—,23,—,42
Co^{2+}	1	1	1.0
Cu^{+}	5	1,…,4	—,11.00,10.90,10.48

续表

金属离子	$I/mol \cdot L^{-1}$	n	$\lg\beta_n$
硫氰酸配合物			
Fe^{3+}	0.5	1,2	2.95,3.36
Hg^{2+}	1	1,…,4	—,17.47,—,21.23
硫代硫酸配合物			
Ag^{+}	0	1,…,3	8.82,13.46,14.15
Cu^{+}	0.8	1,2,3	10.35,12.27,13.71
Hg^{2+}	0	1,…,4	—,29.86,32.26,33.61
Pb^{2+}	0	1,…,3	—,5.13,6.35
乙酰丙酮配合物			
Al^{3+}	0	1,2,3	8.60,15.5,21.30
Cu^{2+}	0	1,2	8.27,16.34
Fe^{2+}	0	1,2	5.07,8.67
Fe^{3+}	0	1,2,3	11.4,22.1,26.7
Ni^{2+}	0	1,2,3	6.06,10.77,13.09
Zn^{2+}	0	1,2	4.98,8.81
柠檬酸配合物			
Ag^{+}	0	Ag_2HL	7.1
Al^{3+}	0.5	AlHL	7.0
		AlL	20.0
		AlOHL	30.6
Ca^{2+}	0.5	CaH_3L	10.9
		CaH_2L	8.4
		CaHL	3.5
Cd^{2+}	0.5	CdH_2L	7.9
		CdHL	4.0
		CdL	11.3
Co^{2+}	0.5	CoH_2L	8.9
		CoHL	4.4
		CoL	12.5
Cu^{2+}	0.5	CuH_3L	12.0
	0	CuHL	6.1
	0.5	CuL	18.0
Fe^{2+}	0.5	FeH_3L	7.3
		FeHL	3.1
		FeL	15.5
Fe^{3+}	0.5	FeH_2L	12.2
		FeHL	10.9
		FeL	25
Ni^{2+}	0.5	NiH_2L	9.0
		NiHL	4.8
		NiL	14.3
Pb^{2+}	0.5	PbH_2L	11.2
		PbHL	5.2
		PbL	12.3

续表

金属离子	I/mol·L^{-1}	n	$\lg\beta_n$
柠檬酸配合物			
Zn^{2+}	0.5	ZnH_2L	8.7
		ZnHL	4.5
		ZnL	11.4
草酸配合物			
Al^{3+}	0	1,2,3	7.26,13.0,16.3
Cd^{2+}	0.5	1,2	2.9,4.7
Co^{2+}	0.5	CoHL	5.5
		CoH_2L	10.6
		1,2,3	4.79,6.7,9.7
Co^{3+}	0	3	约 20
Cu^{2+}	0.5	CuHL	6.25
		1,2	4.5,8.9
Fe^{2+}	0.5～1	1,2,3	2.9,4.52,5.22
Fe^{3+}	0	1,2,3	9.4,16.2,20.2
Mg^{2+}	0.1	1,2	2.76,4.38
Mn(Ⅲ)	2	1,2,3	9.98,16.57,19.42
Ni^{2+}	0.1	1,2,3	5.3,7.64,8.5
Th(Ⅳ)	0.1	4	24.5
TiO^{2+}	2	1,2	6.6,9.9
Zn^{2+}	0.5	ZnH_2L	5.6
		1,2,3	4.89,7.60,8.15
磺基水杨酸配合物			
Al^{3+}	0.1	1,2,3	13.20,22.83,28.89
Cd^{2+}	0.25	1,2	16.68,29.08
Co^{2+}	0.1	1,2	6.13,9.82
Cr^{3+}	0.1	1	9.56
Cu^{2+}	0.1	1,2	9.52,16.45
Fe^{2+}	0.1～0.5	1,2	5.90,9.90
Fe^{3+}	0.25	1,2,3	14.64,25.18,32.12
Mn^{2+}	0.1	1,2	5.24,8.24
Ni^{2+}	0.1	1,2	6.42,10.24
Zn^{2+}	0.1	1,2	6.05,10.65
酒石酸配合物			
Bi^{3+}	0	3	8.30
Ca^{2+}	0.5	CaHL	4.85
	0	1,2	2.98,9.01
Cd^{2+}	0.5	1	2.8
Cu^{2+}	1	1,…,4	3.2,5.11,4.78,6.51
Fe^{3+}	0	3	7.49
Mg^{2+}	0.5	MgHL	4.65
		1	1.2
Pb^{2+}	0	1,2,3	3.78,—,4.7
Zn^{2+}	0.5	ZnHL	4.5
		1,2	2.4,8.32

续表

金属离子	I/mol·L^{-1}	n	lgβ_n
乙二胺配合物			
Ag^+	0.1	1,2	4.70,7.70
Cd^{2+}	0.5	1,2,3	5.47,10.09,12.09
Co^{2+}	1	1,2,3	5.91,10.64,13.94
Co^{3+}	1	1,2,3	18.70,34.90,48.69
Cu^+		2	10.8
Cu^{2+}	1	1,2,3	10.67,20.00,21.0
Fe^{2+}	1.4	1,2,3	4.34,7.65,9.70
Hg^{2+}	0.1	1,2,	14.30,23.3
Mn^{2+}	1	1,2,3	2.73,4.79,5.67
Ni^{2+}	1	1,2,3	7.52,13.80,18.06
Zn^{2+}	1	1,2,3	5.77,10.83,14.11
硫脲配合物			
Ag^+	0.03	1,2	7.4,13.1
Bi^{3+}		6	11.9
Cu^+	0.1	3,4	13,15.4
Hg^{2+}		2,3,4	22.1,24.7,26.8
氢氧基配合物			
Al^{3+}	2	4	33.3
		$Al_6(OH)_{15}^{3+}$	163
Bi^{3+}	3	1	12.4
		$Bi_6(OH)_{12}^{6+}$	168.3
Cd^{2+}	3	1,…,4	4.3,7.7,10.3,12.0
Co^{2+}	0.1	1,3	5.1,—,10.2
Cr^{3+}	0.1	1,2	10.2,18.3
Fe^{2+}	1	1	4.5
Fe^{3+}	3	1,2	11.0,21.7
		$Fe_2(OH)_2^{4+}$	25.1
Hg^{2+}	0.5	2	21.7
Mg^{2+}	0	1	2.6
Mn^{2+}	0.1	1	3.4
Ni^{2+}	0.1	1	4.6
Pb^{2+}	0.3	1,2,3	6.2,10.3,13.3
		$Pb_2(OH)^{3+}$	7.6
Sn^{2+}	3	1	10.1
Th^{4+}	1	1	9.7
Ti^{3+}	0.5	1	11.8
TiO^{2+}	1	1	13.7
VO^{2+}	3	1	8.0
Zn^{2+}	0	1,…,4	4.4,10.1,14.2,15.5

注：1. β_n 为配合物的累积稳定常数，即

$$\beta_n = K_1 K_2 K_3 \cdots K_n$$

$$\lg\beta_n = \lg K_1 + \lg K_2 + \lg K_3 + \cdots + \lg K_n$$

例如，Ag^+ 与 NH_3 的配合物：

$\lg\beta_1 = 3.24$　即 $\lg K_1 = 3.24$

$\lg\beta_2 = 7.05$　即 $\lg K_1 = 3.24$　$\lg K_2 = 3.81$

2. 酸式、碱式配合物及多核氢氧基配合物的化学式标明于 n 栏中。

附表 8　金属离子的 $\lg\alpha_{M(OH)}$

金属离子	I/mol·L^{-1}	pH													
		1	2	3	4	5	6	7	8	9	10	11	12	13	14
Ag(Ⅰ)	0.1											0.1	0.5	2.3	5.1
Al(Ⅲ)	2					0.4	1.3	5.3	9.3	13.3	17.3	21.3	25.3	29.3	33.3
Ba(Ⅱ)	0.1													0.1	0.5
Bi(Ⅲ)	3	0.1	0.5	1.4	2.4	3.4	4.4	5.4							
Ca(Ⅱ)	0.1													0.3	1.0
Cd(Ⅱ)	3									0.1	0.5	2.0	4.5	8.1	12.0
Ce(Ⅳ)	1～2	1.2	3.1	5.1	7.1	9.1	11.1	13.1							
Cu(Ⅱ)	0.1								0.2	0.8	1.7	2.7	3.7	4.7	5.7
Fe(Ⅱ)	1									0.1	0.6	1.5	2.5	3.5	4.5
Fe(Ⅲ)	3			0.4	1.8	3.7	5.7	7.7	9.7	11.7	13.7	15.7	17.7	19.7	21.7
Hg(Ⅱ)	0.1			0.5	1.9	3.9	5.9	7.9	9.9	11.9	13.9	15.9	17.9	19.9	21.9
La(Ⅲ)	3										0.3	1.0	1.9	2.9	3.9
Mg(Ⅱ)	0.1											0.1	0.5	1.3	2.3
Ni(Ⅱ)	0.1									0.1	0.7	1.6			
Pb(Ⅱ)	0.1							0.1	0.5	1.4	2.7	4.7	7.4	10.4	13.4
Th(Ⅳ)	1				0.2	0.8	1.7	2.7	3.7	4.7	5.7	6.7	7.7	8.7	9.7
Zn(Ⅱ)	0.1									0.2	2.4	5.4	8.5	11.8	15.5

附表 9　标准电极电极电极电势（18～25℃）

半　反　应	$\varphi^{\ominus}$/V
F_2(气)$+2H^+ +2e^- \rightleftharpoons 2HF$	3.06
$O_3+2H^+ +2e^- \rightleftharpoons O_2+H_2O$	2.07
$S_2O_8^{2-}+2e^- \rightleftharpoons 2SO_4^{2-}$	2.01
$H_2O_2+2H^+ +2e^- \rightleftharpoons 2H_2O$	1.77
$MnO_4^- +4H^+ +3e^- \rightleftharpoons MnO_2$(固)$+2H_2O$	1.695
PbO_2(固)$+SO_4^{2-}+4H^+ +2e^- \rightleftharpoons PbSO_4$(固)$+2H_2O$	1.685
$HClO_2+2H^+ +2e^- \rightleftharpoons HClO+H_2O$	1.64
$HClO+H^+ +e^- \rightleftharpoons \frac{1}{2}Cl_2+H_2O$	1.63
$Ce^{4+}+e^- \rightleftharpoons Ce^{3+}$	1.61
$H_5IO_6+H^+ +2e^- \rightleftharpoons IO_3^- +3H_2O$	1.60
$HBrO+H^+ +e^- \rightleftharpoons \frac{1}{2}Br_2+H_2O$	1.59
$BrO_3^- +6H^+ +5e^- \rightleftharpoons \frac{1}{2}Br_2+3H_2O$	1.52
$MnO_4^- +8H^+ +5e^- \rightleftharpoons Mn^{2+}+4H_2O$	1.51
Au(Ⅲ)$+3e^- \rightleftharpoons Au$	1.50
$HClO+H^+ +2e^- \rightleftharpoons Cl^- +H_2O$	1.49
$ClO_3^- +6H^+ +5e^- \rightleftharpoons \frac{1}{2}Cl_2+3H_2O$	1.47
PbO_2(固)$+4H^+ +2e^- \rightleftharpoons Pb^{2+}+2H_2O$	1.455
$HIO+H^+ +e^- \rightleftharpoons \frac{1}{2}I_2+H_2O$	1.45
$ClO_3^- +6H^+ +6e^- \rightleftharpoons Cl^- +3H_2O$	1.45
$BrO_3^- +6H^+ +6e^- \rightleftharpoons Br^- +3H_2O$	1.44
Au(Ⅲ)$+2e^- \rightleftharpoons$ Au(Ⅰ)	1.41
Cl_2(气)$+2e^- \rightleftharpoons 2Cl^-$	1.36
$ClO_4^- +8H^+ +7e^- \rightleftharpoons \frac{1}{2}Cl_2+4H_2O$	1.34
$Cr_2O_7^{2-}+14H^+ +6e^- \rightleftharpoons 2Cr^{3+}+7H_2O$	1.33
MnO_2(固)$+4H^+ +2e^- \rightleftharpoons Mn^{2+}+2H_2O$	1.23
O_2(气)$+4H^+ +4e^- \rightleftharpoons 2H_2O$	1.23
$IO_3^- +6H^+ +5e^- \rightleftharpoons \frac{1}{2}I_2+3H_2O$	1.20
$ClO_4^- +2H^+ +2e^- \rightleftharpoons ClO_3^- +H_2O$	1.19
Br_2(水)$+2e^- \rightleftharpoons 2Br^-$	1.08
$NO_2+H^+ +e^- \rightleftharpoons HNO_2$	1.07
$Br_3^- +2e^- \rightleftharpoons 3Br^-$	1.05
$HNO_2+H^+ +e^- \rightleftharpoons NO$(气)$+H_2O$	1.00
$VO_2^+ +2H^+ +e^- \rightleftharpoons VO^{2+}+H_2O$	1.00
$HIO+H^+ +2e^- \rightleftharpoons I^- +H_2O$	0.99
$NO_3^- +3H^+ +2e^- \rightleftharpoons HNO_2+H_2O$	0.94
$ClO^- +H_2O+2e^- \rightleftharpoons Cl^- +2OH^-$	0.89
$H_2O_2+2e^- \rightleftharpoons 2OH^-$	0.88
$Cu^{2+}+I^- +e^- \rightleftharpoons CuI$(固)	0.86
$Hg^{2}+2e^- \rightleftharpoons Hg$	0.845
$NO_3^- +2H^+ +e^- \rightleftharpoons NO_2+H_2O$	0.80

续表

半 反 应	$\varphi^{\ominus}$/V
$Ag^{+}+e^{-} \rightleftharpoons Ag$	0.80
$Hg_2^{2+}+2e^{-} \rightleftharpoons 2Hg$	0.793
$Fe^{3+}+e^{-} \rightleftharpoons Fe^{2+}$	0.771
$BrO^{-}+H_2O+2e^{-} \rightleftharpoons Br^{-}+2OH^{-}$	0.76
O_2(气)$+2H^{+}+2e^{-} \rightleftharpoons H_2O_2$	0.682
$AsO_2^{-}+2H_2O+3e^{-} \rightleftharpoons As+4OH^{-}$	0.68
$2HgCl_2+2e^{-} \rightleftharpoons Hg_2Cl_2$(固)$+2Cl^{-}$	0.63
Hg_2SO_4(固)$+2e^{-} \rightleftharpoons 2Hg+S_4^{2-}$	0.615
$MnO_4^{-}+2H_2O+3e^{-} \rightleftharpoons MnO_2$(固)$+4OH^{-}$	0.59
$MnO_4^{-}+e^{-} \rightleftharpoons MnO_4^{2-}$	0.56
$H_3AsO_4+2H^{+}+2e^{-} \rightleftharpoons HAsO_2+2H_2O$	0.56
$I_3^{-}+2e^{-} \rightleftharpoons 3I^{-}$	0.545
I_2(固)$+2e^{-} \rightleftharpoons 2I^{-}$	0.534
Mo(Ⅵ)$+e^{-} \rightleftharpoons$ Mo(Ⅴ)	0.53
$Cu^{+}+e^{-} \rightleftharpoons Cu$	0.52
$4SO_2$(水)$+4H^{+}+6e^{-} \rightleftharpoons S_4O_6^{2-}+2H_2O$	0.51
$HgCl_4^{2-}+2e^{-} \rightleftharpoons Hg+4Cl^{-}$	0.48
$2SO_2$(水)$+2H^{+}+4e^{-} \rightleftharpoons S_2O_3^{2-}+H_2O$	0.40
$Fe(CN)_6^{3-}+e^{-} \rightleftharpoons Fe(CN)_6^{4-}$	0.36
$Cu^{2+}+2e^{-} \rightleftharpoons Cu$	0.34
$VO^{2+}+2H^{+}+e^{-} \rightleftharpoons V^{3+}+H_2O$	0.337
$BiO^{+}+2H^{+}+3e^{-} \rightleftharpoons Bi+H_2O$	0.32
Hg_2Cl_2(固)$+2e^{-} \rightleftharpoons 2Hg+2Cl^{-}$	0.2676
$HAsO_2+3H^{+}+3e^{-} \rightleftharpoons As+2H_2O$	0.248
AgCl(固)$+e^{-} \rightleftharpoons Ag+Cl^{-}$	0.222
$SbO^{+}+2H^{+}+3e^{-} \rightleftharpoons Sb+H_2O$	0.212
$SO_4^{2-}+4H^{+}+2e^{-} \rightleftharpoons SO_2$(水)$+H_2O$	0.17
$Cu^{2+}+e^{-} \rightleftharpoons Cu^{+}$	0.16
$Sn^{4+}+2e^{-} \rightleftharpoons Sn^{2+}$	0.154
$S+2H^{+}+2e^{-} \rightleftharpoons H_2S$(气)	0.141
$Hg_2Br_2+2e^{-} \rightleftharpoons 2Hg+2Br^{-}$	0.14
$TiO^{2+}+2H^{+}+e^{-} \rightleftharpoons Ti^{3+}+H_2O$	0.1
$S_4O_6^{2-}+2e^{-} \rightleftharpoons 2S_2O_3^{2-}$	0.08
AgBr(固)$+e^{-} \rightleftharpoons Ag+Br^{-}$	0.071
$2H^{+}+2e^{-} \rightleftharpoons H_2$	0.000
$O_2+H_2O+2e^{-} \rightleftharpoons HO_2^{-}+OH^{-}$	−0.067
$TiOCl^{+}+2H^{+}+3Cl^{-}+e^{-} \rightleftharpoons TiCl_4^{-}+H_2O$	−0.09
$Pb^{2+}+2e^{-} \rightleftharpoons Pb$	−0.126
$Sn^{2+}+2e^{-} \rightleftharpoons Sn$	−0.136
AgI(固)$+e^{-} \rightleftharpoons Ag+I^{-}$	−0.152
$Ni^{2+}+2e^{-} \rightleftharpoons Ni$	−0.246
$H_3PO_4+2H^{+}+2e^{-} \rightleftharpoons H_3PO_3+H_2O$	−0.276
$Co^{2+}+2e^{-} \rightleftharpoons Co$	−0.277

续表

半　反　应	$\varphi^{\ominus}$/V
$Tl^{+}+e^{-} \rightleftharpoons Tl$	−0.3360
$In^{3+}+3e^{-} \rightleftharpoons In$	−0.345
$PbSO_4$(固)$+2e^{-} \rightleftharpoons Pb+SO_4^{2-}$	−0.3553
$SeO_3^{2-}+3H_2O+4e^{-} \rightleftharpoons Se+6OH^{-}$	−0.366
$As+3H^{+}+3e^{-} \rightleftharpoons AsH_3$	−0.38
$Se+2H^{+}+2e^{-} \rightleftharpoons H_2Se$	−0.40
$Cd^{2+}+2e^{-} \rightleftharpoons Cd$	−0.403
$Cr^{3+}+e^{-} \rightleftharpoons Cr^{2+}$	−0.41
$Fe^{2+}+2e^{-} \rightleftharpoons Fe$	−0.440
$S+2e^{-} \rightleftharpoons S^{2-}$	−0.48
$2CO_2+2H^{+}+2e^{-} \rightleftharpoons H_2C_2O_4$	−0.49
$H_3PO_3+2H^{+}+2e^{-} \rightleftharpoons H_3PO_2+H_2O$	−0.50
$Sb+3H^{+}+3e^{-} \rightleftharpoons SbH_3$	−0.51
$HPbO_2^{-}+H_2O+2e^{-} \rightleftharpoons Pb+3OH^{-}$	−0.54
$Ga^{3+}+3e^{-} \rightleftharpoons Ga$	−0.56
$TeO_3^{2-}+3H_2O+4e^{-} \rightleftharpoons Te+6OH^{-}$	−0.57
$2SO_3^{2-}+3H_2O+4e^{-} \rightleftharpoons S_2O_3^{2-}+6OH^{-}$	−0.58
$SO_3^{2-}+3H_2O+4e^{-} \rightleftharpoons S+6OH^{-}$	−0.66
$AsO_4^{3-}+2H_2O+2e^{-} \rightleftharpoons AsO_2^{-}+4OH^{-}$	−0.67
Ag_2S(固)$+2e^{-} \rightleftharpoons 2Ag+S^{2-}$	−0.69
$Zn^{2+}+2e^{-} \rightleftharpoons Zn$	−0.763
$2H_2O+2e^{-} \rightleftharpoons H_2+2OH^{-}$	−0.828
$Cr^{2+}+2e^{-} \rightleftharpoons Cr$	−0.91
$HSnO_2^{-}+H_2O+2e^{-} \rightleftharpoons Sn+3OH^{-}$	−0.91
$Se+2e^{-} \rightleftharpoons Se^{2-}$	−0.92
$Sn(OH)_6^{2-}+2e^{-} \rightleftharpoons HSnO_2^{-}+H_2O+3OH^{-}$	−0.93
$CNO^{-}+H_2O+2e^{-} \rightleftharpoons CN^{-}+2OH^{-}$	−0.97
$Mn^{2+}+2e^{-} \rightleftharpoons Mn$	−1.182
$ZnO_2^{2-}+2H_2O+2e^{-} \rightleftharpoons Zn+4OH^{-}$	−1.216
$Al^{3+}+3e^{-} \rightleftharpoons Al$	−1.66
$H_2AlO_3^{-}+H_2O+3e^{-} \rightleftharpoons Al+4OH^{-}$	−2.35
$Mg^{2+}+2e^{-} \rightleftharpoons Mg$	−2.37
$Na^{+}+e^{-} \rightleftharpoons Na$	−2.714
$Ca^{2+}+2e^{-} \rightleftharpoons Ca$	−2.87
$Sr^{2+}+2e^{-} \rightleftharpoons Sr$	−2.89
$Ba^{2+}+2e^{-} \rightleftharpoons Ba$	−2.90
$K^{+}+e^{-} \rightleftharpoons K$	−2.925
$Li^{+}+e^{-} \rightleftharpoons Li$	−3.042

附表 10　某些氧化还原电对的条件电极电极电极电势（$\varphi^{\ominus'}$）

半反应	$\varphi^{\ominus'}$/V	介质
$Ag(II)+e^- \rightleftharpoons Ag^+$	1.927	$4mol \cdot L^{-1} HNO_3$
$Ce(IV)+e^- \rightleftharpoons Ce(III)$	1.74	$1mol \cdot L^{-1} HClO_4$
	1.44	$0.5mol \cdot L^{-1} H_2SO_4$
	1.28	$1mol \cdot L^{-1} HCl$
$Co^{3+}+e^- \rightleftharpoons Co^{2+}$	1.84	$3mol \cdot L^{-1} HNO_3$
$Co(en)_3^{3+}+e^- \rightleftharpoons Co(en)_3^{2+}$	−0.2	$0.1mol \cdot L^{-1} KNO_3+0.1mol \cdot L^{-1}$乙二胺
$Cr(III)+e^- \rightleftharpoons Cr(II)$	−0.40	$5mol \cdot L^{-1} HCl$
$Cr_2O_7^{2-}+14H^++6e^- \rightleftharpoons 2Cr^{3+}+7H_2O$	1.08	$3mol \cdot L^{-1} HCl$
	1.15	$4mol \cdot L^{-1} H_2SO_4$
	1.025	$1mol \cdot L^{-1} HClO_4$
$CrO_4^{2-}+2H_2O+3e^- \rightleftharpoons CrO_2^-+4OH^-$	−0.12	$1mol \cdot L^{-1} NaOH$
$Fe(III)+e^- \rightleftharpoons Fe^{2+}$	0.767	$1mol \cdot L^{-1} HClO_4$
	0.71	$0.5mol \cdot L^{-1} HCl$
	0.68	$1mol \cdot L^{-1} H_2SO_4$
	0.68	$1mol \cdot L^{-1} HCl$
	0.46	$2mol \cdot L^{-1} H_4PO_4$
	0.51	$1mol \cdot L^{-1} HCl+0.25mol \cdot L^{-1} H_3PO_4$
$Fe(EDTA)^-+e^- \rightleftharpoons Fe(EDTA)^{2-}$	0.12	$0.1mol \cdot L^{-1}$ EDTA，pH=4～6
$Fe(CN)_6^{3-}+e^- \rightleftharpoons Fe(CN)_6^{4-}$	0.56	$0.1mol \cdot L^{-1} HCl$
$FeO_4^{2-}+2H_2O+3e^- \rightleftharpoons FeO_2^-+4OH^-$	0.55	$10mol \cdot L^{-1} NaOH$
$I_3^-+2e^- \rightleftharpoons 3I^-$	0.5446	$0.5mol \cdot L^{-1} H_2SO_4$
I_2(水)$+2e^- \rightleftharpoons 2I^-$	0.6276	$0.5mol \cdot L^{-1} H_2SO_4$
$MnO_4^-+8H^++5e^- \rightleftharpoons Mn^{2+}+4H_2O$	1.45	$1mol \cdot L^{-1} HClO_4$
$Sn^{4+}+2e^- \rightleftharpoons Sn^{2+}+2Cl^-$	0.14	$1mol \cdot L^{-1} HCl$
$Sb(V)+2e^- \rightleftharpoons Sb(III)$	0.75	$3.5mol \cdot L^{-1} HCl$
$Sb(OH)_6^-+2e^- \rightleftharpoons SbO_2^-+2OH^-+2H_2O$	−0.428	$3mol \cdot L^{-1} NaOH$
$SbO_2^-+2H_2O+e^- \rightleftharpoons Sb+4OH^-$	−0.675	$10mol \cdot L^{-1} KOH$
$Ti(IV)+e^- \rightleftharpoons Ti(III)$	−0.01	$0.2mol \cdot L^{-1} H_2SO_4$
	0.12	$2mol \cdot L^{-1} H_2SO_4$
	−0.04	$1mol \cdot L^{-1} HCl$
	−0.05	$1mol \cdot L^{-1} H_3PO_4$
$Pb(II)+2e^- \rightleftharpoons Pb$	−0.32	$1mol \cdot L^{-1} NaAc$

附表 11　难溶化合物的溶度积（18～25℃，I=0）

难溶化合物	K_{sp}	pK_{sp}	难溶化合物	K_{sp}	pK_{sp}
AgAc	2×10^{-3}	2.7	Ag_3PO_4	1.4×10^{-16}	15.84
Ag_3AsO_4	1×10^{-22}	22.0	Ag_3PO_4	1.4×10^{-5}	4.84
AgBr	5.0×10^{-13}	12.30	Ag_2S	2×10^{-49}	48.7
Ag_2CO_3	8.1×10^{-12}	11.09	AgSCN	1.0×10^{-12}	12.00
AgCl	1.8×10^{-10}	9.75	$Al(OH)_3$无定形	1.3×10^{-33}	32.9
Ag_2CrO_4	9.0×10^{-12}	11.05	$As_2S_3$①	2.1×10^{-22}	21.68
AgCN	1.2×10^{-16}	15.92	$BaCO_3$	5.1×10^{-9}	8.29
AgOH	2.0×10^{-8}	7.71	$BaCrO_4$	1.2×10^{-10}	9.93
AgI	9.3×10^{-17}	16.03	BaF_2	1×10^{-5}	6.0
$Ag_2C_2O_4$	3.5×10^{-11}	10.46	$BaC_2O_4 \cdot H_2O$	2.3×10^{-8}	7.64

续表

难溶化合物	K_{sp}	pK_{sp}	难溶化合物	K_{sp}	pK_{sp}
$BaSO_4$	1.1×10^{-10}	9.96	$Hg(OH)_2$	3.0×10^{-25}	25.52
$Bi(OH)_3$	4×10^{-31}	30.4	HgS 红色	4×10^{-53}	52.4
BiOOH②	4×10^{-10}	9.4	HgS 黑色	2×10^{-52}	51.7
BiI_3	8.1×10^{-19}	18.09	$MgNH_4PO_4$	2×10^{-13}	12.7
BiOCl	1.8×10^{-31}	30.75	$MgCO_3$	3.5×10^{-3}	7.46
$BiPO_4$	1.3×10^{-23}	22.89	MgF_2	6.4×10^{-9}	8.19
Bi_2S_3	1×10^{-97}	97.0	$Mg(OH)_2$	1.8×10^{-11}	10.74
$CaCO_3$	2.9×10^{-9}	8.54	$MnCO_3$	1.8×10^{-11}	10.74
CaF_2	3.4×10^{-11}	10.47	$Mn(OH)_2$	1.9×10^{-13}	12.72
$CaC_2O_4\cdot H_2O$	1.8×10^{-9}	8.74	MnS 无定形	2×10^{-10}	9.7
$Ca_3(PO_4)_2$	2.0×10^{-29}	28.70	MnS 晶形	2×10^{-13}	12.7
$CaSO_4$	9.1×10^{-6}	5.04	$NiCO_3$	6.6×10^{-9}	8.18
$CaWO_4$	8.7×10^{-9}	8.06	$Ni(OH)_2$ 新析出	2×10^{-15}	14.7
$CdCO_3$	5.2×10^{-12}	11.28	$Ni_3(PO_4)_2$	5×10^{-31}	30.3
$Cd_2[Fe(CN)_6]$	3.2×10^{-17}	16.49	α-NiS	3×10^{-19}	18.5
$Cd(OH)_2$ 新析出	2.5×10^{-14}	13.60	β-NiS	1×10^{-24}	24.0
$CdC_2O_4\cdot 3H_2O$	9.1×10^{-8}	7.04	γ-NiS	2×10^{-26}	25.7
CdS	8×10^{-27}	26.1	$PbCO_3$	7.4×10^{-14}	13.13
$CoCO_3$	1.4×10^{-13}	12.84	$PbCl_2$	1.6×10^{-5}	4.79
$Co_2[Fe(CN)_6]$	1.8×10^{-15}	14.74	PbClF	2.4×10^{-9}	8.62
$Co(OH)_2$ 新析出	2×10^{-15}	14.7	$PbCrO_4$	2.8×10^{-13}	12.55
$Co(OH)_3$	2×10^{-44}	43.7	PbF_2	2.7×10^{-8}	7.57
$Co[Hg(SCN)_4]$	1.5×10^{-8}	5.82	$Pb(OH)_2$	1.2×10^{-15}	14.93
α-CoS	4×10^{-21}	20.4	PbI_2	7.1×10^{-9}	8.15
β-CoS	2×10^{-25}	24.7	$PbMoO_4$	1×10^{-13}	13.0
$Co_3(PO_4)_2$	2×10^{-35}	34.7	$Pb_3(PO_4)_2$	8.0×10^{-43}	42.10
$Cr(OH)_3$	6×10^{-31}	30.2	$PbSO_4$	1.6×10^{-8}	7.79
CuBr	5.2×10^{-9}	8.28	PbS	8×10^{-28}	27.9
CuCl	1.2×10^{-3}	5.92	$Pb(OH)_4$	3×10^{-66}	65.5
CuCN	3.2×10^{-20}	19.49	$Sb(OH)_3$	4×10^{-42}	41.4
CuI	1.1×10^{-12}	11.96	Sb_2S_3	2×10^{-93}	92.8
CuOH	1×10^{-14}	14.0	$Sn(OH)_2$	1.4×10^{-23}	27.85
Cu_2S	2×10^{-48}	47.7	SnS	1×10^{-25}	25.0
CuSCN	4.8×10^{-15}	14.32	$Sn(OH)_4$	1×10^{-56}	56.0
$CuCO_3$	1.4×10^{-10}	9.86	SnS_2	2×10^{-27}	26.7
$Cu(OH)_2$	2.2×10^{-20}	19.66	$SrCO_3$	1.1×10^{-10}	9.96
CuS	6×10^{-36}	35.2	$SrCrO_4$	2.2×10^{-5}	4.65
$FeCO_3$	3.2×10^{-11}	10.50	SrF_2	2.4×10^{-9}	8.61
$Fe(OH)_2$	8×10^{-16}	15.1	$SrC_2O_4\cdot H_2O$	1.6×10^{-7}	6.80
FeS	6×10^{-18}	17.2	$Sr_3(PO_4)_2$	4.1×10^{-28}	27.39
$Fe(OH)_3$	4×10^{-38}	37.4	$SrSO_4$	3.2×10^{-7}	6.49
$FePO_4$	1.3×10^{-22}	21.89	$Ti(OH)_3$	1×10^{-40}	40.0
$Hg_2Br_2$③	5.8×10^{-23}	22.24	$TiO(OH)_2$④	1×10^{-29}	29.0
Hg_2CO_3	8.9×10^{-17}	16.05	$ZnCO_3$	1.4×10^{-11}	10.84
Hg_2Cl_2	1.3×10^{-18}	17.88	$Zn_2[Fe(CN)_6]$	4.1×10^{-16}	15.39
$Hg_2(OH)_2$	2×10^{-24}	23.7	$Zn(OH)_2$	1.2×10^{-17}	16.92
Hg_2I_2	4.5×10^{-29}	28.35	$Zn_3(PO_4)_2$	9.1×10^{-33}	32.04
Hg_2SO_4	7.4×10^{-7}	6.13	ZnS	2×10^{-22}	21.7
Hg_2S	1×10^{-47}	47.0			

① 为下列平衡的平衡常数 $As_2S_3+4H_2O \rightleftharpoons 2HAsO_2+3H_2S$。

② BiOOH 的 $K_{sp}=[BIO^+][OH^-]$。

③ $(Hg_2)_mX_n$ 的 $K_{sp}=[Hg_2^{2+}]^m[X^{-2m/n}]^n$。

④ $TiO(OH)_2$ 的 $K_{sp}=[TiO^{2+}][OH^-]^2$。

附表 12　常见化合物的相对分子质量

化合物	M_r	化合物	M_r	化合物	M_r
Ag_3AsO_4	462.52	$CoSO_4 \cdot 7H_2O$	281.10	H_2O	18.015
$AgBr$	187.78	$CO(NH_2)_2$	60.06	H_2O_2	34.02
$AgCl$	143.32	$CrCl_3$	158.35	H_3PO_4	98.00
$AgCN$	133.89	$CrCl_3 \cdot 6H_2O$	266.45	H_2S	34.08
$AgSCN$	165.95	$Cr(NO_3)_3$	238.01	H_2SO_3	82.07
Ag_2CrO_4	331.73	Cr_2O_3	151.99	H_2SO_4	98.07
AgI	234.77	$CuCl$	98.999	$Hg(CN)_2$	252.63
$AgNO_3$	169.87	$CuCl_2$	134.45	$HgCl_2$	271.50
$AlCl_3$	133.34	$CuCl_2 \cdot 2H_2O$	170.48	Hg_2Cl_2	472.09
$AlCl_3 \cdot 6H_2O$	241.43	$CuSCN$	121.62	HgI_2	454.40
$Al(NO_3)_3$	213.00	CuI	190.45	$Hg_2(NO_3)_2$	525.19
$Al(NO_3)_3 \cdot 9H_2O$	375.13	$Cu(NO_3)_2$	187.56	$Hg_2(NO_3)_2 \cdot 2H_2O$	561.22
Al_2O_3	101.96	$Cu(NO_3)_2 \cdot 3H_2O$	241.60	$Hg(NO_3)_2$	324.60
$Al(OH)_3$	78.00	CuO	79.54	HgO	216.59
$Al_2(SO_4)_3$	342.14	Cu_2O	143.09	HgS	232.65
$Al_2(SO_4)_3 \cdot 18H_2O$	666.41	CuS	95.61	$HgSO_4$	296.65
As_2O_3	197.84	$CuSO_4$	159.60	Hg_2SO_4	497.24
As_2O_5	229.84	$CuSO_4 \cdot 5H_2O$	249.68	$KAl(SO_4)_2 \cdot 12H_2O$	474.38
As_2S_3	246.02	$FeCl_2$	126.75	KBr	119.00
$BaCO_3$	197.34	$FeCl_2 \cdot 4H_2O$	198.81	$KBrO_3$	167.00
BaC_2O_4	225.35	$FeCl_3$	162.21	KCl	74.55
$BaCl_2$	208.24	$FeCl_3 \cdot 6H_2O$	270.30	$KClO_3$	122.55
$BaCl_2 \cdot 2H_2O$	244.27	$FeNH_4(SO_4)_2 \cdot 12H_2O$	482.14	$KClO_4$	138.55
$BaCrO_4$	253.32	$Fe(NO_3)_3$	241.86	KCN	65.116
BaO	153.33	$Fe(NO_3)_3 \cdot 9H_2O$	404.00	$KSCN$	97.18
$Ba(OH)_2$	171.34	FeO	71.85	K_2CO_3	138.21
$BaSO_4$	233.39	Fe_2O_3	159.69	K_2CrO_4	194.19
$BiCl_3$	315.34	Fe_3O_4	231.54	$K_2Cr_2O_7$	294.18
$BiOCl$	260.43	$Fe(OH)_3$	106.87	$K_3Fe(CN)_6$	329.25
CO_2	44.01	FeS	87.91	$K_4Fe(CN)_6$	368.35
CaO	56.08	Fe_2S_3	207.87	$KFe(SO_4)_2 \cdot 12H_2O$	503.24
$CaCO_3$	100.09	$FeSO_4$	151.90	$KHC_2O_4 \cdot H_2O$	146.14
CaC_2O_4	128.10	$FeSO_4 \cdot 7H_2O$	278.01	$KHC_2O_4 \cdot H_2C_2O_4 \cdot 2H_2O$	254.19
$CaCl_2$	110.99	$FeSO_4 \cdot (NH_4)_2SO_4 \cdot 6H_2O$	392.13	$KHC_8H_4O_4$	204.20
$CaCl_2 \cdot 6H_2O$	219.08	H_3AsO_3	125.94	$KHSO_4$	136.16
$Ca(NO_3)_2 \cdot 4H_2O$	236.15	H_3AsO_4	141.94	KI	166.00
$Ca(OH)_2$	74.09	H_3BO_3	61.83	KIO_3	214.00
$Ca_3(PO_4)_2$	310.18	HBr	80.91	$KIO_3 \cdot HIO_3$	389.91
$CaSO_4$	136.14	HCN	27.03	$KMnO_4$	158.03
$CdCO_3$	172.42	$HCOOH$	46.03	$KNaC_4H_4O_6 \cdot 4H_2O$	282.22
$CdCl_2$	183.32	CH_3COOH	60.05	KNO_3	101.10
CdS	144.47	H_2CO_3	62.02	KNO_2	85.10
$Ce(SO_4)_2$	332.24	$H_2C_2O_4$	90.04	K_2O	94.20
$Ce(SO_4)_2 \cdot 4H_2O$	404.30	$H_2C_2O_4 \cdot 2H_2O$	126.07	KOH	56.11
$CoCl_2$	129.84	HCl	36.461	K_2SO_4	174.25
$CoCl_2 \cdot 6H_2O$	237.93	HF	20.01	$MgCO_3$	84.314
$Co(NO_3)_2$	132.94	HI	127.91	$MgCl_2$	95.21
$Co(NO_3)_2 \cdot 6H_2O$	291.03	HIO_3	175.91	$MgCl_2 \cdot 6H_2O$	203.30
CoS	90.99	HNO_3	63.013	MgC_2O_4	112.33
$CoSO_4$	154.99	HNO_2	47.01	$Mg(NO_3)_2 \cdot 6H_2O$	256.41

续表

化合物	M_r	化合物	M_r	化合物	M_r
$MgNH_4PO_4$	137.32	$Na_2CO_3 \cdot 10H_2O$	286.14	PbO_2	239.20
MgO	40.30	$Na_2C_2O_4$	134.00	$Pb_3(PO_4)_2$	811.54
$Mg(OH)_2$	58.32	CH_3COONa	82.034	PbS	239.30
$Mg_2P_2O_7$	222.55	$CH_3COONa \cdot 3H_2O$	136.08	$PbSO_4$	303.30
$MgSO_4 \cdot 7H_2O$	246.47	$NaCl$	58.443	SO_3	80.06
$MnCO_3$	114.95	$NaClO$	74.442	SO_2	64.06
$MnCl_2 \cdot 4H_2O$	197.91	$NaHCO_3$	84.007	$SbCl_3$	228.11
$Mn(NO_3)_2 \cdot 6H_2O$	287.04	$Na_2HPO_4 \cdot 12H_2O$	358.14	$SbCl_5$	299.02
MnO	70.94	$Na_2H_2Y \cdot 2H_2O$	372.24	Sb_2O_3	291.50
MnO_2	86.94	$NaNO_2$	68.995	Sb_2S_3	339.68
MnS	87.00	$NaNO_3$	84.995	SiF_4	104.08
$MnSO_4$	151.00	Na_2O	61.979	SiO_2	60.08
$MnSO_4 \cdot 4H_2O$	223.06	Na_2O_2	77.978	$SnCl_2$	189.62
NO	30.01	$NaOH$	40.00	$SnCl_2 \cdot 2H_2O$	225.65
NO_2	46.01	Na_3PO_4	163.94	$SnCl_4$	260.52
NH_3	17.03	Na_2S	78.04	$SnCl_4 \cdot 5H_2O$	350.60
CH_3COONH_4	77.08	$Na_2S \cdot 9H_2O$	240.18	SnO_2	150.71
NH_3Cl	53.49	Na_2SO_3	126.04	SnS	150.78
$(NH_4)_2CO_3$	96.09	Na_2SO_4	142.04	$SrCO_3$	147.63
$(NH_4)_2C_2O_4$	124.10	$Na_2S_2O_3$	158.10	SrC_2O_4	175.64
$(NH_4)_2C_2O_4 \cdot H_2O$	142.11	$Na_2S_2O_3 \cdot 5H_2O$	248.17	$SrCrO_4$	203.61
NH_4SCN	76.12	$NiCl_2 \cdot 6H_2O$	237.69	$Sr(NO_3)_2$	211.63
NH_4HCO_3	79.06	NiO	74.69	$Sr(NO_3)_2 \cdot 4H_2O$	283.69
$(NH_4)_2MoO_4$	196.01	$Ni(NO_3)_2 \cdot 6H_2O$	290.79	$SrSO_4$	183.68
NH_4NO_3	80.04	NiS	90.75	$UO_2(CH_3COO)_2 \cdot 2H_2O$	424.15
$(NH_4)_2HPO_4$	132.06	$NiSO_4 \cdot 7H_2O$	280.85	$ZnCO_3$	125.39
$(NH_4)_2S$	68.14	P_2O_5	141.94	ZnC_2O_4	153.40
$(NH_4)_2SO_4$	132.13	$PbCO_3$	267.20	$ZnCl_2$	136.29
NH_4VO_3	116.98	PbC_2O_4	295.22	$Zn(CH_3COO)_2$	183.47
Na_3AsO_3	191.89	$PbCl_2$	278.10	$Zn(CH_3COO)_2 \cdot 2H_2O$	219.50
$Na_2B_4O_7$	201.22	$PbCrO_4$	323.20	$Zn(NO_3)_2$	189.39
$Na_2B_4O_7 \cdot 10H_2O$	381.37	$Pb(CH_3COO)_2$	325.30	$Zn(NO_3)_2 \cdot 6H_2O$	297.48
$NaBiO_3$	279.97	$Pb(CH_3COO)_2 \cdot 3H_2O$	379.30	ZnO	81.38
$NaCN$	49.01	PbI_2	461.00	ZnS	97.44
$NaSCN$	81.07	$Pb(NO_3)_2$	331.20	$ZnSO_4$	161.44
Na_2CO_3	106.0	PbO	223.20	$ZnSO_4 \cdot 7H_2O$	287.54

参 考 文 献

[1] 高岐．分析化学．北京：高等教育出版社，2006.

[2] 刘志广．分析化学．北京：高等教育出版社，2008.

[3] 武汉大学．分析化学．第 4 版．北京：高等教育出版社，2000.

[4] 武汉大学．分析化学．第 5 版．北京：高等教育出版社，2006.

[5] 华东理工大学化学系，四川大学化工学院．分析化学．第 5 版．北京：高等教育出版社，2003.

[6] 孙毓庆，胡育筑．分析化学．第 2 版．北京：科学出版社，2006.

[7] 李克安．分析化学教程．北京：北京大学出版社，2005.

[8] 薛华，李隆弟，郁鉴源等．分析化学．第 2 版．北京：清华大学出版社，1994.

[9] 罗庆尧，邓延倬，蔡汝秀等．分光光度分析．北京：高等教育出版社，1992.

[10] 邹学贤．分析化学．北京：人民卫生出版社，2006.

[11] R. Kellner，J.-M. Mermet，N. Otto 等．分析化学．李克安，金钦汉等译．北京：北京大学出版社，2001.

[12] 华中师范大学等．分析化学（上、下册）．第 3 版．北京：高等教育出版社，2000.

[13] 张正奇．分析化学．第 2 版．北京：科学出版社，2006.

[14] 丁明玉．现代分离方法与技术．北京：化学工业出版社，2006.

[15] 王肇慈．粮油食品品质分析．北京：中国轻工业出版社，2000.

[16] 国家粮食局人事司．粮油质量检验员．北京：中国轻工业出版社，2007.

[17] 宋玉卿，王立琦．粮油检验与分析．北京：中国轻工业出版社，2008.

[18] 林帮 A. 分析化学的络合作用．戴明译．北京：高等教育出版社，1979.

[19] 冯师颜．误差理论及实验数据处理．北京：科学出版社，1964.

[20] 杭州大学化学系分析化学教研室．分析化学手册．第 2 版．北京：化学工业出版社，1997.

[21] Meties L. Handbook of Analytical Chemistry. New York：McGraw-Hill，1963.

[22] 蒋子刚．分析检验的质量保证和计量认证．上海：华东理工大学出版社，1998.

[23] D Harvey. Morclen Analytical Chemistry. New York：McGraw-Hill，2000.

[24] G D Christian. Analytical Chemistry. 6th ed. New York：Wiley and Sons，2004.

[25] 李龙泉，林长山，朱玉瑞．定量化学分析．北京：中国科学技术出版社，2002.

[26] 张锡瑜．化学分析原理．北京：科学出版社，1996.

[27] 黄杉生．分析化学．北京：科学出版社，2008.

[28] 李广超．工业分析．北京：化学工业出版社，2008.

[29] 李攻科，胡玉玲，阮贵华．样品前处理仪器与装置．北京：化学工业出版社，2007.

[30] 刘克本．溶剂萃取在分析化学中的应用．第 2 版．北京：高等教育出版社，1990.

[31] 朱明华，施文赵．近代分析化学．北京：高等教育出版社，1991.

[32] 卢佩章．色谱理论基础．北京：科学出版社，1989.

[33] 朱明华．仪器分析．第 3 版．北京：高等教育出版社，2000.

[34] 邵令娴．分离及复杂物质分析．北京：高等教育出版社，1994.

[35] 南京药学院．分析化学．北京：人民卫生出版社，1979.

[36] 汪尔康．21 世纪的分析化学．北京：科学出版社，1999.

[37] 宋清．定量分析中的误差和数据评价．北京：人民教育出版社，1982.

元素周期表

IUPAC 2013

氧化态(单质的氧化态为0，未列入；常见的为红色)

以 $^{12}C=12$ 为基准的原子量(注✦的是半衰期最长同位素的原子量)

95	原子序数
+2 +3 +4 +5 +6	氧化态
Am	元素符号(红色的为放射性元素)
镅▴	元素名称(注▴的为人造元素)
$5f^77s^2$	价层电子构型
243.06138(2)✦	原子量

s区元素　p区元素　d区元素　ds区元素　f区元素　稀有气体

族 / 周期	1 ⅠA	2 ⅡA	3 ⅢB	4 ⅣB	5 ⅤB	6 ⅥB	7 ⅦB	8 ⅧB(Ⅷ)	9 ⅧB(Ⅷ)	10 ⅧB(Ⅷ)	11 ⅠB	12 ⅡB	13 ⅢA	14 ⅣA	15 ⅤA	16 ⅥA	17 ⅦA	18 ⅧA(0)	电子层
1	−1 +1 1 **H** 氢 $1s^1$ 1.008																	2 **He** 氦 $1s^2$ 4.002602(2)	K
2	+1 3 **Li** 锂 $2s^1$ 6.94	+2 4 **Be** 铍 $2s^2$ 9.0121831(5)											+3 5 **B** 硼 $2s^22p^1$ 10.81	−4 +2 +4 6 **C** 碳 $2s^22p^2$ 12.011	−3 −2 −1 +1 +2 +3 +4 +5 7 **N** 氮 $2s^22p^3$ 14.007	−2 −1 8 **O** 氧 $2s^22p^4$ 15.999	−1 9 **F** 氟 $2s^22p^5$ 18.998403163(6)	10 **Ne** 氖 $2s^22p^6$ 20.1797(6)	L K
3	−1 +1 11 **Na** 钠 $3s^1$ 22.98976928(2)	+2 12 **Mg** 镁 $3s^2$ 24.305											+3 13 **Al** 铝 $3s^23p^1$ 26.9815385(7)	−4 +2 +4 14 **Si** 硅 $3s^23p^2$ 28.085	−3 −2 +1 +3 +5 15 **P** 磷 $3s^23p^3$ 30.973761998(5)	−2 +2 +4 +6 16 **S** 硫 $3s^23p^4$ 32.06	−1 +1 +3 +5 +7 17 **Cl** 氯 $3s^23p^5$ 35.45	18 **Ar** 氩 $3s^23p^6$ 39.948(1)	M L K
4	−1 +1 19 **K** 钾 $4s^1$ 39.0983(1)	+2 20 **Ca** 钙 $4s^2$ 40.078(4)	+3 21 **Sc** 钪 $3d^14s^2$ 44.955908(5)	−1 0 +2 +3 +4 22 **Ti** 钛 $3d^24s^2$ 47.867(1)	0 ±1 +2 +3 +4 +5 23 **V** 钒 $3d^34s^2$ 50.9415(1)	−3 0 ±1 ±2 +3 +4 +5 +6 24 **Cr** 铬 $3d^54s^1$ 51.9961(6)	−2 0 ±1 +2 ±3 +4 +5 +6 +7 25 **Mn** 锰 $3d^54s^2$ 54.938044(3)	−2 0 ±1 +2 +3 +4 +5 +6 26 **Fe** 铁 $3d^64s^2$ 55.845(2)	0 ±1 +2 +3 +4 +5 27 **Co** 钴 $3d^74s^2$ 58.933194(4)	0 ±1 +2 +3 +4 28 **Ni** 镍 $3d^84s^2$ 58.6934(4)	+1 +2 +3 +4 29 **Cu** 铜 $3d^{10}4s^1$ 63.546(3)	+1 +2 30 **Zn** 锌 $3d^{10}4s^2$ 65.38(2)	+1 +3 31 **Ga** 镓 $4s^24p^1$ 69.723(1)	+2 +4 32 **Ge** 锗 $4s^24p^2$ 72.630(8)	−3 +3 +5 33 **As** 砷 $4s^24p^3$ 74.921595(6)	−2 +2 +4 +6 34 **Se** 硒 $4s^24p^4$ 78.971(8)	−1 +1 +3 +5 +7 35 **Br** 溴 $4s^24p^5$ 79.904	+2 +4 36 **Kr** 氪 $4s^24p^6$ 83.798(2)	N M L K
5	−1 +1 37 **Rb** 铷 $5s^1$ 85.4678(3)	+2 38 **Sr** 锶 $5s^2$ 87.62(1)	+3 39 **Y** 钇 $4d^15s^2$ 88.90584(2)	+1 +2 +3 +4 40 **Zr** 锆 $4d^25s^2$ 91.224(2)	0 ±1 +2 +3 +4 +5 41 **Nb** 铌 $4d^45s^1$ 92.90637(2)	0 ±1 ±2 +3 +4 +5 +6 42 **Mo** 钼 $4d^55s^1$ 95.95(1)	0 ±1 +2 +3 +4 +5 +6 +7 43 **Tc** 锝▴ $4d^55s^2$ 97.90721(3)✦	0 +1 ±2 +3 +4 +5 +6 +7 +8 44 **Ru** 钌 $4d^75s^1$ 101.07(2)	0 ±1 +2 +3 +4 +5 +6 45 **Rh** 铑 $4d^85s^1$ 102.90550(2)	0 +1 +2 +3 +4 46 **Pd** 钯 $4d^{10}$ 106.42(1)	+1 +2 +3 47 **Ag** 银 $4d^{10}5s^1$ 107.8682(2)	+1 +2 48 **Cd** 镉 $4d^{10}5s^2$ 112.414(4)	+1 +3 49 **In** 铟 $5s^25p^1$ 114.818(1)	+2 +4 50 **Sn** 锡 $5s^25p^2$ 118.710(7)	−3 +3 +5 51 **Sb** 锑 $5s^25p^3$ 121.760(1)	−2 +2 +4 +6 52 **Te** 碲 $5s^25p^4$ 127.60(3)	−1 +1 +3 +5 +7 53 **I** 碘 $5s^25p^5$ 126.90447(3)	+2 +4 +6 +8 54 **Xe** 氙 $5s^25p^6$ 131.293(6)	O N M L K
6	−1 +1 55 **Cs** 铯 $6s^1$ 132.90545196(6)	+2 56 **Ba** 钡 $6s^2$ 137.327(7)	57~71 **La~Lu** 镧系	+1 +2 +3 +4 72 **Hf** 铪 $5d^26s^2$ 178.49(2)	0 ±1 +2 +3 +4 +5 73 **Ta** 钽 $5d^36s^2$ 180.94788(2)	0 ±1 ±2 +3 +4 +5 +6 74 **W** 钨 $5d^46s^2$ 183.84(1)	0 ±1 +2 +3 +4 +5 +6 +7 75 **Re** 铼 $5d^56s^2$ 186.207(1)	0 +1 +2 +3 +4 +5 +6 +7 +8 76 **Os** 锇 $5d^66s^2$ 190.23(3)	0 ±1 +2 +3 +4 +5 +6 77 **Ir** 铱 $5d^76s^2$ 192.217(3)	0 +2 +3 +4 +5 +6 78 **Pt** 铂 $5d^96s^1$ 195.084(9)	+1 +2 +3 +5 79 **Au** 金 $5d^{10}6s^1$ 196.966569(5)	+1 +2 +3 80 **Hg** 汞 $5d^{10}6s^2$ 200.592(3)	+1 +3 81 **Tl** 铊 $6s^26p^1$ 204.38	+2 +4 82 **Pb** 铅 $6s^26p^2$ 207.2(1)	−3 +3 +5 83 **Bi** 铋 $6s^26p^3$ 208.98040(1)	−2 +2 +3 +4 +6 84 **Po** 钋 $6s^26p^4$ 208.98243(2)✦	±1 +5 +7 85 **At** 砹 $6s^26p^5$ 209.98715(5)✦	+2 86 **Rn** 氡 $6s^26p^6$ 222.01758(2)✦	P O N M L K
7	+1 87 **Fr** 钫▴ $7s^1$ 223.01974(2)✦	+2 88 **Ra** 镭 $7s^2$ 226.02541(2)✦	89~103 **Ac~Lr** 锕系	104 **Rf** 𬬻▴ $6d^27s^2$ 267.122(4)✦	105 **Db** 𬭊▴ $6d^37s^2$ 270.131(4)✦	106 **Sg** 𬭳▴ $6d^47s^2$ 269.129(3)✦	107 **Bh** 𬭛▴ $6d^57s^2$ 270.133(2)✦	108 **Hs** 𬭶▴ $6d^67s^2$ 270.134(2)✦	109 **Mt** 鿏▴ $6d^77s^2$ 278.156(5)✦	110 **Ds** 𫟼▴ 281.165(4)✦	111 **Rg** 𬬭▴ 281.166(6)✦	112 **Cn** 鿔▴ 285.177(4)✦	113 **Nh** 鿭▴ 286.182(5)✦	114 **Fl** 𫓧▴ 289.190(4)✦	115 **Mc** 镆▴ 289.194(6)✦	116 **Lv** 𫟷▴ 293.204(4)✦	117 **Ts** 鿬▴ 293.208(6)✦	118 **Og** 鿫▴ 294.214(5)✦	Q P O N M L K

★ 镧系	+3 57 **La**★ 镧 $5d^16s^2$ 138.90547(7)	+2 +3 +4 58 **Ce** 铈 $4f^15d^16s^2$ 140.116(1)	+3 +4 59 **Pr** 镨 $4f^36s^2$ 140.90766(2)	+2 +3 +4 60 **Nd** 钕 $4f^46s^2$ 144.242(3)	+3 61 **Pm** 钷▴ $4f^56s^2$ 144.91276(2)✦	+2 +3 62 **Sm** 钐 $4f^66s^2$ 150.36(2)	+2 +3 63 **Eu** 铕 $4f^76s^2$ 151.964(1)	+3 64 **Gd** 钆 $4f^75d^16s^2$ 157.25(3)	+3 +4 65 **Tb** 铽 $4f^96s^2$ 158.92535(2)	+3 +4 66 **Dy** 镝 $4f^{10}6s^2$ 162.500(1)	+3 67 **Ho** 钬 $4f^{11}6s^2$ 164.93033(2)	+3 68 **Er** 铒 $4f^{12}6s^2$ 167.259(3)	+2 +3 69 **Tm** 铥 $4f^{13}6s^2$ 168.93422(2)	+2 +3 70 **Yb** 镱 $4f^{14}6s^2$ 173.045(10)	+3 71 **Lu** 镥 $4f^{14}5d^16s^2$ 174.9668(1)
★ 锕系	+3 89 **Ac**★ 锕 $6d^17s^2$ 227.02775(2)✦	+3 +4 90 **Th** 钍 $6d^27s^2$ 232.0377(4)	+3 +4 +5 91 **Pa** 镤 $5f^26d^17s^2$ 231.03588(2)	+2 +3 +4 +5 +6 92 **U** 铀 $5f^36d^17s^2$ 238.02891(3)	+3 +4 +5 +6 +7 93 **Np** 镎 $5f^46d^17s^2$ 237.04817(2)✦	+3 +4 +5 +6 +7 94 **Pu** 钚 $5f^67s^2$ 244.06421(4)✦	+2 +3 +4 +5 +6 95 **Am** 镅▴ $5f^77s^2$ 243.06138(2)✦	+3 +4 96 **Cm** 锔▴ $5f^76d^17s^2$ 247.07035(3)✦	+3 +4 97 **Bk** 锫▴ $5f^97s^2$ 247.07031(4)✦	+2 +3 +4 98 **Cf** 锎▴ $5f^{10}7s^2$ 251.07959(3)✦	+2 +3 99 **Es** 锿▴ $5f^{11}7s^2$ 252.0830(3)✦	+2 +3 100 **Fm** 镄▴ $5f^{12}7s^2$ 257.09511(5)✦	+2 +3 101 **Md** 钔▴ $5f^{13}7s^2$ 258.09843(3)✦	+2 +3 102 **No** 锘▴ $5f^{14}7s^2$ 259.1010(7)✦	+3 103 **Lr** 铹▴ $5f^{14}6d^17s^2$ 262.110(2)✦